# 化工原理（少学时）学习指导

潘鹤林　齐鸣斋　陈敏恒　主编

U0395468

华东理工大学出版社
EAST CHINA UNIVERSITY OF SCIENCE AND TECHNOLOGY PRESS
·上海·

**图书在版编目(CIP)数据**

化工原理(少学时)学习指导/潘鹤林,齐鸣斋,陈敏恒主编.—上海:华东理工大学出版社,2014.9(2024.7重印)
ISBN 978-7-5628-4011-4

Ⅰ.①化… Ⅱ.①潘… ②齐… ③陈… Ⅲ.①化工原理—高等学校—教学参考资料 Ⅳ.①TQ02

中国版本图书馆 CIP 数据核字(2014)第 187997 号

## 内 容 简 介

本书是普通高等教育"十二五"规划教材《化工原理(少学时)第二版》(陈敏恒、潘鹤林、齐鸣斋主编)的配套教学辅导书,编写过程中着力注重课程的工程特色,努力体现课程的教学目标。

本书主要内容包括:流体流动与输送机械、传热、非均相机械分离过程、吸收、精馏、其他传质分离方法和固体干燥等,共七章,每一章均设置学习目标、主要学习内容、概念关联图表、难点分析、典型例题解析、典型习题详解与讨论、习题精选、习题精选参考答案和思考题参考答案九大版块。各章学习目标和主要学习内容给出了各单元操作应掌握的学习重点;概念关联图表给出基本概念与计算式之间的关系;难点分析主要针对《化工原理(少学时)》学习难点进行分析,引导读者思考;典型例题解析则侧重实际,注重分析和总结例题中蕴含的工程观点和方法;典型习题详解与讨论和思考题参考答案注重解决问题的思路;习题精选帮助读者更加全面深入地掌握各单元操作的基本原理。

本书可作为化工类及近化工类各专业教师和学生们教学"化工原理(少学时)"课程的辅导书。

## 化工原理(少学时)学习指导

......................................................................

主　编／潘鹤林　齐鸣斋　陈敏恒
责任编辑／周　颖
责任校对／张　波
出版发行／华东理工大学出版社有限公司
　　　　　地　　址:上海市梅陇路 130 号,200237
　　　　　电　　话:(021)64250306(营销部)
　　　　　　　　　　(021)64252749(编辑室)
　　　　　传　　真:(021)64252707
　　　　　网　　址:press.ecust.edu.cn
印　刷／上海新华印刷有限公司
开　本／787 mm×1092 mm　1/16
印　张／17.75
字　数／475 千字
版　次／2014 年 9 月第 1 版
印　次／2024 年 7 月第 3 次
书　号／ISBN 978-7-5628-4011-4
定　价／36.00 元

联系我们:电子邮箱 press@ecust.edu.cn
　　　　　官方微博 e.weibo.com/ecustpress
　　　　　淘宝官网 http://shop61951206.taobao.com

# 前　言

　　"化工原理"是化工类及近化工类各专业的一门核心课程。该课程的主要特征是工程特色,其教学目标是使学生树立工程观念和意识,学会用工程观念和方法来分析和解决实际的工程问题。不仅凭课堂上的教学很难达到上述教学目标,而且化工原理(少学时)课堂上的教学时数有限,部分学生在学习化工原理过程中难免会存在困难。有鉴于此,笔者编写了这本《化工原理(少学时)学习指导》。

　　本书是普通高等教育"十二五"规划教材《化工原理(少学时)第二版》(陈敏恒、潘鹤林、齐鸣斋主编)的配套教学辅导书,主要内容包括:流体流动与输送机械、传热、非均相机械分离过程、吸收、精馏、其他传质分离方法和固体干燥,共七章。各章均设置学习目标、主要学习内容、概念关联图表、难点分析、典型例题解析、典型习题详解与讨论、习题精选、习题精选参考答案和思考题参考答案九大版块。各章学习目标和主要学习内容给出了各单元操作应掌握的学习重点;概念关联图表给出基本概念与计算式之间的关系;难点分析主要针对化工原理(少学时)学习难点进行分析,引导读者思考;典型例题解析则侧重实际,注重分析和总结例题中蕴含的工程观点和方法;典型习题详解与讨论和思考题参考答案注重解决问题的思路;习题精选帮助读者更加全面深入地掌握各单元操作的基本原理,帮助化工原理(少学时)读者对所学习的内容加以自测,并巩固所学知识。

　　本书由华东理工大学化工原理教研室潘鹤林、齐鸣斋、陈敏恒编写。编写过程中,得到华东理工大学教务处及化工原理教研室其他同事的热心支持和帮助,笔者在此一并表示衷心的感谢!

　　限于时间紧迫和编者水平,难免有遗漏和不妥之处,敬请读者批评指正。

编　者
2014 年 4 月于华东理工大学

# 目　　录

# 第1章　流体流动与输送机械

## 1.1　学习目标

通过本章学习,掌握流体流动的基本原理,利用这些原理和规律分析和解决与流体流动过程相关的问题,包括以下要点。

(1) 流体静力学基本方程的应用;

(2) 质量守恒方程、机械能守恒方程的物理意义,适用条件,解题步骤与要点;

(3) 流动类型比较和工程处理方法;

(4) 流动阻力计算;

(5) 管路计算;

(6) 流速和流量的测量;

(7) 离心泵的工作原理、操作特性和选型;

(8) 比较各类泵,掌握其他液体和气体输送机械特性。

## 1.2　主要学习内容

**1. 流体特性**

1) 连续性假定

假定流体是由大量质点组成的、彼此间没有间隙、完全占满所占空间的连续介质。

2) 可压缩流体与不可压缩流体

密度不随压强变化的流体为不可压缩流体,密度随压强变化的流体为可压缩流体。

3) 牛顿黏性定律和流体黏性

(1) 牛顿黏性定律

(2) 牛顿流体与非牛顿流体

满足牛顿黏性定律的流体称为牛顿流体;不满足牛顿黏性定律的流体称为非牛顿流体。

(3) 流体黏度和本质

黏度是流体状态(温度、压强)的函数。气体黏度随温度升高而增大,液体黏度随温度升高而减小。压强对液体黏度的影响可忽略,低压下($<1$ MPa)压强对气体黏度影响很小,高压下气体黏度随压强升高而增大。按照牛顿黏性定律,黏度可理解为单位速度梯度下的剪应力。黏度的本质是流体分子微观运动的宏观表现。

黏度的单位:P、cP、Pa·s。

(4) 运动黏度

流体动力黏度与密度的比值称为运动黏度。

(5) 理想流体和实际流体

黏度为零的流体为理想流体;自然界不存在理想流体,只是人们为了研究流动问题所做的假设而引入;黏度不为零的流体为实际流体。

**2. 流体静力学**

流体静力学是关于重力场下静止流体内部压强的变化规律。

1) 流体受力

(1) 体积力

体积力又称质量力,如重力、离心力等。体积力一般与流体的体积成正比。

(2) 表面力

表面力与力所作用的面积大小成正比。单位面积上的表面力称为表面应力,可分解为与表面相切和垂直的两部分,与作用面相切的表面力称为剪切应力,与作用面垂直的表面力称为压强(法向应力)。

理想流体各质点间无剪切作用,剪应力为零。静止流体不受剪切应力,只有法向应力。

2) 静压强及其特性

(1) 静压强

作用于静止流体内部的单位面积上法向应力即为静压强,以 $p$ 表示。

(2) 静压强特性

流体的静压强和作用面处处垂直;流体任一点的静压强数值大小仅有一个,方向无穷多个。

(3) 静压强的单位及换算

N/m²、Pa、atm(标准大气压)、流体柱高度(如 $mH_2O$、mmHg 等)、bar 等。

压强单位间的换算关系:

$$1 \text{ atm} = 101\ 325 \text{ N/m}^2 = 101.325 \text{ kPa} = 10.33 \text{ mH}_2\text{O} = 760 \text{ mmHg}$$

(4) 压强的基准

以绝对真空度为基准测得的压强为绝对压;以大气压为基准测得的压强为表压。

3) 流体具有的能量

流体所含的能量包括内能和机械能,流动流体包括位能、动能、压强能。位能和压强能都是势能。

4) 静力学方程

(1) 重力场下不可压缩流体的静力学方程

$$\frac{p}{\rho} + gz = 常数 \tag{1-1}$$

(2) 虚拟压强

$$\mathscr{P} = p + \rho gz \tag{1-2}$$

引入虚拟压强后,静力学方程表示为

$$\frac{\mathscr{P}}{\rho} = 常数 \tag{1-3}$$

(3) 静力学方程适用条件及物理意义

适用条件:重力场同种连续的不可压缩静止流体。

静力学方程的物理意义有多种表述:静止的连续流体中,任一点位能和压强能之和为常数;静止的连续流体中,任一点势能为常数。

(4) 等压面

同种流体内部压强相等的平面称为等压面。在静止、连续的同一流体内,处于同一水平面上各点压强相等。

5) 静力学方程的应用

流体静力学方程可用于压强、压强差的测量,液位测量及液封高度计算等。

（1）简单测压管

（2）U 形测压管

U 形测压管用来测量测压点的表压。

（3）U 形压差计

U 形压差计测得的是势能差：

$$\mathscr{P}_A - \mathscr{P}_B = Rg(\rho_i - \rho) \tag{1-4}$$

**3. 流体流动**

1）流体流动基本概念

（1）定态与非定态流动

流动状态参数不随时间变化而变化，这种流动为定态流动，反之则为非定态流动。

（2）流量与流速、质量流速

单位时间内流过任一流动截面的流体体积称为体积流量，以 $q_V$ 表示，单位为 $m^3/s$。

单位时间内流过任一流动截面的流体质量称为质量流量，以 $q_m$ 表示，单位为 $kg/s$。

对不可压缩流体，有

$$q_m = \rho q_V \tag{1-5}$$

流速：流体质点单位时间内在流动方向上流过的距离称为流速。

平均流速 $u$

$$u = \frac{q_V}{A} \tag{1-6}$$

其中，$A$ 为流道截面积，$m^2$。

管内流动时，

$$u = \frac{4q_V}{\pi d^2} \tag{1-7}$$

其中，$d$ 为管径，$m$。

质量流速：单位时间内流体流经单位流动截面积的质量称为质量流速，以 $G$ 表示，单位为 $kg/(m^2 \cdot s)$。

$$G = \frac{q_m}{A} = \frac{\rho q_V}{A} = \rho u \tag{1-8}$$

对气体，因其体积流量与平均流速随压强、温度变化而变化，采用质量流速较为方便。

2）流体流动基本方程

流体流动基本方程包括质量守恒方程（连续性方程）、机械能守恒方程和动量守恒方程，三大方程描述了流体流动过程中流速、压强等状态参数变化规律、质量转化规律，动量守恒方程原教材未作介绍，这里省略介绍。

（1）管内定态流动的质量守恒方程

$$q_m = \rho u A = 常数 \tag{1-9}$$

$$\rho_1 u_1 A_1 = \rho_2 u_2 A_2 \tag{1-10}$$

对不可压缩流体，管内定态流动时有

$$u_1 A_1 = u_2 A_2 \tag{1-11}$$

受质量守恒约束,不可压缩流体的平均流速数值只随管截面积变化而变化,截面积增加,流速减小;截面积减小,流速增大。流体在均匀直管内作定态流动时,平均流速保持定值,并不因摩擦而减速。

(2) 管内定态流动的机械能守恒方程

① 
$$\frac{p_1}{\rho} + gz_1 + \frac{u_1^2}{2} + h_e = \frac{p_2}{\rho} + gz_2 + \frac{u_2^2}{2} + \sum h_{f12}, \text{J/kg} \tag{1-12}$$

式中　$u_1$、$u_2$——截面 1、2 处流体的平均流速,m/s;

$p_1$、$p_2$——截面 1、2 处流体的压强,Pa;

$z_1$、$z_2$——截面 1、2 处管中心至基准水平面的垂直距离,m;

$h_e$——流体输送机械向单位质量流体所施加的能量,J/kg;

$\sum h_{f12}$——单位质量流体由截面 1 流至截面 2 所产生的机械能损失,J/kg。

流体黏性造成的剪应力是一种内摩擦力,它将消耗部分机械能,即流体的黏性使流体在流动过程中产生机械能损失,因此产生机械能损失的本质原因是流体的黏性。

② 机械能守恒方程的其他形式

$$\frac{p_1}{\rho g} + z_1 + \frac{u_1^2}{2g} + H_e = \frac{p_2}{\rho g} + z_2 + \frac{u_2^2}{2g} + \sum H_{f12}, \text{J/N} \tag{1-13}$$

式中,$z$、$\frac{p}{\rho g}$、$\frac{u^2}{2g}$ 分别称为位头、压头和速度头(动压头)。

$$p_1 + \rho g z_1 + \rho \frac{u_1^2}{2} + \rho g H_e = p_2 + \rho g z_2 + \rho \frac{u_2^2}{2} + \rho g \sum H_{f12}, \text{J/m}^3 \tag{1-14}$$

引入虚拟压强 $\mathscr{P}$ 后,上述各式可化为

$$\frac{\mathscr{P}_1}{\rho} + \frac{u_1^2}{2} + h_e = \frac{\mathscr{P}_2}{\rho} + \frac{u_2^2}{2} + \sum h_{f12} \tag{1-15}$$

$$\frac{\mathscr{P}_1}{\rho g} + \frac{u_1^2}{2g} + H_e = \frac{\mathscr{P}_2}{\rho g} + \frac{u_2^2}{2g} + \sum H_{f12} \tag{1-16}$$

$$\mathscr{P}_1 + \rho \frac{u_1^2}{2} + \rho g H_e = \mathscr{P}_2 + \rho \frac{u_2^2}{2} + \rho g \sum H_{f12} \tag{1-17}$$

对于理想流体,无外加能量时,各式又可化为

$$\frac{p_1}{\rho} + gz_1 + \frac{u_1^2}{2} = \frac{p_2}{\rho} + gz_2 + \frac{u_2^2}{2} \tag{1-18}$$

$$\frac{p_1}{\rho g} + z_1 + \frac{u_1^2}{2g} = \frac{p_2}{\rho g} + z_2 + \frac{u_2^2}{2g} \tag{1-19}$$

$$p_1 + \rho g z_1 + \rho \frac{u_1^2}{2} = p_2 + \rho g z_2 + \rho \frac{u_2^2}{2} \tag{1-20}$$

$$\frac{\mathscr{P}_1}{\rho} + \frac{u_1^2}{2} = \frac{\mathscr{P}_2}{\rho} + \frac{u_2^2}{2} \tag{1-21}$$

$$\frac{\mathscr{P}_1}{\rho g} + \frac{u_1^2}{2g} = \frac{\mathscr{P}_2}{\rho g} + \frac{u_2^2}{2g} \tag{1-22}$$

$$\mathscr{P}_1 + \rho \frac{u_1^2}{2} = \mathscr{P}_2 + \rho \frac{u_2^2}{2} \tag{1-23}$$

对静止流体,则得到相应的静力学方程式 1-1 和式 1-3。

③ 机械能守恒方程的应用

机械能守恒方程和质量守恒方程是流体流动过程计算的两个重要方程,可用于计算输送设备有效功率、管路中流体流量和压强及设备间相对位置的确定等。应用过程中涉及控制体截面的选取、基准面的选择等,应注意以下几点。

(a) 控制体截面应垂直于流体流动的方向,两截面间的流体要连续,各流动状态参数(如 $p$、$u$ 等)应在截面上或在两截面之间。

(b) 基准面是水平面,$z$ 值是截面中心点与基准面间的垂直距离,基准面的选择对计算结果无影响。

(c) 方程中各物理量的单位要一致,不可以混用;压强单位和基准方程两边严格要求一致,切忌混用。

(d) 解题过程中可根据题意,画出流程示意图。

3) 流体流动的类型、雷诺数和边界层

(1) 流动的类型和雷诺数

流动类型只有两种:层流和湍流,依据雷诺数 $Re$ 来判断流型。雷诺数是量纲一数群。雷诺数的物理意义为流动流体的惯性力与黏性力的比值。

(2) 层流、湍流的特点及其间的本质区别

层流时流体质点作规则的流动,质点之间无混杂,流体分子在不同流速的流体层间作随机运动;湍流时流体质点相互间剧烈混杂,同时伴有脉动,流体层间互相碰撞与混合。层流与湍流的本质区别在于随机的脉动。

(3) 边界层

边界层指流速降为未受边壁影响流速99％以内的区域称为边界层,简言之,边界层是边壁影响所涉及的区域。边界层分为层流边界层和湍流边界层。近壁面处,边界层内的流型为层流时,称为层流边界层。边界层内流型转为湍流时,称为湍流边界层。

湍流过程中因实际流体具有黏性,与壁面相切处的流体因受壁面固体分子作用力的影响而处于静止状态(壁面无滑移)。随着离壁面距离的增加,流体流速连续增大。这种流速随壁面距离的变化称为速度分布。

湍流时,近壁面处速度脉动较小,流动可保持层流特征,因而即便是湍流,近壁面处仍有一薄层保有层流特征,此薄层称为层流内层。当然,根据雷诺数,湍流区和层流内层之间有一过渡层,工程上常忽略过渡层,将湍流流动分为湍流核心和层流内层两部分。层流内层极薄,其厚度随 $Re$ 的增大而减小。湍流核心内,速度脉动大大强化传递过程,层流内层中的传递仅依赖于分子运动(扩散)。

层流内层是因流体黏性造成的,可以视为内摩擦力,将消耗部分机械能使之转化为流体内能而损失,因此黏性是造成机械能损失的本质原因。流动过程的机械能损失主要集中于层流内层。

**4. 流体阻力**

均匀直管内流动时的阻力损失表现为势能的降低。

根据引起阻力损失的外部条件不同,将阻力损失分为直管阻力损失和局部阻力损失。前者是直管造成的机械能损失,后者是各种管件或流道变化等引起的机械能损失。需要强调的是,两者都是因流体黏性的本质而引起的,即两者本质是相同的。

1) 直管阻力损失

(1) 层流计算式

层流时,

$$h_f = \frac{32\mu lu}{\rho d^2} \tag{1-24}$$

（2）湍流计算式

湍流时，

$$h_f = \lambda \frac{l}{d} \frac{u^2}{2} \tag{1-25}$$

式中，$\lambda$ 为摩擦因数，为 $Re$ 和相对粗糙度 $\frac{\varepsilon}{d}$ 的函数，即 $\lambda = f(Re, \varepsilon/d)$。

湍流直管阻力损失的计算式实为通式，应用到层流时，$\lambda = \frac{64}{Re}$，结合雷诺数定义式，代入到通式中得层流时直管阻力损失的计算式。

2）局部阻力损失

（1）局部阻力系数法

$$h_f = \zeta \frac{u^2}{2} \tag{1-26}$$

其中，$\varepsilon$ 为局部阻力系数，由实验测定或手册查取。

（2）当量长度法

$$h_f = \lambda \frac{l_e}{d} \frac{u^2}{2} \tag{1-27}$$

将局部阻力损失视作某长度直管形成的阻力损失，$l_e$ 可由图表或相关手册查取。

**5. 管路计算**

质量守恒方程

$$q_V = \frac{\pi}{4} d^2 u \tag{1-28}$$

机械能守恒方程

$$\frac{p_1}{\rho} + gz_1 = \frac{p_2}{\rho} + gz_2 + \left(\lambda \frac{l}{d} + \Sigma \zeta\right)\frac{u^2}{2} \tag{1-29a}$$

或

$$\frac{\mathscr{P}_1}{\rho} = \frac{\mathscr{P}_2}{\rho} + \left(\lambda \frac{l}{d} + \Sigma \zeta\right)\frac{u^2}{2} \tag{1-29b}$$

摩擦因数计算式

$$\lambda = f\left(Re, \frac{\varepsilon}{d}\right) \tag{1-30}$$

按工程计算目的分为设计型计算和操作型计算。

（1）设计型计算

规定输送任务 $q_V$，计算确定管径 $d$ 和供液点应具有的势能 $\frac{\mathscr{P}_2}{\rho}$。

给定条件：输液量 $q_V$，供液与需液点间的距离即管长 $l$，管道材质和管件配置即 $\varepsilon$ 和

$\sum \xi$，需液处的势能 $\dfrac{\mathscr{P}_2}{\rho}$。

选择条件：较佳流速（经济流速）$u$；三大方程中涉及 9 个变量（$q_V$、$d$、$u$、$\mathscr{P}_1$、$\mathscr{P}_2$、$\lambda$、$l$、$\sum \xi$、$\varepsilon$），给定其中的 6 个（$q_V$、$l$、$\varepsilon$、$\sum \xi$、$\dfrac{\mathscr{P}_2}{\rho}$、$u$），可以求出其余三个变量。

计算过程：根据 $q_V$、$u$ 由质量守恒方程计算出管径 $d$；根据 $\rho$、$u$、$d$、$\mu$、$\varepsilon/d$ 由摩擦因数与雷诺数关系式（莫迪图）确定摩擦因数 $\lambda$；根据 $\lambda$、$l$、$d$、$\sum \xi$、$u$、$\mathscr{P}_2$ 由机械能守恒方程计算出 $\dfrac{\mathscr{P}_1}{\rho}$。

（2）操作型计算

管路已定，核定管路输送能力或操作参数（技术指标）。

给定条件：$d$、$l$、$\sum \xi$、$\varepsilon$、$\mathscr{P}_1$、$\mathscr{P}_2$ 或 $d$、$l$、$\sum \xi$、$\varepsilon$、$\mathscr{P}_2$、$q_V$。

计算目的：$q_V$ 或 $\mathscr{P}_1$。

此类计算因摩擦因数计算式是一复杂的非线性系数，故需试差。

计算过程：设定摩擦因数 $\lambda$，由机械能守恒方程得出试差方程，求出 $u$，然后计算出 $Re$，根据 $\varepsilon/d$ 从莫迪图查出 $\lambda$，如查得的 $\lambda$ 与假设的 $\lambda$ 相等或接近，则计算出的 $u$ 有效，进而求出流量 $q_V$。如属于层流，则无需试差。

**6. 流速和流量的测量**

以流体流动的机械能守恒原理为基础的三种测量装置。

（1）皮托管

皮托管测得的是点速度。对于管流，用皮托管可以测得管中心最大流速 $u_{\max}$，根据最大流速与平均流速 $u$ 的关系，求出截面的平均流速 $u$，进一步求出流量。

（2）孔板流量计

（3）转子流量计

换算：体积流量之比

$$\frac{q_{V,B}}{q_{V,A}} = \sqrt{\frac{\rho_A(\rho_f - \rho_B)}{\rho_B(\rho_f - \rho_A)}} \qquad (1-31)$$

质量流量之比

$$\frac{q_{m,B}}{q_{m,A}} = \sqrt{\frac{\rho_B(\rho_f - \rho_B)}{\rho_A(\rho_f - \rho_A)}} \qquad (1-32)$$

（4）三种测量装置比较

皮托管测量点速度；孔板流量计是恒截面、变压差的流量测量装置；转子流量计是恒压差（恒流速）、变截面的流量测量装置。

**7. 流体输送机械**

1）管路特性曲线

（1）液体输送管路的特性曲线方程

$$H = \frac{\Delta \mathscr{P}}{\rho g} + K q_V^2 \qquad (1-33)$$

$$K = \sum \frac{8\left(\lambda \dfrac{l}{d} + \zeta\right)}{\pi^2 d^4 g} \qquad (1-34)$$

由管路特性方程可见外加能量用于增加流体的势能,并克服管路的阻力损失。式中 $H$ 为扬程,也称压头,是输送机械向单位重量流体提供的能量。管路特性曲线是抛物线,曲线的陡峭程度反映管路阻力情况,$K$ 越大,管路阻力越大;反之亦然。

压头和流量是流体输送机械的主要技术指标。

（2）管路特性曲线的影响因素

阻力部分:管径 $d$、管长 $l$、管件 $\xi(l_e)$、相对粗糙度 $\varepsilon/d$。

势能增加部分:位能差 $\Delta z$、$\Delta p$、密度 $\rho$。

2）离心泵

（1）离心泵构造和工作原理

叶轮和蜗壳是离心泵的主要构件。

叶轮按形状分为前弯叶轮、后弯叶轮和径向叶轮;按结构分为敞式叶轮、半蔽式叶轮和蔽式叶轮。

叶轮是向流体提供能量的核心部件,是关键供能装置。

蜗壳是将动能转化为势能的核心部件,是转能装置。

离心泵的工作原理:高速旋转的叶轮,液体在离心力的作用下由叶轮中心向外缘做径向运动。叶轮中心吸入低势能、低动能的液体,液体流经叶轮获得能量,在叶轮外缘形成高势能、高动能的液体;进入蜗壳后,由于流道的渐宽而减速,将动能部分转化为势能,最后流出管道。

（2）离心泵特性曲线

某转速下,离心泵特性曲线包括 $H_e - q_V$、$p_a - q_V$、$\eta - q_V$ 三条特性曲线,工程上多用扬程特性曲线,习惯写成 $H_e = A - B q_V^2$,其中参数 $A$、$B$ 由实验测定。

（3）影响泵特性曲线的因素

影响泵特性曲线的因素有叶轮转速 $n$,叶轮直径 $D$,叶轮形状和流体密度、黏度。离心泵理论压头与液体密度无关,但泵出口压强与液体密度成正比。

（4）离心泵性能参数

流量 $q_V$、压头 $H_e$、效率 $\eta$、有效功率 $P_e$ 与轴功率 $P_a$

$$P_e = \rho g H_e q_V \tag{1-35}$$

$$\eta = \frac{P_e}{P_a} \times 100\% \tag{1-36}$$

（5）离心泵的工作点和流量调节

泵特性曲线和管路特性曲线的交点称为泵的工作点。工作点表明泵所提供的能量和流量值恰好和管路需要的相一致,此时泵在管路中正常工作。

流量调节即工作点调节。工作点调节方法有:出口阀调节（调节管路）、叶轮转速、直径的调节（调节泵）。

（6）离心泵的安装高度

① 汽蚀现象

安装高度不适时,流体进入泵中叶轮内缘后即汽化,含泡液体进入叶轮后,压强升高,生成气泡凝聚,又产生局部真空,周围液体高速涌向气泡中心,造成冲击和振动,导致叶轮受损,这种现象称为汽蚀。

② 临界汽蚀余量 $(NPSH)_c$ 和必需汽蚀余量 $(NPSH)_r$

泵内刚发生汽蚀的临界条件下,泵入口处液体的机械能比汽化时的势能超出部分称为离心泵的临界汽蚀余量 $(NPSH)_c$:

$$(NPSH)_c = \frac{p_{1,\min}}{\rho g} + \frac{u_1^2}{2g} - \frac{p_v}{\rho g} = \frac{u_K^2}{2g} + \sum H_{f(1-K)} \tag{1-37}$$

为使泵正常运转,将实验所测得的$(NPSH)_c$加上一定量的安全量作为必需汽蚀余量$(NPSH)_r$。泵正常运转,泵入口处的压强$p_1$必须高于$p_{1,\min}$,即实际汽蚀余量

$$NPSH = \frac{p_1}{\rho g} + \frac{u_1^2}{2g} - \frac{p_v}{\rho g} \tag{1-38}$$

$NPSH$必须大于临界汽蚀余量$(NPSH)_c$一定的量,而$NPSH$要比必需汽蚀余量$(NPSH)_r$大0.5 m以上。

③ 最大安装高度$H_{g,\max}$和最大允许安装高度$[H_g]$

$$H_{g,\max} = \frac{p_0}{\rho g} - \frac{p_v}{\rho g} - \sum H_{f(0-1)} - \left(\frac{u_K^2}{2g} + \sum H_{f(1-K)}\right) = \frac{p_0}{\rho g} - \frac{p_v}{\rho g} - \sum H_{f(0-1)} - (NPSH)_c \tag{1-39}$$

$$[H_g] = \frac{p_0}{\rho g} - \frac{p_v}{\rho g} - \sum H_{f(0-1)} - [(NPSH)_r + 0.5] \tag{1-40}$$

$H_{g,\max}$是临界汽蚀条件下对应的极限安装高度,$H_{g,\max}$减去一定量作为安装高度的上限称为最大允许安装高度$[H_g]$。

(7) 离心泵的选用

根据被输送流体的性质和操作条件,确定泵的类型;根据管路要求的流量和压头确定泵的型号,列出泵的性能参数。

选泵时,泵提供的$q_V$和$H_e$略大于管路要求的$q_V$和压头$H$,应使泵在高效率区操作。

3) 往复泵及其他化工用泵

(1) 往复泵

往复泵的主要构件包括泵缸、活柱(或活塞)和活门。

工作原理:活塞在外力推动下做往复运动,借此改变泵缸内的空隙容积和压强,交替打开和关闭吸入、压出活门,达到输送液体的目的。

往复泵按动力来源可以分为电动往复泵和汽动往复泵,按照作用方式分为单动往复泵和双动往复泵。

往复泵输送流量是不均匀的,改善这种不均匀性的方法常有两种:采用多缸往复泵和安置空气室。

(2) 往复泵流量调节方法

往复泵理论流量取决于活塞扫过的体积,与管路特性无关,但往复泵的压头只取决于管路,这种特性称为正位移特性,具有这种特性的泵统称为正位移泵。

往复泵流量调节方法:旁路调节、改变曲柄转速和活塞行程。

(3) 其他化工泵

① 轴流泵

② 旋涡泵

③ 隔膜泵

④ 齿轮泵

⑤ 螺杆泵

(4) 各类化工用泵性能比较

4) 气体输送机械

(1) 分类

按作用原理和结构分为离心式、往复式、旋转式等。

按进、出口压强差(或压缩比)分为通风机、鼓风机、压缩机和真空泵。

(2) 离心式通风机

$$p_{\mathrm{T}} = H\rho g = (p_1 - p_2) + \frac{\rho u_2^2}{2} = p_{\mathrm{S}} + p_{\mathrm{K}} \tag{1-41}$$

通风机的全压包括静风压 $p_{\mathrm{S}}$ 和动风压 $p_{\mathrm{K}}$。

使用中和出厂试验介质有异时进行全压换算:

$$p'_{\mathrm{T}} = p_{\mathrm{T}} \frac{\rho'}{\rho} = p_{\mathrm{T}} \frac{1.2}{\rho} \tag{1-42}$$

(3) 鼓风机

罗茨鼓风机和离心鼓风机。

(4) 真空泵

真空泵的主要特性:极限真空和抽气速率。

# 1.3 概念关联图表

### 1.3.1 基本概念关联图

| | 物理量 | 单位 | 关系式 | 备注 |
|---|---|---|---|---|
| 本章主要物理量及参数 | 密度 | kg/m³ | $\rho = \dfrac{m}{V}$ | |
| | 压强 | N/m² | $p = \dfrac{F}{A}$ | 压强两种基准:绝对真空和大气压;压强其他表示:mH₂O,mmHg,atm 等 |
| | 黏度 | Pa·s | $\mu = \dfrac{\tau}{\dfrac{\mathrm{d}u}{\mathrm{d}y}}$ | |
| | 流量与流速 | m³/s,m/s | $q_V = uA$ <br> $q_m = \rho q_V$ <br> $G = u\rho$ | |
| | 管径 | m | $d = \sqrt{\dfrac{4q_V}{\pi u}}$ | |

### 1.3.2 静力学方程

| | | |
|---|---|---|
| 静力学方程形式 | $\dfrac{\mathscr{P}}{\rho} = \dfrac{p}{\rho} + gz = $ 常数 | 静止流体内部压强能和位能之和为常数;<br>静止流体内部总势能是常数 |
| | $\dfrac{p_1}{\rho} + gz_1 = \dfrac{p_2}{p} + gz_2$ | 静止流体内部等高等压,等高面即等压面 |
| 应用 | 测量液位高度;确定液封高度;测量两点的压差或各点静压强 | |

### 1.3.3 流体流动中的基本原理

| | 守恒原理 | 备注 |
|---|---|---|
| 质量守恒 | $\rho_1 u_1 A_1 = \rho_2 u_2 A_2$ | 流体定态流动 |
| | $u_1 A_1 = u_2 A_2$ | 不可压缩流体定态流动 |

| | 守恒原理 | 备注 |
|---|---|---|
| 机械能守恒 | $z_1 g + \dfrac{p_1}{\rho} + \dfrac{u_1^2}{2} + h_e = z_2 g + \dfrac{p_2}{\rho} + \dfrac{u_2^2}{2} + \sum h_f$ | 单位质量流体为衡算基准 |
| | $z_1 + \dfrac{p_1}{\rho g} + \dfrac{u_1^2}{2g} + H_e = z_2 + \dfrac{p_2}{\rho g} + \dfrac{u_2^2}{2g} + \sum H_f$ | 单位重量流体为衡算基准 |
| 机械能守恒的应用 | 确定容器设备间的相对位置;计算管路中管段压降 | |
| | 确定管路内流体压强或管段、管件的机械能损失(阻力损失) | |
| | 直接用于计算流量或测量流量 | |
| | 计算流体输送设备功率、扬程等 | |
| | 管路流量分配,由此确定各管段管径 | |

## 1.3.4 阻力损失的计算

| | | |
|---|---|---|
| 直管阻力损失 | $h_f = \lambda \dfrac{l}{d} \dfrac{u^2}{2}$ | |
| | 层流 | $h_f = \dfrac{32 \mu l u}{\rho d^2}$ |
| | 湍流 | $h_f = \lambda \dfrac{l}{d} \dfrac{u^2}{2}$ |
| 局部阻力损失 | $h_f = \lambda \dfrac{l_e}{d} \dfrac{u^2}{2}$,$h_f = \zeta \dfrac{u^2}{2}$ | |

## 1.3.5 常用流量计

| 流量计名称 | 特点 | 流速或流量关系 | 示意简图 |
|---|---|---|---|
| 皮托管 | 常用于测量气体流速,流动阻力小;不能直读平均流速;不能用于测量含固体杂质的流体 | $u_A = \sqrt{\dfrac{2R(\rho_i - \rho)g}{\rho}}$ | |
| 孔板流量计 | 可测气体、液体流量;简单方便;阻力大,是变压降流量计 | $q_V = C_0 A_0 \sqrt{\dfrac{2gR(\rho_i - \rho)}{\rho}}$ | |
| 文丘里流量计 | 能量损失小;造价高;是变压降流量计 | $q_V = C_V A_0 \sqrt{\dfrac{2gR(\rho_i - \rho)}{\rho}}$ | |

| 流量计名称 | 特点 | 流速或流量关系 | 示意简图 |
|---|---|---|---|
| 转子流量计 | 可测非混浊液体、气体流量;阻力损失小;结构简单;可直读流体流量;测量范围宽;恒压式流量计 | $q_V = C_R A_0 \sqrt{\dfrac{2V_f(\rho_f - \rho)g}{\rho A_f}}$ | 流体出口<br>锥形硬玻璃管<br>转子<br>刻度<br>突缘填函盖板<br>流体入口 |

## 1.3.6 流体输送机械

| | 基本结构 | 工作原理 | 特性曲线 |
|---|---|---|---|
| 液体输送机械 / 离心泵 | 1—叶轮;2—泵壳;3—泵轴;<br>4—吸入管;5—底阀;6—压出管 | 叶轮高速旋转时,液体从叶轮中心向外缘做径向运动,叶轮中心吸入低势能、低动能的液体。随叶轮运动的过程中获得高势能、高动能的液体。借吸液口和叶轮中心的势能差不断吸入液体 | $u_2^2/g$   $H_T$ 1   $H_e$-$q_V$   $P_a$-$q_V$   $\eta$-$q_V$   2   $q_{VA}$   $q_V$ |
| 往复泵 | 1—压出管路;2—压出空气室;<br>3—压出活门;4—缸体;5—活柱;<br>6—吸入活门;7—吸入空气室;<br>8—吸入管路 | 活柱在外力推动下做往复运动,由此改变泵缸内的容积和压强,交替打开和关闭吸入、压出活门,达到输送液体的目的 | $H$   $O$   $V$ |

| | | 基本结构 | 工作原理 | 特性曲线 |
|---|---|---|---|---|
| 气体输送机械 | 离心通风机 | 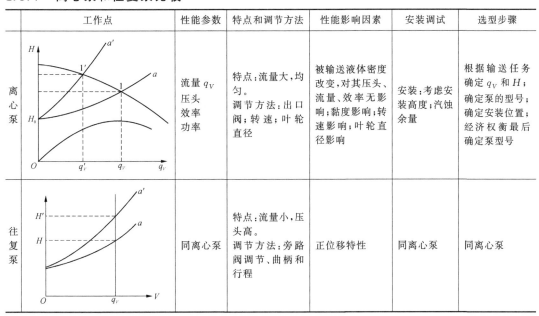1—机壳;2—叶轮;<br>3—吸入口;4—排出口 | 和离心泵相同。但表示加入能量的单位是 $J/m^3$(即 Pa),而非气柱高度 m | |

### 1.3.7 离心泵和往复泵比较

| | 工作点 | 性能参数 | 特点和调节方法 | 性能影响因素 | 安装调试 | 选型步骤 |
|---|---|---|---|---|---|---|
| 离心泵 | | 流量 $q_V$<br>压头<br>效率<br>功率 | 特点:流量大,均匀。<br>调节方法:出口阀;转速;叶轮直径 | 被输送液体密度改变,对其压头、流量、效率无影响;黏度影响;转速影响;叶轮直径影响 | 安装:考虑安装高度;汽蚀余量 | 根据输送任务确定 $q_V$ 和 $H$;确定泵的型号;确定安装位置;经济权衡最后确定泵型号 |
| 往复泵 | | 同离心泵 | 特点:流量小,压头高。<br>调节方法:旁路阀调节、曲柄和行程 | 正位移特性 | 同离心泵 | 同离心泵 |

## 1.4 难点分析

**1. 流体流动中为何引入连续性假定?**

物质有气、液、固三种状态,固体物质的分子间距很小,内聚力大,所以固体可以保持固定的形状和体积,能够承受一定的拉力、压力和剪切力。而流体不同,其分子间距大于固体的分子间距,内聚力小,极易改变自身的形状,具有易流动性。流体几乎不能承受拉力和抵抗拉伸变形,在微小的剪切力作用下,就很容易发生变形和流动。

液体和气体相比,液体分子的内聚力比气体大得多,在一般压力和温度变化时,液体虽不能保持固定的形状,但能保持固定的体积。在重力场中,设备体积大于液体体积时,液体不能充满设备,形成一个自由表面。

例如,从物理学可以知道,1 mL 的水含有 $3.3 \times 10^{23}$ 个水分子,水分子之间的平均距离是 3 nm,液体分子各自进行着复杂的微观运动。因为流体力学并不着眼于研究流体分子的微观运动,而是研究整个流体的宏观机械运动,因此流体力学中引入连续性假定,即假设流体质点之间没有空隙,流体质点连续充满所占空间,其物理性质和运动参数都是连续分布的。

这里所说的质点是指流体内部具有无限小的体积和相应质量的点,即质点应是包含大量流体分子的微团。

有了连续性假定,工程上一方面能够充分利用数学上连续函数这一有力工具进行流体的研究,另一方面也能满足大多数实际工程问题的宏观要求,因为流体的分子间距与工程问题中流体的尺度相比较是极其微小的。

在连续性假定的基础上,一般认为流体具有均匀的等向性,即流体是均匀的,各部分和各方向的物理性质是相同的。

### 流体力学简史

流体力学的研究可以追溯到很远。远古时代,箭弩的发明反映了原始人对箭头的流线型降低摩擦阻力及尾翅的稳定性问题的探索。在我国,墨家经典《墨子》中就有关于浮力规律的探讨,其他如北魏贾思勰的《齐民要术》《淮南子》,以及后来的《太平寰宇记》《考工记》等都有关于流体力学问题的记载。曹冲称象、怀丙捞铁牛等都是利用流体力学知识的脍炙人口的故事。而把流体力学真正当作一门学问来研究则是在西方。

希腊数学家阿基米德(公元前287—前212年)导出了浮力定律,正确给出静止的黏性流体问题的精确解。文艺复兴时期,意大利著名的画家、科学家·达芬奇(1452—1519年)正确推导了一维不可压缩流体的质量守恒方程。在他的笔记中还有关于波动、水跃、自由射流等流体力学问题的精确描述。

1687年牛顿(1643—1727年)发表的《自然哲学的数学原理》对几乎所有普通流体的黏性性状作了如下的简单描述:"流体的两部分(若其他情形一样)由于缺乏润滑性而引起的阻力,同流体两部分彼此分开的速度成正比。"今天,这种符合线性黏度率的流体被称为"牛顿流体"。牛顿用这种关系推导出了旋转圆柱体周围的速度分布。

18世纪,一大批有名望的数学家、力学家忽略了流体的黏性,把流体当作无黏的理想流体来研究。他们利用牛顿的微积分作为流体力学研究的有力工具、以三大守恒定律为流体力学研究的基础,使流体力学得到了长足的发展。1738年伯努利(1700—1782年)证明:在无黏性流体中,压力梯度和加速度之间存在着比例关系。微积分大师欧拉(1707—1783年)1755年推导出了伯努利方程。同时,达朗贝尔(1717—1783年)1752年发表了著名的"达朗贝尔佯缪":浸在无黏性流体中的运动物体的阻力为零。在此之后,拉格朗日(1736—1813年)和拉普拉斯(1749—1827年)等著名的数学家、力学家将新兴的流体运动学推向了完美的分析高度。

然而,对于从事实际工作的工程师来说,因为无黏性的理想流体的许多结论与实际相去甚远,许多理论流体力学的结论,如"达朗贝尔佯缪"对他们是不可以容忍的。于是当时的流体力学不得不分成流体理论和水力学两个分支。在前一学科中,数学家继续做完美的理论推导;而后者则完全放弃了理论,完全建立在实际测量基础之上。直到20世纪初,这种状况一直持续了150年左右。

19世纪,一些科学家看到了理论流体与工程实际相差太远,试图给欧拉的理想流体运动方程加上摩擦力项。纳维(Navier,1827年)、柯西(Cauchy,1828年)、泊松(Poisson,1829年)、圣维南(St. Venant,1843年)和斯托克斯(Stokes,1845年)分别以自己不同的方式对欧拉方程作了修正。Stokes首次采用动力黏性系数$\mu$。现在,这些黏性流体的基本方程称为Navier-Stokes方程(简称N-S方程)。但是由于N-S方程是数学中最为难解的非线性方程中的一类,寻求它的精确解是非常困难的事。直至今天,大约也只有70多个精确解。

19世纪末,流体力学的一个重要发展就是雷诺(Reynolds,1842—1912年)的研究工作。在19世纪前叶已经发现流体运动可以分为光滑流动的层流和不规则的湍流。1883年,雷诺以实验用量纲一的特征数$Re(=\rho u l/\mu)$表明了影响流动是层流还是湍流的决定因素。湍流问题是流体运动的主要形式,湍流问题已经成为流体力学的最重要的课题之一。

1904 年,近代流体力学的奠基人——德国著名的流体力学家普朗特(Prandti)发表的边界层理论改变了上述的流体力学两个分支互不联系的状况,将流体力学理论与工程实际高度结合。他证明:小黏度流体流动中存在着薄的边界层,在边界层中黏性起重要的作用;而在边界层以外的流场中黏性可以忽略,可以按照无黏性流体来处理。边界层理论与机翼理论和气体动力学成为了现代流体动力学的基石。20 世纪,卡门、泰勒等也对流体力学的发展作出了重要的贡献。

20 世纪 40 年代以后,由于计算机技术的发展,对流体问题进行数值模拟和计算成为可能,并开辟了一个新的分支——计算流体力学。

1963 年,MIT 的气象学(流体力学的一个分支)教授洛仑兹在研究气象对流的时候首先发现了混沌现象,对大数学家、计算机之父诺依曼有关确定性的理论提出了挑战,被称为“混沌学之父”。由于混沌问题的普遍性,很快在 20 世纪 70 年代以后各个学科都发现了混沌现象,得到了广泛的响应。混沌学中著名的“蝴蝶效应”的科学语言称为对初值的敏感性。混沌学的建立改变了整个自然科学的面貌,甚至影响了人们的自然观。今天混沌理论已经成为自然科学的重要基础理论,是确定性与概率性研究的桥梁,也是 20 世纪科学研究的热点之一。

**2. 什么是流体的黏性和黏度**?

虽然流体静止时不能承受剪切力和抵抗拉伸变形,但运动时,流体质点之间会抵抗相对运动而产生质点之间或流层之间的内摩擦力,内摩擦力做功而消耗有效机械能。流体的这一特性称为黏性。

生活中经常遇到黏性现象,例如搅动的牛奶停止搅动后一段时间,牛奶也静止下来。工程上遇到的流体都是实际流体,实际流体都具有黏性。流体具有黏性是流体最具特色和固有的物理性质。实际流体流动产生剪应力,大多数流体流动中剪应力 $\tau$ 服从牛顿黏性定律。

牛顿黏性定律指出,剪应力与法向速度梯度成正比,与法向压力无关。这一规律和固体表面的摩擦力截然不同。

静止流体是不能承受剪应力抵抗剪切形变的,这是流体与固体的力学特性之又一不同点。

黏度因流体而异,是流体的一种物性。黏度越大,同样的剪应力将造成较小的速度梯度。剪应力及流体的黏度只是有限值,故速度梯度也只能是有限值。由此可知,相邻流体层的速度只能连续变化。据此可对流体流经圆管时的速度沿半径方向的变化规律作出预示。紧贴圆管壁面的流体因受壁面固体分子力的作用而处于静止状态(即壁面无滑移),随着离壁距离的增加,流体的速度也连续地增大。这种速度沿管截面各点的变化称为速度分布(或称速度侧形)。只有当流体无黏性时才出现均匀的速度侧形,这种流体称为理想流体。

上述不同速度的流体层在流动方向上具有不同的动量,层间分子的交换也同时构成了动量的交换和传递。动量传递的方向与速度梯度方向相反,即由高速层向低速层传递。因此,无论是气体或液体,剪应力 $\tau$ 的大小即代表此项动量传递的速率。这是牛顿黏性定律的本质。

流体的黏度是影响流体流动的一个重要的物理性质,不同流体具有不同的黏度。通常液体的黏度随温度增加而减小,气体的黏度成百倍地小于液体的黏度,而且随温度呈现相反的变化,即气体的黏度随温度上升而增大。

黏性的物理本质是分子间的引力和分子的运动与碰撞。以气体分子运动为例,若两相邻的流体层在 $x$ 方向具有不同的速度,那么,当低速流体层的分子借分子运动进入高速层时将促使该层速度降低。反之,高速流体层分子借分子运动进入低速层时将促使其速度增加。

从宏观上看,上述事实相当于低速流体层施加一个剪应力于高速层,其方向与其运动方向相反。高速层则施加一个剪应力于低速层,其方向与其运动方向相同。两者大小相同方向相反,互为作用力与反作用力。由此可知,尽管所观察的只是流体宏观的机械运动,分子的微观运动仍然显示其影响,只是这里以宏观的形式加以处理而已。换句话说,黏性就是这种分子微观运动的一种宏观表现。

**牛顿小传**

牛顿,被誉为科学巨人。1643 年 1 月 4 日牛顿诞生于英格兰林肯郡的小镇乌尔斯普的一个自耕农家庭。牛顿研究了流体流动的阻力,得到阻力与流体密度、迎流截面积和流动速度的平方呈正比例关系。针对黏性流体流动,提出牛顿黏性定律,这是他在流体力学方面的贡献。

牛顿的三大成就是创立了微积分、提出万有引力定律和光学分析的思想。对于运动物体,求微分相当于求路程和时间的关系,求某点的切线斜率,该斜率就是点速度。一个变速运动的物体,在一定时间范围内走过的路程,可看成是在微小时间间隔里所走路程的和,这就是积分的概念。求积分相当于求时间和速度关系的曲线下面的面积。牛顿正是从这些基本概念出发,建立了微积分。微积分是牛顿和莱布尼茨在前人的基础上各自独立建立起来的。牛顿是经典力学理论的集大成者。他系统地总结了伽利略、开普勒和惠更斯等的工作,得到了著名的万有引力定律和牛顿运动三定律。在光学方面的三大贡献是:1666 年,发现了白光是由不同颜色的光组成的;1668 年,制成第一架反射望远镜样机;他还提出了光的"微粒说"。

**泊谡叶和黏度单位的由来**

泊谡叶(Poiseuille,1799—1869 年),法国生理学家。他在巴黎综合工科学校毕业后,又攻读医学,长期研究血液在血管内的流动。在求学时代就已发明血压计用于测量狗主动脉的血压。他发表过一系列关于血液在动脉和静脉内流动的论文(最早一篇发表于 1819 年)。其中 1840—1841 年发表的论文《小管径内液体流动的实验研究》对流体力学的发展起了重要作用。他在文中指出,流量与单位长度上的压力降和管径的四次方成正比,此定律之后被称为泊谡叶定律。由于德国工程师 G. H. L. 哈根在 1839 年曾得到同样的结果,W. 奥斯特瓦尔德在 1925 年建议称该定律为哈根-泊谡叶定律。现在流体力学中常把黏性流体在圆管道中的流动称为泊谡叶流动,医学上把小血管管壁近处流速较慢的流层称为泊谡叶层。1913 年,英国 R. M. 迪利和 P. H. 帕尔建议将动力黏度的单位以泊谡叶的名字命名为泊(poise)。1 泊=1 达因·秒/厘米$^2$。1969 年国际计量委员会建议的国际单位制(SI)中,动力黏度单位改用帕斯卡·秒,其中 1 帕斯卡·秒=10 泊。

**3. U 形压差计读数表示什么?**

U 形压差计常用于测量两点之间压差,图 1-1 表示 U 形压差计测量直管内流体流动时 $A$、$B$ 两点之间压差。管内流动流体密度为 $\rho$,指示剂密度为 $\rho_i$,指示剂处于静止。处于同一水平面 1、2 两点的压强各为

$$p_1 = p_A + \rho g h_1$$
$$p_2 = p_B + \rho g (h_2 - R) + \rho_i g R$$

根据静力学等压面知识,有 $p_1 = p_2$。故有

$$(p_A + \rho g z_A) - (p_B + \rho g z_B) = Rg(\rho_i - \rho)$$

引入虚拟压强,即

$$\mathscr{P}_A - \mathscr{P}_B = Rg(\rho_i - \rho)$$

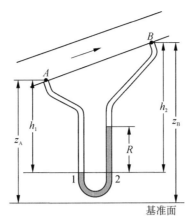

图 1-1　U 形压差计

当压差计两端的流体相同时，U 形压差计直接测得的读数 $R$ 实际上并不是真正的压差，而是 $A$、$B$ 两点虚拟压强之差 $\Delta \mathscr{P}$。只有当两测压口处于等高面上，$z_A = z_B$（即被测管道水平放置）时，U 形压差计才能直接测得两点的压差为

$$\mathscr{P}_A - \mathscr{P}_B = p_A - p_B$$

一般情况，压差应由下式计算

$$p_A - p_B = R(\rho_i - \rho)g - \rho g(z_A - z_B)$$

同样的压差下，用 U 形压差计测量的读数 $R$ 与密度差 $(\rho_i - \rho)$ 有关，故应妥善选择指示液的密度 $\rho_i$，使读数 $R$ 在适宜的范围内。

由此可见，对于倾斜管路，U 形压差计读数反映两截面流体的静压能和位能总和之差值，因静压能与位能均为流体的势能，因此，U 形压差计的读数实际反映两截面流体的总势能差。当管路水平放置时，U 形压差计仅测得静压能差或压强差。

**4. 伯努利方程应用条件是什么？应用时注意事项有哪些？**

伯努利方程反映流体流动的机械能守恒规律。使用伯努利方程可以解决流体流动中流量、压强等流动参数的变化规律，同时可以解决流量、压强等流动参数的测量。其应用条件是无外加能量时，重力场不可压缩的理想流体做定态流动。对于实际流体，流动时产生机械能损失，引入阻力损失项，仍然可用。

使用中应该注意以下几点。

(1) 正确确定能量衡算的范围即截面的选择，位能基准面的选择，压强基准的选择。要求所选择的截面和流体的流动方向垂直，两截面之间流体应做定态流动，截面宜选择在已知量最多，或计算方便处。位能基准面应和水平面平行，为便于计算，一般将位能基准面选择在两截面位置较低的截面处。图 1-2(a) 中因流体在截面 2-2′处存在加速度，是非均匀流段，所以不能取作为机械能守恒的截面。图 1-2(b) 中 2-2′ 截面流体流动方向改变，也是非均匀流段，也不能取作为机械能守恒的截面。

(2) 伯努利方程有三种形式，可以反映能量衡算的基准。

单位质量流体为基准，伯努利方程为

$$\left(\frac{p_1}{\rho} + gz_1\right) + \frac{u_1^2}{2} = \left(\frac{p_2}{\rho} + gz_2\right) + \frac{u_2^2}{2} + h_f \quad 或 \quad \frac{\mathscr{P}_1}{\rho} + \frac{u_1^2}{2} = \frac{\mathscr{P}_2}{\rho} + \frac{u_2^2}{2} + h_f$$

有外加能量时，则为

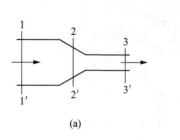 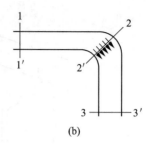

(a)　　　　　　　　　　(b)

图 1-2

$$\left(\frac{p_1}{\rho}+gz_1\right)+\frac{u_1^2}{2}+h_e=\left(\frac{p_2}{\rho}+gz_2\right)+\frac{u_2^2}{2}+h_f \text{ 或 } \frac{\mathscr{P}_1}{\rho}+\frac{u_1^2}{2}+h_e=\frac{\mathscr{P}_2}{\rho}+\frac{u_2^2}{2}+h_f$$

式中各项单位为 J/kg。

单位重量流体为基准时,伯努利方程为

$$z_1+\frac{p_1}{\rho g}+\frac{u_1^2}{2g}=z_2+\frac{p_2}{\rho g}+\frac{u_2^2}{2g}+H_f \text{ 或 } \frac{\mathscr{P}_1}{\rho g}+\frac{u_1^2}{2g}=\frac{\mathscr{P}_2}{\rho g}+\frac{u_2^2}{2g}+H_f$$

有外加能量时,则为

$$z_1+\frac{p_1}{\rho g}+\frac{u_1^2}{2g}+H_e=z_2+\frac{p_2}{\rho g}+\frac{u_2^2}{2g}+H_f \text{ 或 } \frac{\mathscr{P}_1}{\rho g}+\frac{u_1^2}{2g}+H_e=\frac{\mathscr{P}_2}{\rho g}+\frac{u_2^2}{2g}+H_f$$

式中各项单位为 J/N。

单位体积流体为基准时,伯努利方程为

$$\rho gz_1+p_1+\frac{\rho u_1^2}{2}=\rho gz_2+p_2+\frac{\rho u_2^2}{2}+\rho gh_f \text{ 或 } \mathscr{P}_1+\frac{\rho u_1^2}{2}=\mathscr{P}_2+\frac{\rho u_2^2}{2}+\rho gh_f$$

有外加能量时,则为

$$\rho gz_1+p_1+\frac{\rho u_1^2}{2}+\rho gh_e=\rho gz_2+p_2+\frac{\rho u_2^2}{2}+\rho gh_f \text{ 或 } \mathscr{P}_1+\frac{\rho u_1^2}{2}+\rho gh_e=\mathscr{P}_2+\frac{\rho u_2^2}{2}+\rho gh_f$$

式中各项单位为 J/m³。

基准选定后,整个衡算式要贯彻始终,式中不能随意改变,以保持式中各项单位一致。

(3)应掌握伯努利方程式中各项及整个衡算式表达的物理意义。式中,$z$ 为单位重量流体所具有的位能,也是被考察流体距基准面的高度,称为位头;$\frac{p}{\rho g}$ 是单位重量流体所具有的压强能,也是以流体柱高度表示的压强,称为压头;$\frac{u^2}{2g}$ 是单位重量流体所具有的动能,相应地称为速度头;$h_e$、$h_f$ 分别表示单位质量流体在衡算范围内获得的能量和损失的机械能。

而整个衡算方程表达出压强能、位能、动能之间相互转化关系。对已铺设的管路,各断面的几何高度和管径已定,各断面的位能 $z$ 是不可能改变的,各断面的动能 $u^2/(2g)$ 受管径的约束,唯有势能 $p/(\rho g)$ 可根据具体情况的变化而改变。因此,从某种意义上讲,伯努利方程就是流体在管道流动时的压强变化规律。

(4)图 1-3 是简单分支管路。流量关系为

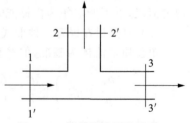

图 1-3　简单分支管路示意

$$q_{V1} = q_{V2} + q_{V3}$$

利用截面积关系有

$$u_1 A_1 = u_2 A_2 + u_3 A_3$$

但是截面 $1-1'$ 和截面 $3-3'$ 之间机械能守恒方程是下式(a)还是式(b)?

$$\frac{p_1}{\rho} + z_1 g + \frac{u_1^2}{2} = \left(\frac{p_3}{\rho} + z_3 g + \frac{u_3^2}{2}\right) + \left(\frac{p_2}{\rho} + z_2 g + \frac{u_2^2}{2}\right) + h_{f13} \tag{a}$$

$$\frac{p_1}{\rho} + z_1 g + \frac{u_1^2}{2} = \frac{p_3}{\rho} + z_3 g + \frac{u_3^2}{2} + h_{f13} \tag{b}$$

因以单位质量流体为基准的,故截面 $1-1'$ 和截面 $3-3'$ 之间机械能守恒方程应是式(b)。同理可以列出截面 $1-1'$ 和截面 $2-2'$ 之间正确的机械能守恒方程。

同样可以列出图 $1-4$ 汇合管路正确的流量关系和机械能守恒方程。

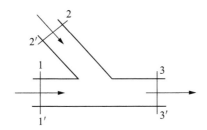

图 1-4　汇合管路示意

**伯努利小传**

丹尼尔·伯努利 1700 年 2 月 8 日生于荷兰格罗宁根;1782 年 3 月 17 日卒于瑞士巴塞尔,著名的数学家、物理学家和医学家。

丹尼尔·伯努利(Daniel Bernoulli)是著名的伯努利家族中最杰出的一位,他是约翰·伯努利(Johann Bernoulli)的第二个儿子。丹尼尔出生时,他的父亲约翰正在格罗宁根担任数学教授。1713 年丹尼尔开始学习哲学和逻辑学,1715 年获得学士学位,1716 年获得艺术硕士学位。在这期间,他的父亲,特别是他的哥哥尼古拉·伯努利二世(Nikolaus Bernoulli Ⅱ,1695—1726 年)教他学习数学,使他受到了数学家庭的熏陶。他的父亲试图要他去当商业学徒,谋一个经商的职业,但是这个想法以失败告终。于是又让他学医,起初在巴塞尔,1718 年到了海德堡,1719 年到施特拉斯堡,在 1720 年他又回到了巴塞尔。1721 年通过论文答辩,获得医学博士学位,其论文题目是"呼吸的作用"。同年他申请巴塞尔大学的解剖学和植物学教授,但未成功。1723 年,丹尼尔到威尼斯旅行。1724 年他在威尼斯发表了他的《数学练习》一文,引起许多人的关注,并收到去彼得堡科学院工作的邀请。1725 年他回到巴塞尔,之后他又与哥哥一起接受了彼得堡科学院的邀请,到彼得堡科学院工作。在彼得堡的 8 年间(1725—1733 年),他被任命为生理学院士和数学院士。1727 年他与 L. 欧拉一起工作,起初欧拉作为丹尼尔的助手,后来接替了丹尼尔的数学院士职位。这期间丹尼尔讲授医学、力学、物理学,做出了许多显露他富有创造性才能的工作。但是,由于哥哥的暴死及天气严酷等原因,1733 年他回到了巴塞尔。在巴塞尔他先任解剖学和植物学教授,1743 年成为生理学教授,1750 年成为物理学教授,而且在 1750—1777 年间他还任哲学教授。

1733 年丹尼尔离开彼得堡之后,就开始了与欧拉之间最受人称颂的科学通信。在通信中,丹尼尔向欧拉提供最重要的科学信息,欧拉运用杰出的分析才能和丰富的工作经验,给

19

予最迅速的帮助,他们先后通信40年,最重要的通信是在1734—1750年间,他们既是最亲密的朋友,也是竞争对手。丹尼尔还同C.哥德巴赫等数学家进行学术通信。

丹尼尔的学术著作非常丰富,他的全部数学和力学著作、论文超过80种。1738年他出版了一生中最重要的著作《流体动力学》(Hydrodynamica)。1725—1757年这30多年里他曾因天文学(1734年)、地球引力(1728年)、潮汐(1740年)、磁学(1743,1746年)、洋流(1748年)、船体航行的稳定(1753年,1757年)和振动理论(1747年)等成果,获得了巴黎科学院的10次以上的奖赏。特别是1734年,他与父亲约翰以"行星轨道与太阳赤道不同交角的原因"的佳作,获得了巴黎科学院的双倍奖金。丹尼尔获奖的次数可以和著名的数学家欧拉相比,因而受到了欧洲学者们的爱戴。1747年他成为柏林科学院成员,1748年成为巴黎科学院成员,1750年被选为英国皇家学会会员。他还是波伦亚(意大利)、伯尔尼(瑞士)、都灵(意大利)、苏黎世(瑞士)和慕尼黑(德国)等科学院或科学协会的会员,在他有生之年,还一直保留着"彼得堡科学院院士"的称号。

丹尼尔·伯努利的研究领域极为广泛,他的工作几乎对当时数学和物理学的研究前沿的问题都有所涉及。在纯数学方面,他的工作涉及代数、微积分、级数理论、微分方程、概率论等方面,但是他最出色的工作是将微积分、微分方程应用到物理学,研究流体问题、物体振动和摆动问题,他被推崇为数学物理方法的奠基人。

**5. 层流和湍流的区别有哪些?其本质区别是什么?**

流体流动的类型只有层流和湍流两种,过渡区是不稳定的,且微小的外界扰动可引起流型的变化,工程上通常将过渡区归为湍流处理。层流和湍流存在较多差异,如表1-1所示。

表1-1 管内层流和湍流的比较

| 流型 | 层流 | 湍流 |
|---|---|---|
| 质点运动特征 | 直线分层运动 | 不规则杂乱运动,彼此间混合碰撞,存在径向速度脉动 |
| 剪应力 | $\tau = \mu \dfrac{\mathrm{d}u}{\mathrm{d}y}$ | $\tau = (\mu + \mu') \dfrac{\mathrm{d}\bar{u}_x}{\mathrm{d}y}$ |
| 管内速度侧形 | | |
| 管内平均流速与管中心最大流速的关系 | $u = \dfrac{1}{2} u_{\max}$ | $u \approx 0.8 u_{\max}$ |
| 边界层厚度 | 管半径 | 边界层厚度取决于湍流程度高低,湍流程度越高边界层厚度越小,反之,则越厚 |
| 摩擦因数 | $\lambda = \dfrac{64}{Re}$ | $\lambda = \varphi\left(Re, \dfrac{\varepsilon}{d}\right)$ <br> 高度湍流时,$\lambda = \varphi\left(\dfrac{\varepsilon}{d}\right)$ |
| 流动阻力关系 | $h_{\mathrm{f}} \propto u^1$ | $h_{\mathrm{f}} \propto u^2$ |

层流和湍流的本质区别在于流体质点速度的脉动(即质点运动的随机性),这种脉动加速了流体动量、热量和质量的传递。

**雷诺小传**

雷诺,英国力学家、物理学家和工程师。1842年8月23日生于北爱尔兰的贝尔法斯特,

1912 年 2 月 21 日卒于萨默塞特的沃切特。1867 年毕业于剑桥大学王后学院。1868 年出任曼彻斯特欧文学院(后更名为维多利亚大学)的首席工程学教授。1877 年当选为皇家学会会员。1888 年获皇家勋章。1905 年因健康原因退休。他是一位杰出的实验科学家,由于欧文学院最初没有实验室,因此他的许多早期试验都是在家里进行的。他于 1883 年发表了一篇经典论文——《决定水流为直线或曲线运动的条件以及在平行水槽中的阻力定律的探讨》。这篇文章以实验结果说明水流分为层流与湍流两种形态,并提出以量纲一的特征数 $Re$(后称为"雷诺数")作为判别两种流型的标准。他于 1886 年提出轴承的润滑理论,1895 年在湍流中引入有关应力的概念。雷诺兴趣广泛,一生著述很多,其中近 70 篇论文都有很深远的影响。这些论文研究的内容包括力学、热力学、电学、航空学、蒸机特性等。他的成果曾汇编成《雷诺力学和物理学课题论文集》两卷。

**普朗特小传**

普朗特(1875—1953 年)德国著名物理学家。1900 年获慕尼黑大学博士学位,1901 年任汉诺威工业大学力学教授。在 1904 年的国际数学会议上他发表了著名的有关边界层理论的论文。同年,他担任哥丁根大学应用力学研究所所长,在这里他长期从事教学与科研工作,直到 1947 年退休。1925 年他提出了湍流的混合长度理论。在湍流的起因,机翼理论及风洞的实验测试技术方面他也有颇多建树。他的第一个风洞建于 1908 年,工作截面积为 $2\text{ m}\times 2\text{ m}$,最大速度 10 m/s,耗功 37.285 kW。1917 年他又建成第二台风洞,功率达 298.28 kW。他在大学任教长达 45 年,培养了不少杰出科学家,如冯·卡门、布劳修斯、许利庆格等都是他的高足。

普朗特在边界层理论及机翼理论方面起到了决定性的推进作用,并且他的研究成果成为气体力学的基本资料。他是流线型飞船的早期创始人,对单翼飞机的大力提倡推进了航空工业的发展。他将 Prandtl-Glaubert 定律应用于亚音速气流,以此来描述在高流速下空气的可压缩性,除了对超音速流和紊流理论起到了重要推动作用外,他还为风洞和其他空气动力设备的设计作出了显著革新的贡献。

**6. 影响流体流动阻力损失的因素有哪些?如何减小流体流动阻力损失?**

管内流动流体的阻力损失工程上分为直管阻力损失和局部阻力损失,前者是流体流经直管时的机械能损失,后者是流体流经弯头、阀门等管件引起的机械能损失,这种划分仅仅是工程上的方便,事实上两者没有本质区别,其产生原因都是流体的黏度。阻力损失大小可按下式计算:

$$h_f=\left(\lambda\frac{l}{d}+\sum\zeta\right)\frac{u^2}{2}\text{ 或 }h_f=\lambda\left(\frac{l}{d}+\sum\frac{l_e}{d}\right)\frac{u^2}{2}$$

从上式可以看出,流体流动的阻力损失与摩擦因数 $\lambda$、管径 $d$、管长 $l$、局部阻力系数 $\zeta$(或管件的当量长度 $l_e$)和管内流速 $u$ 有关。这里将其分为三类:①流动类型;②管路情况;③流速。这样上述计算关系可表述为

$$h_f=\lambda\frac{l+\sum l_e}{d}\frac{u^2}{2}$$

摩擦因数 $\lambda$ 关系为 $\lambda=\varphi\left(Re,\frac{\varepsilon}{d}\right)$,其大小取决于雷诺数 $Re$ 和相对粗糙度 $\frac{\varepsilon}{d}$。对于给定的管路,摩擦因数变化范围多为 0.01~0.04。层流时,$\lambda$ 和 $\frac{\varepsilon}{d}$ 无关,$\lambda=\frac{64}{Re}$。

$\frac{l+l_e}{d}$ 值比较关键,对于给定的管路,管件已定,此时 $\frac{l}{d}$ 值的大小非常重要,长距离管路

时,此值较大,此时成为阻力大小的关键。所以,对于较长管路,$\dfrac{l}{d}$ 值是关键;对于车间管路,$\dfrac{l_e}{d}$ 是关键。

$\dfrac{u^2}{2}$ 项取值范围变化不大,以水为例,水在管道内流动常用流速范围为 $1\sim3$ m/s,$\dfrac{u^2}{2}$ 项数值变化范围为 $0.5\sim4.5$,此项是非关键因素。

综合上述分析,减小流体流动阻力损失的措施包括:管道清洗,降低腐蚀,维持较为稳定的摩擦因数,必要时使用减阻剂;简化管路,合理设置,去除不必要的管件;选择比较适宜的流速。

**顾毓珍小传**

顾毓珍,又名毓桢,字一真,清光绪三十三年(1907 年)正月二十五日生,江苏无锡人。

民国元年(1912 年)起,先后就读于无锡第一初级小学、江苏省立第三师范附属小学。民国 7 年考入无锡辅仁中学,毕业后考入北京清华学校化工系。民国 15 年毕业,于次年留学美国麻省理工学院,专攻化学工程。民国 18 年转入该校研究院,跟随该院麦克阿姆斯教授从事流体力学及传热的研究。民国 21 年秋毕业,获化学工程学科学博士学位。毕业论文《水在圆管中流动时的传热机理研究》发表于美国化学工程师学会丛刊。论文中提出的流体在管内流动时的摩擦因数与雷诺数的关联式,后来为国际所公认,称之为"顾氏公式",被广泛采用。民国 21 年 11 月顾毓珍学成归国,途中绕道欧洲,参观考察了英、法、德等国的化学工厂,于翌年 4 月回到国内。他曾任南京国民政府中央工业试验所技正兼主任、代理所长,同时兼任金陵大学化学系教授及化工原理教研室主任;后又任工商部北平中央工业试验所筹备主任、所长,并兼清华大学、燕京大学教授等职。他专门从事液态燃料代用品的研究,发表有关论文 20 余篇,曾建议以酒精或酒精与汽油的混合物代替汽油作为燃料。

抗日战争全面爆发后,中央工业试验所迁往重庆。当时汽油紧缺,他积极研究"酒精脱水法",使其浓度达到 98%～99%,能取代汽油而作为液体燃料。经过反复试验获得成功,得到了实业部颁发的专利权。同时,他又研究以植物油为原料生产液态燃料,并提出对各种植物油榨油量的计算方式,总结出产油量的一般公式,还编著了《液态燃料》《化工计算》《油脂制备学》《油脂工业》等书。抗战胜利后他回到北平,继续从事科学研究和教学工作。

1949 年 11 月,顾毓珍任上海同济大学理学院教授,并在复旦大学、沪江大学兼课。1952 年 9 月,他担任华东化工学院(现华东理工大学)教授,兼化工原理教研室主任。1962 年兼化学工程教研室主任。1956 年加入九三学社,并被推选为上海市第二、第三届政协委员。从 20 世纪 50 年代起,他又在液态金属传热、非牛顿型流体传热的研究中提出了强化传热的途径,对传热强化圈、涡流管传热和在气流中加入小量固体颗粒以强化传热等研究和试验,均取得很好的效果。他编著出版了《湍流传热导论》一书。另外,在物料干燥方面,他也曾提出"多级喷动"和"有导向管喷动"两种新技术,并成功地运用于工业生产。他专长于化学工程,是中国化学工程学会的创始人之一,曾任上海化学化工学会副秘书长。他与人合编的《化学工业过程及设备》一书,为高等院校化工专业的通用教材。"文化大革命"开始以后,顾毓珍遭到冲击和迫害,于 1968 年 7 月 27 日含冤去世,终年 61 岁。1987 年他的冤案得到平反昭雪,并追认为烈士。

**7. 孔板流量计和转子流量计的区别是什么?**

孔板流量计和转子流量计是工程上应用较为广泛的两种流量计。两者比较如表 1-2 所示。

表 1 – 2　孔板流量计和转子流量计区别

|  | 孔板流量计 | 转子流量计 |
|---|---|---|
| 原理 | 流体流经孔板时产生压强差来测量流量,是压差式流量计 | 转子在流动流体内受力平衡,其悬浮高度反映流量高低,是变截面式流量计 |
| 特点 | 恒截面、变压差 | 恒压差、恒流速、变流通截面 |
| 流量式 | $q_V = C_0 A_0 \sqrt{\dfrac{2gR(\rho_i - \rho)}{\rho}}$ | $q_V = C_R A_0 \sqrt{\dfrac{2V_f(\rho_f - \rho)g}{\rho A_f}}$ |
| 优、缺点 | 结构简单、制造方便,机械能损失大,测量范围窄 | 读数方便,机械能损失小,测量范围宽,适用面广 |
| 安装使用 | 安装方便,要求安装在均匀流段 | 必须安装在垂直管段,不同流体有刻度换算关系 |

**8. 管路特性和泵特性之间的关系如何?**

　　安装在管路中的泵的输液量即为管路的流量,该流量下泵提供的扬程恰等于管路所需要的压头。因此,离心泵的实际工作情况是由泵特性和管路特性共同决定的。

　　管路特性方程为 $H = \dfrac{\Delta \mathscr{P}}{\rho g} + K q_V^2$。它表明管路中的体积流量与所需补加能量之间的关系,如图 1 – 5 所示。曲线的截距和管路两槽液面高度差 $\Delta z$、压差 $\Delta p$ 和被输送流体的密度 $\rho$ 有关,而曲线的陡峭程度与管路的阻力情况有关。因此,上述四个因素中任一改变,都会引起管路特性曲线的变化。

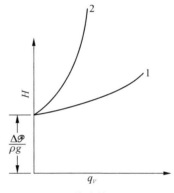

图 1 – 5　管路特性曲线

　　泵的特性方程简单表示为 $H_e = A - K q_V^2$。它表示一定输液量下泵能够提供的压头,是泵本身能力的体现。只有泵提供的流量和压头与管路所需要的流量和压头两者相互吻合时,才是该泵在特定管路中的真实工作状况,即泵的工作点。如图 1 – 6 所示。

　　图 1 – 6 中 $a$ 为管路特性曲线,$b$ 为泵的特性曲线,两者交点 1 即为泵的工作点。

　　对于带泵管路,泵特性或管路特性任一条件发生变化,整个带泵管路系统的流量和压头都会发生变化。图 1 – 6 中管路情况由 $a$ 变化到 $a'$ 时,工作点由 1 变化到 $1'$。

　　影响泵特性方程因素主要有:泵的结构(叶轮直径等)、转速。当泵的结构一定时,离心泵的特性与转速关系满足比例定律,转速越大,输液能力越强,泵提供的流量和扬程都会增加。同一台泵,切削叶轮直径也会导致泵特性的变化,满足切割定律,同样转速下,叶轮直径越大,液体经过叶轮受到的离心力越大,输送液体能力越强,泵提供的流量和扬程都会增加。

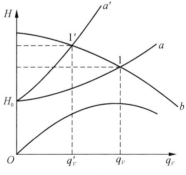

图 1 – 6　泵的工作点

**9. 离心泵产生汽蚀的原因是什么? 如何克服汽蚀现象?**

　　如图 1 – 7 所示的管路中,在液面 $0 – 0'$ 与泵进口附近截面 $1 – 1'$ 之间无外加机械能,液体借势能差流动。

　　实际上,泵中压强最低处位于叶轮内缘叶片的背面(图 1 – 7 中 $K – K'$ 面)。泵的安装位置高至一定距离,首先在该处发生汽化现象。含气泡的液体进入叶轮后,因压强升高,

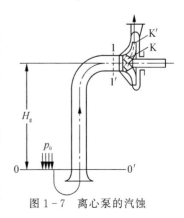

图 1 – 7　离心泵的汽蚀

气泡立即凝聚,从而产生局部真空,周围液体以高速涌向气泡中心,造成冲击和振动。尤其当气泡的凝聚发生在叶片表面附近时,众多液体质点犹如细小的高频水锤撞击着叶片;另外气泡中还可能带有氧气等,对金属材料发生化学腐蚀作用。泵在这种状态下长期运转,将导致叶片的过早损坏。这种现象称为泵的汽蚀。

在正常运转时,泵入口截面 $1-1'$ 的压强 $p_1$ 和叶轮入口截面 $K-K'$ 的压强 $p_K$ 密切相关,两者的关系服从截面 $1-1'$ 和截面 $K-K'$ 之间的机械能衡算式

$$\frac{p_1}{\rho g}+\frac{u_1^2}{2g}=\frac{p_K}{\rho g}+\frac{u_K^2}{2g}+\sum H_{flK} \tag{a}$$

从式(a)可以看出,在一定流量下,$p_1$ 降低,$p_K$ 也相应地减小。当泵内刚发生汽蚀时,$p_K$ 等于被输送液体的饱和蒸气压 $p_v$,而 $p_1$ 必等于某确定的最小值 $p_{1,min}$。在此条件下,式(a)可写为

$$\frac{p_{1,min}}{\rho g}+\frac{u_1^2}{2g}=\frac{p_v}{\rho g}+\frac{u_K^2}{2g}+\sum H_{flK}$$

或

$$\frac{p_{1,min}}{\rho g}+\frac{u_1^2}{2g}-\frac{p_v}{\rho g}=\frac{u_K^2}{2g}+\sum H_{flK} \tag{b}$$

式(b)表明,在泵内刚发生汽蚀的临界条件下,泵入口处液体的机械能 $\left(\frac{p_{1,min}}{\rho g}+\frac{u_1^2}{2g}\right)$ 比液体汽化时的势能超出 $\left(\frac{u_K^2}{2g}+\sum H_{flK}\right)$。此超出量称为离心泵的临界汽蚀余量,并以符号 $(NPSH)_c$ 表示,即

$$(NPSH)_c=\frac{p_{1,min}}{\rho g}+\frac{u_1^2}{2g}-\frac{p_v}{\rho g}=\frac{u_K^2}{2g}+\sum H_{flK} \tag{c}$$

为使泵正常运转,泵入口处的压强 $p_1$ 必须高于 $p_{1,min}$,即实际汽蚀余量(亦称装置汽蚀余量)

$$NPSH=\frac{p_1}{\rho g}+\frac{u_1^2}{2g}-\frac{p_v}{\rho g} \tag{d}$$

必须大于临界汽蚀余量 $(NPSH)_c$ 一定的量。

不难看出,当流量一定而且流动已进入阻力平方区(在通常情况下此条件可基本得到满足)时,临界汽蚀余量 $(NPSH)_c$ 只与泵的结构尺寸有关,是泵的一个抗汽蚀性能的参数。

临界汽蚀余量作为泵的一个特性,须由泵制造厂通过实验测定。式(c)是实验测定 $(NPSH)_c$ 的基础。实验时可设法在泵流量不变的条件下逐渐降低 $p_1$(例如关小吸入管路中的阀),当泵内刚好发生汽蚀(按有关规定,以泵的扬程较正常值下降3%作为发生汽蚀的标志)时测取压强 $p_{1,min}$,然后由式(c)算出该流量下离心泵的临界汽蚀余量 $(NPSH)_c$。

为确保离心泵工作正常,根据有关标准,将所测定的 $(NPSH)_c$ 加上一定的安全量作为必需汽蚀余量 $(NPSH)_r$,并列入泵产品样本。标准还规定实际汽蚀余量 $NPSH$ 要比 $(NPSH)_r$ 大 0.5 m 以上。

离心泵在产生汽蚀条件下运转,泵体振动并发生噪声,流量、扬程和效率都明显下降,严重时甚至吸不上液体。为避免汽蚀现象,泵的安装位置不能太高,以保证叶轮中各处压强高于液体的饱和蒸气压。

在一定流量下,泵的安装位置越高,泵的入口处压强 $p_1$ 越低,叶轮入口处的压强 $p_K$ 更

低。当泵的安装位置达到某一极限高度时,则 $p_1 = p_{1,\min}$,$p_K = p_v$,汽蚀现象遂将发生。此极限高度称为泵的最大安装高度 $H_{g,\max}$。从吸入液面 $0-0'$ 和叶轮入口截面 $K-K'$ 之间(参见图 1-7)列机械能衡算式,可求得最大安装高度

$$H_{g,\max} = \frac{p_0}{\rho g} - \frac{p_v}{\rho g} - \sum H_{f01} - \left[\frac{u_K^2}{2g} + \sum H_{f1K}\right] = \frac{p_0}{\rho g} - \frac{p_v}{\rho g} - \sum H_{f01} - (NPSH)_c$$

上式中 $\dfrac{p_0}{\rho g}$ 和 $\dfrac{p_v}{\rho g}$ 为已知量,在一定流量下 $\sum H_{f01}$ 可根据吸入管的具体情况求出,$(NPSH)_c$ 由泵制造厂提供,故最大安装高度 $H_{g,\max}$ 可以计算。

为安全起见,通常是将最大安装高度 $H_{g,\max}$ 减去一定量作为安全高度的上限,称为最大允许安装高度 $[H_g]$。最大允许安装高度 $[H_g]$ 可由下式计算

$$[H_g] = \frac{p_0}{\rho g} - \frac{p_v}{\rho g} - \sum H_{f01} - [(NPSH)_r + 0.5]$$

式中,$(NPSH)_r$ 是泵产品样本提供的必需汽蚀余量。

必须指出,$(NPSH)_r$ 与流量有关,流量大时 $(NPSH)_r$ 较大。因此在计算泵的最大允许安装高度 $[H_g]$ 时,必须以使用过程中可能达到的最大流量进行计算。

从上述分析可见,输送条件下,提高离心泵抗汽蚀能力有两种途径:①改变泵自身的结构参数或型式,使泵具有尽可能小的必需汽蚀余量 $(NPSH)_r$;②正确设计泵进口段管路和泵合适的安装高度,使得泵进口段管路阻力损失最小,具有足够的实际汽蚀余量 $NPSH$。

### 泵的发展简史

水的提升对于人类生活和生产都十分重要。古代就已有各种提水器具,例如埃及的链泵(公元前 17 世纪),中国的桔槔(公元前 17 世纪)、辘轳(公元前 11 世纪)和水车(公元 1 世纪)。比较著名的还有公元前 3 世纪阿基米德发明的螺旋杆,可以平稳连续地将水提至几米高处,其原理仍为现代螺杆泵所利用。公元前 200 年左右,古希腊工匠克特西比乌斯发明的灭火泵是一种最原始的活塞泵,已具备典型活塞泵的主要元件,但活塞泵只是在出现了蒸汽机之后才得到迅速发展。

1840—1850 年,美国沃辛顿发明泵缸和蒸汽缸对置、蒸汽直接作用的活塞泵,标志着现代活塞泵的形成。19 世纪是活塞泵发展的高潮时期,当时已用于水压机等多种机械中。然而随着需水量的剧增,从 20 世纪 20 年代起,低速的、流量受到很大限制的活塞泵逐渐被高速的离心泵和回转泵所代替。但是在高压、小流量领域往复泵仍占有主要地位,尤其是隔膜泵、柱塞泵、真空泵、控制柜独具优点,应用日益增多。

回转泵的出现与工业上对液体输送的要求日益多样化有关。早在 1588 年就有了关于四叶片滑片泵的记载,以后陆续出现了其他各种回转泵,但直到 19 世纪回转泵仍存在泄漏大、磨损大和效率低等缺点。20 世纪初,人们解决了转子润滑和密封等问题,并采用高速电动机驱动,适合较高压力、中小流量和各种黏性液体的回转泵才得到迅速发展。回转泵的类型和适宜输送的液体种类之多为其他各类泵所不及。

利用离心力输水的想法最早出现在列奥纳多·达芬奇所作的草图中。1689 年,法国物理学家帕潘发明了四叶片叶轮的蜗壳离心泵。但更接近于现代离心泵的则是 1818 年在美国出现的具有径向直叶片、半开式双吸叶轮和蜗壳的马萨诸塞泵。1851—1875 年,带有导叶的多级离心泵相继被发明,使得发展高扬程离心泵成为可能。

尽管早在 1754 年,瑞士数学家欧拉就提出了叶轮式水力机械的基本方程式,奠定了离心泵设计的理论基础,但直到 19 世纪末,高速电动机的发明使离心泵获得理想动力源之后,

它的优越性才得以充分发挥。在英国的雷诺和德国的普夫莱德雷尔等许多学者的理论研究和实践的基础上,离心泵的效率大大提高,它的性能范围和使用领域也日益扩大,已成为现代应用最广、产量最大的泵。

# 1.5 典型例题解析

**例 1-1** **U 形压差计**

如图所示,水在水平管道中流过,为测得管路中 $A$、$B$ 间的压强差,在两点间安装一 U 形压差计。若已知所测压强差最大不超过 5 kPa,问指示液选用四氯化碳(密度为 1 590 kg/m³)还是汞更合适?

例 1-1 图

**解**:U 形压差计读数反映两个测量端流体总势能差,如管路水平放置时,U 形压差计测得的是静压差或压强差。在直管内垂直于流动方向的横截面上,流体压强由 U 形压差计测量压强差的关系得

$$p_A - p_B = (\rho_0 - \rho)gR$$

故
$$R = \frac{p_A - p_B}{(\rho_0 - \rho)g}$$

当指示液为四氯化碳时,U 形压差计的最大读数为

$$R_1 = \frac{p_A - p_B}{(\rho_0 - \rho)g} = \frac{5 \times 1\,000}{(1\,590 - 1\,000) \times 9.81} = 0.86(\text{m})$$

当指示液为汞时,U 形压差计的最大读数为

$$R_2 = \frac{p_A - p_B}{(\rho_0 - \rho)g} = \frac{5 \times 1\,000}{(13\,600 - 1\,000) \times 9.81} = 0.04(\text{m})$$

显然,用汞作为指示液时,最大读数较小,易造成读数误差,故选用四氯化碳为指示液比较合适。

普通 U 形压差计所用指示液的密度大于被测流体的密度,若指示液的密度小于被测流体的密度,则必须采用倒 U 形压差计。最常用的倒 U 形压差计是以空气作为指示剂,称为空气压差计。

对于流动的流体,U 形压差计读数反映两测量端流体的动能差与机械能损失(阻力损失)两者之和。对于均匀直管,U 形压差计测得的是两测量端间的机械能损失,此损失值的大小与流体流量、管路直径、管长等因素有关,而与管路是否倾斜无关,这一点初学者应注意。

**例 1-2　复式 U 形压差计**

如图所示,用一复式 U 形压差计测量流体流过管路 $A$、$B$ 两点的压强差。已知流体的密度为 $\rho$,指示液的密度为 $\rho_0$,且两 U 形管指示液之间的流体与管内流体相同。已知两个 U 形压差计的读数分别为 $R_1$、$R_2$,试推导 $A$、$B$ 两点压强差的计算关系式。

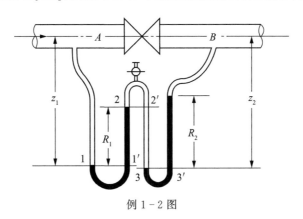

例 1-2 图

**解**:在直管内垂直于流动方向的截面上,流体的压强服从静压强分布规律,其虚拟压强 $\mathscr{P}$ 是常数。连接两测量端间压差计的读数直接反映两测压点所在截面的虚拟压强差,这一点可以应用等压面进行推导而得到。

图中 $1-1'$、$2-2'$、$3-3'$ 均为等压面,根据等压面原则,各等压面上压强关系为

对 $1-1'$ 截面有:$p_1 = p'_1 = p_A + \rho g z_1$

对 $2-2'$ 截面有:$p_2 = p'_2 = p'_1 - \rho_0 g R_1 = p_A + \rho g z_1 - \rho_0 g R_1$

对 $3-3'$ 截面有:$p_3 = p'_2 + \rho g[z_2 - (z_1 - R_1)] = p_A + \rho g z_2 - (\rho_0 - \rho) g R_1$

而　　　　　$p'_3 = p_B + \rho g(z_2 - R_2) + \rho_0 g R_2 = p_B + \rho g z_2 + (\rho_0 - \rho) g R_2$

故　　　$p_A + \rho g z_2 - (\rho_0 - \rho) g R_1 = p_B + \rho g z_2 + (\rho_0 - \rho) g R_2$

整理得　　　$\mathscr{P}_A - \mathscr{P}_B = (\rho_0 - \rho) g(R_1 + R_2)$

由以上推导可得出结论,当复式 U 形压差计各指示液之间的流体与被测流体相同时,复式 U 形压差计与一个单 U 形压差计测量效果相同,且读数为各 U 形压差计读数之和。因此,当被测压力差较大时,可采用多个 U 形压差计串联组成的复式压差计。

**例 1-3　流向判断**

两贮罐中均装有密度为 $800\ \text{kg/m}^3$ 的油品,用一根管路连通(见例 1-3 图)。两贮罐的直径分别为 $1.2\ \text{m}$ 和 $0.48\ \text{m}$,贮罐 1 中的真空度为 $1.2 \times 10^4\ \text{Pa}$ 且维持恒定,贮罐 2 与大气相通。当阀门 F 关闭时,贮罐 1、2 内的液面高度分别为 $2.4\ \text{m}$、$1.8\ \text{m}$。试判断阀门开启后油品的流向,并计算平衡后两贮罐新的液面高度。

**解**:流体静力学方程可应用于流体流动方向的判断,本例而言只需比较两贮罐液面处总势能即静压能与位能之和的大小。

$$\text{贮罐 } 1: \frac{p_1}{\rho} + z_1 g = \frac{1.013 \times 10^5 - 1.2 \times 10^4}{800} + 2.4 \times 9.81 = 135.2\ (\text{J/kg})$$

$$\text{贮罐 } 2: \frac{p_2}{\rho} + z_2 g = \frac{1.013 \times 10^5}{800} + 1.8 \times 9.81 = 144.3\ (\text{J/kg})$$

因 $\dfrac{p_1}{\rho} + z_1 g < \dfrac{p_2}{\rho} + z_2 g$,故阀门开启后油品将从贮罐 2 向贮罐 1 流动。

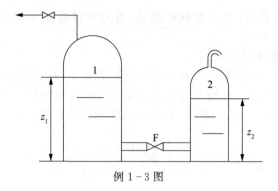

例 1-3 图

设平衡时,贮罐 1 的液位上升了 $h_1$,贮罐 2 的液位下降了 $h_2$,两者满足如下关系:

$$\frac{\pi}{4}D_1^2 h_1 = \frac{\pi}{4}D_2^2 h_2$$

$$h_2 = \frac{D_1^2}{D_2^2}h_1 = \left(\frac{1.2}{0.48}\right)^2 h_1 = 6.25h_1$$

平衡时,两贮罐液面处总势能应相等,即

$$\frac{p_1}{\rho} + (z_1 + h_1)g = \frac{p_2}{\rho} + (z_2 - h_2)g$$

$$\frac{p_1}{\rho} + (z_1 + h_1)g = \frac{p_2}{\rho} + (z_2 - 6.25h_1)g$$

整理得

$$h_1 = \frac{\dfrac{p_2 - p_1}{\rho} + (z_2 - z_1)g}{7.25g} = \frac{\dfrac{1.2 \times 10^4}{800} + (1.8 - 2.4) \times 9.81}{7.25 \times 9.81} = 0.13(\text{m})$$

$$h_2 = 6.25h_1 = 0.81(\text{m})$$

故平衡时,两贮罐的液位高度分别为

$$z_1' = z_1 + h_1 = 2.4 + 0.13 = 2.53(\text{m})$$

$$z_2' = z_2 - h_2 = 1.8 - 0.81 = 0.99(\text{m})$$

两截面间存在位能差或静压能差,均可促使流体流动,因此比较两者之和即总势能的大小,来判断流体的流动方向,流体总是由高势能向低势能流动;平衡时,两处的总势能相等,即符合静力学基本方程。

在不可压缩的同一种静止流体内部,各点的单位总势能处处相等。在重力场内,单位总势能由位能和压强能两部分组成。

以单位体积为基准,则 $\rho gz + p = \mathscr{P} = $ 常数,式中各项的单位为 $\text{J/m}^3$,正好与压强单位相同,故 $(\rho gz + p)$ 可称为虚拟压强。

若以单位质量为基准,则 $\dfrac{\mathscr{P}}{\rho} = gz + \dfrac{p}{\rho} = $ 常数,式中各项的单位为 $\text{J/kg}$。

若以单位重量为基准,则 $\dfrac{\mathscr{P}}{\rho g} = z + \dfrac{p}{\rho g} = $ 常数,式中各项的单位为 $\text{J/N}$ 或 m,具有长度单位(这一点也可说明压强可用液柱高度来表示)。

上述以不同基准表示的各式是流体在静止的前提下推导得到的,方程式得到满足则流体静止,否则流体将由高势能向低势能流动。

利用 $\mathscr{P}$ 解题可以简化解题过程,但应该注意 $\triangle\mathscr{P}$ 两端必须是同种流体!

**例 1-4 流量的确定**

20℃苯由高位槽流入贮槽中,两槽均为敞口,两槽液面恒定且相差 5 m。输送管路总长为 100 m(包括所有局部阻力的当量长度)。试求:(1)若选用 $\phi38$ mm$\times3$ mm 的钢管($\varepsilon=0.05$ mm),则苯的输送量为多少?(2)若选用相同规格的光滑管,湍流时摩擦因数可按 $\lambda=0.316\,4/Re^{0.25}$ 计算,则苯的输送量又为多少?

**解**:(1)以高位槽液面为 $1-1'$ 截面,贮槽液面为 $2-2'$ 截面,且以 $2-2'$ 为基准面,在两截面间列伯努利方程

$$\frac{p_1}{\rho}+\frac{u_1^2}{2}+z_1g=\frac{p_2}{\rho}+\frac{u_2^2}{2}+z_2g+\sum h_{fl2}$$

式中,$z_1=5$ m,$u_1=u_2\approx0$,$p_1=p_2=0$(表压),$z_2=0$

简化得 
$$z_1g=\sum h_{fl2}$$

即 
$$z_1g=\lambda\frac{l+\sum l_e}{d}\frac{u^2}{2}$$

代入数据 
$$5\times9.81=\lambda\times\frac{100}{0.032}\times\frac{u^2}{2}$$

化简得 
$$\lambda u^2=0.031\,4 \qquad\qquad (a)$$

试差求解:设流动已进入阻力平方区,由 $\dfrac{\varepsilon}{d}=\dfrac{0.05}{32}=0.001\,56$,设 $\lambda=0.022$,则由式(a)计算得 $u=1.19$ m/s。

查得 20℃时苯物性 $\rho=879$ kg/m³,$\mu=0.737$ mPa·s

$$Re=\frac{d\rho u}{\mu}=\frac{0.032\times879\times1.19}{0.737\times10^{-3}}=4.54\times10^4$$

查 Moody 图,得 $\lambda=0.026$,与假设值有差别。

再设 $\lambda=0.026$,同样进行上述计算,查 Moody 图 $\lambda$ 与假设值相符,所得流速 $u=1.10$ m/s,正确。则苯的流量

$$q_V=\frac{\pi}{4}d^2u=0.785\times0.032^2\times1.10=8.84\times10^{-4}(\text{m}^3/\text{s})$$

(2)选用光滑管时,设流动为湍流,将 $\lambda=\dfrac{0.316\,4}{Re^{0.25}}$ 代入式(a),有

$$\frac{0.316\,4}{Re^{0.25}}u^2=0.031\,4$$

$$u=\sqrt[1.75]{\frac{0.031\,4}{0.316\,4}\times\left(\frac{d\rho}{\mu}\right)^{0.25}}=\sqrt[1.75]{\frac{0.031\,4}{0.316\,4}\times\left(\frac{0.032\times879}{0.737\times10^{-3}}\right)^{0.25}}=1.21(\text{m/s})$$

验证:$Re=\dfrac{0.032\times879\times1.21}{0.737\times10^{-3}}=4.62\times10^4$,为湍流,以上计算正确。

苯的流量 $q_V=\dfrac{\pi}{4}d^2u=0.785\times0.032^2\times1.21=9.73\times10^{-4}(\text{m}^3/\text{s})$

管路情况确定后,要求流体流量的大小,一般需试差计算。在试差计算中,因 $\lambda$ 值的变

化范围小,通常以 $\lambda$ 为试差变量,且将流动处于阻力平方区时的 $\lambda$ 值设为初值。试差计算过程基本步骤为:假设 $\lambda$,由试差方程计算流速 $u$,再计算出 $Re$,结合相对粗糙度 $\varepsilon/d$ 由 Moody 图查出 $\lambda$ 值,若该值与假设值相等或相近,则原假设正确,计算出的 $u$ 有效。否则,重新假设 $\lambda$,直至满足要求为止。

若流动处于层流区,则无需试差,可直接采用泊谡叶方程求解。

### 例 1-5　虹吸管

用一虹吸管将 80℃ 热水从高位槽中抽出,两容器中水面恒定。已知 $AB$ 长 7 m,$BC$ 长 15 m(均包括局部阻力的当量长度),管路内径为 20 mm,摩擦因数可取为 0.023。试求:(1)当 $H_1=3$ m 时,水在管内的流量;(2)在管子总长不变的情况下,欲使流量增加 20%,则 $H_1$ 应为多少?(3)当 $H_1=3$ m,$AB$ 总长不变时,管路顶点 $B$ 可提升的最大高度。

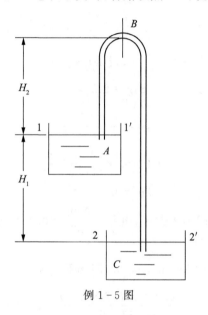

例 1-5 图

**解**:(1) 如图所示,在 1-1′ 截面与 2-2′ 截面之间列伯努利方程:

$$\frac{p_1}{\rho}+\frac{u_1^2}{2}+z_1 g=\frac{p_2}{\rho}+\frac{u_2^2}{2}+z_2 g+\sum h_{\mathrm{fl2}}$$

式中,$z_1=3$ m,$u_1=u_2\approx 0$,$p_1=p_2=0$(表压),$z_2=0$

简化得

$$z_1 g=\sum h_{\mathrm{fl2}}=\lambda\,\frac{(l+\sum l_{\mathrm{e}})_{12}}{d}\frac{u^2}{2}$$

流速

$$u=\sqrt{\frac{2z_1 g d}{\lambda(l+\sum l_{\mathrm{e}})_{12}}}=\sqrt{\frac{2\times 3\times 9.81\times 0.02}{0.023\times 22}}=1.53(\mathrm{m/s})$$

流量 $\quad q_v=\dfrac{\pi}{4}d^2 u=0.785\times 0.02^2\times 1.53=4.80\times 10^{-4}(\mathrm{m}^3/\mathrm{s})=1.73(\mathrm{m}^3/\mathrm{h})$

(2) 欲提高流量,需增加两容器中水位的垂直距离 $H_1$。

此时 $\quad u'=1.2u=1.2\times 1.53=1.84(\mathrm{m/s})$

$$H_1' g=\sum h_{\mathrm{fl2}}'=\lambda\,\frac{(l+\sum l_{\mathrm{e}})_{12}}{d}\frac{u'^2}{2}$$

故 $\quad H_1'=\lambda\,\dfrac{(l+\sum l_{\mathrm{e}})_{12}}{d}\dfrac{u'^2}{2g}=0.023\times\dfrac{22}{0.02}\times\dfrac{1.84^2}{2\times 9.81}=4.37(\mathrm{m})$

（3）$H_1$ 一定时，$B$ 点的位置越高，压强 $p_B$ 越低。当 $p_B$ 降至同温度下水的饱和蒸气压时，水将汽化，流体不再连续，此时不满足机械能守恒方程的应用条件。

查得 80℃ 时水的饱和蒸气压为 47.38 kPa，密度为 977.8 kg/m³。在 1-1′ 截面与 $B$ 截面间列伯努利方程：

$$\frac{p_1}{\rho}+\frac{u_1^2}{2}+z_1g=\frac{p_B}{\rho}+\frac{u_B^2}{2}+z_Bg+\sum h_{f1B}$$

简化得

$$\frac{p_1}{\rho}+z_1g=\frac{p_B}{\rho}+\frac{u_B^2}{2}+z_Bg+\sum h_{f1B}$$

$$\begin{aligned}H_{2,\max}&=\frac{p_1-p_B}{\rho g}-\frac{u_B^2}{2g}-\lambda\,\frac{(l+\sum l_e)_{1B}}{d}\frac{u_B^2}{2g}\\&=\frac{(101.3-47.38)\times10^3}{977.8\times9.81}-\left(1+0.023\times\frac{7}{0.02}\right)\times\frac{1.53^2}{2\times9.81}\\&=4.54(\text{m})\end{aligned}$$

相对于所取基准面，水槽内的总势能为 $H_1g$，水从截面 1-1′ 流至截面 2-2′，将全部势能转化为动能。水从截面 1-1′ 流至截面 $B$，动能不变，总势能亦不变，但位能增加了 $H_2g$，压强能必减少同样的数值，若求出 $p_B$ 可知，$B$ 处必处于负压状态。水从 $B$ 截面流至 2-2′ 截面出口，有 $(H_1g+H_2g)$ 的位能转化为压强能。

虹吸管是实际工作中经常遇到的管路，由上可见：①输送量与两容器间的垂直距离有关，距离越大，流量越大；②虹吸管的顶点不宜过高，以避免输送条件下液体在管路中汽化，尤其是输送温度较高、易挥发的液体时更需注意。

**例 1-6 管路计算**

如图所示，水由高位槽通过管路流向低位槽，两槽均为敞口，且液位恒定，管路中装有孔板流量计和截止阀。已知管子规格为 $\phi$57 mm×3.5 mm，直管与局部阻力当量长度（不包括截止阀）的总和为 50 m。孔板流量计的流量系数为 0.65，孔径与管内径之比为 0.6。当截止阀在某一开度时，测得 $R=0.21$ m，$H=0.10$ m，U 形压差计的指示液为汞。设流动进入完全湍流区，且摩擦因数为 0.025，试求：（1）阀门的局部阻力系数；（2）两槽液面间的垂直距离 $\Delta z$；（3）若将阀门关小使流量减半，设流动仍完全湍流，且孔板流量计的流量系数不变，则 $H$ 与 $R$ 变为多少？（4）定性分析阀门关小时，阀前、后压力 $p_C$、$p_D$ 如何变化？

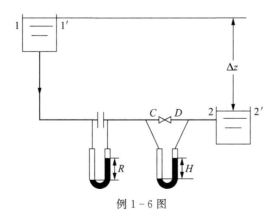
例 1-6 图

**解**：（1）由孔板流量计流量方程

$$u_0 = C_0 \sqrt{\frac{2\Delta p}{\rho}} = C_0 \sqrt{\frac{2Rg(\rho_0 - \rho)}{\rho}}$$

根据质量守恒方程,管中流速为

$$u = \left(\frac{d_0}{d}\right)^2 \sqrt{\frac{2Rg(\rho_0 - \rho)}{\rho}}$$

$$= 0.65 \times 0.6^2 \times \sqrt{\frac{2 \times 0.21 \times 9.81 \times (13\ 600 - 1\ 000)}{1\ 000}}$$

$$= 1.69(\text{m/s})$$

对于截止阀,U 形压差计测得的是阀门的局部阻力,即

$$h_{\text{f阀}} = \zeta \frac{u^2}{2} = \frac{\Delta p}{\rho} = \frac{Hg(\rho_0 - \rho)}{\rho}$$

所以 $\quad\quad \zeta = \dfrac{2Hg(\rho_0 - \rho)}{\rho u^2} = \dfrac{2 \times 0.1 \times 9.81 \times (13\ 600 - 1\ 000)}{1\ 000 \times 1.69^2} = 8.66$

(2) 在高位槽 $1-1'$ 与水槽 $2-2'$ 间列伯努利方程,且以 $2-2'$ 为基准面,有

$$\frac{p_1}{\rho} + \frac{u_1^2}{2} + z_1 g = \frac{p_2}{\rho} + \frac{u_2^2}{2} + z_2 g + \sum h_{\text{f12}}$$

式中,$p_1 = p_2 = 0$(表压),$u_1 = u_2 \approx 0$,$z_1 = \Delta z$,$z_2 = 0$

简化得 $\quad\quad\quad\quad \Delta z g = \sum h_{\text{f12}}$ $\quad\quad\quad$(a)

又 $\quad\quad \sum h_{\text{f12}} = h_{\text{f1}} + h_{\text{f阀}} = \lambda \frac{l + \sum l_e}{d} \frac{u^2}{2} + \frac{Hg(\rho_0 - \rho)}{\rho}$

$$= 0.025 \times \frac{50}{0.05} \times \frac{1.69^2}{2} + \frac{0.1 \times 9.81 \times (13\ 600 - 1\ 000)}{1\ 000}$$

$$= 48.06(\text{J/kg})$$

所以 $\quad\quad\quad\quad \Delta z = \dfrac{\sum h_{\text{f12}}}{g} = \dfrac{48.06}{9.81} = 4.90(\text{m})$

(3) 阀关小后,对于孔板流量计,当 $C_0$ 不变时,$u_0 \propto \sqrt{R}$

所以 $\quad\quad R' = \left(\dfrac{u_0'}{u_0}\right)^2 R = \left(\dfrac{1}{2}\right)^2 \times 0.21 = 0.525 \text{ (m)} = 52.5 \text{ (mm)}$

阀关小后,在 $1-1'$ 与 $2-2'$ 间列伯努利方程,简化式仍为式(a),即此时管路总能量损失不变,但阀门阻力与其他阻力的相对大小发生变化。

$$\Delta z g = \sum h_{\text{f12}} = h_{\text{f1}}' + h_{\text{f阀}}'$$

$$h_{\text{f1}}' = \lambda \frac{l + \sum l_e}{d} \frac{u'^2}{2} = 0.025 \times \frac{50}{0.05} \times \frac{(1.69/2)^2}{2} = 8.93(\text{J/kg})$$

故 $\quad\quad\quad\quad h_{\text{f阀}}' = \sum h_{\text{f12}} - h_{\text{f1}}' = 48.06 - 8.93 = 39.13(\text{J/kg})$

又 $\quad\quad\quad\quad h_{\text{f阀}}' = \dfrac{\Delta p'}{\rho} = \dfrac{H'g(\rho_0 - \rho)}{\rho}$

所以 $\ H' = \dfrac{\rho h_{\text{f阀}}'}{g(\rho_0 - \rho)} = \dfrac{1\ 000 \times 39.13}{9.81 \times (13\ 600 - 1\ 000)} = 0.317(\text{m}) = 317(\text{mm})$

(4) 阀门关小后,阀前压力 $p_{\text{C}}$ 上升,阀后压力 $p_{\text{D}}$ 下降。

在 $1-1'$ 与 $C$ 间列伯努利方程,并简化

$$z_1 g + \frac{p_1}{\rho} = \frac{u_C^2}{2} + \frac{p_C}{\rho} + \sum h_{f1C}$$

得 $\quad \frac{p_C}{\rho} = z_1 g + \frac{p_1}{\rho} - \frac{u_C^2}{2} - \sum h_{f1C} = z_1 g + \frac{p_1}{\rho} - \left[ \lambda \frac{(l+\sum l_e)_{1C}}{d} + 1 \right] \frac{u_C^2}{2}$$

阀关小时,流速 $u_C$ 下降,故 $p_C$ 上升。

在 $D$ 与 $2-2'$ 间列伯努利方程,并简化

$$\frac{p_D}{\rho} + \frac{u_D^2}{2} = z_2 g + \sum h_{fD2}$$

得 $\quad \frac{p_D}{\rho} = z_2 g + \sum h_{fD2} - \frac{u_D^2}{2} = z_2 g + \left[ \lambda \frac{(l+\sum l_e)_{D2}}{d} - 1 \right] \frac{u_D^2}{2}$$

阀关小时,流速 $u_D$ 下降,且 $\lambda \dfrac{(l+\sum l_e)_{D2}}{d} - 1 > 0$(因 $(l+\sum l_e)_{D2}$ 中已包括突然扩大的能量损失),故 $p_D$ 下降。

由本例可知:①就本例所给管路系统,阀门开度变化时,总阻力是不变的;当阀门开度变小时,局部阻力增大,而除阀门以外的其他阻力相应减少。②阀门关小,局部阻力增大,使上游压力上升,下游压力下降。①和②都是从伯努利方程出发得到的。

**例 1-7 管路综合计算**

如图所示,用离心泵将密闭贮槽 A 中的常温水送至密闭高位槽 B 中,两槽液面维持恒定。输送管路为 $\phi 108\ \text{mm} \times 4\ \text{mm}$ 的钢管,全部能量损失为 $40 \times \dfrac{u^2}{2}$(J/kg)。A 槽上方的压力表读数为 0.013 MPa,B 槽处 U 形压差计读数为 30 mm。垂直管段上 $C$、$D$ 两点间连接一空气倒 U 形压差计,其示数为 170 mm。取摩擦因数为 0.025,空气的密度为 $1.2\ \text{kg/m}^3$,试求:(1)泵的输送量;(2)单位重量的水经泵后获得的能量;(3)若不用泵而利用 A、B 槽内的压力差输送水,为完成相同的输水量,A 槽中压力表读数应为多少?

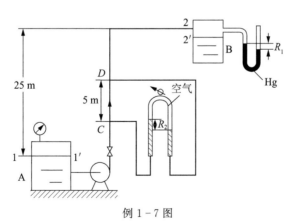

例 1-7 图

**解**:(1) $C$、$D$ 间倒 U 形压差计实际测得的是水流经过该段的能量损失,即

$$\lambda \frac{l}{d} \frac{u^2}{2} = \frac{R_2 g (\rho_水 - \rho_{空气})}{\rho_水}$$

故　　$u=\sqrt{\dfrac{2dR_2g(\rho_水-\rho_空气)}{\lambda l\rho_水}}=\sqrt{\dfrac{2\times0.1\times0.17\times9.81\times(1\,000-1.2)}{0.025\times5\times1\,000}}=1.63(\text{m/s})$

输水量　　$q_V=\dfrac{\pi}{4}d^2u=0.785\times0.1^2\times1.63=0.012\,8(\text{m}^3/\text{s})=46.1(\text{m}^3/\text{h})$

（2）单位重量的水经泵后获得的能量即为外加压头。

在 A 槽液面 $1-1'$ 截面与 B 槽管出口外侧 $2-2'$ 截面间列伯努利方程

$$z_1+\frac{u_1^2}{2g}+\frac{p_1}{\rho_水 g}+H_e=z_2+\frac{u_2^2}{2g}+\frac{p_2}{\rho_水 g}+\sum h_{fl2}$$

式中，$z_1=0,u_1=u_2\approx0,p_1=0.013\text{ MPa}$（表压），$z_2=25\text{ m}$

$$p_2=-\rho_{Hg}gR_1=-13\,600\times9.81\times0.03=-4(\text{kPa})（表压）$$

$$\sum h_{fl2}=40\times\frac{u^2}{2g}=40\times\frac{1.63^2}{2\times9.81}=5.42(\text{m})$$

故　　$H_e=z_2+\dfrac{p_2-p_1}{\rho_水 g}+\sum h_{fl2}=25+\dfrac{-4\times10^3-0.013\times10^6}{1\,000\times9.81}+5.42=28.7(\text{m})$

（3）若利用 A、B 槽的压力差输送水，仍在 $1-1'$ 截面与 $2-2'$ 截面间列伯努利方程

$$z_1+\frac{u_1^2}{2g}+\frac{p_1'}{\rho_水 g}+H_e=z_2+\frac{u_2^2}{2g}+\frac{p_2}{\rho_水 g}+\sum h_{fl2}$$

简化得　　$\dfrac{p_1'}{\rho_水 g}=z_2+\dfrac{p_2}{\rho_水 g}+\sum h_{fl2}$

所以　　$p_1'=\rho_水 g\left(z_2+\dfrac{p_2}{\rho_水 g}+\sum h_{fl2}\right)$

$$=1\,000\times9.81\times\left(25-\frac{4\times10^3}{1\,000\times9.81}+5.42\right)$$

$$=294.4(\text{kPa})（表压）$$

即为完成相同的输水量，A 槽中压力表读数应为 294.4 kPa（表压）。

在化工生产过程中，常用离心泵来输送液体，也可用压缩空气等给设备加压，利用压强差来输送液体。流体输送问题仍然以机械能守恒方程为基础。

**例 1-8　并联管路的流量分配**

如图所示，在两个相同的塔中，各填充高度为 1 m 和 0.7 m 的填料，并用相同钢管并联组合，两支路管长均为 5 m，管内径均为 0.2 m，摩擦因数均为 0.02，各支管中均安装一个闸阀。塔 1、塔 2 的局部阻力系数分别为 10 和 8。已知管路总流量始终保持在 0.3 m³/s，试求：（1）当阀门全开（$\zeta_C=\zeta_D=0.17$）时，两支管的流量比和并联管路能量损失；（2）阀门 D 关小至两支路流量相等时，并联管路的能量损失；（3）当将两阀门均关小至 $\zeta_C=\zeta_D=20$，两支路的流量比和并联管路的能量损失。

解：（1）根据并联管路特点，总流量为各支路流量之和，有

$$q_V=q_{V_1}+q_{V_2}=\frac{\pi}{4}d^2u_1+\frac{\pi}{4}d^2u_2$$

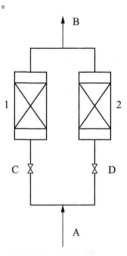

例 1-8 图

$$u_1 + u_2 = \frac{4q_V}{\pi d^2} = \frac{4 \times 0.3}{3.14 \times 0.2^2} = 9.55 (\text{m/s}) \tag{a}$$

又并联管路各支路的机械能损失相等,有 $\sum h_{f1} = \sum h_{f2}$

即

$$\left(\lambda \frac{l_1}{d} + \sum \zeta_1\right) \frac{u_1^2}{2} = \left(\lambda \frac{l_2}{d} + \sum \zeta_2\right) \frac{u_2^2}{2}$$

$$\frac{u_1^2}{u_2^2} = \frac{\lambda \frac{l_2}{d} + \sum \zeta_2}{\lambda \frac{l_1}{d} + \sum \zeta_1} = \frac{0.02 \times \frac{5}{0.2} + 8 + 0.17}{0.02 \times \frac{5}{0.2} + 10 + 0.17} = 0.813$$

所以

$$\frac{u_1}{u_2} = 0.9 \tag{b}$$

即两支路的流量比

$$\frac{q_{V_1}}{q_{V_2}} = \frac{u_1}{u_2} = 0.9$$

式(b)与式(a)联立,得 $u_1 = 4.53$ m/s, $u_2 = 5.02$ m/s。

并联管路的能量损失为

$$\sum h_f = \left(\lambda \frac{l_1}{d} + \sum \zeta_1\right) \frac{u_1^2}{2} = \left(0.02 \times \frac{5}{0.2} + 10 + 0.17\right) \times \frac{4.53^2}{2} = 109.5 (\text{J/kg})$$

(2) 两支路的流量相等时,有

$$q_{V_1} = \frac{1}{2} q_V = \frac{1}{2} \times 0.3 = 0.15 (\text{m}^3/\text{s})$$

$$u_1 = \frac{q_{V_1}}{0.785 d^2} = \frac{0.15}{0.785 \times 0.2^2} = 4.78 (\text{m/s})$$

并联管路的能量损失为

$$\sum h_f = \left(\lambda \frac{l_1}{d} + \sum \zeta_1\right) \frac{u_1^2}{2} = \left(0.02 \times \frac{5}{0.2} + 10 + 0.17\right) \times \frac{4.78^2}{2} = 121.9 (\text{J/kg})$$

(3) 当两阀门均关小至 $\zeta_C = \zeta_D = 20$ 时,有

$$\frac{u_1^2}{u_2^2} = \frac{\lambda \frac{l_2}{d} + \sum \zeta_2}{\lambda \frac{l_1}{d} + \sum \zeta_1} = \frac{0.02 \times \frac{5}{0.2} + 8 + 20}{0.02 \times \frac{5}{0.2} + 10 + 20} = 0.934$$

所以

$$\frac{u_1}{u_2} = 0.97 \tag{c}$$

即两支路的流量比

$$\frac{q_{V_1}}{q_{V_2}} = \frac{u_1}{u_2} = 0.97$$

式(c)与式(a)联立,得 $u_1 = 4.70$ m/s, $u_2 = 4.85$ m/s。

并联管路的能量损失为

$$\sum h_f = \left(\lambda \frac{l_1}{d} + \sum \zeta_1\right) \frac{u_1^2}{2} = \left(0.02 \times \frac{5}{0.2} + 10 + 20\right) \times \frac{4.70^2}{2} = 336.9 (\text{J/kg})$$

掌握并联管路的特点是解题的关键。并联管路中各支路的流量分配与管路状况有关，支管越长、管径越小或阻力系数越大，其流量越小。在不均匀并联管路中串联大阻力元件，可以提高流量分配的均匀性，其代价是能耗的增加。

### 例 1-9 管路特性曲线

如图(a)所示，用离心泵将水由贮槽 A 送往高位槽 B，两槽均为敞口，且液位恒定。已知输送管路为 $\phi45\ mm\times2.5\ mm$，在出口阀门全开的情况下，整个输送系统管路总长为 20 m（包括所有局部阻力的当量长度），摩擦因数可取为 0.02。在输送范围内该泵的特性方程为 $H=18-6\times10^5 q_V^2$（$q_V$ 的单位为 $m^3/s$，$H$ 的单位为 m）。试求：(1)阀门全开时离心泵的流量与压头；(2)现关小阀门使流量减为原来的 90%，写出此时的管路特性方程，并计算由于阀门开度减小而多消耗的功率（设泵的效率为 62%，且忽略其变化）。

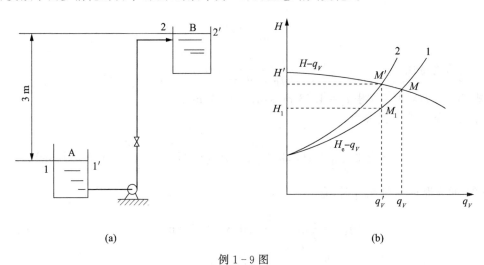

(a)　　　　　　　　　　　　　　(b)

例 1-9 图

**解**：(1) 设管路特性方程为

$$H_e = A + K q_V^2$$

其中

$$A = \Delta z + \frac{\Delta p}{\rho g} = 3\ \text{m}$$

$$K = \lambda\frac{8}{\pi^2 g}\frac{l+\sum l_e}{d^5} = 0.02\times\frac{8}{3.14^2\times9.81}\times\frac{20}{0.04^5} = 3.23\times10^5$$

故管路特性方程为　　　　$H_e = 3 + 3.23\times10^5 q_V^2$

而离心泵特性方程为　　　　$H = 18 - 6\times10^5 q_V^2$

以上两式联立，可得阀门全开时离心泵的流量与压头：

$$q_V^2 = 4.03\times10^{-3}\ \text{m}^3/\text{s},\ H = 8.25\ \text{m}$$

(2) 在图(b)中，阀门全开时的管路特性曲线如 1 所示，工作点为 $M$；阀门关小后的管路特性曲线如 2 所示，工作点为 $M'$。

关小阀门后 $M'$ 流量与压头分别为

$$q_V' = 0.9 q_V = 0.9\times4.03\times10^{-3} = 3.63\times10^{-3}\ (\text{m}^3/\text{s})$$

$$H' = 18 - 6\times10^5 q_V'^2 = 18 - 6\times10^5\times(3.63\times10^{-3})^2 = 10.09\ (\text{m})$$

设此时的管路特性方程 $H_e = A' + K' q_V^2$

由于截面状况没有改变,故 $A'=3$ 不变,但 $B'$ 值因关小阀门而增大。此时工作点 $M'$ 应满足管路特性方程,即

$$10.09=3+K'\times0.00363^2$$

解得 $$K'=5.38\times10^5$$

因此关小阀门后的管路特性方程为

$$H_e=3+5.38\times10^5q_V^2$$

当阀门全开且流量 $q_V'=3.63\times10^{-3}\ \mathrm{m^3/s}$ 时,管路所需的压头:

$$H_1=3+3.23\times10^5q_V'^2=3+3.23\times10^5\times(3.63\times10^{-3})^2=7.26(\mathrm{m})$$

而离心泵提供的压头 $H'=10.09\ \mathrm{m}$,显然,由于关小阀门而损失的压头为

$$\Delta H=H'-H_1=10.09-7.26=2.83(\mathrm{m})$$

则多消耗在阀门上的功率

$$\Delta P_a=\frac{q_V'\Delta H\rho g}{\eta}=\frac{3.63\times10^{-3}\times2.83\times1\,000\times9.81}{0.62}=162.5(\mathrm{W})$$

管路特性方程实际上指出了管路对流体输送机械的要求,输送机械既要提供势能,同时又能克服输送过程的机械能损失。

离心泵调节流量常用的方法是调节出口阀的开度,这种方法操作简便、灵活,流量可以连续变化,但阀门关小时,增加了管路的阻力,使增大的压头用于消耗阀门的附加阻力上,额外消耗了功率,经济上不合理。由此可见,用阀门调节流量的代价是能耗的增加。导致能耗增加的原因有两点,其一是阀门局部阻力损失的增加;其二是泵效率的降低。

**例 1-10** **离心泵的流量调节**

用离心泵将水从贮槽送至高位槽中,两槽均为敞口,试判断下列几种情况下泵流量、压头及轴功率如何变化并画出定性判断示意图。(1)贮槽中水位上升;(2)将高位槽改为高压容器;(3)输送密度大于水的其他液体,高位槽敞口;(4)输送密度大于水的其他液体,高位槽为高压容器。(设管路状况不变,且流动处于阻力平方区。)

**解**:本例中的各种情况下离心泵的特性曲线均不变,但管路特性曲线发生变化。

设管路特性方程为

$$H_e=A+Kq_V^2=\Delta z+\frac{\Delta p}{\rho g}+Kq_V^2$$

当管路状况不变,且流动处于阻力平方区时,曲线的陡度 $K$ 不变,现考察各种情况下曲线截距 $A$ 的变化。

(1)贮槽中水位上升时,两液面间的位差减小,$A=\Delta z+\dfrac{\Delta p}{\rho g}$,$\Delta z$ 下降,管路特性曲线平行下移,如新工况 1 所示,工作点由 $M$ 移至 $M_1$,故 $q_{V1}$ 上升,$H_1$ 下降,结合泵性能,轴功率 $P_{a_1}$ 随流量的增大而增大。

(2)将高位槽改为高压容器时,现 $p_2>0$(表压),$A=\Delta z+\dfrac{\Delta p}{\rho g}$ 上升,管路特性曲线平行上移,如新工况 2 所示,工作点由 $M$ 移至 $M_2$,故 $q_{V2}$ 下降,$H_2$ 上升,$P_{a_2}$ 下降。

(3)当高位槽为敞口时,虽然被输送流体的密度变化,但 $A=\Delta z+\dfrac{\Delta p}{\rho g}$,$\Delta z$ 不变,故管路

特性曲线不变,工作点不变,即 $q_{V3}=q_V$,$H_3=H$,但轴功率随流体密度的增大而增大。

（4）当高位槽为高压容器时,被输送流体的密度变大,与（2）中输送水比较,$A=\Delta z+\dfrac{\Delta p}{\rho g}$ 下降,管路特性曲线下移,故 $q_{V4}>q_{V2}$,$H_4<H_2$,轴功率随流量及密度的增大而增大。

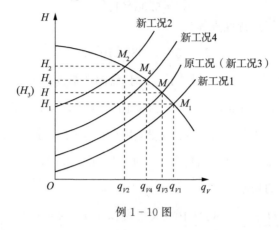

例 1-10 图

运转输送系统发生变化时,管路特性曲线将随之变化,导致工作点的变化,工作点的变化实际是流量的变化。特别注意被输送流体密度发生变化对工作点的影响:流体密度变化时,离心泵的特性曲线不变,但随两截面间压力差的不同,管路特性曲线变化不同;当 $\Delta p=0$ 时,管路特性曲线不变,故流量、压头均不变,但轴功率随密度的增大而增大;当 $\Delta p>0$ 时,管路特性曲线随密度的增大而下移,使流量增大,压头减小,轴功率随流量及密度的增大而增大;当 $\Delta p<0$ 时,结论正好相反。

带泵管路系统中,离心泵定常时,必须同时满足物料衡算关系、机械能衡算关系（管路特性方程）、阻力系数关系和泵的特性方程,实际流量是由上述四个关系（方程组）共同确定的。

本例离心泵流量的调节方法是通过管路（需要能量的一方简称"需方"）来调节的,也可通过泵（提供能量的一方,简称"供方"）来调节,此处从略。

**例 1-11　循环管路特性方程及泵的压头**

如图（a）为一循环水管路,其中安装一台离心泵,在操作范围内该泵的特性方程可表示为 $H=18-6\times10^5 q_V^2$（$q_V$ 的单位为 $m^3/s$,$H$ 的单位为 $m$）。泵吸入管路长 10 m,压出管路长为 50 m（均包括所有局部阻力的当量长度）。管径均为 $\phi46\ mm\times3\ mm$,摩擦因数可取为 0.02。试求:（1）管路中水的循环量;（2）泵入口处真空表及出口处压力表读数（MPa）;（3）分析说明当阀门关小时,泵入口真空表及出口压力表读数、管路总能量损失及泵的轴功率如何变化?

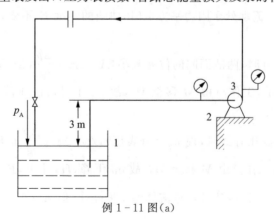

例 1-11 图（a）

**解：**（1）对于循环系统，离心泵提供的压头全部克服管路的压头损失，故管路特性方程：

$$H_e = \sum h_f = \lambda \frac{l + \sum l_e}{d} \frac{u^2}{2g} = \lambda \frac{8}{\pi^2 g} \frac{l + \sum l_e}{d^5} q_V^2$$

$$= 0.02 \times \frac{8}{3.14^2 \times 9.81} \times \frac{10 + 50}{0.04^5} q_V^2 = 9.68 \times 10^5 q_V^2 \qquad (a)$$

结合泵特性方程 $\qquad\qquad H = 18 - 6 \times 10^5 q_V^2$

得工作点下流量与压头：$q_V = 3.387 \times 10^{-3}\ \mathrm{m^3/s}, H = 11.1\ \mathrm{m}$。

故管路中水的循环量为 $3.387 \times 10^{-3}\ \mathrm{m^3/s}$。

（2）以水面为 1 截面，泵入口处为 2 截面，且以 1 截面为基准面，在两截面间列伯努利方程，有

$$\frac{p_1}{\rho g} + \frac{u_1^2}{2g} + z_1 = \frac{p_2}{\rho g} + \frac{u_2^2}{2g} + z_2 + \sum h_{f12}$$

其中 $p_1 = 0$（表压），$u_1 \approx 0$，$z_1 = 0$，$z_2 = 3\ \mathrm{m}$

$$u_2 = \frac{4q_V}{\pi d^2} = \frac{4 \times 3.387 \times 10^{-3}}{3.14 \times 0.04^2} = 2.70\ (\mathrm{m/s})$$

$$\sum h_{f12} = \lambda \frac{l + \sum l_e}{d} \frac{u_2^2}{2g} = 0.02 \times \frac{10}{0.04} \times \frac{2.70^2}{2 \times 9.81} = 1.86\ (\mathrm{m})$$

则

$$p_2 = \rho g \left( -\frac{u_2^2}{2g} - z_2 - \sum h_{f12} \right) = 1\,000 \times 9.81 \times \left( -\frac{2.70^2}{2 \times 9.81} - 3 - 1.86 \right)$$

$$= -5.13 \times 10^4\ (\mathrm{Pa}) = -0.051\,3\ (\mathrm{MPa}) \qquad (b)$$

即离心泵入口真空表的读数为 0.051 3 MPa。

以泵出口处为 3 截面，在 2 与 3 截面间列伯努利方程，并忽略两截面的位压头差及压头损失，简化有

$$H_e = \frac{p_3 - p_2}{\rho g} \qquad (c)$$

所以 $\qquad p_3 = p_2 + \rho g H_e = -5.13 \times 10^4 + 1\,000 \times 9.81 \times 11.1$

$$= 5.76 \times 10^4\ (\mathrm{Pa}) = 0.057\,6\ (\mathrm{MPa})$$

即离心泵出口压力表的读数为 0.057 6 MPa。

（3）当阀门关小时，泵入口真空表读数减小，出口压力表读数增大，管路总能量损失增大，泵的轴功率减小。分析如下：

阀门关小时，管路局部阻力增大，工作点由 $M$ 变为 $M'$［见图(b)］，流量减少，压头增加。由式(b)可知，当流速减小时，泵入口处 $p_2$ 增大，真空表读数减小；根据式(c)，压头升高，同时 $p_2$ 增大，故泵出口处 $p_3$ 增大，即压力表读数增大；循环管路，离心泵提供的压头全部用于克服管路的压头损失，因此管路的总能量损失随压头的增加而增加；由离心泵的特性曲线可知，泵的轴功率随流量的减小而减小。

在循环管路中，流体的势能没有增加，循环泵所提供的外加能量全部消耗于管路的阻力，故循环管路的特性方程必过原点，这是循环带泵管路的特点。同时，循环管路中任意一点的绝对压强对管路的阻力损失没有影响，对泵的压头也没有影响。

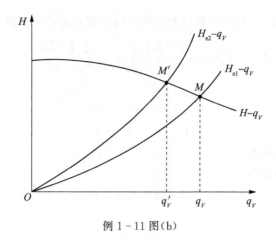

例 1-11 图(b)

**例 1-12　离心泵输送流量与管路流量之间的匹配及出口阀调节流量**

如图(a)所示,用离心泵将密度为 975 kg/m³ 的某水溶液由密闭贮槽 A 送往敞口高位槽 B,贮槽 A 中气相真空度为 450 mmHg。已知输送管路内径为 50 mm,在出口阀门全开的情况下,整个输送系统管路总长为 $l+\sum l_e=50$ m,摩擦因数为 0.03。查取该离心泵的样本,当 $n=2\,900$ r/min 时,可将流量为 6~15 m³/h 的特性曲线表示为 $H=16.08-0.023\,3q_V^2$($q_V$ 的单位为 m³/h,$H$ 的单位为 m)。试求:(1)若要求流量为 10 m³/h,此台离心泵能否完成输送任务?(2)关小出口阀门,将输送量减至 8 m³/h,此时泵的输送功率减少的百分数是多少?(设泵效率不变。)

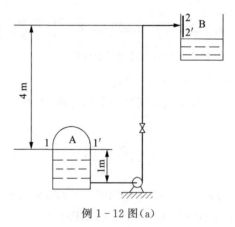

例 1-12 图(a)

**解**:(1)以 A 槽液面为 1-1′ 截面,B 槽管出口外侧为 2-2′ 截面,且以 1-1′ 截面为基准面。在 1-1′ 截面与 2-2′ 截面间列伯努利方程

$$z_1+\frac{u_1^2}{2g}+\frac{p_1}{\rho g}+H_e=z_2+\frac{u_2^2}{2g}+\frac{p_2}{\rho g}+\sum h_{fl2}$$

其中 $p_1=-450$ mmHg$=-\dfrac{450}{760}\times1.013\times10^5$ Pa$=-6\times10^4$ Pa(表压);$z_1=0$;$u_1=u_2$ $\approx0$;$p_2=0$(表压);$z_2=4$ m

$$u=\frac{q_V}{\frac{\pi}{4}d^2}=\frac{10/3\,600}{0.785\times0.05^2}=1.415\ (\text{m/s})$$

$$\sum h_{fl2} = \lambda \frac{l + \sum l_e}{d} \frac{u^2}{2g} = 0.03 \times \frac{50}{0.05} \times \frac{1.415^2}{2 \times 9.81} = 3.06(m)$$

所以 
$$H_e = z_2 - \frac{p_1}{\rho g} + \sum h_{fl2} = 4 + \frac{6 \times 10^4}{975 \times 9.81} + 3.06 = 13.33(m)$$

或写出阀门全开时的管路特性方程

$$H_e = A + K q_V^2 = \Delta z + \frac{\Delta p}{\rho g} + \lambda \frac{8}{\pi^2 g} \frac{l + \sum l_e}{d^5} q_V^2$$

$$= 4 + \frac{6 \times 10^4}{975 \times 9.81} + 0.03 \times \frac{8}{3.14^2 \times 9.81} \times \frac{50}{0.05^5} q_V^2$$

$$= 10.27 + 3.97 \times 10^5 q_V^2 (q_V \text{ 的位是 } m^3/s)$$

或 
$$H_e = 10.27 + 0.0306 q_V^2 (q_V \text{ 的位是 } m^3/h) \tag{a}$$

当 $q_V = 10 \ m^3/h$ 时,管路所需的压头:

$$H_e = 10.27 + 0.0306 q_V^2 = 10.27 + 0.0306 \times 10^2 = 13.33(m)$$

而当 $q_V = 10 \ m^3/h$ 时,离心泵提供的压头:

$$H = 16.08 - 0.0233 q_V^2 = 16.08 - 0.0233 \times 10^2 = 13.75(m)$$

因为 $H > H_e$,故此泵可以完成输送任务。

(2)关小出口阀门改变流量,工作点如图(b)中 $B$ 点所示,此时泵提供的压头:

$$H_B = 16.08 - 0.0233 q_V^2 = 16.08 - 0.0233 \times 8^2 = 14.59(m)$$

泵输送功率减少百分数为

$$\frac{P_{a_A} - P_{a_B}}{P_{a_A}} = 1 - \frac{P_{a_B}}{P_{a_A}} = 1 - \frac{\dfrac{q_{VB} H_B \rho g}{\eta}}{\dfrac{q_{VA} H_A \rho g}{\eta}} = 1 - \frac{q_{VB} H_B}{q_{VA} H_A} = 1 - \frac{8 \times 14.59}{10 \times 13.75} = 15.1\%$$

此处的 $H_A$ 应是离心泵提供的压头,而不是管路所需的压头。

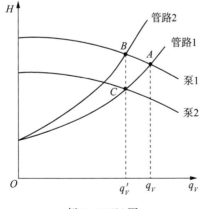

例 1-12(b)图

由本例可知:改变出口阀门开度或离心泵转速,均可实现流量调节,但前者消耗的能量大,后者不额外增加阻力,能量利用率高,经济性好,因此在条件许可的情况下,应尽量采用此方法。尽管如此，出口阀调节因方便灵活仍被常用。

带泵管路既含管路又含泵，两者之间必须相适应，即管路需要的正好是泵提供的，供方和需方之间要匹配。

### 例 1-13　离心泵允许安装高度的影响因素

用 IS 65-50-125 型离心泵将贮槽中液体送出，要求输送量为 15 m³/h，已知吸入管路为 $\phi 57$ mm×3.5 mm，估计吸入管路的总长为 15 m（包括所有局部阻力的当量长度），摩擦因数取为 0.03，且认为流动进入阻力平方区。试求下列几种情况下泵的允许安装高度（当地大气压为 101.3 kPa）。（1）敞口贮槽中为 30℃水；（2）敞口贮槽中为热盐水（密度为 1 060 kg/m³，饱和蒸气压为 47.1 kPa）；（3）密闭贮槽中为上述热盐水，其中气相真空度为 30 kPa。

**解**：查离心泵样本，当输水量为 15 m³/h 时，该泵的必需汽蚀余量 $(NPSH)_r = 2.0$ m。

管内流速
$$u = \frac{q_V}{\frac{\pi}{4}d^2} = \frac{15/3\ 600}{0.785 \times 0.05^2} = 2.12\,(\text{m/s})$$

吸入管路阻力
$$\sum h_{f01} = \lambda \frac{l + \sum l_e}{d} \frac{u^2}{2g} = 0.03 \times \frac{15}{0.05} \times \frac{2.12^2}{2 \times 9.81} = 2.06\,(\text{m})$$

（1）敞口贮槽中为 30℃水时，查得其饱和蒸气压为 4.247 kPa，密度为 995.7 kg/m³。则允许安装高度

$$[H_g] = \frac{p_0 - p_v}{\rho g} - (NPSH)_r - \sum h_{f01} = \frac{(101.3 - 47.1) \times 10^3}{995.7 \times 9.81} - 2 - 2.06 = 5.88\,(\text{m})$$

（2）敞口槽贮槽中为热盐水时，允许安装高度

$$[H_g] = \frac{p_0 - p_v}{\rho g} - (NPSH)_r - \sum h_{f01} = \frac{(101.3 - 47.1) \times 10^3}{1\ 060 \times 9.81} - 2 - 2.06 = 1.15\,(\text{m})$$

（3）密闭贮槽中为热盐水时，允许安装高度

$$[H_g] = \frac{p_0 - p_v}{\rho g} - (NPSH)_r - \sum h_{f01} = \frac{(101.3 - 30 - 47.1) \times 10^3}{1\ 060 \times 9.81} - 2 - 2.06 = -1.73\,(\text{m})$$

即泵需安装在液面下低于 1.73 m 的位置。

离心泵的允许安装高度与吸入管阻力、贮槽中溶液上方压力 $p_0$ 及被输送液体的饱和蒸气压 $p_v$ 有关。吸入管阻力越大，允许安装高度越低，因此应尽量减少吸入管路阻力。由本题计算可知，当吸入管阻力一定时，液体的饱和蒸气压越大，贮槽中溶液上方压力越小，允许安装高度越低。一般在贮槽中溶液上方压力低，或输送温度高、沸点低的液体时，允许安装高度可能为负值，此时泵应安装在液面位置之下。依据机械能守恒方程，在此可以清楚解释"汽蚀"现象，安装高度正是因"汽蚀"而生。

### 例 1-14　离心泵的选用

如图所示，用离心泵将贮槽中密度为 1 200 kg/m³ 的溶液（其他物性与水相近）同时输送至两个高位槽中，已知密闭容器上方的表压为 15 kPa。在各阀门全开的情况下，吸入管路长度为 12 m（包括所有局部阻力的当量长度，下同），管径为 60 mm；压出管路：总管 AB 的长度为 18 m，管径为 60 mm，支管 B→2 的长度为 15 m，管径为 50 mm，支管 B→3 的长度为 10 m，管径为 50 mm。要求向高位槽 2 及 3 中的最大输送量分别为 $4.2 \times 10^{-3}$ m³/s 及 $3.6 \times 10^{-3}$ m³/s。管路摩擦因数可取为 0.03，当地大气压为 100 kPa。（1）试选用一台合适的离心泵；（2）若在操作条件下溶液的饱和蒸气压为 8.5 kPa，确定泵的安装高度；（3）若用图中吸入管线上的阀门调节流量，可否保证输送系统正常工作？管路布置是否合理？为什么？

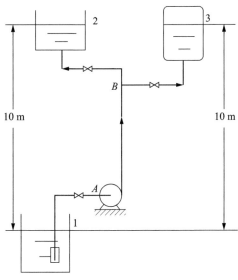

例 1－14 图

**解**：(1) 选泵

计算完成最大输送量时管路所需要的压头。因该泵同时向两个高位槽输送液体，应分别计算管路所需压头，以较大压头作为选泵的依据。

各管路中流速：

B→2 支路
$$u_{B2} = \frac{q_{V2}}{\frac{\pi}{4}d_2^2} = \frac{4.2 \times 10^{-3}}{0.785 \times 0.05^2} = 2.14 (\text{m/s})$$

B→3 支路
$$u_{B3} = \frac{q_{V3}}{\frac{\pi}{4}d_3^2} = \frac{3.6 \times 10^{-3}}{0.785 \times 0.05^2} = 1.83 (\text{m/s})$$

总管流量与流速：

$$q_V = q_{V2} + q_{V3} = 4.2 \times 10^{-3} + 3.6 \times 10^{-3} = 7.8 \times 10^{-3} (\text{m}^3/\text{s}) = 28.1 (\text{m}^3/\text{h})$$

$$u = \frac{q_V}{\frac{\pi}{4}d_1^2} = \frac{7.8 \times 10^{-3}}{0.785 \times 0.06^2} = 2.76 (\text{m/s})$$

在贮槽 1 与高位槽 2 间列伯努利方程

$$z_1 + \frac{u_1^2}{2g} + \frac{p_1}{\rho g} + H_{e2} = z_2 + \frac{u_2^2}{2g} + \frac{p_2}{\rho g} + \sum h_{f12}$$

其中 $p_1 = p_2 = 0$(表压)；$z_1 = 0$；$u_1 = u_2 \approx 0$；$z_2 = 10$ m

$$\sum h_{f12} = \sum h_{f1B} + \sum h_{fB2} = \lambda \frac{(l + \sum l_e)_{1B}}{d_1} \frac{u^2}{2g} + \lambda \frac{(l + \sum l_e)_{B2}}{d_2} \frac{u_{B2}^2}{2g}$$

$$= 0.03 \times \frac{12 + 18}{0.06} \times \frac{2.76^2}{2 \times 9.81} + 0.03 \times \frac{15}{0.05} \times \frac{2.14^2}{2 \times 9.81} = 7.92 (\text{m})$$

所以
$$H_{e2} = z_2 + \sum h_{f12} = 10 + 7.92 = 17.92 (\text{m})$$

在贮槽 1 与高位槽 3 间列伯努利方程

$$z_1+\frac{u_1^2}{2g}+\frac{p_1}{\rho g}+H_{e3}=z_3+\frac{u_3^2}{2g}+\frac{p_3}{\rho g}+\sum h_{f13}$$

其中 $p_1=0$(表压); $p_3=15$ kPa(表压); $z_1=0$; $u_1=u_3\approx0$; $z_3=10$ m

$$\sum h_{f13}=\sum h_{f1B}+\sum h_{fB3}=\lambda\frac{(l+\sum l_e)_{1B}}{d_1}\frac{u^2}{2g}+\lambda\frac{(l+\sum l_e)_{B3}}{d_3}\frac{u_{B3}^2}{2g}$$

$$=0.03\times\frac{12+18}{0.06}\times\frac{2.76^2}{2\times9.81}+0.03\times\frac{10}{0.05}\times\frac{1.83^2}{2\times9.81}=6.85(\text{m})$$

所以 
$$H_{e3}=z_3+\frac{p_3}{\rho g}+\sum h_{f13}=10+\frac{15\times10^3}{9.81\times1\ 200}+6.85=18.12(\text{m})$$

比较之,取压头 $H_e=18.12$ m。

因所输送的液体与水相近,可选用清水泵。根据流量 $Q=28.1$ m³/h, $H_e=18.12$ m,查泵性能表,选用 IS 65-50-125 型水泵,其性能为:流量 30 m³/h,压头 18.5 m,效率 68%,轴功率 2.22 kW,必需汽蚀余量 3 m,配用电机容量 3 kW,转速 2 900 r/min。

因所输送液体密度大于水,需核算功率:

最大输送量 $q_V=28.1$ m³/h $<30$ m³/h,轴功率 $P_a<2.22$ kW,以 $P_a=2.22$ kW 进行核算:

$$P'_a=\frac{\rho'}{\rho}P_a=\frac{1\ 200}{1\ 000}\times2.22=2.66(\text{kW})<3(\text{kW})$$

故所配电机容量够用,该泵合适。

(2)确定安装高度

吸入管路压头损失:

$$\sum h_{f1A}=\lambda\frac{(l+\sum l_e)_{1A}}{d_1}\frac{u^2}{2g}=0.03\times\frac{12}{0.06}\times\frac{2.76^2}{2\times9.81}=2.33(\text{m})$$

则泵允许安装高度

$$[H_g]=\frac{p_0-p_V}{\rho g}-(NPSH)_r-\sum h_{f1A}=\frac{(100-8.5)\times10^3}{1\ 200\times9.81}-3-2.33=2.44(\text{m})$$

为安全起见,再降低 0.5 m,故实际安装高度应低于 1.94 m。

(3)用吸入管线上的阀门调节流量不合适,因为随阀门关小,吸入管路阻力增大,使泵入口处压力降低,可能降至操作条件下该溶液的饱和蒸气压以下,泵将发生汽蚀现象而不能正常操作。该管路布置不合理,因底部有底阀,吸入管路中无需再加阀门。若离心泵安装在液面下方,为便于检修,通常在吸入管路上安装阀门,但正常操作时,该阀应处于全开状态,而不能当作调节阀使用。

选泵的基本要求是流量与压头,泵所提供的流量与压头应大于管路所需之值,对于输送密度大于水的其他液体,若选用清水泵,还需核算功率,以防止电机过载。泵的安装与使用要得当,为避免汽蚀现象的发生,计算出最大允许安装高度。

# 1.6 典型习题详解与讨论

**静力学**

**1-1** 以复式水银压差计测量某密闭容器内的压强 $p_5$。已知各液面标高分别为 $z_1=$

2.6 m，$z_2=0.3$ m，$z_3=1.5$ m，$z_4=0.5$ m，$z_5=3.0$ m。试求 $p_5$ 值，以 kPa(表压)表示。

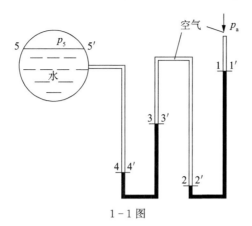

1－1 图

**解**：$p_a+\rho_{Hg}g(z_1-z_2)=p_2=p_3$

$p_3+\rho_{Hg}g(z_3-z_4)=p_4$

$p_5+\rho_{H_2O}g(z_5-z_4)=p_4$

$p_5-p_a=\rho_{Hg}g(z_1-z_2)+\rho_{Hg}g(z_3-z_4)-\rho_{H_2O}g(z_5-z_4)$

$\qquad=13\,600\times9.81\times(2.6-0.3+1.5-0.5)-1\,000\times9.81\times(3.0-0.5)$

$\qquad=415\,747.8(Pa)=415.7(kPa)(表压)。$

本题为等压面、压强基准而设。解题时紧扣等压面的概念得到各点压强关系而解得结果。等压面的条件是处于同一水平面上、互相连通且为同种流体。题中 2、3 截面间是空气，空气密度较小，故 $p_2\approx p_3$。

**1－2** 如图所示的密闭容器 A 与 B 内，分别盛有水和密度为 810 kg/m³ 的某溶液，A、B 之间由一水银 U 形管压差计相连。(1)当 $p_A=29$ kPa(表压)时，U 形压差计读数 $R=0.25$ m，$h=0.8$ m。试求容器 B 内的压强 $p_B$；(2)当容器 A 液面上方的压强减小至 $P_A'=20$ kPa(表压)，而 $p_B$ 不变，此时 U 形压差计的读数为多少？

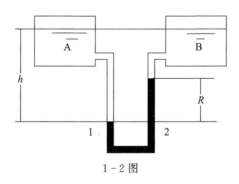

1－2 图

**解**：(1) 根据流体静力学原理，1－2 是等压面，所以 $p_1=p_2$。

$p_1=p_A+\rho_Agh$

$p_2=p_B+\rho_Bg(h-R)+\rho_{Hg}gR$

$p_B=p_A+\rho_Agh-\rho_Bg(h-R)-\rho_{Hg}gR$

代入数据计算得 $p_B=-876.4$ Pa。

此压强是表压，即容器 B 内的真空度是 876.4 Pa。

(2) 由于 A 容器液面上方压强下降，U 形压差计左侧水银面上升，右侧水银面下降。假设压强下降后读数变为 $R'$，则左侧水银面应该上升 $\frac{1}{2}(R-R')$，右侧水银面应下降 $\frac{1}{2}(R-R')$，新的等压面为 $1'-2'$。此时，根据流体静力学方程，有

$$p'_1 = p'_2$$

$$p'_1 = p'_A + \rho_A g(h - \frac{R-R'}{2})$$

$$p'_2 = p_B + \rho_B g[(h-R) + \frac{R-R'}{2}] + \rho_{Hg} g R'$$

$$R' = \frac{p'_A - p_B + (\rho_A - \rho_B)g\left(h - \dfrac{R}{2}\right)}{\left(\rho_{Hg} - \dfrac{\rho_B}{2} - \dfrac{\rho_A}{2}\right)} = 0.178(\text{m})$$

本题为等压面和压强基准等知识应用而设计。题 1-2 图为 U 形压差计，似乎可用 $\Delta \mathscr{P}$ 解，实则不然。应用 $\Delta \mathscr{P}$ 解题是有条件的：压差计两端必须是同种流体，因两端非同种流体，故只能用等压面解本题。

**1-3** 如图(a)所示，两容器与一水银压差计用橡皮管相连，这两个容器及接管中均充满水，读数 $R = 650$ mm，试求：$p_1$ 与 $p_2$ 的差值。若维持 $p_1$、$p_2$ 不变，但将这两个容器改为图(b)位置，则 $R'$ 为多少？

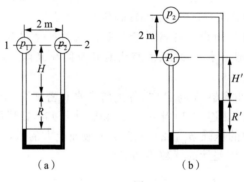

1-3 图

**解**：对图(a)，1 和 2 处于同一水平面，则有

$$\mathscr{P}_1 - \mathscr{P}_2 = p_1 - p_2 = Rg(\rho_{Hg} - \rho_{H_2O}) = 0.65 \times 9.81 \times (13\,600 - 1\,000)$$
$$= 80.343 \times 10^3 (\text{Pa}) = 80.34(\text{kPa})$$

对图(b)，有

$$\mathscr{P}_1 - \mathscr{P}_2 = R'g(\rho_{Hg} - \rho_{H_2O})$$
$$(p_1 + \rho g z_1) - (p_2 + \rho g z_2) = R'g(\rho_{Hg} - \rho_{H_2O})$$
$$p_1 - p_2 = \rho g(z_2 - z_1) + R'g(\rho_{Hg} - \rho_{H_2O})$$
$$= 1\,000 \times 9.81 \times 2 + R' \times 9.81 \times (13\,600 - 1\,000) = 80\,343(\text{Pa})$$

则 $R' = 0.491$ m。

本题为用 $\Delta \mathscr{P}$ 解题而设，应用 $\Delta \mathscr{P}$ 解题的条件是：压差计两端必须是同种流体。根据虚拟压强 $\mathscr{P}$ 的定义可得出 $\Delta \mathscr{P}$ 和 $\Delta p$ 之间的关系，测压端处于同一水平面时，$\Delta \mathscr{P} = \Delta p$。

**质量守恒**

**1-4** 硫酸流经由大小管子组成的串联管路，管径分别为 $\phi 68$ mm$\times 4$ mm 和 $\phi 57$ mm$\times 3$ mm。已知硫酸的密度为 1 840 kg/m³，流量为 9 m³/h，试分别求硫酸在大小管路中的流

速和质量流量。

**解:**大管管径 $d_1 = 68 - 2 \times 4 = 60 \text{(mm)} = 0.06 \text{(m)}$;

小管管径 $d_2 = 57 - 2 \times 3.5 = 50 \text{(mm)} = 0.05 \text{(m)}$。

硫酸在大管内的流速为 $u_1 = \dfrac{4q_V}{\pi d_1^2} = \dfrac{4 \times 9}{3\,600 \times 3.14 \times 0.06^2} = 0.885 \text{(m/s)}$;

硫酸在小管内的流速为 $u_2 = \dfrac{4q_V}{\pi d_2^2} = 1.274 \text{(m/s)}$。

根据质量守恒,硫酸在大小管子内的质量流量应该相等,故只需确定任一管内的质量流量即可。

硫酸在大小管子内的质量流量为 $q_m = \rho q_V = 1\,840 \times \dfrac{9}{3\,600} = 4.60 \text{(kg/s)}$。

本题为质量流量与体积流量、体积流量与流速(管流)之间关系而设计的。由本题可见,因质量守恒约束,不可压缩流体的平均流速数值只随管截面的变化而变化,即截面积增加,流速减小;截面积减小,流速增加。若流体在均匀直管内做定态流动,平均流速保持定值,并不因摩擦而减速。

**机械能守恒**

**1-5** 有一测量水在管道内流动阻力的实验装置,如图所示。已知 $D_1 = 2D_2$, $\rho_{Hg} = 13.6 \times 10^3 \text{ kg/m}^3$, $u_2 = 1 \text{ m/s}$, $R = 10 \text{ mm}$,试计算局部阻力 $h_{f12}$ 值,以 J/kg 为单位。

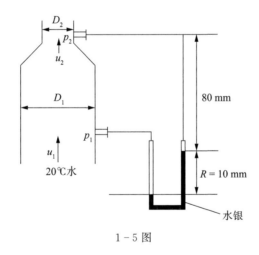

1-5 图

**解:**两测压口截面之间列机械能守恒方程

$$\frac{p_1}{\rho} + \frac{u_1^2}{2} = \frac{p_2}{\rho} + \frac{u_2^2}{2} + h_{f12}$$
$$p_1 - p_2 = Rg(\rho_{Hg} - \rho_{H_2O})$$
$$h_{f12} = \frac{p_1 - p_2}{\rho} + \frac{u_1^2 - u_2^2}{2}$$

$u_2 = 1 \text{ m/s}$,则 $u_1 = \dfrac{u_2}{4} = 0.25 \text{ m/s}$

$$h_{f12} = \frac{p_1 - p_2}{\rho} + \frac{u_1^2 - u_2^2}{2} = \frac{Rg(\rho_{Hg} - \rho_{H_2O})}{\rho_{H_2O}} + \frac{u_1^2 - u_2^2}{2}$$
$$= \frac{0.01 \times 9.81 \times (13\,600 - 1\,000)}{1\,000} + \frac{0.062\,5 - 1}{2} = 0.767 \text{(J/kg)}$$

本题为机械能守恒、U 形压差计应用而设,用 $\Delta \mathscr{P}$ 解题;注意机械能守恒方程的适当形式,正确理解 $\mathscr{P}$ 的含义,巧妙解题。因 $\mathscr{P}$ 的大小与流体密度有关,使用 $\mathscr{P}$ 时,必须注意所指定的流体种类及高度基准。

**1-6** 如图所示,$D=100$ mm,$d=50$ mm,$H=150$ mm,$\rho_{气体}=1.2$ kg/m³。当 $R=25$ mm 时,刚好能将水从水池中吸入水平管内,问:此时 $q_{V气体}$ 为多少?以 m³/s 为单位表示。(过程阻力损失可略)

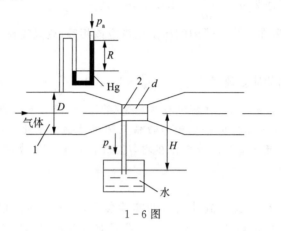

1-6 图

**解**:设 1 截面处气速为 $u_1$,则 2 截面处气速为 $u_2=4u_1$,两截面之间列机械能守恒方程

$$\frac{p_1}{\rho}+z_1 g+\frac{u_1^2}{2}=\frac{p_2}{\rho}+z_2 g+\frac{u_2^2}{2}$$

式中,$p_1=\rho_{Hg}Rg$(表压),$p_2=-\rho_{H_2O}gH$(表压),$z_1=z_2$

简化得 $\dfrac{\rho_{Hg}Rg+\rho_{H_2O}gH}{\rho}=\dfrac{15u_1^2}{2}$

代入数据,计算得到 $u_1=23.11$ m/s

气体流量 $q_V=\dfrac{\pi}{4}D^2u_1=0.1814$ m³/s。

本题涉及质量守恒方程和机械能守恒方程、静力学方程、压强测量及等压面等方面的知识。虽然本题中的流体为气体,考虑到 $p_1$、$p_2$ 处压强差别不大,仍按照不可压缩流体处理。

**1-7** 某厂如图所示的输液系统。将某种料液由敞口高位槽 A 输送至一敞口搅拌反应槽 B 中,输液管为 $\phi 38$ mm×2.5 mm 的铜管,已知料液在管中的流速为 $u(\text{m/s})$,系统的 $\sum h_f=20.6u^2/2(\text{J/kg})$,因扩大生产,需再建一套同样的系统,所用输液管直径不变,而要求的输液量需增加 30%,问新系统所设的高位槽的液面需要比原系统增高多少?

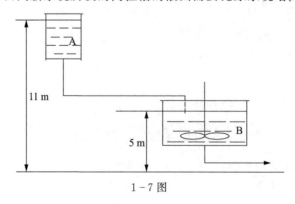

1-7 图

解:两液面间列机械能守恒方程得

$$h_{fAB} = \Delta zg = (z_1 - z_2)g = \frac{20.6u^2}{2}$$

代入数据,计算得到 $u = 2.39$ m/s

管径不变,流量增加 $30\%$,则流速也增加 $30\%$,流速为 $u' = 1.3u = 3.11$ m/s

$$\Delta z'g = (z'_1 - z_2)g = \frac{20.6u'^2}{2}$$

代入数据,计算得到 $z'_1 = 15.16$ m

高位槽的液面应增高 $z'_1 - z_1 = 15.16 - 11 = 4.16$(m)。

本题是极为常用的实际题,类似于设计型计算,涉及高位槽输送液体的势能要求。依据本题意,该输液系统是定态流动,这是隐含在题中的。若为非定态流动,则应借用机械能守恒方程微分式解决。这里初学者应该明确定态流动和非定态流动概念。

**1-8** 如图所示,水以 $3.78$ L/s 的流量流经一扩大管段,已知 $d_1 = 40$ mm,$d_2 = 80$ mm,倒 U 形压差计读数 $R = 170$ mm,试求:(1)水流经扩大段的阻力 $h_f$;(2)如将粗管一端抬高、流量不变,则读数 $R$ 有何改变?

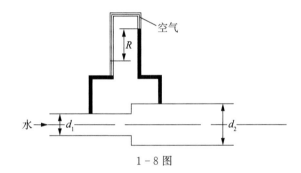

1-8图

**解**:(1) $u_1 = \dfrac{q_V}{0.785d_1^2} = \dfrac{3.78 \times 10^{-3}}{0.785 \times 0.04^2} = 3.01$(m/s),$u_2 = \dfrac{u_1}{4} = 0.753$ m/s。

两测压口列机械能衡算方程

$$\frac{p_1}{\rho} + z_1g + \frac{u_1^2}{2} = \frac{p_2}{\rho} + z_2g + \frac{u_2^2}{2} + h_{f12}$$

$$z_1 = z_2,\ p_1 - p_2 = (\rho_{空气} - \rho)Rg \approx -\rho gR$$

$$h_{f12} = \frac{p_1 - p_2}{\rho} + \frac{u_1^2 - u_2^2}{2} = -Rg + \frac{u_1^2 - u_2^2}{2}$$

代入数据计算得到 $h_{f12} = 2.58$ J/kg。

(2)若管道倾斜,$q_V$ 不变,则 $u_1$、$u_2$ 及 $h_f$ 必然不变,可判断 $R$ 相同。

本题涉及质量守恒方程和机械能守恒方程的应用。流体通道截面积变化产生机械能损失,利用倒 U 形压差计可以测量此机械能损失,倒 U 形压差计内空气柱各点静压强近似相等。同时,本题能看出动能与压强能之间的转化规律。

**1-9** 利用虹吸管将池 A 中的溶液引出。虹吸管出口 B 与 A 中液面垂直高度差 $h = 2$ m。操作条件下,溶液的饱

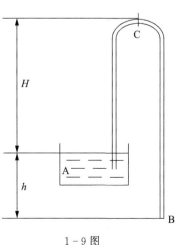

1-9图

49

和蒸气压 $p_v = 1.23 \times 10^4$ Pa。试计算虹吸管顶部 C 的最大允许高度 $H$ 为多少米。计算时可忽略管路系统的流动阻力。溶液的密度 $\rho = 1\,000$ kg/m$^3$，当地大气压为 760 mmHg。

**解**：A、B 两截面之间列机械能守恒方程得

$$u = \sqrt{2gh} = \sqrt{2 \times 9.81 \times 2} = 6.26 \, (\text{m/s})$$

根据机械能守恒，压强最低点在操作条件下最易汽化，判断压强最低点位于虹吸管的顶部 C 处。当 C 处正好发生水汽化时，由 A 至 C 处列伯努利方程得

$$\frac{p_A}{\rho} + \frac{u_A^2}{2} + gz_A = \frac{p_C}{\rho} + \frac{u_C^2}{2} + gz_C$$

$u_A = 0$，$u_C = u = 6.26$ m/s，$z_C - z_A = H$，$p_C = p_v$。

代入数据计算得到 $H = 7.08$ m。

机械能守恒且不同能量之间可以互相转化，本题是位能与压强能相互转化的典型题目。从机械能守恒可见，虹吸管顶部 C 处压强最低，输送条件下最易发生流体汽化，因此虹吸管并不是越长越好。

**管路计算**

**1-10** 有两个敞口水槽，其底部用一水管相连，水从一水槽经水管流入另一水槽，水管内径 0.1 m，管长 100 m，管路中有两个 90° 弯头，一个全开球阀，如将球阀拆除，而管长及液面差 $H$ 等其他条件均保持不变，试问管路中的流量能增加百分之几？设摩擦因数 $\lambda$ 为常数，$\lambda = 0.023$，90° 弯头阻力系数 $\xi = 0.75$，全开球阀阻力系数 $\xi = 6.4$。

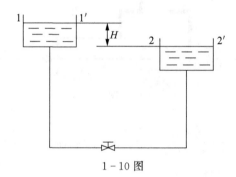

1-10 图

**解**：拆除球阀之前，管内流速为 $u$，取 1-1′ 与 2-2′ 截面列机械能守恒方程

$$\frac{p_1}{\rho} + z_1 g + \frac{u_1^2}{2} = \frac{p_2}{\rho} + z_2 g + \frac{u_2^2}{2} + h_{f12}$$

其中 $p_1 = p_2$，$u_1 = u_2 = 0$，$z_1 - z_2 = H$

$$gH = h_{f12} = \left(\lambda \frac{l}{d} + \Sigma \xi\right)\frac{u^2}{2} = \left(\lambda \frac{l}{d} + 2\xi_{90°} + \xi_{球阀} + \xi_{缩小} + \xi_{扩大}\right)\frac{u^2}{2}$$

$$gH = \left(0.023 \times \frac{100}{0.1} + 2 \times 0.75 + 6.4 + 0.5 + 1.0\right)\frac{u^2}{2} = 16.2 u^2 \tag{a}$$

拆除球之后，管内流速为 $u'$，1-2 截面间再列机械能衡算方程，因拆除球阀前后 $H$ 不变，即管路阻力损失不发生变化，整理后得到

$$gH = h_{f12} = \left(\lambda \frac{l}{d} + \Sigma \xi\right)\frac{u'^2}{2} = \left(\lambda \frac{l}{d} + 2\xi_{90°} + \xi_{缩小} + \xi_{扩大}\right)\frac{u'^2}{2}$$

$$gH = \left(0.023 \times \frac{100}{0.1} + 2 \times 0.75 + 0.5 + 1.0\right)\frac{u'^2}{2} = 13 u'^2 \tag{b}$$

将 (a)(b) 两式比较得到

$\dfrac{u'}{u}=\dfrac{16.2}{13}=1.116\ 3$，因此 $\dfrac{q'_V}{q_V}=1.116\ 3$，即流量增加 $11.63\%$。

本题计算结果可以看出：管路中安装管件对流量的影响即阻力对流动的影响。管路中管件的存在增加了机械能损失。

**1-11** 如图所示，槽内水位维持不变。槽底部与内径为 100 mm 的钢管相连，管路上装有一个闸阀，阀前离管路入口端 15 m 处安有一个指示液为水银的 U 形管压差计，测压点与管路出口端之间距离为 20 m。

(1) 当闸阀关闭时测得 $R=600$ mm，$h=1.5$ m；当闸阀部分开启时，测得 $R=400$ mm，$h=1.4$ m，管路摩擦因数取 0.02，入口处局部阻力系数取 0.5，问每小时从管中流出水量为多少立方米？

(2) 当阀全开时(取闸阀全开 $l_e/d=15$，$\lambda=0.018$)，测压点 $B$ 处的静压强为多少帕(表压)？

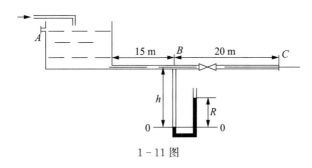

1-11 图

**解**：(1) 当闸阀全关时，根据静力学关系有

$(z_A+h)\rho g=R\rho_{Hg}g$

由此得水槽液位高度：$z_A=R\dfrac{\rho_{Hg}}{\rho}-h=0.6\times\dfrac{13\ 600}{1\ 000}-1.5=6.66(m)$

闸阀部分开启后，$A-B$ 截面间列机械能守恒方程

$$\dfrac{p_A}{\rho}+z_A g+\dfrac{u_A^2}{2}=\dfrac{p_B}{\rho}+z_B g+\dfrac{u_B^2}{2}+h_{fAB} \tag{a}$$

用表压表示，$B$ 处为基准面，此时 $B$ 处压强为 $p_B$，

$p_B+h'\rho g=R'\rho_{Hg}g$

因此

$p_B=R'\rho_{Hg}g-h'\rho g=0.4\times13\ 600\times9.81-1.4\times1\ 000\times9.81=39\ 632.4(Pa)(表压)$

且 $p_A$(表压)$=0$，代入式(a)，得到

$$z_A g=\dfrac{p_B}{\rho}+\dfrac{u_B^2}{2}+\left(\lambda\dfrac{l}{d}+\xi_{收缩}\right)\dfrac{u_B^2}{2}$$

$$u_B=\sqrt{\dfrac{2(z_A g-p_B/\rho)}{1+\lambda\dfrac{l}{d}+\xi_{收缩}}}$$

代入数据，计算得到 $u_B=3.38$ m/s。

因此管中水流量为

$$q_V=\dfrac{\pi}{4}d^2 u_B=0.026\ 53\ \text{m}^3/\text{s}=95.52\ \text{m}^3/\text{h}$$

即每小时管中流出水量为 95.52 m$^3$/h。

（2）当闸阀全开时，$A-C$ 截面间列伯努利方程，整理得到

$$z_A g = \frac{u_C^2}{2} + h_{fAC} = \left(1 + \lambda\frac{l+l_e}{d} + \xi_{扩大}\right)\frac{u_C^2}{2}$$

代入数据，解得 $u_C = 3.53$ m/s，此即此时的管内流速。

$A-B$ 截面间列伯努利方程式得

$$\frac{p_A}{\rho} + z_A g + \frac{u_A^2}{2} = \frac{p_B}{\rho} + z_B g + \frac{u_B^2}{2} + h_{fAB}$$

$$\frac{p_B}{\rho} = \frac{p_A}{\rho} + z_A g + \frac{u_A^2}{2} - \left(z_B g + \frac{u_B^2}{2} + h_{fAB}\right) = z_A g - \frac{u_B^2}{2} - h_{fAB}$$

$$= z_A g - \frac{u_B^2}{2} - \left(\lambda\frac{l}{d} + \xi_{收缩}\right)\frac{u_B^2}{2}$$

代入数据，计算得到

$p_B = 39\,166.7$ N/m$^2$。

本题结合了机械能守恒方程、静力学方程、等压面等知识点，是一道综合性较强的流体力学题，解题的基本出发点是机械能守恒。

**1-12** 水在内径为 100 mm、长度为 10 m 的水平光滑管内流动，水的密度为 1 000 kg/m$^3$，黏度为 $1 \times 10^{-3}$ Pa·s，其流速分别控制在 2 m/s、4 m/s、8 m/s 时，试比较因直管阻力所造成的压头损失。

**解**：流速为 2 m/s 时，$Re_1 = \frac{du_1\rho}{\mu} = 2 \times 10^5$，查莫迪图，$\lambda_1 = 0.015\,7$，则 $H_{f1} = \lambda_1\frac{l}{d}\frac{u_1^2}{2g} =$

$0.015\,7 \times \dfrac{10}{0.1} \times \dfrac{2^2}{2 \times 9.81} = 0.32$（m 水柱）。

流速为 4 m/s 时，$Re_2 = \frac{du_2\rho}{\mu} = 4 \times 10^5$，查莫迪图，$\lambda_2 = 0.013\,6$，则 $H_{f2} = \lambda_2\frac{l}{d}\frac{u_2^2}{2g} =$

$0.013\,6 \times \dfrac{10}{0.1} \times \dfrac{4^2}{2 \times 9.81} = 1.11$（m 水柱）。

流速为 8 m/s 时，$Re_3 = \frac{du_3\rho}{\mu} = 8 \times 10^5$，查莫迪图，$\lambda_3 = 0.012\,2$，则 $H_{f3} = \lambda_3\frac{l}{d}\frac{u_3^2}{2g} =$

$0.012 \times \dfrac{10}{0.1} \times \dfrac{8^2}{2 \times 9.81} = 3.98$（m 水柱）。

比较：

$$\frac{H_{f2}}{H_{f1}} = 3.47,\ \frac{H_{f3}}{H_{f1}} = 12.44。$$

由计算结果可见：对于一定管径的管路，当流速从 2 m/s 增加到 4 m/s 时，压头损失增加了 2.47 倍；从 2 m/s 增加到 8 m/s 时，压头损失增加了 11.44 倍。由此可见，流速的增加，雷诺数增大，直管阻力损失也增加。因此，在管路设计时，若选择过高的流速，将消耗更多的能量（即操作费用增多），经济上不合算。但也不是流速越小越好，因为要保持一定的输液量（流量），流体的流速越小，则所需要的管径就越大，这在经济上也是不可取的。因此要经济权衡，在工程上规定在一定的操作条件下，不同流体在管路中有一个比较适宜的流速范围。

**1-13** 如图所示，20℃的苯由高位槽流入贮槽中，两槽均为敞口，两槽液面维持恒定为 5 m，输送管路为 $\phi$38 mm×3 mm 的钢管（$\varepsilon = 0.05$ mm），总管长为 100 m（包括所有局部阻

力的当量长度），已知 20℃下苯的密度为 $\rho = 900\ \text{kg/m}^3$，黏度为 $7.37 \times 10^{-4}\ \text{Pa·s}$。求苯的流量。

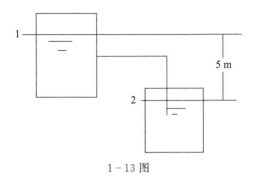

1-13 图

**解**：高位槽液面为 1，贮槽液面为 2，以 2 截面为基准面，1-2 两截面之间列机械能守恒方程

$$gz_1 + \frac{p_1}{\rho g} + \frac{u_1^2}{2} = gz_2 + \frac{p_2}{\rho g} + \frac{u_2^2}{2} + \sum h_f$$

$$\sum h_f = \lambda \frac{l + l_e}{d} \frac{u^2}{2}$$

其中，$z_1 = 5\ m$，$z_2 = 0\ m$，$p_1 = 0$（表压），$p_2 = 0$（表压），$l + l_e = 100\ \text{m}$，$u_2 = u$，$d = 38 - 2 \times 3 = 32(\text{mm}) = 0.032(\text{m})$。

将数据代入机械能守恒方程，整理后得到

$$u = \sqrt{\frac{98.1}{1 + 3\,125\lambda}} \tag{a}$$

上述方程中含有两个未知数，采用试差法计算流速。

第一次试差，设 $\lambda = 0.02$，代入（a）式得 $u = 1.24\ \text{m/s}$，则输送条件下苯的雷诺数为 $Re = \frac{du\rho}{\mu} = 4.7 \times 10^4$，钢管的相对粗糙度 $\frac{\varepsilon}{d} = 0.001\ 6$，查莫迪图得摩擦因数 $\lambda = 0.027$，大于假设值，重新试差。

第二次试差，假设 $\lambda = 0.025$，代入式（a）可得 $u = 1.1\ \text{m/s}$，此时，$Re = \frac{du\rho}{\mu} = 4.2 \times 10^4$，查莫迪图得 $\lambda = 0.025$，与第二次假设值相符，计算有效，流速为 $u = 1.1\ \text{m/s}$，则苯的流量为

$$q_V = \frac{\pi}{4} d^2 u = 0.785 \times 0.032^2 \times 1.1 = 8.84 \times 10^{-4}(\text{m}^3/\text{s}) = 3.18(\text{m}^3/\text{h})。$$

本题是典型的流体流动操作型计算题，从解题过程可以看出解此类问题的试差方法和过程。为什么流体力学操作型计算试差过程设摩擦因数而不设其他变量？这是因为摩擦因数的变化范围比较小，相对而言试差过程比较简单。

**1-14** 如图所示，常温水由高位槽以 1.5 m/s 流速流向低位槽，管路中装有孔板流量计和一个截止阀，已知管道为 $\phi 57\ \text{mm} \times 3.5\ \text{mm}$ 的钢管，直管与局部阻力的当量长度（不包括截止阀）总和为 60 m，截止阀在某一开度时的局部阻力系数 $\zeta$ 为 7.5。设系统为定态湍流，管路摩擦因数 $\lambda$ 为 0.026。求：

（1）管路中的质量流量及两槽液面的位差 $\Delta z$。

（2）阀门前后的压强差及汞柱压差计的读数 $R_2$。

（3）若将阀门关小，使流速减为原来的 0.8 倍，设系统仍为稳定湍流，$\lambda$ 近似不变。问：

截止阀的阻力系数 $\zeta$ 变为多少？阀门前的压强如何变化？为什么？

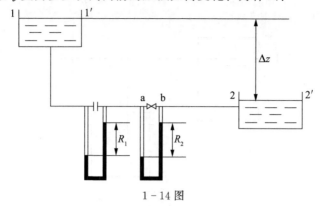

1-14 图

**解**：(1) 质量流量为

$$q_m = \rho A u = 1\,000 \times \frac{\pi}{4} \times 0.05^2 \times 1.5 = 2.944 (\mathrm{kg/s})$$

1-2 截面间列机械能守恒方程，整理得到

$$\Delta z = \lambda \frac{l}{d} \frac{u^2}{2g} + \xi \frac{u^2}{2g}$$

代入数据，计算得到两槽液面位差为 $\Delta z = 4.44$ m。

(2) a-b 截面间列机械能守恒方程得两截面间的压差为

$$\Delta p_{ab} = \rho \xi \frac{u^2}{2} = 1\,000 \times 7.5 \times \frac{1.5^2}{2} = 8\,437.5 (\mathrm{Pa})$$

又 $\Delta p_{ab} = R_2 (\rho_{Hg} - \rho) g$，则水银压差计的读数为 $R_2 = 0.068\,26$ m $= 68.26$ mm。

(3) 流速降为原来的 0.8 倍即 $u' = 0.8u = 1.2$ m/s 时，1-2 截面间列机械能守恒方程，整理得到

$$\Delta z = \lambda \frac{l}{d} \frac{u'^2}{2g} + \xi' \frac{u'^2}{2g}$$

代入数据，计算得到截止阀此时的阻力系数为 $\xi' = 29.3$。

因高位槽水位不变，流量减小，阀前管路阻力减小，必引起 a 点压强 $p_a$ 增大。

本题结合机械能守恒方程、流体静力学方程、质量守恒方程、流量测量等知识点，是典型的流体力学计算题。通过该题可以加深对流体力学各知识点的理解，检验学生对流体力学基本理论的掌握情况。题中已知直管与局部阻力的当量长度（不包括截止阀）总和，机械能损失直接按直管阻力损失计算。

### 泵的安装高度

**1-15** 想用一台 IS 65-40-250 型离心泵来输送车间的冷凝水供车间循环使用，已知水温为 80℃，贮液槽液面压强为 101.5 kPa，设最大流量下吸入管路的阻力损失为 4m 水柱，已知 80℃下水的密度为 971.8 kg/m³，饱和蒸气压为 47.38 kPa，该泵的必需汽蚀余量为 2.0 m。试求此泵的安装高度。

**解**：$[H_g] = \dfrac{p_0 - p_v}{\rho g} - \sum H_{f01} - [(NPSH)_r + 0.5] = \dfrac{101\,500 - 47\,380}{971.8 \times 9.81} - 4 - (2 + 0.5)$
$= -0.823 (\mathrm{m})$

此处计算出泵的安装高度是负值，说明该泵应该安装在贮液槽液面以下至少 0.832 米。当 $H_g$ 值为负值时，泵的进液管都应该在贮液槽液面以下某个位置，这种进液方式称为

灌注,是化工厂常见的一种泵吸液方式。

**1-16** 用离心泵将密闭容器内的某有机液体抽出外送,容器液面处的压强为 360 kPa,已知吸入管路阻力损失为 1.8 m 水柱,在输送温度下液体的密度为 580 kg/m³,饱和蒸气压为 310 kPa,该泵的必需汽蚀余量为 2 m。已知泵吸入口位于容器液面以上最大垂直距离为 6 m,问该泵能否正常操作?

**解**:$[H_g] = \dfrac{p_0 - p_v}{\rho g} - \sum H_{f01} - [(NPSH)_r + 0.5]$

$$= \frac{360\,000 - 310\,000}{580 \times 9.81} - 1.8 - (2 + 0.5) = 4.49(\text{m})$$

已知实际安装高度为 6 m,因此泵不能正常工作。

由上述可知,即允许安装高度最多为 4.49 m,而实际安装高度为 6 m,此时泵运转过程中必将发生汽蚀现象,故必须降低泵的实际安装高度,此泵才能正常操作。

**泵的选用**

**1-17** 某厂准备用离心泵将 20℃的清水以 40 m³/h 的流量由敞口的贮水池送到某吸收塔的塔顶。已知塔内的表压强为 1.0 kgf/cm²,塔顶水入口距水池水面的垂直距离为 6m,吸入管和排出管的压头损失分别为 1m 和 3m,管路内的动压头忽略不计。当地的大气压为 10.33 m 水柱,水的密度为 1 000 kg/m³。现仓库内存有三台离心泵,其铭牌上标有的性能参数见下表,从中选一台比较合适的以作上述送水之用。

| 编号 | 流量/(m³/h) | 扬程/m |
|---|---|---|
| 1 | 50 | 38 |
| 2 | 45 | 32 |
| 3 | 38 | 20 |

**解**:以贮水池液面为 1-1′截面,以塔顶为 2-2′截面,并以 1-1′截面为基准面,1-2′截面间列伯努利方程

$$z_1 + \frac{p_1}{\rho g} + \frac{u_1^2}{2g} + H_e = z_2 + \frac{p_2}{\rho g} + \frac{u_2^2}{2g} + \sum H_{f12}$$

$z_1 = 0, z_2 = 6, p_1 = 0, p_2 = 1\ \text{kgf/cm}^2 = 9.81 \times 10^4\ \text{Pa}, u_1 = 0, u_2 = 0$

$\sum H_{f12} = H_{f1} + H_{f2} = 1 + 3 = 4(\text{m 水柱})$

$$H_e = \Delta z + \sum H_{f12} + \frac{\Delta p}{\rho g} = 6 + 4 + \frac{9.81 \times 10^4}{1\,000 \times 9.81} = 20(\text{m})$$

因为 $H_e = 20$ m,$q_V = 40$ m³/h,

故选第 2 台较合适,多余流量采用出口阀门调节。

本题为实际选泵而设,因输送流体是水,选择一般离心泵即能输送,而流量与压头等特性参数必须达到规定的要求。

**1-18** 用离心泵将水由水槽送至水洗塔中,水洗塔内的表压为 9.807×10⁴ Pa,水槽液面恒定,其上方通大气,水槽液面与输送管出口端的垂直距离为 20 m,在某送液量下,泵对水做的功为 317.7 J/kg,管内摩擦因数为 0.018,吸入和压出管路总长为 110 m(包括管件及入口的当量长度,但不包括出口的当量长度)。输送管尺寸为 φ108 mm×4 mm,水的密度为 1 000 kg/m³,求输水量。

**解**:水槽 1 与水洗塔输送管出口 2 两截面之间列机械能衡算方程

$$H_e = (z_2 - z_1) + \frac{p_2(\text{表})}{\rho g} + \frac{u_2^2}{2g} + \sum H_{f12}$$

$$H_e = \frac{317.7}{9.81} = 32.39(\text{m}), \sum H_{f12} = \lambda \frac{l}{d} \frac{u_2^2}{2g} = \frac{9.9}{g} u_2^2$$

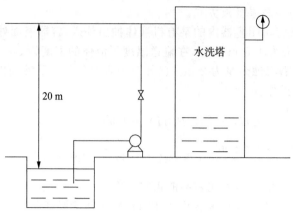

1-18 图

将数据代入上式得

$$32.39=20+\frac{9.807\times10^{4}}{1\ 000\times9.81}+\frac{0.5+9.9}{g}u_{2}^{2}$$

因此 $u_2=1.5$ m/s。

则输水量为 $q_V=0.785d^2u_2=0.785\times0.1^2\times1.5=0.011\ 775(\text{m}^3/\text{s})=42.39(\text{m}^3/\text{h})$。

本题应理解泵对水做功的含义,题中给出做功单位是对单位质量的流体做功的多少,而扬程的定义是泵对单位重量流体做功的多少,这样方便地计算出扬程后此题得解。已知液位恒定目的是将流动限制于定态流动。

**1-19** 某油品在 $\phi89$ mm$\times4$ mm 的无缝钢管中流动。在 A 和 B 的截面处分别测得压强 $p_A=15.2\times10^5$ Pa,$p_B=14.8\times10^5$ Pa。已知:A、B 间管长为 40 m,其间还有两个 90°弯头(每个弯头的当量长度 $l_e=35d$),$\rho_\text{油}=820$ kg/m³,$\mu_\text{油}=0.121$ Pa·s。试计算管路中油品的流量。

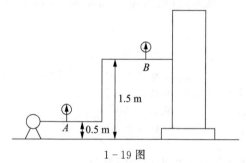

1-19 图

解:$A-B$ 间列伯努利方程

$$z_\text{A}+\frac{p_\text{A}}{\rho g}+\frac{u_\text{A}^2}{2g}=z_\text{B}+\frac{p_\text{B}}{\rho g}+\frac{u_\text{B}^2}{2g}+\sum H_\text{fAB} \tag{a}$$

因油品黏度较高,故假设其进行层流流动,则

$$\sum H_\text{fAB}=\frac{32u(l+2l_e)\mu}{\rho gd^2} \tag{b}$$

将式(b)及数据代入式(a),经计算得到

$$u=1.186 \text{ m/s}$$

检验

$$Re=\frac{\rho ud}{\mu}=651<2\ 000$$

处于层流区,假设正确计算有效,故流量为

$$q_V = \frac{\pi}{4}d^2u = 0.785 \times 0.081^2 \times 1.186 = 0.006\ 11(\text{m}^3/\text{s}) = 22.0(\text{m}^3/\text{h})$$

黏度越大的流体,越易处于层流区域,这是本题设计时考虑的。对于层流型流动操作型计算,相对比较简单。

**1-20** 用泵将密度为 850 kg/m³,黏度为 0.19 Pa·s 的重油从敞口贮油池送至敞口高位槽中,升扬高度为 20 mm。输送管路为 φ108 mm×4 mm 的钢管,总长为 1 000 m(包括直管长度及所有局部阻力的当量长度)。管路上装有孔径为 80 mm 的孔板以测定流量,其油水压差计的读数 $R=500$ mm。孔流系数 $C_0=0.62$,水的密度为 1 000 kg/m³。试求:

(1) 输油量;

(2) 若泵的效率为 0.55,计算泵的轴功率。

**解**:(1) 由孔板流量计计算式

$$u_0 = C_0\sqrt{\frac{2R(\rho_i - \rho)g}{\rho}} = 0.62 \times \sqrt{\frac{2 \times 0.5 \times (1\ 000 - 850)}{850}} = 0.816(\text{m}/\text{s})$$

则重油流量为

$$q_V = \frac{\pi}{4}d_0^2u_0 = 0.785 \times 0.08^2 \times 0.816 = 0.004\ 1(\text{m}^3/\text{s}) = 14.76(\text{m}^3/\text{h})$$

(2) 重油在管道内的流速为

$$u = u_0\left(\frac{d_0}{d}\right)^2 = 0.816 \times \left(\frac{0.08}{0.1}\right)^2 = 0.522(\text{m}/\text{s})$$

$$Re = \frac{\rho u d}{\mu} = 233.5 < 2\ 000,处于层流状态,故管路的阻力损失为$$

$$\sum H_f = \frac{32ul\mu}{\rho g d^2} = \frac{128q_Vl\mu}{\pi\rho g d^4}$$

泵的扬程

$$H_e = (z_2 - z_1) + \frac{128q_Vl\mu}{\pi\rho g d^4} = 20 + \frac{128 \times 0.004\ 1 \times 1\ 000 \times 0.19}{3.14 \times 850 \times 9.81 \times 0.1^4} = 58.083(\text{m})$$

泵的有效功率

$$P_e = \rho g H_e q_V = 850 \times 9.81 \times 58.083 \times 0.004\ 1 = 1\ 985.73(\text{W})$$

泵的轴功率

$$P_a = \frac{P_e}{\eta} = \frac{1\ 985.73}{0.55} = 3\ 610.4(\text{W}) = 3.61(\text{kW})$$

本题结合了孔板流量计流量测量装置和层流的情况,求泵的输送量和泵功率等特性参数。

**1-21** 如图所示输水系统。已知:管路总长度(包括所有局部阻力当量长度)为 100 m,压出管路总长 80 m,管路摩擦因数 $\lambda=0.025$,管子内径为 0.05 m,水的密度 $\rho=1\ 000$ kg/m³,泵的效率为 0.8,输水量为 10 m³/h,求:

(1) 泵轴功率为多少?

(2) 压力表的读数为多少?

**解**:选取 1-1′ 与 2-2′ 截面,并以 1-1′ 截面为基准面。在两截面间做能量衡算:

$$z_1 + \frac{p_1}{\rho g} + \frac{u_1^2}{2g} + H_e = z_2 + \frac{p_2}{\rho g} + \frac{u_2^2}{2g} + \sum H_{f12}$$

$$z_1 = 0, z_2 = 20\ \text{m}, p_1 = p_2 = 0(\text{表压}), u_1 = u_2 = 0$$

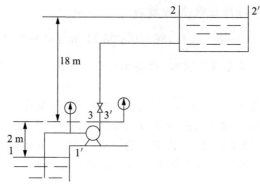

1-21 图

管道中流体流速为

$$u = \frac{q_V}{0.785 d^2} = \frac{10/3\ 600}{0.785 \times 0.05^2} = 1.415\ \text{m/s}, \text{则}$$

$$H_e = (z_2 - z_1) + \sum H_{f12} = (z_2 - z_1) + \lambda \frac{l}{d} \frac{u^2}{2g} = 20 + 0.025 \times \frac{100}{0.05} \times \frac{1.415^2}{2 \times 9.81} = 25.1\ (\text{m})$$

泵的有效功率为

$$P_e = \rho g H_e q_V = 1\ 000 \times 9.81 \times 25.1 \times \frac{10}{3\ 600} = 684\ (\text{W})$$

泵的轴功率为

$$P_a = \frac{P_e}{\eta} = \frac{684}{0.8} = 855\ (\text{W})$$

(2) 泵出口 $3-3'$ 与 $2-2'$ 截面间进行能量衡算,并以 $3-3'$ 为基准面,有

$$gz_3 + \frac{p_3}{\rho} + \frac{u_3^2}{2} = gz_2 + \frac{p_2}{\rho} + \frac{u_2^2}{2} + \sum h_{f32}$$

代入数据,计算得泵出口压强表读数为 $p_3 = 215.62\ \text{kPa}$。

本题是典型的综合题,结合了机械能守恒、质量守恒、阻力损失计算、泵特性参数等。

**1-22** 如图所示的输水系统,用泵将水池中的水输送到敞口高位槽,管道直径均为 $\phi 83\ \text{mm} \times 3.5\ \text{mm}$,泵的进、出管道上分别安装有真空表和压力表,真空表安装位置离贮水池的水面高度为 $4.8\ \text{m}$,压力表安装位置离贮水池的水面高度为 $5\ \text{m}$。当输水量为 $36\ \text{m}^3/\text{h}$ 时,进水管道的全部阻力损失为 $1.96\ \text{J/kg}$,出水管道的全部阻力损失为 $4.9\ \text{J/kg}$,压强表的读数为 $2.5\ \text{kgf/cm}^2$,泵的效率为 $70\%$,试求:

(1) 真空表的读数为多少?

(2) 泵所需的实际功率为多少?

(3) 两液面的高度差 $H$ 为多少?

**解:**(1) 低位槽水面至真空表之间列伯努利方程:

$$z_0 + \frac{p_0}{\rho g} + \frac{u_0^2}{2g} = z_1 + \frac{p_1}{\rho g} + \frac{u_1^2}{2g} + \sum H_{f01}$$

$z_0 = 0, z_1 = 4.8\ \text{m}, p_0 = 0 (\text{表压}), u_0 = 0$

$$u_1 = \frac{q_V}{0.785 d^2} = 2.21\ \text{m/s}, \sum H_{f01} = \frac{1.96}{9.81} = 0.2\ (\text{m})$$

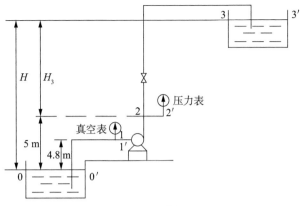

1-22 图

$p_3 = -51.5\ \text{kPa} = -0.525\ \text{kgf/cm}^2$

即真空表的读数为 $0.525\ \text{kgf/cm}^2$。

(2) 泵的扬程为

$$H_e = \Delta z + \frac{p_2 - p_1}{\rho g} = 0.2 + \frac{[2.5 - (-0.525)] \times 9.81 \times 10^4}{1\,000 \times 9.81} = 32.7\,(\text{m})$$

泵的有效功率为

$$P_e = \rho g H_e q_V = 1\,000 \times 9.81 \times 32.7 \times \frac{36}{3\,600} = 3\,207.9\,(\text{W})$$

泵的实际功率即泵的轴功率为

$$P_a = \frac{P_e}{\eta} = \frac{3\,207.9}{0.7} = 4\,582.7\,(\text{W}) = 4.583\,(\text{kW})$$

(3) $0-0'$ 和 $3-3'$ 两截面之间进行机械能衡算,有

$$z_0 + \frac{p_0}{\rho g} + \frac{u_0^2}{2g} + H_e = z_3 + \frac{p_3}{\rho g} + \frac{u_3^2}{2g} + \sum H_{f03}$$

$z_1 = 0, z_2 = H, p_1 = p_2 = 0$(表压)$, u_0 = u_3 = 0, \sum H_{f03} = (1.96 + 4.9)/9.81 = 0.70\,(\text{m})$

将数据代入上式,计算后得到 $H = 32$ m。

本题是机械能守恒应用的综合题。题中有压强单位的换算,不能忽视工程大气压单位,因工程上常用,故保留本题第 1 问的求解。题中对截面选择也作考虑。

# 1.7 习题精选

1. 连续性假定是指_____。

2. 流体在直管内流动造成阻力损失的根本原因是_____,直管阻力损失体现在_____。

3. 用倒 U 形压差计测量水流经管路中两截面的压力差,指示剂为空气,现将指示剂改为油,若流向不变,则 $R$_____。

4. 流体静力学基本方程的应用条件是_____。

5. 如图所示管线,将支管 A 的阀门开大,则管内以下参数如何变化?

$q_{VA}$_____,$q_{VB}$_____,

$q_{V总}$_____,$p$_____,

$h_{fA}$_____,$h_{fMN}$_____

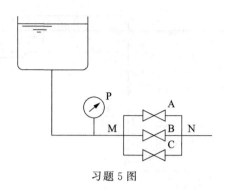

习题 5 图

6. 如图所示管路系统中,已知液体流动的总阻力损失 $h_f=56$ J/kg,若关小阀门,则总阻力损失 $h_f=$ _____ J/kg,两槽液面的垂直距离 $H=$ _____ m。

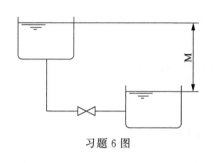

习题 6 图

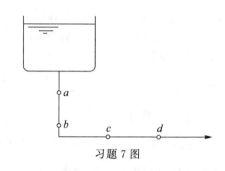

习题 7 图

7. 如图所示管路系统中,已知 $d_{ab}=d_{cd}$,$\varepsilon_{ab}=\varepsilon_{cd}$,$l_{ab}=l_{cd}$,$\mu\neq0$。比较 $u_a$ _____ $u_c$,$(p_a-p_b)$ _____ $(p_c-p_d)$,$(p_a-p_b)$ _____ $(p_{ac}-p_d)$。

8. 如图所示供水管线。管长为 $L$,流量为 $q_V$,今因检修管子,用若干根直径为 $0.5\,d$、管长为 $L$ 的管子并联代替原管,保证输水量 $q_V$ 不变,设 $\lambda$ 为常数,$\varepsilon/d$ 相同,局部阻力均忽略,则并联管数至少需要 _____ 根。

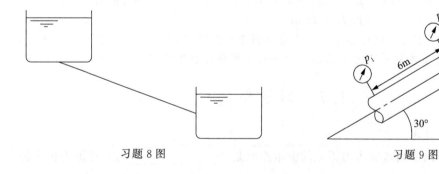

习题 8 图                                            习题 9 图

9. 如图所示通水管路,当流量为 $q_V$ 时,测得$(p_1-p_2)$ 为 5 m 水柱,若流量为 $2q_V$ 时,$(p_1-p_2)=$ _____ m 水柱。(假设在阻力平方区)

10. 圆形直管内径 $d=100$ mm,一般情况下输水能力范围为 _____ $m^3/h$。

11. 如图所示,在两密闭容器 A、B 的上、下方各连接一 U 形压差计,指示液相同,密度均为 $\rho_0$。容器及连接管中流体相同,其密度为 $\rho$。当用下方 U 形压差计读数表示时,$p_A-p_B=$ _____;当用上方 U 形压差计读数表示时,$p_A-p_B=$ _____,则 $R_1$ 与 $R_2$ 的关系为 _____ 。

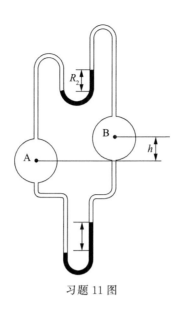

习题 11 图

12. 层流与湍流的本质区别是_____。

13. 流体在圆管内湍流流动时,在径向上从管壁到管中心可分为_____、_____、_____三个区域。

14. 层流内层越薄,则流动阻力_____。

15. 伯努利方程式中 $u^2/2$ 的单位为_____,其物理意义是_____;$u^2/(2g)$ 的单位为_____,其物理意义是_____;$\rho u^2/2$ 的单位为_____,其物理意义是_____。

16. 流体在管内层流流动时,其摩擦因数 $\lambda=$_____;若流动处于湍流区,则 $\lambda$ 是_____和_____的函数;若处于完全湍流(阻力平方)区,粗糙管的摩擦因数 $\lambda$ 仅与_____有关。

17. 流体在圆形直管内层流流动时,速度分布曲线为_____形状,管中心处点速度为截面平均速度的_____倍。

18. 水由敞口恒液位的高位槽通过一管道流向压力恒定的反应器,管道上的阀门开度减小后,水流量将_____,管路总机械能损失将_____。

19. 流体在圆形直管中流动,若管径一定而将流量增大一倍,则层流时能量损失为原来的_____倍;完全湍流时能量损失为原来的_____倍。

20. 圆形直管中,流量一定,若将管径减为原来的一半,则层流时能量损失为原来的_____倍;完全湍流时能量损失为原来的_____倍。(忽略 $\varepsilon/d$ 的变化)

21. 边界层是指_____的区域。边界层分离的后果是_____。

22. 如图所示,水槽液面恒定。管径中 $ab$ 及 $cd$ 两段的管径、长度及粗糙度均相同,试比较一下各量的大小:$u_a$_____$u_d$,$(p_a-p_b)$_____$(p_c-p_d)$,$h_{fab}$_____$h_{fcd}$。

23. 如图所示的异径管段,当管中有流体从 $A$ 处流向 $B$ 处时,测得 U 形压差计的读数为 $R=R_1$;当流体从 $B$ 处流向 $A$ 处时,测得 U 形压差计的读数 $R=R_2$,试比较 $R_1$ 与 $R_2$ 的大小:_____。

24. 用 U 形压差计(指示液为汞)测量一段水平等径直管内水流动的能量损失。两测压口之间的距离为 3 m,压差计的读数 $R=20$ mm。现若将该管路垂直放置,管内水从下向上流动,且能量不变,则此时压差计的读数 $R'=$_____mm,水流过该管段的能量损失为_____J/kg。

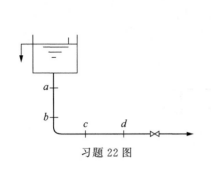

习题 22 图

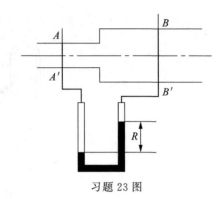

习题 23 图

25. 有一并联管路,其两支管的流量、流速、管径、管长及流动能量损失分别为 $q_{V1}$、$u_1$、$d_1$、$l_1$、$h_{f1}$ 和 $q_{V2}$、$u_2$、$d_2$、$l_2$、$h_{f2}$。已知 $d_1=2d_2$,$l_1=3l_2$,流体在两支管中均为层流流动,则 $h_{f1}/h_{f2}=$ _____,$q_{V1}/q_{V2}=$ _____,$u_1/u_2=$ _____。

26. 如图所示的分支管路,当阀 A 关小时,分支点压力 $p_0$ _____,分支管流量 $q_{VA}$ _____,$q_{VB}$ _____,总管流量 $q_{V_0}$ _____。

27. 某孔板流量计用水测得 $C_0=0.64$,现用于测量 $\rho=900\ \mathrm{kg/m^3}$、$\mu=8\times10^{-4}\ \mathrm{Pa\cdot s}$ 液体的流量,此时 $C_0$ _____ $0.64$(填 $>$,$<$,$=$)。(设 $Re$ 超过界限值)

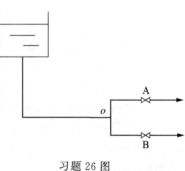

习题 26 图

28. 某孔板流量计,当水流量为 $q_V$ 时,U 形压差计读数为 $R=600\ \mathrm{mm}$(指示液 $\rho_0=3\,000\ \mathrm{kg/m^3}$),若改用 $\rho_0=6\,000\ \mathrm{kg/m^3}$ 的指示液,水流量不变,则读数 $R$ 变为 _____ $\mathrm{mm}$。

29. 造成离心泵汽蚀的原因是 _____,增加离心泵最大允许安装高度 $[H_g]$ 的措施有 _____ 和 _____。

30. 启动离心泵前,应先 _____ 和 _____。启动往复泵前,必须检查 _____ 是否打开。

31. 用同一离心泵分别输送密度为 $\rho_1$ 及 $\rho_2=1.2\rho_1$ 两种液体,已知两者流量相等,则 $H_{e2}=$ _____ $H_{e1}$,$P_{e2}=$ _____ $P_{e1}$。

32. 如图所示,两图管道相同,$\lambda$ 均为常数,要是 $-q_{V2}=q_{V1}$,问泵的扬程 $H_e=$ _____。

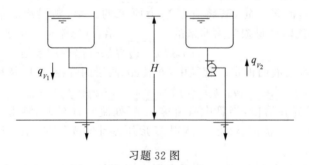

习题 32 图

33. 离心通风机输送 $\rho=1.2\ \mathrm{kg/m^3}$ 空气时,流量为 $6\,000\ \mathrm{m^3/h}$,全风压为 $2.354\ \mathrm{kPa}$,若用来输送 $\rho'=1.4\ \mathrm{kg/m^3}$ 气体,流量仍为 $6\,000\ \mathrm{m^3/h}$,全风压为 _____ $\mathrm{kPa}$。

34. 如图所示,泵打水时,压力表读数为 $p$,流量为 $q_V$,若保持 $q_V$ 不变,流体的密度增大, $\mu$ 不变,则以下参数如何变化? $p$ _____、$H_e$ _____、$P_a$ _____。

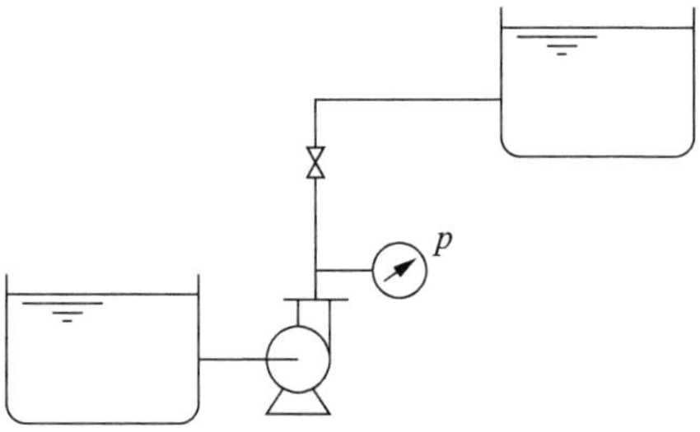

习题 34 图

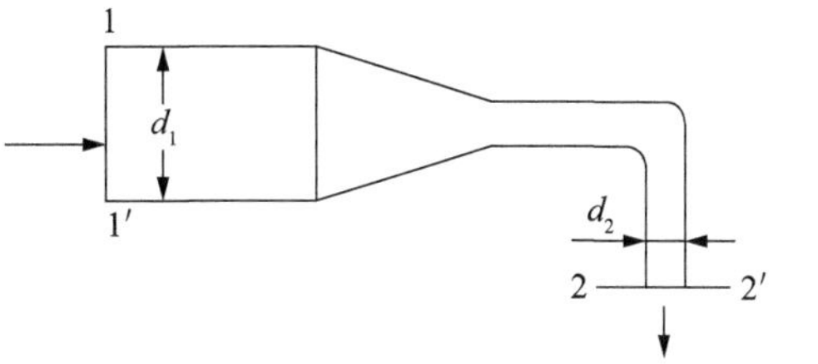

习题 36 图

35. 离心泵采用后弯叶片是为了 _____,为防止 _____,离心泵在启动时必须先灌泵。

36. 如图所示系统,其大管内径为 $d_1=45$ mm,液体在大管内流速为 0.5 m/s,小管内径为 $d_2=19$ mm,从 $1-1'$ 到 $2-2'$ 截面的阻力损失为 15 J/kg,则 $2-2'$ 截面处的流速为 _____ m/s,此值是根据 _____ 方程而得。

37. 运转中的离心泵,若将泵的出口阀关小,则泵的扬程 _____,轴功率 _____,泵入口处的真空度 _____。

38. 离心泵的特性曲线通常包括 _____ 曲线,_____ 曲线和 _____ 曲线。这些曲线表示在一定 _____ 下,输出某种特定的液体时泵的性能。选用离心泵时,先根据 _____ 确定泵的类型,然后根据具体管路对泵提出的 _____ 和 _____ 要求确定泵的型号。

39. 用离心泵输送某种液体,离心泵的结构及转速一定,其输送量取决于 _____。

40. 管路特性方程 $H=A+Kq_V^2$ 中,$A$ 代表 _____,$Kq_V^2$ 代表 _____。

41. 用离心泵将江水送往敞口高位槽。现江水上涨,若管路情况不变,则离心泵流量 _____,轴功率 _____,管路能量损失 _____。

42. 现用离心泵向高位高压容器输送液体,若将高压容器改为常压,其他条件不变,则该泵输送的液体量 _____,轴功率 _____。

43. 离心泵在两容器间输送液体,当被输送液体的密度增加时,(1)若两容器敞口,则离心泵的流量 _____,压头 _____,轴功率 _____;(2)若低位槽敞口,高压槽内为高压,则离心泵的流量 _____,压头 _____,轴功率 _____。

习题 45 图

44. 离心泵用出口阀门调节流量实质上是改变 _____ 曲线,用改变转速调节流量实质上是改变 _____ 曲线。

45. 对于如图所示的测定离心泵特性曲线的实验装置,当阀门开度一定时:(1)若贮槽中水位上升,则流量 _____,压头 _____,泵入口真空表读数 _____,出口压力表读数 _____;(2)若离心泵的转速提高,则流量 _____,压头 _____,泵入口真空表读数 _____,出口压力表读数 _____。

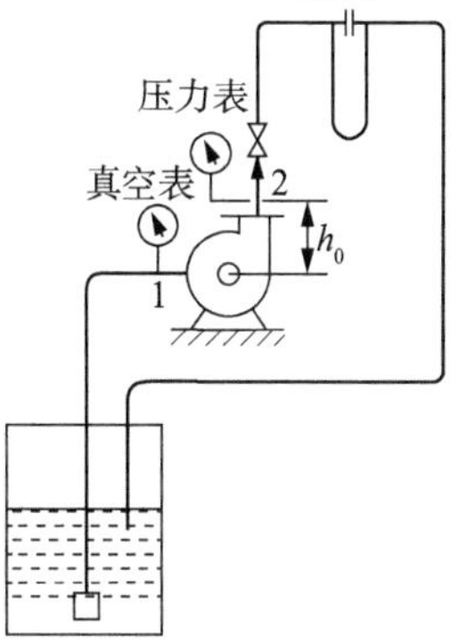

46. 往复泵、旋转泵等正位移泵,其流量取决于 _____,而压头取决于 _____。

47. 属于正位移泵,除往复泵以外,还有 _____、_____ 等型式,其流量调节通常采用 _____ 方法。

48. 如图所示,用 U 形压差计测量容器内液面上方的压力,指示液为水银。已知该液体密度为$900\ kg/m^3$, $h_1=0.3\ m$, $h_2=0.4\ m$, $R=0.4\ m$。试求:(1)容器内的表压;(2)若容器内的表压增大一倍,压力计的读数$R'$。

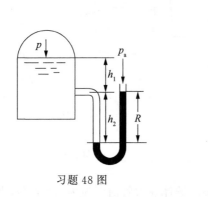

习题48图

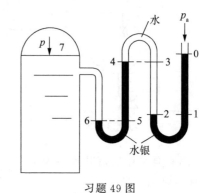

习题49图

49. 如图所示,用复式压差计测量某蒸汽锅炉液面上方的压力,指示液为水银,两个U形压差计之间充满水。相对于某一基准面,各指示液界面高度分别为$z_0=2.0\ m$, $z_2=0.7\ m$, $z_4=1.8\ m$, $z_6=0.6\ m$, $z_7=2.4\ m$。试计算锅炉内水面上方的蒸汽压力。

50. 如图所示,两直径相同的密闭容器中均装有乙醇(密度为$800\ kg/m^3$),底部用一连通器相连。容器1液面上方的表压为$104\ kPa$,液面高度为$5\ m$;容器2液面上方的表压为$126\ kPa$,液面高度为$3\ m$。试判断阀门开启后乙醇的流向,并计算平衡后两容器新的液面高度。

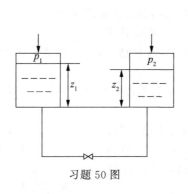

习题50图

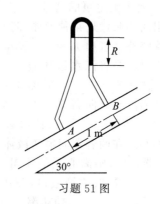

习题51图

51. 如图所示,水从倾斜直管中流过,在$A$与$B$截面间接一空气压差计,其读数$R=10\ mm$, $A$、$B$间距离为$1\ m$。试求:(1)$A$、$B$两点的压差;(2)若管路水平放置而流量不变,压差计读数及两点的压差如何变化?

52. 欲测定液体的黏度,通常可采用测量其通过毛细管的流速与压降的方法。已知待测液体的密度为$912\ kg/m^3$,毛细管内径为$2.22\ mm$,长为$0.158\ 5\ mm$,测得液体的流量为$5.33\times10^{-7}\ m^3/s$时,其压力损失为$131\ mm$水柱(水的密度为$996\ kg/m^3$)。不计端效应,试计算液体的黏度。

53. 如图所示,三只容器A、B、C均装有水(液面恒定),已知:$Z_1=1\ m$, $Z_2=2\ m$, U形水银压差计读数:$R=0.2\ m$, $H=0.1\ m$。试求:(1)容器A上方压力表读数$p_1$;(2)若$p_1$(表压)加倍,则$(R+H)$值为多少?

54. 某输液管路如图所示,已知液体的密度为$900\ kg/m^3$,黏度为$30\ mPa\cdot s$,除$AB$段外,直管总长(包括全部局部阻力的当量长度)$L=50\ m$,管径$d=53\ mm$,复式U形压差计指示剂为水银,两指示剂中间流体与管内流体相同,指示剂读数 $R_1=7\ \mathrm{cm}$,$R_2=14\ \mathrm{cm}$。试求:(1)当两槽液面垂直总距离为 4m 时,管内流速为多少?(2)当阀关小时,$R_1$,$R_2$ 读数有何变化(定性判断)?

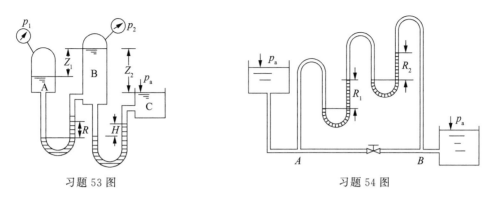

习题 53 图             习题 54 图

55. 如图所示的输水管路系统,测得 $A$、$B$ 两点的表压分别为 0.2 MPa 和 0.15 MPa。已知管子的规格为 $\phi89\ \mathrm{mm}\times4.5\ \mathrm{mm}$,$A$、$B$ 间管长为 40 m,$A$、$B$ 间全部局部阻力的当量长度为 20 m。设输送条件下水的密度为 1 000 $\mathrm{kg/m^3}$,黏度为 $1\times10^{-3}\ \mathrm{Pa\cdot s}$,摩擦因数与雷诺数的关系为 $\lambda=\dfrac{0.316\ 4}{Re^{0.25}}$。试求:(1)$A$、$B$ 间的阻力损失;(2)若在 $A$、$B$ 间连接一 U 形压差计,指示液为汞,则其读数为多少?(3)管路中水的流量。

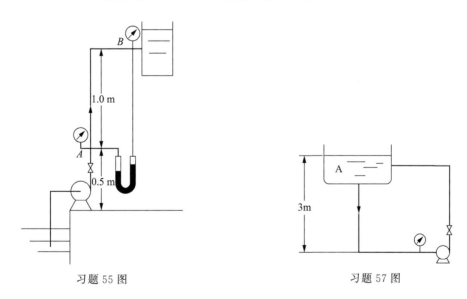

习题 55 图             习题 57 图

56. 密度为 800 $\mathrm{kg/m^3}$ 的油在水平管中做层流流动。已知管内径为 50 mm,管长为 120 m(包括所有局部阻力的当量长度),管段两端的压力分别为 $p_1=1\ \mathrm{MPa}$,$p_2=0.95\ \mathrm{MPa}$(均为表压)。已测得距管中心 $r=0.5R$($R$ 为管子的内半径)处的点速度为 0.8 m/s,试确定该油品的黏度。

57. 如图所示为溶液的循环系统,循环量为 3 $\mathrm{m^3/h}$,溶液的密度为 900 $\mathrm{kg/m^3}$。输送管内径为 25 mm,容器内液面至泵入口的垂直距离为 3 m,压头损失为 1.8 m,离心泵出口至容器内液面的压头损失为 2.6 m。试求:(1)管路系统需要离心泵提供的压头;(2)泵入口处压力表读数。

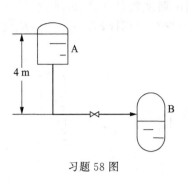

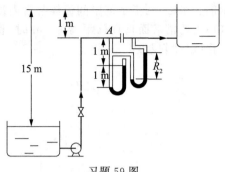

习题 58 图                                    习题 59 图

58. 如图所示,将密度为 920 kg/m³,黏度为 0.015 Pa·s 的液体利用液位差从贮槽 A 送入贮槽 B,A、B 槽中气相表压分别为 57 kPa 和 60 kPa。管路为 φ22 mm×2 mm 的钢管,其长度(包括所有局部阻力的当量长度)为 25m,试求管内液体的流量。

59. 用离心泵将常温水从蓄水池送至高位液槽(如图所示)。管路的尺寸为 φ57 mm×3.5 mm,直管中长度与所有局部阻力的当量长度之和为 240 m,其中水池面到 A 点的长度为 60 m,摩擦因数取为 0.022。输水量用孔板流量计测量,孔板孔径为 20 mm,流量系数为 0.63,读数为 0.48,两个 U 形压差计的指示液均为汞。试求:(1)每千克水从泵所获得的机械能;(2)A 截面处 U 形压差计读数 $R_1$;(3)若将常压高位槽改为高压高位槽,则 U 形压差计读数 $R_1$、$R_2$ 如何变化?

60. 用离心泵将水从敞口贮槽送至密闭高位槽。高位槽中的气相表压为 98.1 kPa,两槽液位相差 10 m,且维持恒定。已知该泵的特性方程为 $H=40-7.2×10^4 q_V^2$($H$ 的单位为 m,$q_V$ 的单位为 m³/s),当管路中阀门全开时,输水量为 0.01 m³/s,且流动已进入阻力平方区。试求:(1)管路特性方程;(2)当阀门开度及管路其他条件等均不变,而改为输送密度为 1 200 kg/m³ 的碱液,求碱液的输送量。

61. 如图所示,用离心泵将某减压精馏塔塔底的釜液送至贮槽,泵位于塔底液面以下 2 m 处。已知塔内液面上方的真空度为 500 mmHg,且液体处于沸腾状态。吸入管全部压头损失为 0.8 m,釜液的密度为 890 kg/m³,所用泵的必须汽蚀余量为 2.0 m,问此泵能否正常工作?

62. 如图所示,用离心泵将密度为 1 200 kg/m³ 的溶液,从一敞口贮槽送至表压为 57 kPa 的高位槽中。贮槽与容器的液位恒定,输送量用孔径为 20 mm、流量系数为 0.65 的孔板流量计测量,水银 U 形压差计的读数为 460 mm。已知输送条件下离心泵的特性方程为 $H=40-0.031q_V^2$($H$ 的单位为 m,$q_V$ 的单位为 m³/s)。试求:(1)离心泵的输液量(m³/s);(2)管路特性方程。

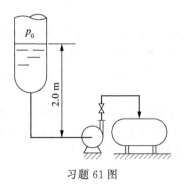

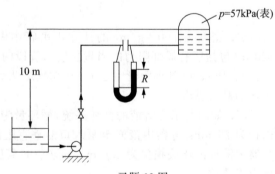

习题 61 图                                    习题 62 图

63. 用离心泵将 20℃ 的清水从一敞口贮槽送到某设备中,泵入口及出口分别装有真空表和压力表,已知泵吸入管路的压头损失为 2.4 m,动压头为 0.25 m,水面与泵入口中心线之间的垂直距离为 2.5 m,操作条件下泵的必须汽蚀余量为 4.5 m。试求:(1)真空表读数(kPa);(2)当水温从 20℃ 升至 50℃(此时水的饱和蒸气压为 12.34 kPa,密度为 998.1 kg/m³)时,发现真空表和压力表的读数跳动,流量骤然下降,试判断出了什么故障,并提出排除措施。(当地大气压为 101.3 kPa)

64. 在图示循环管路中,已知管长 $L_1 = L_2 = 20$ m,$L_3 = 30$ m,冷却器及其他管件 $L_e = 0$,管径 $d = 30$ mm,$\lambda = 0.03$,循环量 $q_V = 1.413$ L/s,$\rho = 900$ kg/m³,冷却器液面至泵吸入口垂直距离为 2 m,试求:(1)泵的扬程 $H_e$;(2)为保证泵的吸入口不出现负压,冷却器液面上方压强 $p_0$ 至少为多少?(表压)

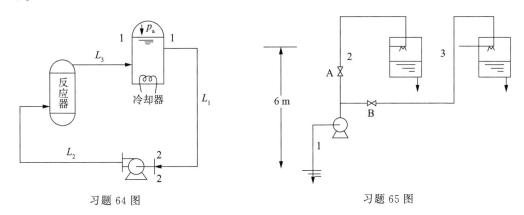

习题 64 图　　　　　　　　　　习题 65 图

65. 如图所示,两塔均敞口,已知 $d$ 均为 40 mm,$\lambda = 0.02$,吸入管 $L_1 = 10$ m,压出管 $L_2 = 70$ m(均包括局部阻力),泵 $H_e = 22 - 7.2 \times 10^5 q_V^2$。式中,$H_e$ 的单位为 $m$,$q_V$ 的单位为 m³/s。试求:(1)B 阀全关时泵的流量;(2)B 阀全开,$L_3 = 70$ m 时,泵的流量。(忽略泵出口至 O 点的管长)

66. 欲用离心泵将池中水送至 10m 高处水塔。输送量 $q_V = 0.21$ m³/min,管路总长为 $L = 50$ m(包括局部阻力的当量长度),管径均为 40 mm,$\lambda = 0.02$。试问:(1)若所选用的离心泵特性方程:$H_e = 40 - 222q_V^2$,式中,$H_e$ 的单位为 m,$q_V$ 的单位为 m³/min,为什么该泵是适用的?(2)管路情况不变时,此泵正常运转后,实际管路流量为多少(m³/min)?(3)为使流量满足设计要求,需用出口阀进行调节,则消耗在该阀门上的阻力损失增加了多少(J/kg)?

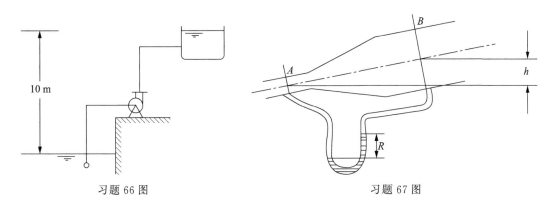

习题 66 图　　　　　　　　　　习题 67 图

67. 如图所示,水通过倾斜变径管段(A-B),已知 $D_A = 100$ mm,$D_B = 240$ mm,水流量

为 2 m³/min,在截面 $A$ 与 $B$ 处接一 U 形压差计,其读数 $R=20$ mm,指示剂为水银,$A$、$B$ 两点间的垂直距离为 $h=0.3$ m。试求:(1)$A$、$B$ 两点的压差为多少(Pa)?(2)$A$、$B$ 管段的阻力损失为多少(J/kg)?(3)若将管路水平放置,流向与流量不变,定性回答压差计读数及 $A$、$B$ 两点压强差如何变化?

68. 某混合式冷凝器内的真空度为 $7.85 \times 10^4$ Pa,所需冷却水量为 $6 \times 10^4$ kg/h,冷水进冷凝器的入口比吸水池的液面高 15 m,用 $\phi$114 mm×7 mm 管道输水,管长 80 m,管路配有 2 个球心阀和 5 个弯头,已知阀门的阻力系数 $\zeta=3$,弯头的阻力系数 $\zeta=1.26$,管入口阻力系数 $\zeta=0.5$,摩擦因数 $\lambda=0.02$,现仓库中有四种规格的离心泵如下:

| 编号 | 1 | 2 | 3 | 4 |
|---|---|---|---|---|
| 流量/(L/min) | 500 | 1 000 | 1 000 | 2 000 |
| 扬程/m | 10 | 10 | 15 | 15 |

试求:(1)为完成上述输送任务需选用几号泵?(2)所选用的泵安装在上述管道上,若管路条件不作任何改变,实际流量能否达到上述规定值?如何调节泵出口阀才能达到规定值(用管路特性曲线、泵特性曲线和工作点定性描述)?

# 1.8  习题精选参考答案

1. 流体是由大量质点组成的,彼此之间没有间歇、完全充满所占空间的连续介质

2. 实际流体的黏性所造成的剪应力(内摩擦力);总势能的降低

3. 变大

4. 重力场中静止、连续、均质的流体

5. 上升;下降;上升;下降;下降;下降

6. 56;5.71

7. $=$;$<$;$=$

8. 6

9. 11

10. 28.3~84.8

11. $R_1(\rho_0-\rho)g+h\rho g$;$R_2(\rho_0-\rho)g+h\rho g$;$R_1=R_2$

12. 流体质点有无径向脉动

13. 层流内层;过渡区;湍流区

14. 越大

15. J/kg;单位质量流体具有的动能;J/N;单位重量流体具有的动能;J/m³;单位体积流体具有的动能

16. $64/Re$;$Re$;$\varepsilon/d$;$\varepsilon/d$

17. 抛物线;2

18. 减小;不变

19. 2;4

20. 16;32

21. 边界影响所涉及的区域;造成机械能损失

22. $=$;$<$;$=$

23. $R_1<R_2$

24. 20;2.47

25. 1;16/3;4/3

26. 增大;减小;增大;减小

27. =

28. 240

29. 泵内局部压强过低;降低泵进口管路直管阻力损失;局部阻力损失

30. 灌泵;关闭出口阀门;旁路阀门

31. 1;1.2

32. 2H

33. 280

34. 上升;不变;上升

35. 提供更多的势能,提高泵的效率;汽蚀

36. 2.8;质量守恒方程(连续性方程)

37. 增大;降低;下降

38. 压头-流量;效率-流量;轴功率-流量;转速;被输送流体的性质和输送条件;流量;压头

39. 管路特性

40. 单位重量流体需要增加的位能和静压能;管路系统总机械能损失

41. 增大;增大;增大

42. 增大;增大

43. (1)不变;不变;增大;(2)增大;减小;增大

44. 管路特性;泵特性

45. (1)不变;不变;减小;增大;(2)增大;增大;增大

46. 泵特性;管路特性

47. 齿轮泵;隔膜泵;旁路调节

48. (1)47.2 kPa;(2)0.77 m

49. 305 kPa(表压)

50. 溶剂从容器2流向容器1;5.4 m;2.6 m

51. (1)5 kPa;(2)$R$ 不变;98.1 Pa

52. $9.01 \times 10^{-3}$ Pa·s

53. (1)27 271.8 Pa;(2)0.521 m

54. (1)0.536 m/s;(2)阀门关闭 $A$ 点压强上升,$B$ 点压强下降,$R_1$ 升高,$R_2$ 也升高

55. (1)4.10 J/N;(2)0.325 m;(3)48.9 m³/h

56. 0.061 Pa·s

57. (1)4.4 m;(2)9.29 kPa

58. 0.81 m³/h

59. (1)211 J/kg;(2)0.54 m;(3)$R_1$ 上升,$R_2$ 下降

60. (1)$H = 20 + 1.28 \times 10^5 q_V^2$;(2)0.010 4 m³/s

61. 不能正常工作

62. (1)0.118 m³/s;(2)$H = 14.84 + 0.469 q_V^2$

63. (1)50.4 kPa;(2)发生汽蚀现象,措施略

64. (1)14.27 m;(2)20 kPa

65. (1)10.15 m³/h;(2)13.36 m³/h

66. (1)泵能提供 30.21 m,大于管路需要的 19.89 m,故适用;(2)0.26 m³/min;

(3)101.24 J/kg

67.(1)5.42 kPa;(2)11.2 J/kg;(3)压差降低

68.(1)选 3 号泵;(2)略

# 1.9 思考题参考答案

1-1 什么是连续性假定? 质点的含义是什么? 有什么条件?

假定流体是由大量质点组成的、彼此之间没有间隙、完全充满所占空间的连续介质。质点是含有大量分子的流体微团,其尺寸远小于设备尺寸,但比分子的自由程要大得多。

1-2 黏性的物理本质是什么? 为什么温度上升,气体黏度上升,而液体黏度下降?

黏性的物理本质是分子间的引力和分子热运动的宏观表现。一般地,气体的黏度随温度上升而增大,因为气体分子间距大,自由程比较长,以分子的热运动为主;温度上升,热运动加剧,黏度上升。液体的黏度随温度增加而减小,因为液体分子间距小,自由程短,以分子间力为主,温度上升,分子间的引力下降,黏度降低。

1-3 静压强有什么特性?

静压强的特性:(1)静止流体中任意界面上只受到大小相等、方向相反、垂直于作用面的压力;(2)作用于任意界面所有不同方位的静压强在数值上是相等的(各向同性);(3)压强各向传递。

1-4 图示一玻璃容器内装有水,容器底面积为 $8×10^{-3}$ m²,水和容器总重为 10 N。

(1) 试画出容器内部受力示意图(用箭头的长短和方向表示受力大小和方向);

(2) 试估计容器底部内侧、外侧所受的压力分别为多少? 哪一侧的压力大? 为什么?

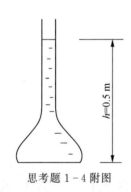

思考题 1-4 附图

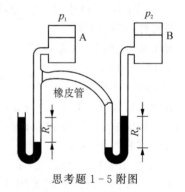

思考题 1-5 附图

(1) 图略,受力箭头垂直于壁面、上小下大。

(2) 内部压强为 $p=\rho gh=1\,000×9.81×0.5=4\,905(\text{Pa})=4.905(\text{kPa})$;

外部压强为 $p=\dfrac{F}{A}=\dfrac{10}{0.008}=1\,250\,(\text{Pa})=1.25\,(\text{kPa})$,小于内部压强。这是因为内壁施加给流体向下的力,使得内部压强大于外部压强。

1-5 图示两密闭容器内盛有同种液体,各接一 U 形压差计,读数分别为 $R_1$、$R_2$,两压差计间用一橡皮管相连接,现将容器 A 连同 U 形压差计一起向下移动一段距离,试问读数 $R_1$ 与 $R_2$ 有何变化?(说明理由)

$R_2$ 为 U 形压差计,容器 A 的势能下降,使它与容器 B 的液体势能差减小,故 $R_2$ 减小。因为 $R_1$ 为 U 形测压管,U 形管两侧同时降低,势能差不变。

1-6 伯努利方程的应用条件有哪些?

伯努利方程的应用条件是:重力场下、不可压缩、理想流体做定态流动,流体微元与其他微元或环境没有能量交换时,同一流线上的流体间能量的关系。

1-7 如图所示,水从小管流至大管,当流量 $q_V$,管径 $D$、$d$ 及指示剂均相同时,试问水平放置时压差计读数 $R$ 与垂直放置时读数 $R'$ 的大小关系如何? 为什么?(可忽略黏性阻力损失)

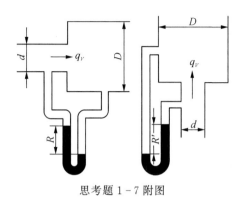 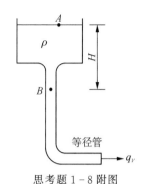

思考题 1-7 附图　　　　　　　　　　　思考题 1-8 附图

$R=R'$,因为 U 形管指示的是总势能差,与相同管道的垂直放置还是水平放置无关。

1-8 理想液体从高位槽经过等直径管流出。考虑 $A$ 点压强与 $B$ 点压强的关系,在下列三个关系中选出正确的:

(1)$p_B<p_A$;(2)$p_B=p_A+\rho g H$;(3)$p_B>p_A$。

选(1)$p_B<p_A$,因为管道出口通大气,出口压强为大气压等于 $p_A$,而 $B$ 处的位置比出口处高,所以压强较低。

1-9 层流与湍流的本质区别是什么?

层流和湍流的本质区别是:流动是否存在流动速度 $u$、压强 $p$ 的脉动性,即是否存在流体质点的脉动性。

1-10 雷诺数的物理意义是什么?

雷诺数的物理意义是惯性力与黏性力的比值。

1-11 何谓泊谡叶方程? 其应用条件有哪些?

泊谡叶方程是 $\Delta\mathscr{P}=\dfrac{32\mu u l}{\rho d^2}$。其应用条件为:不可压缩流体在直管内做层流流动时的阻力损失大小计算式。

1-12 如附图所示管路,试问:

(1)$B$ 阀不动(半开着),$A$ 阀由全开逐渐关小,则 $h_1$,$h_2$,$(h_1-h_2)$如何变化?

(2)$A$ 阀不动(半开着),$B$ 阀由全开逐渐关小,则 $h_1$,$h_2$,$(h_1-h_2)$如何变化?

(1)$h_1$ 下降,$h_2$ 下降,$(h_1-h_2)$下降;(2)$h_1$ 上升,$h_2$ 上升,$(h_1-h_2)$下降。

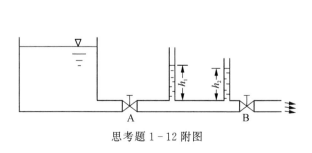 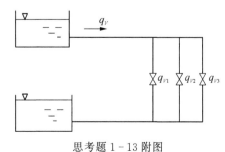

思考题 1-12 附图　　　　　　　　　　　思考题 1-13 附图

1-13 图示的管路系统中,原1,2,3阀全部全开,现关小1阀开度,则总流量 $q_V$ 和各支管流量 $q_{V1}$,$q_{V2}$,$q_{V3}$ 将如何变化?

$q_V$、$q_{V1}$ 下降,$q_{V2}$、$q_{V3}$ 上升。

1-14 什么是液体输送机械的压头或扬程?

流体输送机械向单位重量流体所提供的能量,J/N。

1-15 离心泵的压头受哪些因素影响?

离心泵的压头与流量、叶轮转速、叶轮形状及叶轮直径大小有关。

1-16 后弯叶片有什么优点?有什么缺点?

后弯叶片的优点是:后弯叶片使得流体势能的提高大于动能的提高,动能在蜗壳中转换成势能时损失小,泵的效率高。后弯叶片的缺点是:产生同样的理论压头所需泵的体积比前弯叶片大。

1-17 影响离心泵特性曲线的主要因素有哪些?

离心泵的特性曲线是 $H_e-q_V$,$\eta-q_V$,$P_a-q_V$ 曲线关系。影响这些曲线的主要因素有:液体的密度和黏度、叶轮转速、叶轮形状及直径的大小。

1-18 离心泵的工作点是如何确定的?有哪些调节流量的方法?

离心泵的工作点是由管路特性方程与泵的特性方程共同决定的。因此,调节流量分别改变管路特性方程和泵的特性方程,前者在管路中设置出口阀门,后者改变泵的转速和叶轮直径等。

1-19 一离心泵将江水送至敞口高位槽,若管路条件不变,随着江面的上升,泵的压头 $H_e$,管路总阻力损失 $H_f$,泵入口处真空表读数、泵出口处压力表读数将分别作何变化?

随着江面的上升,管路特性曲线下移,泵的特性曲线不变,所以工作点右移,流量增大,而泵的压头下降,阻力损失增加;随着江面上升,管路内各点压强均上升,所以真空表读数减小,出口压强表读数增加。

1-20 何谓泵的汽蚀?如何避免"汽蚀"?

泵的汽蚀是指泵输送液体时,液体在泵的最低压强点(叶轮进口处)发生汽化形成气泡,气泡随后在叶轮中因压强升高而溃灭,从而造成液体对泵的冲击,引起泵的振动及泵的腐蚀,这一现象称为泵的汽蚀。

避免汽蚀的方法:规定泵的实际汽蚀余量必须大于允许汽蚀余量,保证泵的实际安装高度小于泵的允许安装高度。

1-21 什么是正位移特性?

正位移特性是指:流量大小仅取决于泵,与管路特性无关。

1-22 往复泵有无"汽蚀"现象?

往复泵同样有汽蚀问题,这取决于液体汽化压强的高低。

1-23 为什么离心泵启动前应关闭出口阀,而旋涡泵启动前应打开出口阀?

启动泵是否关闭出口阀门,和泵的功率特性曲线的走向有关,离心泵零流量下的功率负荷最小,所以启动离心泵时关闭出口阀,使得电机负载最小,保护电机;旋涡泵在大流量下功率负荷最小,所以启动旋涡泵时要开启出口阀门,使电机负载最小,也保护电机。

1-24 通风机的全风压、动风压各有什么含义?为什么离心泵的 $H$ 与 $\rho$ 无关,而风机的全风压 $p_T$ 与 $\rho$ 有关?

通风机施加给每立方米气体的能量称为全风压,其中的动能部分称为动风压。离心泵的压头单位是 J/N(米液柱),全风压的单位是 N/m³,两者单位不同,若按照 $\Delta p = \rho g h$ 表示,可知高度 $h$ 和密度 $\rho$ 无关时,压差和密度 $\rho$ 成正比。

# 第2章 传热

## 2.1 学习目标

通过本章学习,掌握传热过程的基本原理、传热规律,并运用传热原理和规律,分析和解决传热过程相关的问题。包括以下主要应掌握的内容:

(1) 单层、多层平壁与圆筒壁的热传导速率方程及其应用;

(2) 对流给热系数的影响因素、计算方法;

(3) 沸腾条件和核状沸腾的工业应用;

(4) 蒸汽冷凝的形式及工业应用;

(5) 热量平衡方程及在传热计算中的应用;

(6) 传热基本方程、传热系数的计算;

(7) 传热过程设计计算的规范、换热器选型应考虑的基本问题。

## 2.2 主要学习内容

### 1. 传热过程概述

因温差引起的能量交换称为热传递。

1) 热量传递方式

(1) 直接接触式传热

冷热流体直接接触(混合)的一种传热方式。

(2) 间壁式传热

冷热流体之间通过固体壁传递热量的方式,工业应用最多。

(3) 蓄热式传热

预先将热量储存在载热体上,再由载热体将热量传递给冷流体。

2) 传热基本概念

(1) 载热体及其选择

传递热量的流体统称为载热体,起加热作用的载热体称为加热剂,起冷却作用的载热体称为冷却剂。

工业上常用加热剂包括:热水(40~100℃)、饱和水蒸气(100~180℃)、矿物油(180~250℃)、道生油(255~380℃)、熔盐(142~530℃)和烟道气(500~1 000℃)等。

工业上常用的冷却剂有水、空气和各种冷冻剂(如液氨、液氮等)。

对于加热过程,单位热量的价值(热量品位)不同,温位越高,价值越大;对冷却过程,温位越低,价值越大。因此,必须根据具体情况选择适当的载热体,以提高传热过程的经济性。

(2) 传热速率

热流量 $Q$:单位时间内热流体通过整个换热器的传热面传递给冷流体的热量。

热流密度(热通量)$q$:单位时间通过单位传热面积所传递的热量。

(3) 传热机理

根据传热机理不同,热量传递有三种基本方式:热传导、对流给热和热辐射。

热传导是借物体内部分子、原子或自由电子迁移运动将热量进行传递。

对流给热是流体质点发生宏观位移而引起的热量传递,对流给热有多种形式。

热辐射:物体向外界辐射能和吸收辐射能两者有差异时,该物体与外界产生热量传递。

实际传热过程不是单纯以某种传热方式传递热量,而是两种或三种传热方式的组合。

（4）热量平衡

无相变化的冷热流体之间传热,忽略热损失且冷热流体比热不随温度变化时的热量平衡。

若热流体为饱和蒸汽,冷流体无相变且不考虑热损失时

$$Q = q_{m_1} r = q_{m_2} c_{p_2} (t_2 - t_1) \tag{2-1}$$

若热流体既有相变化又有温度变化,冷流体无相变化,忽略热损失时

$$Q = q_{m_1} r + q_{m_1} c_{p_1} (T_1 - T_2) = q_{m_2} c_{p_2} (t_2 - t_1) \tag{2-2}$$

上述热量平衡式中,无相变化时涉及同种流体的温升($t_2 - t_1$)或温降($T_1 - T_2$)。

**2. 热传导**

1）傅里叶定律

（1）傅里叶定律

傅里叶定律表明:热传导时热流密度正比于传热面的法向温度梯度,负号表示热传递的方向与温度梯度的方向相反,即热量从高温传递至低温。

（2）导热系数（热导率）λ

导热系数是表征材料导热性能的参数,其值越大,导热性能越好,它是分子或其他微粒运动的宏观表现。

一般而言,固体物质、液体物质和气体物质分子（或其他微粒）之间的距离有差异,因此金属固体的导热系数比液体的大,液体的导热系数比气体的大（气体的导热系数约为液体导热系数的1/10）。绝热材料（保温材料）虽为固体,但应用中要求其具有较小的导热系数。

物质的导热系数与材料的组成、结构、温度、湿度及聚集状态等许多因素有关。

固体导热系数随温度升高而减小;非金属液体的导热系数随温度升高而略有减小（水和甘油除外,水是非金属液体中导热系数最大的）;气体导热系数随温度升高而增大。

2）平壁定态热传导

（1）单层平壁一维定态热传导

（2）多层平壁一维定态热传导

由多层平壁一维定态热传导可见传热推动力和热阻是可以加和的;总推动力等于各层推动力之和,总热阻等于各层热阻之和。同时热传导过程中,哪层热阻大,哪层推动力大;反之,哪层温差大,哪层热阻必定大。

3）圆筒壁一维定态热传导

（1）单层圆筒壁一维定态热传导

（2）多层圆筒壁一维定态热传导

**3. 对流给热**

流体和固体壁面间的热量交换过程称为对流给热。

1）对流给热过程和对流分类

在对流给热过程中,流体处于流动状态。流体在固体壁面依次存在层流内层、过渡区和湍流区。层流区以热传导方式进行热传递。因多数流体导热系数小,因而层流内层的热阻大,温差也主要集中于层流内层。过渡区的热量传递可看作热传导和对流给热共同作用的结果。湍流区流体质点剧烈混合,热阻极小,温度梯度也极小。

按引起对流的原因,将对流分为自然对流和强制对流。前者是因流体内部冷热部分密度不同引起流动,后者是流体在外力作用下产生的宏观流动。

2）牛顿冷却定律

工程上把对流给热的热流密度写成

流体被加热时 $q = \alpha(t_w - t)$

流体被冷却时 $q = \alpha(T - T_w)$

式中，$\alpha$ 称为对流给热系数，$W/(m^2 \cdot \text{℃})$；$T_w$、$t_w$ 为壁温，$\text{℃}$；$T$、$t$ 为流体平均温度，$\text{℃}$。以上两式称为牛顿冷却定律。

3）对流给热系数的影响因素

影响对流给热系数的因素包括以下几个方面。

流体相态：液体、气体、蒸气

流体性质：包括 $\rho$、$\mu$、$c_p$、$\lambda$

流体流动类型：层流、湍流

流动引起的原因：强制对流、自然对流

传热面的几何特征：传热面形状、大小、位置、管板排列方式等

上述各因素量纲分析后得到以下量纲一的特征数：

努塞尔数 $Nu = \dfrac{\alpha l}{\lambda}$

雷诺数 $Re = \dfrac{\rho u l}{\mu}$

普朗特数 $Pr = \dfrac{c_p \mu}{\lambda}$

格拉晓夫数 $Gr = \dfrac{\beta g \Delta t l^3 \rho^2}{\mu^2}$

4）无相变对流给热系数经验表达式

对流给热系数 $\alpha$ 可由前述四个准数联系

$$Nu = A \cdot Re^a Pr^b Gr^c \tag{2-3}$$

其中，$A$ 为系数。

无相变圆形直管强制湍流，此时自然对流不重要，因而忽略自然对流的影响，可将上式化简为

$$Nu = A \cdot Re^a Pr^b \tag{2-4}$$

满足条件：$Re > 10^4$，$0.7 < Pr < 160$，低黏度流体，$l/d > 30 \sim 40$ 的条件下，$A = 0.023$；$a = 0.8$；流体被加热时，$b = 0.4$；流体被冷却时，$b = 0.3$。

$$Nu = 0.023 Re^{0.8} \cdot Pr^b \tag{2-5}$$

$$\alpha = 0.023 \frac{\lambda}{d} \left( \frac{\rho u d}{\mu} \right)^{0.8} \left( \frac{c_p \mu}{\lambda} \right)^b \tag{2-6}$$

不满足上述适用条件时可对式（2-15）适当加以修正。

① 高黏度流体，按下式计算 $\alpha$

$$\alpha = 0.027 \frac{\lambda}{d} \left( \frac{\rho u d}{\mu} \right)^{0.8} \left( \frac{c_p \mu}{\lambda} \right)^{0.33} \left( \frac{\mu}{\mu_w} \right)^{0.14} \tag{2-7}$$

工程上，流体被加热时，$\left(\dfrac{\mu}{\mu_{\mathrm{w}}}\right)^{0.14}=1.05$；流体被冷却时，$\left(\dfrac{\mu}{\mu_{\mathrm{w}}}\right)^{0.14}=0.95$。

式(2-16)适用于 $Re>10^4$，$0.5<Pr<100$ 的各种液体，但不适用于液体金属。

② 短管：$l/d<30\sim40$ 时，式(2-6)乘以 $1.02\sim1.07$ 的系数加以修正。

③ 过渡流，$2\,000<Re<10^4$，式(2-6)乘以小于 1 的系数 $f$ 加以修正。

④ 弯管：弯管曲率半径为 $R$，式(2-6)乘以大于 1 的系数 $f$ 加以修正有

$$f=1+1.77\dfrac{d}{R}$$

5) 有相变时的对流给热

(1) 沸腾给热

沸腾可分为大容积沸腾和管内沸腾。前者是指加热面完全沉浸在无强制对流的液体中发生的沸腾；后者是管内流体沸腾，沸腾过程更为复杂。

沸腾的条件：过热度和汽化核心。

大容积饱和沸腾曲线

沸腾对流给热系数计算

$$\alpha=A\Delta t^{2.5}B^{t_{\mathrm{s}}} \tag{2-8}$$

(2) 蒸汽冷凝对流给热

蒸汽冷凝时只有一个气相温度，故气相无热阻。

工业上使用饱和蒸汽作加热介质的原因有两个：一是饱和蒸汽有恒定的温度；二是有较大的给热系数。

冷凝液体在固体壁面伸展成膜状，称为膜状冷凝。

冷凝液体在固体壁面呈滴状，称为滴状冷凝。

**4. 热辐射**

热辐射是不同物体间互相辐射和吸收能量的总结果。热辐射与电辐射本质相同，但辐射电磁波波长不同。

1) 固体辐射基本概念

辐射能投射到物体表面时，发生吸收、反射和穿透现象。

投射的总能量 $Q$、物体吸收的能量 $Q_{\mathrm{a}}$、反射能量 $Q_{\mathrm{r}}$、穿透部分的能量 $Q_{\mathrm{d}}$，之间的关系有

$$Q=Q_{\mathrm{a}}+Q_{\mathrm{r}}+Q_{\mathrm{d}} \tag{2-9}$$

定义 $\dfrac{Q_{\mathrm{a}}}{Q}=a$ 称为吸收率；$\dfrac{Q_{\mathrm{r}}}{Q}=r$ 称为反射率；$\dfrac{Q_{\mathrm{d}}}{Q}=d$ 称为穿透率，三者之和为 1。相应地 $a=1$ 的物体称为黑体；$r=1$ 的物体称为白体；$d=1$ 的物体称为透热体。

2) 黑体的辐射能力

黑体的辐射能力遵循斯蒂芬-玻耳兹曼定律（四次方定律）

$$E_{\mathrm{b}}=\sigma_0 T^4$$

式中，$E_{\mathrm{b}}$ 为黑体辐射能力，$\mathrm{W/m^2}$；$\sigma_0$ 为黑体辐射常数，$\sigma_0=5.67\times10^{-8}\,\mathrm{W/(m^2\cdot K^4)}$；$T$ 为黑体表面绝对温度，K。

3) 实际物体的辐射能力和吸收能力

实际物体与同温度黑体的辐射能力的比值称为该物体的黑度，因此实际物体的辐射能力 $E$ 为

$$E = \varepsilon E_b = \varepsilon C_0 \left( \frac{T}{100} \right)^4 \tag{2-10}$$

黑度表明物体的辐射能力接近于黑体的程度,只取决于物体本身。

实际物体被视为对各种波长辐射能均能同样吸收的理想物体,此理想物体称为灰体。灰体的辐射能力可用黑度来表征,其吸收能力用吸收率来表征。

$$\varepsilon = a \tag{2-11}$$

上式称为克希荷夫定律,表明善于辐射者必善于吸收。

4)影响辐射的因素

温度、几何位置、表面黑度、辐射表面之间介质等都影响辐射传热。

**5. 传热计算**

传热计算涉及热量平衡、传热系数和传热基本方程。热量平衡方程前面已提及。

1)热量平衡微分方程

一定条件(教材中的四个假定)下,有

$$q_{m1} c_{p1} \mathrm{d}T = q \mathrm{d}A \tag{2-12}$$

$$q_{m2} c_{p2} \mathrm{d}T = q \mathrm{d}A \tag{2-13}$$

上两式可直接得到无相变流体热量平衡方程。

2)总传热系数 $K$

对新换热器

$$\frac{1}{KA} = \frac{1}{\alpha_i A_i} + \frac{\delta}{\lambda A_m} + \frac{1}{\alpha_o A_o} \tag{2-14}$$

$$A_m = \frac{A_o - A_i}{\ln \dfrac{A_o}{A_i}} ; A_o = \pi d_o L ; A_i = \pi d_i L$$

传热系数 $K$ 有一定基准,以外表面积 $A_o$ 为基准下的传热系数 $K_o$ 表示,以内表面积 $A_i$ 为基准的传热系数 $K_i$ 表示,由上式可以得出 $K_o A_o = K_i A_i$,$K_o$、$K_i$ 分别可由上式推出

$$\frac{1}{K_o} = \frac{d_0}{\alpha_i d_i} + \frac{\delta d_0}{\lambda d_m} + \frac{1}{\alpha_o} \tag{2-15}$$

$$\frac{1}{K_i} = \frac{1}{\alpha_i} + \frac{\delta d_i}{\lambda d_m} + \frac{d_i}{\alpha_o d_o} \tag{2-16}$$

$$d_m = \frac{d_o - d_i}{\ln \dfrac{d_o}{d_i}}$$

冷热流体两侧存在污垢热阻 $R_i$、$R_o$ 时

$$\frac{1}{K_o} = \frac{d_o}{\alpha_i d_i} + R_i + \frac{\delta d_o}{\lambda d_m} + \frac{1}{\alpha_o} + R_o \tag{2-17}$$

$$\frac{1}{K_i} = \frac{1}{\alpha_i} + R_i + \frac{\delta d_i}{\lambda d_m} + \frac{d_i}{\alpha_o d_o} + R_o \tag{2-18}$$

管壁较薄,忽略管壁热阻和污垢热阻时,$K_o = K_i = K$

$$\frac{1}{K} = \frac{1}{\alpha_i} + \frac{1}{\alpha_o} \tag{2-19}$$

上式表明,总热阻为冷热流体两侧热阻之和。

若 $\alpha_i \gg \alpha_o$,则 $K \approx \alpha_o$,则总热阻 $\frac{1}{K} = \frac{1}{\alpha_o}$,此时称 $\frac{1}{\alpha_o}$ 为控制热阻。同样若 $\alpha_i \ll \alpha_o$,则 $K \approx \alpha_i$,此时称 $\frac{1}{\alpha_i}$ 为控制热阻。

工业上的传热过程总希望 $K$ 越大越好,此时要提高 $K$,则必须从控制热阻着手,参见教材中的相关例题。

3）壁温

内管热流体的间壁式传热过程,热量贯序地由热流体传递给管壁内侧,再由管壁内侧传递至外侧,最后由管壁外侧传递给冷流体。定态条件下,各环节的热流密度相同,即

$$q = \frac{T - T_w}{\dfrac{1}{\alpha_i}} = \frac{T_w - t_w}{\dfrac{\delta}{\lambda}} = \frac{t_w - t}{\dfrac{1}{\alpha_o}} \tag{2-20}$$

由上式可见,传热过程热阻大的环节,其温差必然大。对较薄金属间壁式换热器,有 $T_w \approx t_w$。因此有

$$\frac{T - T_w}{t_w - t} = \frac{\dfrac{1}{\alpha_i}}{\dfrac{1}{\alpha_o}} \tag{2-21}$$

上式表明,传热面两侧温差之比等于两侧热阻之比,壁温必接近于热阻较小或给热系数较大一侧流体的温度。

4）对数平均推动力 $\Delta t_m$

传热过程推动力可以用对数平均温差 $\Delta t_m$ 表征。

逆流时,
$$\Delta t_m = \frac{(T_1 - t_2) - (T_2 - t_1)}{\ln \dfrac{T_1 - t_2}{T_2 - t_1}} \tag{2-22}$$

并流时,
$$\Delta t_m = \frac{(T_1 - t_1) - (T_2 - t_2)}{\ln \dfrac{T_1 - t_1}{T_2 - t_2}} \tag{2-23}$$

5）传热基本方程

传热基本方程表示热流量(传热速率)$Q$ 与传热面积、传热系数 $K$ 和传热推动力 $\Delta t_m$ 之间的关系为

$$Q = KA\Delta t_m \tag{2-24}$$

上式称为传热基本方程。

6）传热过程计算

按工程传热目的,将传热计算分为设计型计算和操作型计算。

（1）设计型计算

已知:$q_{m1}$、$T_1$、$T_2$、$c_{p1}$

求:换热器面积及其他尺寸条件

选择:流向、冷却介质进口温度 $t_1$、冷却介质出口温度 $t_2$。

计算过程:

由 $q_{m1}$ 选择合适的换热管,可以计算热流体侧对流给热系数 $\alpha_1$;从 $q_{m1}$、$T_1$、$T_2$、$t_1$(选)、$t_2$(选)由热量衡算计算冷却介质用量 $q_{m2}$ 和对数平均温差 $\Delta t_m$;由 $q_{m2}$ 选择合适的换热管,可以计算冷流体侧的对流给热系数 $\alpha_o$;从 $\alpha_1$、$\alpha_o$、管壁条件等由总传热系数方程计算总传热系数 $K$;从热流体条件 $q_{m1}$、$T_1$、$T_2$、$c_{p1}$ 计算热流量 $Q=q_{m1}c_{p1}(T_1-T_2)$;从传热基本方程 $Q=KA\Delta t_m$ 得 $A=\dfrac{Q}{K\Delta t_m}$。

(2)操作型计算

两类操作型计算:换热结果和换热条件。

① 第一类计算

已知:$A$、$c_{p1}$、$c_{p2}$、$q_{m1}$、$q_{m2}$ 流动方式

求:$T_2$、$t_1$

采用消元法和试差法

消元法:逆流下,联立热量平衡和传热基本方程

传热基本方程 $\qquad q_{m1}c_{p1}(T_1-T_2)=KA\dfrac{(T_1-t_2)-(T_2-t_1)}{\ln\dfrac{T_1-t_2}{T_2-t_1}}$ $\qquad(2-25)$

热量平衡方程 $\qquad q_{m1}c_{p1}(T_1-T_2)=q_{m2}c_{p2}(t_2-t_1)$ $\qquad(2-26)$

联立以上两式可以得到 $\ \ln\dfrac{T_1-t_2}{T_2-t_1}=\dfrac{KA}{q_{m1}c_{p1}}\left(1-\dfrac{q_{m1}c_{p1}}{q_{m2}c_{p2}}\right)$ $\qquad(2-27)$

式(2-39)右侧参数全部已知,方程变为线性方程(消去对数),再与热量平衡联立可精确解出。

试差法也可以解第一类。

② 第二类计算

已知:$A$、$c_{p1}$、$c_{p2}$、$q_{m1}$、$T_1$、$T_2$、$t_1$ 流动方式

求:$q_{m2}$、$t_2$

第二类计算可以用试差法和传热单元数(NTU)法。少学时教材中传热单元数法未作介绍,这里略去,现说明第二类计算的试差过程:设 $t_2$,由热量衡算方程计算 $q_{m2}$,计算 $\alpha_o$ 及 $K$,再联立基本方程与热量平衡方程计算出 $t_2^*$,若 $t_2=t_2^*$ 计算有效,否则修正设定值 $t_2$,重复计算。

**6. 换热器**

1)换热器结构形式

间壁式换热器是常用换热器。按换热器传热面形状和结构分为管式换热器、板式换热器等。管式换热器和板式换热器的类型与适用条件列于表2-1。

表2-1 管式换热器、板式换热器的类型与适用范围

| 类型 | | | 适用范围 |
|---|---|---|---|
| 管式换热器 | 蛇管换热器 | 沉浸式 | 腐蚀高压 |
| | | 喷淋式 | 冷却管内热流体 |
| | 列管式换热器 | 固定管板式 | 壳程流体清洁不易结垢;两流体温差大 |
| | | 浮头式 | 壳体与管壁温差大,壳程介质易结垢 |
| | | U形管式 | 管壳壁温差较大,壳程易结垢;高温、高压,腐蚀性强 |

| 类　型 | | 适用范围 |
|---|---|---|
| 管式换热器 | 套管式换热器 | 高温、高压气体 |
| | 翅管式换热器 | 空气冷凝器 |
| 板式换热器 | 平板式 | 需常清理 |
| | 螺旋板式换热器 | 高速流体，易结垢流体，两流体间温差较小 |
| | 板式 | 加热、保温、干燥、冷凝等多种过程 |

2) 列管式换热器涉及与选用应考虑的问题

列管式换热器，管内每通过管束一次，称为一个管程，每通过壳体一次称为一个壳程。

列管换热器选用应考虑以下问题。

(1) 冷热流体流动通道的选择；

(2) 流动方式的选择；

(3) 换热管规格和排列方式的选择；

(4) 折流挡板形状和间距的选择；

(5) 对数平均温差（推动力）的修正。

3) 列管式换热器的选用与设计计算步骤

已知：$q_{m1}$、$T_1$、$T_2$，冷却介质 $t_1$、$t_2$

$$Q = KA\Delta t_{\mathrm{m}} = KA\psi\Delta t_{\mathrm{m逆}} \qquad (2-28)$$

试差计算确定换热器尺寸。

(1) 初选换热器的尺寸与规格；

(2) 计算管程的压降和给热系数；

(3) 计算壳程的压降和给热系数；

(4) 计算传热系数，校核传热面积。

# 2.3　概念关联图表

## 2.3.1　三种传热机理

| | 热传导基本方程 | $q = -\lambda\dfrac{\partial t}{\partial n}$ |
|---|---|---|
| 热传导 | 平壁定态热传导 | $Q = \dfrac{\Delta t}{\dfrac{\delta}{\lambda A}} = \dfrac{\Delta t}{R} = \dfrac{推动力}{热阻}$ ；$Q = \dfrac{\sum\limits_{i=1}^{n}\Delta t_i}{\sum\limits_{i=1}^{n}\dfrac{\delta_i}{\lambda_i A_i}} = \dfrac{总推动力}{总热阻}$ |
| | 圆筒壁定态热传导 | $Q = \lambda A_{\mathrm{m}}\dfrac{t_1 - t_2}{\delta} = \dfrac{\Delta t}{\dfrac{\delta}{\lambda A_{\mathrm{m}}}}$ ；$Q = \dfrac{2\pi L\sum\limits_{i=1}^{n}(t_i - t_{i+1})}{\sum\limits_{i=1}^{n}\dfrac{1}{\lambda_i}\ln\dfrac{r_{i+1}}{r_i}}$ |
| 对流给热 | | $Nu = 0.023Re^{0.8}Pr^b a = 0.023\dfrac{\lambda}{d}\left(\dfrac{\rho d u}{\mu}\right)^{0.8}\left(\dfrac{c_p\mu}{\lambda}\right)^b$ |
| 热辐射 | | $E_b = C_0\left(\dfrac{T}{100}\right)^4$ |

## 2.3.2 对流给热相关准数

| 努塞尔数 | $\dfrac{\alpha l}{\lambda}=Nu$ | 包含对流给热系数 |
|---|---|---|
| 雷诺数 | $\dfrac{\rho u l}{\mu}=Re$ | 反映流体流动状态 |
| 普朗特数 | $\dfrac{c_p\mu}{\lambda}=Pr$ | 反映物性 |
| 格拉晓夫数 | $\dfrac{\beta g\Delta t l^3\rho^2}{\mu^2}=Gr$ | 反映自然对流引起自然对流状态 |

## 2.3.3 对流给热系数

| 无相变 | 管内 | 高度湍流 | $Nu=0.023Re^{0.8}Pr^b a=0.023\dfrac{\lambda}{d}\left(\dfrac{\rho d u}{\mu}\right)^{0.8}\left(\dfrac{c_p\mu}{\lambda}\right)^b$ |
|---|---|---|---|
| | | 过渡流 | 按照高度湍流计算,考虑系数 $f=1-\dfrac{6\times10^5}{Re^{1.8}}$ |
| | | 层流 | (少学时教材未作介绍,可参考其他教材或手册) |
| | 管外 | | (少学时教材未作介绍,可参考其他教材或手册) |
| 有相变 | 沸腾 | | (少学时教材未作介绍,可参考其他教材或手册) |
| | 冷凝 | 垂直管外 | (少学时教材未作介绍,可参考其他教材或手册) |
| | | 水平管外 | (少学时教材未作介绍,可参考其他教材或手册) |

## 2.3.4 传热过程计算

| 方程 | 表达式 | 传热过程强化 | |
|---|---|---|---|
| 基本方程 | $Q=KA\Delta t_m$ , $\Delta t_m=\dfrac{\Delta t_1-\Delta t_2}{\ln\dfrac{\Delta t_1}{\Delta t_2}}$ | 增加 $\Delta t_m$ | 增加蒸汽压强 |
| | | | 降低冷却水温度 |
| | | | 利用逆流操作 |
| | | 增加 $A$ | 加翅片 |
| | | | 串联换热器 |
| 热量平衡方程 | $q_{m1}c_{p1}(T_1-T_2)=q_{m2}c_{p2}(t_2-t_1)$ | | |
| 传热系数表达式 | $K_i=\dfrac{1}{\dfrac{1}{\alpha_i}+R_i+\dfrac{\delta d_i}{\lambda d_m}+R_o+\dfrac{1}{\alpha_o}\cdot\dfrac{d_i}{d_o}}$ | 增加 $\alpha_1$、$\alpha_2$ | |
| | | 减小 $\delta$ | |
| | $K_o=\dfrac{1}{\dfrac{1}{\alpha_i}\cdot\dfrac{d_o}{d_i}+R_i+\dfrac{\delta d_o}{\lambda d_m}+R_o+\dfrac{1}{\alpha_o}}$ | 增加 $\lambda$ | |
| | | 去垢 | |

## 2.3.5 换热器按结构分类比较

| 管式 | 管壳式 | 固定管板式 | 刚性结构 | 用于管壳温差较小的情况,管间不能清洗 |
|---|---|---|---|---|
| | | | 带膨胀节 | 有一定温度补偿能力,壳程只能承受较低压力 |
| | | 浮头式 | | 管内外均能承受高压,可用于高温高压场合 |
| | | U形管式 | | 管内外均能承受高压,管内清洗及检修困难 |
| | | 填料函式 | 外填料函 | 管间容易泄漏,不宜处理易挥发、易燃易爆及压力较高的介质 |
| | | | 内填料函 | 密封性能差,只能用于压差较小的场合 |
| | | 釜式 | | 壳体上都有个蒸发空间,用于蒸发、再沸 |

| 管式 | 套管式 | 双套管式 | 结构比较复杂,主要用于高温高压场合,或固定床反应器中 |
| | | 套管式 | 能逆流操作,用于传热面积较小的冷却器、冷凝器或预热器 |
| | 螺旋盘管式 | 浸没式 | 用于管内流体的冷却、冷凝,或管外流体的加热 |
| | | 喷淋式 | 只用于管内流体的冷却或冷凝 |
| 板式 | 板式 | | 拆洗方便,传热面能调整,主要用于黏性较大的液体间的换热 |
| | 螺旋板式 | | 可进行严格的逆流操作,有自洁作用,可回收低温热量 |
| | 伞板式 | | 伞形传热板结构紧凑,拆洗方便,通道较小,易堵,要求流体干净 |
| | 板壳式 | | 板束类似于管束,可抽出清洗检修,压力不能太高 |
| 扩展表面式 | 板翅式 | | 结构十分紧凑,传热效率高,流体阻力大 |
| | 管翅式 | | 适用于气体和液体之间的传热,传热效率高,用于化工、动力、空调、制冷工业 |
| 蓄热式 | 回转式 | 盘式 | 传热效率高,用于高温烟气冷却等 |
| | | 鼓式 | 用于空气预热器等 |
| | 固定格室式 | 紧凑式 | 适用于低温到高温的各种条件 |
| | | 非紧凑式 | 可用于高温及腐蚀性气体场合 |

# 2.4 难点分析

**1. 传热速率有哪几种方式表示? 各种传热过程具体的传热速率方程如何?**

传热速率是换热设备单位时间内传递的热量,以两种方式表示:热流量 $Q$ 和热流密度 $q$。

热流量 $Q$ 是指单位时间内热流体通过整个换热器的传热面传递给冷流体的热量,W;而热流密度 $q$ 是指单位时间、通过单位传热面积所传递的热量,$W/m^2$。和热流量 $Q$ 不同,热流密度 $q$ 与传热面积 $A$ 大小无关,完全取决于冷热流体之间的热量传递过程,是反映具体传热过程速率大小的特征量。工业上的定态传热过程 $Q$ 和 $q$ 及与传热相关的物理量均不随时间而变化。

(1) 热传导是因物体内部分子微观运动的一种传热方式。物体内部的热传导是由于相邻分子相互碰撞时传递振动能的结果。同时,连续而不规则的分子运动也是导致热传导的重要原因。物体内部也可因自由电子的转移而发生热传导,金属的强导热能力就缘于此。

热传导遵循傅里叶定律 $q = -\lambda \dfrac{\partial t}{\partial n}$。由傅里叶定律可见热传导的热流密度正比于传热面的法向温度梯度,传热方向和温度梯度的方向正好相反即热量从高温传递至低温。

对于平壁的定态热传导,如图 2-1 所示。结合傅里叶定律,可得热流密度 $q = \dfrac{Q}{A} = \lambda \dfrac{t_1 - t_2}{\delta}$,也可以写成热流量 $Q = \dfrac{\Delta t}{\dfrac{\delta}{\lambda A}} = \dfrac{\Delta t}{R} = \dfrac{推动力}{热阻}$,可见热流量正比于推动力 $\Delta t$,反比于热阻 $R$。当热传导层厚度 $\delta$ 越大,传热面积 $A$ 和热导率 $\lambda$ 越小,热阻 $R$ 越大,相同推动力下热流量 $Q$ 越小。

多层平壁热传导时有热流量 $Q = \dfrac{\sum\limits_{i=1}^{n} \Delta t_i}{\sum\limits_{i=1}^{n} \dfrac{\delta_i}{\lambda_i A_i}} = \dfrac{总推动力}{总热阻}$。

对于圆筒壁的定态热传导，结合傅里叶定律，可得热流量 $Q=\dfrac{t_1-t_2}{\dfrac{1}{2\pi\lambda l}\ln\dfrac{r_2}{r_1}}$，见图 2-2。

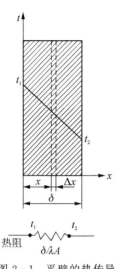

图 2-1　平壁的热传导

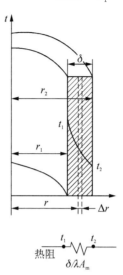

图 2-2　圆筒壁的热传导

对于多层圆筒壁定态热传导，可将传热速率写成热流量 $Q$

$$Q=\sum_{i=1}^{n}\frac{\Delta t_i}{\dfrac{1}{2\pi\lambda_i l}\ln\dfrac{r_{i+1}}{r_i}}$$

（2）对流给热时，假设热流密度 $q$ 与温差成正比，此时热流密度 $q=\dfrac{T_w-T}{\dfrac{1}{\alpha}}$（流体被加热时）或 $q=\dfrac{T-T_w}{\dfrac{1}{\alpha}}$（流体被冷却），也可写成 $Q=\dfrac{T_w-T}{\dfrac{1}{\alpha A}}$ 或 $Q=\dfrac{T-T_w}{\dfrac{1}{\alpha A}}$。但此种写法只是一种推论，并无严格的理论推导，且实际上并非如此。

对流给热是流体通过固体表面时与该表面所发生的热量交换，它是流体流动载热和固体表面热传导的联合作用结果。

（3）两固体之间的热辐射，教材没有作详细介绍，可参考其他教材或手册。

工业上遇到的传热过程实际是上述三种热量传递过程的综合，且温度不是很高时通常忽略热辐射。此时对两载热体通过固体壁面之间总的热量交换过程（此处为区别热传导、对流给热等引入传热过程）称为传热过程，由此可见两载热体通过固体壁面的传热过程是热传导和对流给热的总的结果。这时将传热过程的热流量写成 $Q=\dfrac{\Delta t_m}{\dfrac{1}{KA}}$。

**傅里叶小传**

傅里叶(1768—1830 年)，法国数学家、物理学家。1768 年 3 月 21 日生于欧塞尔，1830年 5 月 16 日卒于巴黎。他 9 岁时父母双亡，被当地教堂收养。12 岁由一主教送入地方军事学校读书,17 岁(1785 年)回乡教数学,1794 年到巴黎,成为高等师范学校的首批学员,次年到巴黎综合工科学校执教。1798 年随拿破仑远征埃及时任军中文书和埃及研究院秘书,1801 年回国后任伊泽尔省地方长官。1817 年当选为科学院院士,1822 年任该院终身秘书,后又任法兰西学院终身秘书和理工科大学校务委员会主席。

傅里叶的主要贡献是在研究热的传播时创立了一套数学理论。1807 年向巴黎科学院呈交一篇名为《热的传播》的论文,推导出著名的热传导方程,并在求解该方程时发现解函数可以由三角函数构成的级数形式表示,从而提出任一函数都可以展开成三角函数的无穷级数。傅里叶级数(即三角级数)、傅里叶分析等理论均由此创始。

其他贡献有:最早使用定积分符号,改进了代数方程符号法则的证法和实根个数的判别法等。

傅里叶变换的基本思想首先由傅里叶提出,所以以其名字来命名以示纪念。从现代数学的眼光来看,傅里叶变换是一种特殊的积分变换,它能将满足一定条件的某个函数表示成正弦基函数的线性组合或者积分。在不同的研究领域,傅里叶变换具有多种不同的变体形式,如连续傅里叶变换和离散傅里叶变换。

傅里叶变换属于调和分析的内容。"分析"两字,可以解释为深入的研究。从字面上来看,"分析"两字,实际就是"条分缕析"而已。它通过对函数的"条分缕析"来达到对复杂函数的深入理解和研究。从哲学上看,"分析主义"和"还原主义",就是要通过对事物内部适当的分析达到增进对其本质理解的目的。比如近代原子论试图把世界上所有物质的本源分析为原子,而原子不过数百种而已,相对物质世界的无限丰富,这种分析和分类无疑为认识事物的各种性质提供了很好的手段。

在数学领域,也是这样,尽管最初傅里叶分析是作为热过程的解析分析的工具,但是其思想方法仍然具有典型的还原论和分析主义的特征。"任意"的函数通过一定的分解,都能够表示为正弦函数的线性组合的形式,而正弦函数在物理上是被充分研究而相对简单的函数类,这一想法跟化学上的原子论想法何其相似! 奇妙的是,现代数学发现傅里叶变换具有非常好的性质,使得它如此的好用和有用,让人不得不感叹造物的神奇,优点分析如下。

(1) 傅里叶变换是线性算子,若赋予适当的范数,它还是酉算子;

(2) 傅里叶变换的逆变换容易求出,而且形式与正变换非常类似;

(3) 正弦基函数是微分运算的本征函数,从而使得线性微分方程的求解可以转化为常系数的代数方程的求解。在线性不变时的物理系统内,频率是个不变的性质,从而系统对于复杂激励的响应可以通过组合其对不同频率正弦信号的响应来获取;

(4) 著名的卷积定理指出:傅里叶变换可以将复杂的卷积运算化为简单的乘积运算,从而提供了一种计算卷积的简单手段;

(5) 离散形式的傅里叶变换可以利用数字计算机快速地算出(其算法称为快速傅里叶变换算法(FFT))。

正是由于上述的良好性质,傅里叶变换在物理学、数论、组合数学、信号处理、概率、统计、密码学、声学、光学等领域都有着广泛的应用。

傅里叶是傅里叶定律的创始人,1822 年在代表作《热的分析理论》中解决了热在非均匀加热的固体中分布传播问题,成为分析学在物理中应用的最早例证之一,对 19 世纪的理论物理学的发展产生深远影响。

### 传热学发展简史

传热学是在 18 世纪 30 年代英国工业革命促进生产力发展的大背景下成长起来的。导热和对流两种基本热量传递方式早为人们所认识,但辐射作为一种热量传递方式直到 1803 年发现红外线以后才被确认。

### 导热简史

对导热做出突出贡献的科学家主要有傅里叶、毕渥、兰贝特、戴维、雷曼、卡斯劳、耶格耳等。1804年毕渥根据实验提出了导热比例系数的概念，傅里叶在实验研究的同时，十分重视数学工具的运用。1807年他提出求解偏微分方程的分离变量法，以及可以将解表示成一系列任意函数的概念。1822年他发表了著名论著《热的解析理论》，描述导热的定律就是以他的名字命名的，奠定了导热的理论基础。傅里叶被公认为导热理论的奠基人。

### 对流简史

在对流换热方面做出突出贡献的科学家主要有雷诺、努塞尔、普朗特、冯·卡门、施密特、埃克特等。流体流动的理论是对流换热理论的基础。1880—1883年间，雷诺进行了大量的实验研究，发现了后来以他的名字命名的特征数对流动形态的影响，对指导实验研究做出了巨大的贡献。1909年和1915年努塞尔对强制对流和自然对流的基本微分方程及边界条件进行量纲分析后获得了有关量纲一的特征数之间的原则关系，开辟了在量纲一的特征关系式的正确指导下，用实验方法求解对流换热问题的一种基本方法。在对流换热的微分方程的理论求解方面，1904年普朗特边界层理论的提出特别引人注目，1939年的卡门等也对湍流计算模型的发展起到积极的作用。

### 辐射简史

在对热辐射的研究中，值得一提的是普朗克、斯蒂芬、玻耳兹曼、基耳霍夫、霍特尔等。19世纪末斯蒂芬和玻耳兹曼分别用实验和理论证实了黑体辐射力正比于其热力学温度的四次方，即后来的斯蒂芬-玻耳兹曼定律。1900年普朗克提出了确定黑体辐射光谱能量分布的普朗克定律，并用不同于经典物理学中的连续性概念的"能量子假说"加以成功解释。1859年和1860年，基耳霍夫用两篇论文论述了物体发射率和吸收率之间的关系，1954年霍特尔等解决了物体间辐射换热的计算方法，为计算物体间辐射热量交换提供了理论依据。

路德维希·玻耳兹曼是奥地利最伟大的物理学家之一，在气体的分子运动理论、统计力学和热力学方面做出了卓越的贡献。作为哲学家，他反对实证论和现象论，并在原子论遭到严重攻击的时刻坚决捍卫它。

玻耳兹曼曾说过："如果对于气体理论的一时不喜欢而把它埋没，对科学将是一个悲剧，例如：由于牛顿的权威而使波动理论受到的待遇就是一个教训。我意识到我只是一个软弱无力的与时代潮流抗争的个人，但仍在力所能及的范围内做出贡献，使得一旦气体理论复苏，不需要重新发现许多东西。"

玻耳兹曼出生于维也纳，在维也纳和林茨接受教育，22岁便获得博士学位，之后就有好几所大学向他提供职位。他曾先后在格拉茨大学、维也纳大学、慕尼黑大学及莱比锡大学等地任教，其中曾两度分别在格拉茨大学和维也纳大学任教。

在玻耳兹曼时代，热力学理论并没有得到广泛的传播。他在使科学界接受热力学理论，尤其是热力学第二定律方面立下了汗马功劳。通常人们认为他和麦克斯韦发现了气体动力学理论，他也被公认为统计力学的奠基者。

**2. 影响对流给热的因素有哪些？**

流体通过固体壁面的对流给热过程比较复杂，流动本身的复杂性尤其湍流时，导致对流给热过程的复杂化。所以凡是影响流动的因素几乎影响对流给热。综合起来，影响对流给热的因素概括为：流体的相态、引起流动的原因、流体的性质、传热面的特征等。

（1）流体的相态。首先考虑流动型态，流型不同，对流给热的机理也有差别。层流时，因流体质点径向无随机脉动，径向的热量传递只能以纯热传导的方式传递到整个流体层；湍流时，流体质点的随机脉动加速热量传递过流体层，但湍流时因边界层的存在，层流内层的热量传递仍然以热传导的方式进行传递，过渡区和湍流核心内因流体质点随机脉动剧烈程度差异,对热量传递的贡献有差异,总的结果是随机脉动加速热量传递过湍流核心和过渡区,造成湍流时对流给热速率大大高于层流。

（2）引起流动的原因。根据引起流动的原因,分成自然对流和强制对流,与此相对应将对流给热分为自然对流给热和强制对流给热。强制对流是指流体在外力或机械能差的外界因素作用下产生的宏观流动,自然对流则是流体内部温度差异引起的密度差异导致流体运动（简称"环流"）。在强制对流给热过程中,传热的热阻常集中于层流内层,湍流核心和过渡区的温度比较均匀,热阻很小。自然对流给热过程中,密度差导致的环流在整个自然对流区域内进行热量的传递,温差存在于整个自然对流区域,相应的热阻也分布于整个自然对流区域。由此可见,自然对流的热量传递速率远不及强制对流。

（3）流体的性质。流体性质影响自然对流中的环流速度和层流内层热传导,故对对流给热有较大影响。例如,液体黏度越大,对流时层流内层变厚,热阻增加。物性对对流给热过程的影响用普朗特数表征,一般气体的普朗特数接近于1,而液体的普朗特数大于1。

（4）传热面的特征。对流给热时,热交换壁面的情况包括壁面的形状、几何位置、流道尺寸、管道、板的排列等都会影响对流给热。

总之,上述诸因素对对流给热过程的影响表示于四个准数中,即

努塞尔数
$$\frac{\alpha l}{\lambda} = Nu$$

雷诺数
$$\frac{\rho u l}{\mu} = Re$$

普朗特数
$$\frac{c_p \mu}{\lambda} = Pr$$

格拉晓夫数
$$\frac{\beta g \Delta t l^3 \rho^2}{\mu^2} = Gr$$

这些因素对对流给热过程的影响,汇集于对流给热系数中。

**努塞尔小传**

努塞尔出生于 1882 年 11 月 25 日,是德国的一名工程师。他在柏林的一所技术学院读大学,学机械专业,1904 年毕业。之后他读了数学和物理学的研究生,并曾给 O. Knoblauch 担任实验室助理。1907 年,他完成了他的博士论文《绝缘物体的导热研究》。1907—1909 年,他给 Mollier 当助手,开始了管道中热量和动力传递的研究。

1915 年,努塞尔发表了他的论文《传热的基本定律》,论文对强制对流和自然对流的基本微分方程及边界条件进行量纲分析,获得了有关量纲一之间的特征关系,开辟了在量纲一特征关系式的正确指导下,用实验方法求解对流换热问题的一种基本方法,促进了对流换热研究的发展。因为他的研究具有独创性,所以他成为了发展对流换热理论的杰出先驱。他的另一个著名贡献是对凝结换热理论解的研究。在他的数学研究成果中,他的层流入口段换热机理研究也是一个重要贡献。

1920—1925 年,努塞尔在 Karlsruhe 技术大学担任教授,之后一直到退休,他在 München 大学任教,并获得了高斯奖章和格拉晓夫纪念奖章。1957 年 9 月,努塞尔在 München 大学逝世。

**3. 逆流与并流传热的比较**

传热过程中,冷热流体的温度差沿换热面是连续变化的,不考虑热量损失和温度变化对流体物理性质影响的前提下,冷热流体的温度差与两载热体的温度都成正比例（线性关系）,故采用换热器两端温差的对数平均数表示传热过程推动力的大小。

逆流时换热器中冷热流体温度沿传热面的变化见图 2-3。

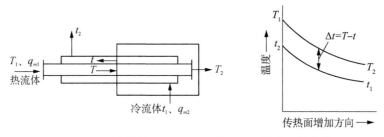

图 2-3 逆流换热器中冷、热流体温度沿传热面的变化

冷热流体逆流且无相变化时,在冷流体进口端和任意截面取控制体做热量衡算,得到冷热流体温度变化呈线性关系,如图 2-4 所示。直线 $AB$ 的两个端点分别代表换热器两端冷热流体的温度,线上的每一点代表换热器某一截面上冷热流体的温度,故称之为换热器的操作线。

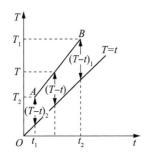

图 2-4 逆流换热时的操作线和推动力

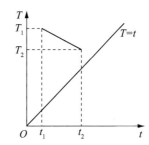

图 2-5 并流换热时的操作线和推动力

同理可以得到并流情况下的操作线,如图 2-5 所示。

在冷热流体进出口温度相同的条件下,并流操作两端推动力相差较大,其对数平均值必小于逆流操作的。因此,就增加传热过程推动力 $\Delta t_m$ 而言,逆流操作总是优于并流的。并流和逆流对数平均温度差的比较以下例说明。

**例** 在一台螺旋板式换热器中,热水流量为 2 000 kg/h,冷水流量为 3 000 kg/h,热水进口温度 $T_1 = 80℃$,冷水进口温度 $t_1 = 10℃$。如果要求将冷水加热到 $t_2 = 30℃$,试求并流和逆流时的平均温差。

解:在题述温度范围内

$$c_{p1} = c_{p2} = 4.2 \text{ kJ/(kg} \cdot ℃)$$

由
$$q_{m1}c_{p1}(T_1 - T_2) = q_{m2}c_{p2}(t_2 - t_1)$$
$$2\,000 \times (80 - T_2) = 3\,000 \times (30 - 10)$$

求得
$$T_2 = 50℃$$

并流时,
$$\Delta t_1 = 80 - 10 = 70(℃) \quad \Delta t_2 = 50 - 30 = 20(℃)$$

$$\Delta t_m = \frac{\Delta t_1 - \Delta t_2}{\ln \dfrac{\Delta t_1}{\Delta t_2}} = \frac{70 - 20}{\ln \dfrac{70}{20}} = 39.9(℃)$$

逆流时,
$$\Delta t_1 = 80 - 30 = 50(℃) \quad \Delta t_2 = 50 - 10 = 40(℃)$$

$$\Delta t_m = \frac{50 - 40}{\ln \dfrac{50}{40}} = 44.8(℃)$$

可见本例中逆流操作的 $\Delta t_m$ 比并流时大 12.3%。

在实际换热器内,纯粹的逆流和并流是不多见的。但对工程计算来说,图 2-6 所示的流体经过管束的流动,只要曲折次数超过 4 次,就可作为纯逆流和纯并流处理。

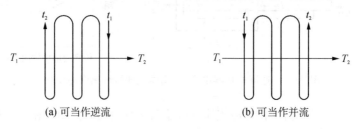

图 2-6　可作逆流、并流处理的情况

除并流和逆流外,在换热器中流体还可做其他形式的流动,此时计算 $\Delta t_m$ 的方法请参考其他教材或手册。

如冷热流体进出口温度相同时,逆流的对数平均温差最大,并流最小,其他形式流型的对数平均温差介于并流和逆流之间。

对数平均温差表示出换热设备中两载热体进行热交换的推动力,在传热系数相同时,对于相同的传热任务,采用逆流需要的传热面积最小。

为更好地说明问题,首先比较纯逆流和并流这两种极限情况。

当冷热流体的进出口温度相同时,前面已经提到,逆流操作的平均推动力大于并流,因而传递同样的热流量,所需的传热面积较小。此外,对于一定的热流体进口温度 $T_1$,采用并流时,冷流体的最高极限出口温度为热流体的出口温度 $T_2$。反之,如采用逆流,冷流体的最高极限出口温度可为热流体的进口温度 $T_1$。这样,如果换热的目的是单纯的冷却,逆流操作时,冷却介质温升可选择得较大,因而冷却介质用量可以较小;如果换热的目的是回收热量,逆流操作回收的热量温位(即温度 $t_2$)可以较高,因而利用价值较大。显然在一般情况下,逆流操作总是优于并流,应优先采用。

但是,对于某些热敏性物料的加热过程,并流操作可避免出口温度过高而影响产品质量。另外,在某些高温换热器中,逆流操作因冷却流体的最高温度 $t_2$ 和 $T_1$ 集中在一端,会使该处的壁温特别高。为降低该处的壁温,可采用并流,以延长换热器的使用寿命。

必须注意,由于热平衡的限制并不是任何一种流动方式都能完成给定的生产任务。例如,在上例中,如采用并流,冷水可能达到的最高温度 $t_{2,\max}$ 可由热量衡算式

$$q_{m1}c_{p1}(T_1 - t_{2,\max}) = q_{m2}c_{p2}(t_{2,\max} - t_1)$$

计算,即

$$t_{2,\max} = \frac{T_1\left(\dfrac{q_{m1}c_{p1}}{q_{m2}c_{p2}}\right) + t_1}{1 + \dfrac{q_{m1}c_{p1}}{q_{m2}c_{p2}}} = \frac{80 \times \dfrac{2\,000}{3\,000} + 10}{1 + \dfrac{2\,000}{3\,000}} = 38(℃)$$

如果要求将冷水加热至38℃以上,采用并流是无法完成的。

总之,逆流具有换热推动力大、同样传热任务下需要的换热器换热面积小的优点,同时逆流具有较宽的温度操作范围。

**4. 确定换热面积的步骤有哪些**？

计算换热面积，应结合换热任务，根据冷热流体的流向，确定换热器的面积。设有如下的换热任务：用流量为 $q_{m2}$、进口温度为 $t_1$ 的冷流体将一定流量 $q_{m1}$ 的热流体自给定温度 $T_1$ 冷却至指定温度 $T_2$。要求计算完成上述换热任务所需换热器的面积。

计算传热面积所用的方程如下。

热量平衡方程：$q_{m1}c_{p1}(T_1-T_2)=q_{m2}c_{p2}(t_2-t_1)$ (A)

传热基本方程：逆流时 $Q=KA\dfrac{(T_1-t_2)-(T_2-t_1)}{\ln\dfrac{T_1-t_2}{T_2-t_1}}=KA\Delta t_{m逆}$ (B)

并流时 $Q=KA\dfrac{(T_1-t_1)-(T_2-t_2)}{\ln\dfrac{T_1-t_1}{T_2-t_2}}=KA\Delta t_{m并}$ (B')

传热系数方程：$K_i=\dfrac{1}{\dfrac{1}{\alpha_i}+\dfrac{\delta d_i}{\lambda d_m}+\dfrac{1}{\alpha_o}\cdot\dfrac{d_i}{d_o}}=\dfrac{1}{\dfrac{1}{\alpha_i}+\dfrac{d_i}{2\lambda}\ln\dfrac{d_o}{d_i}+\dfrac{1}{\alpha_o}\cdot\dfrac{d_i}{d_o}}$ (C')

$K_o=\dfrac{1}{\dfrac{1}{\alpha_i}\cdot\dfrac{d_o}{d_i}+\dfrac{\delta d_o}{\lambda d_m}+\dfrac{1}{\alpha_o}}=\dfrac{1}{\dfrac{1}{\alpha_i}\cdot\dfrac{d_o}{d_i}+\dfrac{d_o}{2\lambda}\ln\dfrac{d_o}{d_i}+\dfrac{1}{\alpha_o}}$ (C)

利用上述方程组计算传热面积，应先计算传热系数。在冷热流体的对流给热系数 $\alpha_o$、$\alpha_i$ 和换热设备材质情况已知时，方可计算出传热系数。工程上传热计算中，以内、外表面积为基准的传热系数通常各不相等，尽管如此，在传热计算中，用内、外表面作为传热面积计算结果是相同的。一般工程上习惯以外表面积为基准来计算传热系数。

首先根据传热任务，计算换热器的热负荷 $Q$，从热量平衡计算出冷流体的出口温度；由此计算传热对数平均温差，结合传热基本方程，计算传热面积。

**5. 传热过程热阻分析比较**

总传热系数的倒数表示两载热体换热过程的总热阻，故从传热系数计算式 $K_o=$
$\dfrac{1}{\dfrac{1}{\alpha_i}\cdot\dfrac{d_o}{d_i}+R_i+\dfrac{\delta d_o}{\lambda d_m}+R_o+\dfrac{1}{\alpha_o}}$（这里引用以外表面积为基准的传热系数计算式）可以得

到传热过程的总热阻为 $\dfrac{1}{K_o}=\dfrac{1}{\alpha_i}\cdot\dfrac{d_o}{d_i}+R_i+\dfrac{\delta d_o}{\lambda d_m}+R_o+\dfrac{1}{\alpha_o}$，即总热阻为管内流体的对流给热热阻、管内表面垢层热阻、管壁热传导热阻、管外表面垢层热阻和管外流体的对流给热热阻。

换热器管材一般选择导热系数比较大的材料制成，故管壁热传导热阻相比较而言较小，若管壁比较薄，则热传导热阻更小，可以忽略不计。管内外侧的垢层热阻是因为流体结垢而产生的。由于垢层的导热系数比较小，因此垢层热阻往往不能忽略。换热设备在运行初期，几乎不需考虑垢层热阻。

上式五项热阻中，若其中某项数值远大于其他项，则总热阻接近于该项热阻，称该项热阻为控制热阻。

对控制热阻的分析在工程上对于强化两载热体间的换热具有重要意义。

**6. 工程上强化传热的具体措施有哪些**？

强化传热即有效增大传热速率。由传热基本方程 $Q=KA\Delta t_m$ 可见，欲提高传热速率 $Q$，可从以下三方面入手，即提高传热系数 $K$、增大传热面积和提高传热推动力对数平均温

差 $\Delta t_m$。当然,不同场合,强化传热的着重点或出发点不同,相应的强化传热措施并不完全相同。

（1）提高传热系数 $K$ 的方法

如存在控制热阻,减小总热阻需要针对控制热阻进行,可采取以下措施。

① 载热体易结垢,使得换热器表面产生垢层,则应设法减缓结垢,及时清洗换热器表面,也可在载热体中添加阻垢剂,降低载热体的结垢能力。

② 提高载热体的流速或湍动程度。具体措施为增大载热体的流量,对列管式换热设备可以不改变其流量,增加管程数或壳程挡板数目来增大流体的湍动程度。一般而言,在生产工艺参数确定的前提下,工艺参数不能随意更改,上述提高流量的方法不宜采用。

③ 采用导热系数更大的材料制造换热设备,或减薄壁面厚度,也可减小壁面热传导热阻,从而使得总热阻降低。

（2）提高传热推动力 $\Delta t_m$ 的方法

① 采用温度较高的加热剂,或温度更低的冷却剂。

② 提高加热剂或冷却剂的流量,此两者皆能有效提高传热效果。例如,增大加热剂的流量,可以提高加热剂自身换热器出口温度,使得 $\Delta t_m$ 提高;再如提高冷却剂的流量使其出口温度降低,同时也可使得加热剂出口温度降低,它们也能使得 $\Delta t_m$ 提高。

（3）增加传热面积 $A$ 的方法

① 串联换热器,使得传热面积 $A$ 增大。

② 改变换热器表面,使得单位换热设备体积内传热面积增大,如翅片管、波纹管、板翅等,这些异型表面换热设备的使用实际上增大了换热器的传热面积 $A$,而且同时能够提高载热体在换热设备内的湍动程度。

# 2.5 典型例题解析

**例 2－1** **对流传热系数的影响因素**

水在一定的流量下通过某列管换热器的管程,利用壳程水蒸气冷凝可以将水的温度从 25℃升至 75℃。现场测得此时水在管程的对流给热系数为 1 100 W/($m^2$ · K),且已知水在管内的流动已达到湍流。试求:(1)与水质量流量相同的空气通过此换热器管程时对流给热系数为多少?已知该股空气的定性温度为 140℃。(2)若与水质量流量相同的苯以同样的初始温度通过此换热器管程,问此时苯通过管程的对流给热系数为多少?已知苯的定性温度为 60℃。(3)在水质量流量一定的情况下,现拟采用一个传热面积与原换热器相同的新换热器,新换热器中换热管长度与原换热器相同,但其内径只有原来换热管的 1/2。试问水在该换热器管程的对流给热系数为多少?假设水的定性温度不变。(4)若水在原换热器管程中流动时的雷诺数为 10 000,现欲提高水的出口温度,拟采用一换热面积为原换热器换热面积 5 倍的列管换热器,该换热器换热管的长度和内、外半径均与原换热器相同(长径比达 200),问采用该换热器能将水的出口温度提高吗?

**解**:(1)水在定性温度 50℃下的物性为:$c_p = 4\,174$ J/(kg · K),$\lambda = 0.647$ W/(m · K),$\mu = 5.49 \times 10^{-4}$ Pa · s;空气在定性温度 140℃下的物性为:$c_p' = 1\,013$ J/(kg · K),$\lambda' = 0.034\,9$ W/(m · K),$\mu' = 2.37 \times 10^{-5}$ Pa · s,$\rho' = 0.854$ kg/$m^3$。

空气在定性温度下的黏度小于水,所以同样质量流量下空气在换热管内流动时的雷诺数大于水的值,因此空气的流动状况也为湍流,两者的对流给热系数皆可用下式计算:

$$\alpha = 0.023 \frac{\lambda}{d} \left( \frac{d\rho u}{\mu} \right)^{0.8} \left( \frac{c_p \mu}{\lambda} \right)^{0.4} = 0.023 \frac{(\rho u)^{0.8} c_p^{0.4} \lambda^{0.6}}{d^{0.2} \mu^{0.4}} \tag{a}$$

空气与水的对流给热系数之比可由式（a）得出：

$$\frac{\alpha'}{\alpha}=\left(\frac{c_p'}{c_p}\right)^{0.4}\left(\frac{\lambda'}{\lambda}\right)^{0.6}\left(\frac{\mu}{\mu'}\right)^{0.4}=\left(\frac{1\ 013}{4\ 174}\right)^{0.4}\times\left(\frac{0.034\ 9}{0.647}\right)^{0.6}\times\left(\frac{5.49}{0.237}\right)^{0.4}=0.345$$

即空气在同样质量流量下的对流给热系数为 $\alpha'=0.345\times1\ 100=379.5[\text{W}/(\text{m}^2\cdot\text{K})]$

（2）苯在定性温度 60℃ 下物性为：$c_p=1\ 800\ \text{J}/(\text{kg}\cdot\text{K})$，$\lambda=0.146\ \text{W}/(\text{m}\cdot\text{K})$，$\mu=3.90\times10^{-4}\ \text{Pa}\cdot\text{s}$。

在水和苯的质量流量相同的情况下，由于此时苯的黏度小于水的黏度，所以苯在管内流动时的雷诺数大于水的雷诺数，故苯在换热管内的流动也达到湍流。两者的对流给热系数皆可用下式计算：

$$\alpha=0.023\frac{\lambda}{d}\left(\frac{d\rho u}{\mu}\right)^{0.8}\left(\frac{c_p\mu}{\lambda}\right)^{0.4}=0.023\frac{(\rho u)^{0.8}c_p^{0.4}\lambda^{0.6}}{d^{0.2}\mu^{0.4}}$$

苯与水的对流传热系数之比可由上式得出：

$$\frac{\alpha'}{\alpha}=\left(\frac{c_p'}{c_p}\right)^{0.4}\left(\frac{\lambda'}{\lambda}\right)^{0.6}\left(\frac{\mu}{\mu'}\right)^{0.4}=\left(\frac{1\ 800}{4\ 174}\right)^{0.4}\times\left(\frac{0.146}{0.647}\right)^{0.6}\times\left(\frac{0.549}{0.39}\right)^{0.4}=0.335$$

即苯在同样质量流量下的对流给热系数为 $\alpha'=0.335\times1\ 100=368.5[\text{W}/(\text{m}^2\cdot\text{K})]$

（3）两种换热器传热面积相同，即 $n\pi dl=n'\pi d'l$，由此可得两换热器换热管根数之比：

$$\frac{n'}{n}=\frac{d}{d'}=2 \tag{b}$$

相同质量流量时水流经两种换热管的流速之比：

$$\frac{u'}{u}=\frac{nd^2}{n'd'^2}=2 \tag{c}$$

由此可见，水在新换热器换热管中流速更大，其仍处于湍流状态。由式（a）、式（b）、式（c）三式可得两种换热管中对流给热系数之比：

$$\frac{\alpha'}{\alpha}=\left(\frac{u'}{u}\right)^{0.8}\left(\frac{d}{d'}\right)^{0.2}=2^{0.8}\times2^{0.2}=2$$
$$\alpha'=2\alpha=2\times1\ 100=2\ 200[\text{W}/(\text{m}^2\cdot\text{K})]$$

（4）新换热器的换热管规格与原换热器相同，而换热面积是原换热器的 5 倍，说明新换热器换热管的根数是原来的 5 倍，则管程流通截面积是原来的 5 倍，流速是原来的 1/5，雷诺数就只有原来的 1/5，则 $Re'=2\ 000$。此时水在换热管内的流动处于层流状态，管程对流给热系数的计算式为：

$$\alpha'=1.86\frac{\lambda}{d}\left(\frac{du\rho}{\mu}\right)^{1/3}\left(\frac{c_p\mu}{\lambda}\right)^{1/3}\left(\frac{d}{l}\right)^{1/3}$$

两种情况下对流给热系数之比为（水在定性温度下的 $Pr=3.54$）

$$\frac{\alpha'}{\alpha}=\frac{1.86}{0.023}\times\frac{2\ 000^{1/3}}{10\ 000^{0.8}}\times\frac{3.54^{1/3}}{3.54^{0.4}}\times\left(\frac{1}{200}\right)^{1/3}=0.10$$

虽然新换热器的传热面积是原来换热器的 5 倍，但其管程对流给热系数只有原换热器的 1/10。鉴于该换热器的总传热系数主要取决于管程的对流给热系数，采用此换热器不但不能使水的出口温度上升,反而会使其明显降低。

圆形直管内流体的对流给热系数受到诸多因素的影响,包括流体物性、流速(流量或流动状态)、管径等。

流体的物性包括流体的密度、黏度、导热系数(热导率)和比热容,不同流体的相关物性可能相差比较大,液体和气体相比不言而喻,即便不同液体在相同流动条件下,对流给热系数的差别也是比较大的。

对流给热系数与流速的0.8次方成正比例即 $\alpha \propto u^{0.8}$,此处的流速变为流量时,涉及换热器尺寸如管径等的影响。

对于圆形直管,管径越大,管内的对流给热系数越小;管径越小,对流给热系数越大。在流量相同的前提下,管径的变化必引起流速的变化,所以管径对对流给热系数的影响很大。

在流速相同的条件下,对流给热系数反比于管径的0.2次方即 $\alpha \propto \dfrac{1}{d^{0.2}}$,此时管径对对流给热系数的影响不是很大。但是,对列管式换热器,管径越小,单位容积的传热面积越大,设备结构越紧凑。

综上所述,流体流过换热面时对流给热系数 $\alpha$ 的大小与流体的物理性质、流速(或流量)及换热面形状、尺寸等因素都有密切关系。由于气体和液体在物性上的差异,一般而言液体流过换热管时的 $\alpha$ 较气体大(实际换热器中空气流速较本题低许多,其 $\alpha$ 值较本题还要小很多);即使同为液体,物性的差异对 $\alpha$ 同样有明显影响。换热面的尺寸对 $\alpha$ 大小的影响也很明显。在流体流量和换热面积一定的情况下,在列管式换热器中采用较细的换热管能够获得较高管程 $\alpha$。由此而带来的另一益处是设备的结构更加紧凑,而不利的方面则是管程流动阻力的大幅度增加。换热面积较大的换热器往往具有较大的流通截面,因此对对流传热而言的流动状况就较差,甚至会发生流型的转变而导致 $\alpha$ 的急剧下降。在换热器的设计和选用工作中,不能盲目地追求"安全"而采用过多的换热管以增大换热面积,其结果很可能是得不偿失。

**例 2-2** 对数平均温差的特性

热、冷流体在换热器两端的温差分别以 $\Delta t_1$、$\Delta t_2$ 表示。如果 $\Delta t_1 + \Delta t_2 = 100℃$,试分析 $\Delta t_1$、$\Delta t_2$ 的相对大小对传热平均温差的影响。

**解**:分别取 $\Delta t_1 = 99℃$、$95℃$、$90℃$、$80℃$、$70℃$、$60℃$、$50℃$,$\Delta t_2 = 1℃$、$5℃$、$10℃$、$20℃$、$30℃$、$40℃$、$50℃$,计算传热对数平均温差 $\Delta t_m$,结果在例2-2图中给出。该图横坐标为热、冷流体在换热器两端温差的比值,纵坐标即为 $\Delta t_m$。

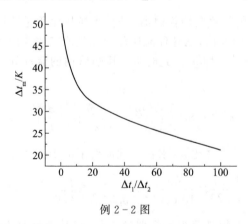

例 2-2 图

对数平均温差对传热过程的影响较大,这一点已清楚地表示在传热基本方程之中,对传热过程的强化具有指导意义。

由本例可见,当 $\Delta t_1 + \Delta t_2$ 为定值时,换热器两端换热温差的比值越大,其对数平均值越小。在冷、热流体的进、出口温度相同的情况下,并流操作时换热器两端换热温差的比值必定大于逆流,此即逆流操作推动力大于并流的原因。另外,当任何一端的温差接近于零时,其平均温差也将趋近于零。因此,换热器某端两流体温差过小对换热器的操作而言是不合理的。

若任意一端的温差接近于零时,对数平均值亦趋于零。

### 例 2-3 总传热系数和污垢热阻

生产中,以 297 kPa(绝压)的饱和水蒸气为加热剂,在列管式换热器中将水预热。已知水在换热器中以 0.3 m/s 的流速流过其管程,换热管规格为 $\phi 25$ mm×2.5 mm。蒸汽测污垢热阻和管壁热阻忽略不计,蒸汽冷凝给热系数为 10 000 W/(m²·K)。(1)换热器刚投入运行时,能将水由 20℃升温至 80℃,求此时换热器的总传热系数;(2)换热器运行一年后,由于水侧污垢积累,出口水温只能升至 70℃,求此时的总传热系数及水侧的污垢热阻(水蒸气侧的对流给热系数可认为不变)。

**解:**(1) 水的定性温度为(20+80)/2=50℃,在此温度下水的物性为:$\rho = 988.1$ kg/m³,$c_p = 4.174$ kJ/(kg·K),$\lambda = 0.648$ W/(m·K),$\mu = 0.549$ mPa·s。则

$$Re = \frac{du\rho}{\mu} = \frac{0.02 \times 0.3 \times 988.1}{0.549 \times 10^{-3}} = 10\ 799$$

$$Pr = \frac{c_p \mu}{\lambda} = \frac{4.174 \times 10^3 \times 0.549 \times 10^{-3}}{0.648} = 3.536$$

水侧对流给热系数:

$$\alpha_2 = 0.023 \frac{\lambda}{d} Re^{0.8} Pr^{0.4} = 0.023 \times \frac{0.648}{0.02} \times 10\ 799^{0.8} \times 3.536^{0.4} = 2\ 081[\text{W}/(\text{m}^2 \cdot \text{K})]$$

$$\frac{1}{K} = \frac{1}{\alpha_1} + \frac{1}{\alpha_2} \cdot \frac{d_1}{d_2} = \frac{1}{10\ 000} + \frac{1}{2\ 081} \times \frac{25}{20} = 7.01 \times 10^{-4} (\text{m}^2 \cdot \text{K/W})$$

$$K = 1\ 427\ \text{W}/(\text{m}^2 \cdot \text{K})$$

(2) 刚投入运行时,总传热效率为:$Q = KA\Delta t_m = q_{m2} c_{p2} (t_2 - t_1)$

一年后,总传热效率为:$Q' = K'A\Delta t'_m = q_{m2} c_{p2} (t'_2 - t_1)$,则 $\dfrac{K'}{K} = \dfrac{t'_2 - t_1}{t_2 - t_1} \cdot \dfrac{\Delta t_m}{\Delta t'_m}$

查得 297 kPa 的水蒸气温度 $T = 133.3$℃,则

$$\Delta t_m = \frac{(T - t_1) - (T - t_2)}{\ln \dfrac{T - t_1}{T - t_2}} = \frac{80 - 20}{\ln \dfrac{133.3 - 20}{133.3 - 80}} = 80(\text{℃})$$

$$\Delta t'_m = \frac{(T - t_1) - (T - t'_2)}{\ln \dfrac{T - t_1}{T - t'_2}} = \frac{70 - 20}{\ln \dfrac{133.3 - 20}{133.3 - 70}} = 86(\text{℃})$$

于是 $\dfrac{K'}{K} = \dfrac{70 - 20}{80 - 20} \times \dfrac{80}{86} = 0.775$,$K' = 0.775K = 0.775 \times 1\ 427 = 1\ 106[\text{W}/(\text{m}^2 \cdot \text{K})]$

由总传热系数的定义式:$\dfrac{1}{K'} = \dfrac{1}{\alpha'_1} + \dfrac{1}{\alpha'_2} \cdot \dfrac{d_1}{d_2} + R_{s2} \dfrac{d_1}{d_2}$

可得:$R'_{s2} = \left( \dfrac{1}{K'} - \dfrac{1}{\alpha'_1} - \dfrac{1}{\alpha'_2} \cdot \dfrac{d_2}{d_1} \right) \dfrac{d_2}{d_1}$

已知蒸汽冷凝给热系数保持不变,忽略温度变化对物性的影响,则水的对流给热系数也不变。将已知数据代入上式可得:

$$R'_{s2} = \left( \frac{1}{1\ 106} - \frac{1}{10\ 000} - \frac{1}{2\ 081} \times \frac{25}{20} \right) \times \frac{20}{25} = 1.63 \times 10^{-4} (\text{m}^2 \cdot \text{K/W})$$

也可按如下方法求出污垢热阻:

$$R'_{s2} = \left( \frac{1}{K'} - \frac{1}{K} \right) \frac{d_2}{d_1} = \left( \frac{1}{1\ 106} - \frac{1}{1\ 427} \right) \times \frac{20}{25} = 1.63 \times 10^{-4} (\text{m}^2 \cdot \text{K/W})$$

换热器运行一段时间后,在换热表面会有污垢积存,此垢层构成了两流体换热的附加热阻,使换热器的总传热系数下降,工作能力下降。其外在表现是:热流体的出口温度上升,或冷流体的出口温度下降。污垢热阻值难以估计和直接测量,但可按如下方法求出:根据换热器的运行条件(传热面积、流体流量、流体入口温度)和运行结果(流体出口温度)求出总传热系数,然后由其定义式求出污垢热阻。

污垢会产生较大的热阻,传热过程计算一般不可忽略。但因垢层厚度和导热系数难以精确测量,污垢热阻只能依据工程经验数据确定。

### 例 2 - 4  列管换热器参数计算问题

一列管式冷凝器,换热管规格为 $\phi 25$ mm $\times 2.5$ mm,其有效长度为 3.0 m。冷却剂以 0.7 m/s 的流速在管内流过,其温度由 20℃升温至 50℃。流量为 5 000 kg/h、温度为 75℃ 的饱和有机蒸气在壳程冷凝为同温度的液体后排出,冷凝潜热为 310 kJ/kg。已测得蒸气冷凝给热系数为 800 W/(m² · K),冷却剂的对流给热系数为 2 500 W/(m² · K),冷却剂侧的污垢热阻为 0.000 55 m² · K/W,蒸气侧污垢热阻和管壁热阻忽略不计。试计算该换热器的传热面积,并确定该换热器中换热管的总根数及管程数。(已知冷却剂的比定压热容为 2.5 kJ/(kg · K),密度为 860 kg/m³)

**解**:有机蒸气冷凝放热量:$Q = q_{m1} r = \frac{5\ 000}{3\ 600} \times 310 \times 10^3 = 4.31 \times 10^5 (\text{W})$

传热平均温差:$\qquad \Delta t_m = \frac{50 - 20}{\ln \frac{75 - 20}{75 - 50}} = 38 (℃)$

总传热系数:

$$\frac{1}{K} = \frac{1}{\alpha_1} + \frac{1}{\alpha_2} \cdot \frac{d_1}{d_2} + R_{s2} \frac{d_1}{d_2} = \frac{1}{800} + \frac{1}{2\ 500} \times \frac{25}{20} + 0.000\ 55 \times \frac{25}{20} = 2.44 \times 10^{-3} (\text{m}^2 \cdot \text{K/W})$$
$$K = 410\ \text{W/(m}^2 \cdot \text{K)}$$

所需传热面积:$A = \frac{Q}{K \Delta t_m} = \frac{4.31 \times 10^5}{410 \times 38} = 27.7 (\text{m}^2)$

冷却剂用量:$q_{m2} = \frac{Q}{c_{p2}(t_2 - t_1)} = \frac{4.31 \times 10^5}{2.5 \times 10^3 \times (50 - 20)} = 5.75 (\text{kg/s})$

每层换热管数由冷却剂总流量和每管中冷却剂的流量求出:

$$n_i = \frac{q_{m2}}{\frac{\pi}{4} d^2 u \rho_2} = \frac{5.75}{0.785 \times 0.02^2 \times 0.7 \times 860} = 30$$

每管程的传热面积为:$A_i = n_i \pi d_o l = 30 \times 3.14 \times 0.025 \times 3.0 = 7.07 (\text{m}^2)$

管程数 $N=\dfrac{A}{A_i}=\dfrac{27.7}{7.07}=3.92$

取管程数 $N=4$

总管数：$n=Nn_i=4\times30=120$（根）

换热器的设计问题是要根据热负荷及其他给定条件来确定换热器的传热面积及其他参数，进而确定换热器的型号。热负荷即被加热（或被冷却）流体的吸（放）热量。为解决设计问题，需要设计者根据经验人为指定部分工艺参数，如加热或冷却剂的出口温度、污垢热阻、流体流速等。由于换热器型号未知，无法准确计算传热系数，故解决换热器设计问题需要试差。

**例 2-5　换热器的核算问题**

在传热面积为 $3.5\mathrm{m}^2$ 的换热器中用冷却水冷却某有机溶液。冷却水流量为 $5\,000\ \mathrm{kg/h}$，入口温度为 $20℃$，比定压热容为 $4.17\ \mathrm{kJ/(kg\cdot K)}$；有机溶液的流量为 $3\,800\ \mathrm{kg/h}$，入口温度为 $80℃$，比定压热容为 $2.45\ \mathrm{kJ/(kg\cdot K)}$。已知有机溶液与冷却水逆流接触，两流体对流给热系数均为 $2\,000\ \mathrm{W/(m^2\cdot K)}$。（1）试分别求两流体的出口温度；（2）欲通过提高冷却水流量的方法使有机溶液出口温度降至 $36℃$，试求冷却水流量应达到多少？（设冷却水对流传热系数与其流量的 0.8 次方成正比）

**解**：（1）总传热系数近似用下式计算：

$$K=\dfrac{1}{\dfrac{1}{\alpha_1}+\dfrac{1}{\alpha_2}}=\dfrac{1}{\dfrac{1}{2\,000}+\dfrac{1}{2\,000}}=1\,000\left[\mathrm{W/(m^2\cdot K)}\right]$$

由式（2-27）可得

$$\ln\dfrac{T_1-t_2}{T_2-t_1}=\ln\dfrac{80-t_2}{T_2-20}=\dfrac{KA}{q_{m1}c_{p1}}\left(1-\dfrac{q_{m1}c_{p1}}{q_{m2}c_{p2}}\right)$$

$$=\dfrac{1\,000\times3.5}{3\,800\times2\,450/3\,600}\times\left(1-\dfrac{3\,800\times2\,450}{5\,000\times4\,170}\right)=0.75\quad(\mathrm{a})$$

热平衡方程：

$$\dfrac{q_{m1}c_{p1}}{q_{m2}c_{p2}}=\dfrac{3\,800\times2\,450}{5\,000\times4\,170}=0.447=\dfrac{t_2-t_1}{T_1-T_2}=\dfrac{t_2-20}{80-T_2}\qquad(\mathrm{b})$$

联立求解式（a）和式（b）可得：$T_2=39.8℃$；$t_2=38.0℃$。

（2）新工况下的总传热系数：

$$K'=\dfrac{K\left(\dfrac{1}{\alpha_1}+\dfrac{1}{\alpha_2}\right)}{\dfrac{1}{\alpha_1}+\dfrac{1}{\alpha_2(q'_{m2}/q_{m2})^{0.8}}}=\dfrac{2K}{1+\dfrac{1}{(q'_{m2}/q_{m2})^{0.8}}}$$

新工况下：$\ln\dfrac{T_1-t'_2}{T'_2-t_1}=\dfrac{2KA}{\left[1+\dfrac{1}{\left(\dfrac{q'_{m2}}{q_{m2}}\right)^{0.8}}\right]q_{m1}c_{p1}}\left(1-\dfrac{q_{m1}c_{p1}}{\dfrac{q'_{m2}}{q_{m2}}q_{m2}c_{p2}}\right)$

将已知数据代入上式得

$$\ln\frac{80-t'_2}{36-20}=\frac{2\times1\,000\times3.5}{\left[1+\dfrac{1}{\left(\dfrac{q'_{m2}}{q_{m2}}\right)^{0.8}}\right]\times3\,800\times\dfrac{2\,450}{3\,600}}\left(1-\frac{\dfrac{3\,800\times2\,450}{\dfrac{q'_{m2}}{q_{m2}}\times5\,000\times4\,170}}{}\right)\qquad\text{(c)}$$

新工况下热平衡方程：

$$\frac{q_{m1}c_{p1}}{\dfrac{q'_{m2}}{q_{m2}}q_{m2}c_{p2}}=\frac{3\,800\times2\,450}{\dfrac{q'_{m2}}{q_{m2}}\times5\,000\times4\,170}=\frac{t'_2-t_1}{T_1-T'_2}=\frac{t'_2-20}{80-36}\qquad\text{(d)}$$

联立试差求解式(c)和式(d)，可得：$q'_{m2}/q_{m2}=1.427$；$t'_2=33.8℃$。

所以，冷却水流量需要提高至 $q'_{m2}=1.427\times5\,000=7\,135(\text{kg/h})$

换热器的核算有两类，第一类是预测冷热流体的出口温度(如本例题第1问)；第二类是根据指定的被加热(或被冷却)流体的出口温度，求解加热剂(或冷却剂)的用量。两类计算都需要联立求解式(2-27)和热平衡方程，第一类计算可避免试差，而第二类计算必须试差。两类计算都有重要的工程实际意义。

**例2-6  污垢热阻的影响与改进措施**

一传热面积为 $20\text{ m}^2$ 的列管式换热器，换热管规格为 $\phi25\text{ mm}\times2.5\text{ mm}$。新换热器在其壳程用 $110℃$ 的饱和水蒸气将在管程中流动的某溶液由 $20℃$ 加热至 $83℃$。溶液的处理量为 $2.5\times10^4\text{ kg/h}$，比定压热容为 $4\text{ kJ/(kg·K)}$。蒸汽侧污垢热阻忽略不计。(1)若该换热器使用一年后，由于溶液侧污垢热阻的增加，溶液的出口温度只能达到 $75℃$，试求污垢热阻值；(2)若要使出口温度仍维持在 $83℃$，拟采用提高加热蒸汽温度的办法，问加热蒸汽温度应升高至多少？

**解**：原工况条件下的对数平均温差：

$$\Delta t_m=\frac{t_2-t_1}{\ln\dfrac{T-t_1}{T-t_2}}=\frac{83-20}{\ln\dfrac{110-20}{110-83}}=52.3(℃)$$

此操作条件下的总传热系数可用总传热效率方程计算如下：

$$K=\frac{Q}{A\Delta t_m}=\frac{q_{m2}c_{p2}(t_2-t_1)}{A\Delta t_m}=\frac{25\,000\times4\,000\times(83-20)/3\,600}{20\times52.3}=1\,673[\text{W/(m}^2\cdot\text{K})]$$

(1) 使用一年后，溶液出口温度下降至 $75℃$，此时的对数平均温差为

$$\Delta t'_m=\frac{t'_2-t_1}{\ln\dfrac{T-t_1}{T-t'_2}}=\frac{75-20}{\ln\dfrac{110-20}{110-75}}=58.2(℃)$$

总传热系数：

$$K'=\frac{Q'}{A\Delta t'_m}=\frac{q_{m2}c_{p2}(t'_2-t_1)}{A\Delta t'_m}=\frac{25\,000\times4\,000\times(75-20)/3\,600}{20\times58.2}=1\,312.5[\text{W/(m}^2\cdot\text{K})]$$

总传热系数的下降系污垢存在于换热表面所致，它给传热过程增加了一层热阻。由于传热过程的总热阻为总传热系数的倒数，因此两个不同时期总传热系数倒数之差即为换热表面当前污垢热阻值。同时考虑到本题中污垢热阻存在于换热管内表面：

$$R_s = \left(\frac{1}{K'} - \frac{1}{K}\right)\frac{d_2}{d_1} = \left(\frac{1}{1\ 312.5} - \frac{1}{1\ 673}\right) \times \frac{20}{25} = 1.31 \times 10^{-4}(\mathrm{m}^2 \cdot \mathrm{K/W})$$

（2）在现条件下仍要使溶液出口温度为 83℃，换热过程应具有传热温差为

$$\Delta t''_m = \frac{Q}{K'A} = \frac{q_{m2}c_{p2}(t_2 - t_1)}{K'A} = \frac{25\ 000 \times 4\ 000 \times (83 - 20)/3\ 600}{20 \times 1\ 312.5} = 66.7(℃)$$

即 $\Delta t''_m = \dfrac{t_2 - t_1}{\ln\dfrac{T'' - t_1}{T'' - t_2}} = 66.7(℃)$

由此解得：$T'' = 123.1℃$。

在生产过程中常采用饱和水蒸气作为加热剂，运行一段时间后如发现被加热流体温度不能达到原值，则可能的原因有：

（1）水蒸气侧：①水蒸气的压力降低了（温度降低了）；②水蒸气中混有不凝性气体且没有及时排放；③形成的冷凝液没有及时排放。

（2）被加热流体侧：①流体的性质发生变化（如黏度升高）；②流体的流量加大了（换热器热负荷加重）；③流体的入口温度降低了；④该侧换热表面结垢。

如果能够确信污垢的存在是主要原因，则最彻底的解决方法是马上对换热表面进行清洗。如果暂时无法进行清洗，可以通过提高加热剂流量或温度（如本例中提高饱和蒸气压）的方法来暂时维持加热量。

**例 2-7　壁温的计算**

生产中用一换热管规格为 $\phi25\ \mathrm{mm} \times 2.5\ \mathrm{mm}$（钢管）的列管换热器回收裂解气的余热。用于回收余热的介质水在管外达到沸腾，其给热系数为 $10\ 000\ \mathrm{W/(m}^2 \cdot \mathrm{K)}$，该侧压力为 $2\ 500\ \mathrm{kPa}$（表压）。管内走裂解气，其温度由 580℃下降至 472℃，该侧的对流给热系数为 $230\ \mathrm{W/(m}^2 \cdot \mathrm{K)}$。若忽略污垢热阻，试求管内、外表面的温度。

**解**：对于热回收过程，当其中的传热过程到达定态时，有

$$Q = \alpha_2 A_2(T - T_w) = \frac{\lambda A_m}{b}(T_w - t_w) = \alpha_1 A_1(t_w - t) = KA\Delta t_m$$

式中　$T, t$——热、冷流体在换热器内的平均温度；

　　　　$T_w, t_w$——换热管内、外壁的平均温度。

由该式可得平均壁温计算式：

$$T_w = T - \frac{Q}{\alpha_2 A_2} \quad t_w = t + \frac{Q}{\alpha_1 A_1}$$

所以为求壁温，需要计算换热器的传热效率 $Q$，为此需要求总传热系数和平均温差。以外表面积为基准的总传热系数计算式如下：

$$\frac{1}{K} = \frac{1}{\alpha_1} + \frac{b}{\lambda} \cdot \frac{d_1}{d_m} + \frac{1}{\alpha_2} \cdot \frac{d_1}{d_2} = \frac{1}{10\ 000} + \frac{0.002\ 5}{45} \times \frac{25}{22.5} + \frac{1}{230} \times \frac{25}{20} = 5.6 \times 10^{-3}(\mathrm{m}^2 \cdot \mathrm{K/W})$$

解得 $K = 178.7\ \mathrm{W/(m}^2 \cdot \mathrm{K)}$

水侧温度为 $2\ 500\mathrm{kPa}$（表压）下饱和水蒸气的温度，查饱和水蒸气表可得该温度为 $t = 226℃$。平均温差为：

$$\Delta t_m = \frac{(T_1 - t) - (T_2 - t)}{\ln\dfrac{T_1 - t}{T_2 - t}} = \frac{(580 - 226) - (472 - 226)}{\ln\dfrac{580 - 226}{472 - 226}} = 297(℃)$$

该换热器的传热速率为：$Q = KA\Delta t_m = 178.7 \times 297A_1 = 53\ 074A_1\,(\text{W})$

裂解气在换热器内平均温度为：$T = \dfrac{T_1 + T_2}{2} = \dfrac{580 + 472}{2} = 526\,(℃)$

代入 $T_w$ 表达式可得：

$$T_w = T - \frac{53\ 074A_1}{230A_2} = 526 - \frac{53\ 074}{230} \times \frac{25}{20} = 237.6\,(℃)$$

$$t_w = t + \frac{53\ 074A_1}{10\ 000A_1} = 226 + \frac{53\ 074}{10\ 000} = 231.3\,(℃)$$

讨论：本例中，换热管一侧是水与管壁的沸腾传热，另一侧是气体的无相变对流传热，两过程的传热系数相差很大，分别为 $10\ 000\ \text{W}/(\text{m}^2 \cdot \text{K})$、$230\ \text{W}/(\text{m}^2 \cdot \text{K})$，换热器的总传热系数为 $178.7\ \text{W}/(\text{m}^2 \cdot \text{K})$ 接近于气体的对流传热系数，即两侧对流传热系数相差较大时，总传热系数接近小的对流传热系数，或者说该换热器总热阻主要取决于大的热阻。计算结果表明，换热管内、外表面温度很接近，这是由于管壁材料热导率通常很大；另外，管壁温度接近于沸腾水（对流传热系数很大）的温度，这是因为水侧热阻很小，该侧热边界层内的温度降很小。

## 2.6　典型习题详解与讨论

**热传导**

**2-1**　有一面建筑砖墙，厚度为 360 mm，面积为 20 m²，墙内壁的温度为 30℃，外壁温度为 0℃，已知建筑砖的导热系数为 0.69 W/(m·K)。试估算该墙面每小时向外释放的热量。

**解**：根据单层平壁的热传导方程，有

$$\frac{Q}{A} = \frac{t_1 - t_2}{\dfrac{\delta}{\lambda}}$$

$$Q = \frac{t_1 - t_2}{\dfrac{\delta}{\lambda A}} = \frac{30 - 0}{\dfrac{0.36}{0.69 \times 20}} = 1\ 150\,(\text{W}) = 4\ 140\,(\text{kJ/h})$$

即每小时向外释放的热量为 4 140 kJ。

本题为单层平壁热传导而设计，热传导速率是推动力温差和热阻的比值。传导层厚度越大，传热面积和导热系数越小，热阻越大。保温是学习传热知识的目的之一。习题中针对定态传热而言，这一点应明确，后面不再赘述。

**2-2**　某平壁燃烧炉内层为 0.1 m 的耐火砖，外层为 0.08 m 厚的普通砖，普通砖的导热系数为 0.8 W/(m·K)，耐火砖的导热系数为 1.0 W/(m·K)。现测得炉内壁温度为 700℃，外表面温度为 100℃。为了减少热量损失，在普通砖外面再增加一层厚度为 0.03m、导热系数为 0.03 W/(m·K) 的隔热材料。使用后，测得炉内壁温度为 800℃，外表面温度为 70℃。假定原来两层材料的导热系数不变。试求：(1)加保温层前后单位面积的热损失；(2)加保温层后各界面的温度。

**解**：(1) 加保温层前，燃烧炉为双层平壁，其单位面积的热损失为

$$q = \frac{Q}{A} = \frac{t_1 - t_3}{\dfrac{\delta_1}{\lambda_1} + \dfrac{\delta_2}{\lambda_2}} = \frac{700 - 100}{\dfrac{0.1}{1.0} + \dfrac{0.08}{0.8}} = 3\ 000\,(\text{W/m}^2)$$

加保温层后,燃烧炉为三层平壁,单位面积热损失为

$$q = \frac{Q}{A} = \frac{t_1 - t_4}{\dfrac{\delta_1}{\lambda_1} + \dfrac{\delta_2}{\lambda_2} + \dfrac{\delta_3}{\lambda_3}} = \frac{800 - 70}{\dfrac{0.1}{1.0} + \dfrac{0.08}{0.8} + \dfrac{0.03}{0.03}} = 608 \, (\text{W}/\text{m}^2)$$

(2) 加保温层后各界面的温度

耐火砖和普通砖的界面温度为 $t_2$,对耐火砖有

$$q_1 = q = \frac{Q}{A} = \frac{t_1 - t_2}{\dfrac{\delta_1}{\lambda_1}} = 608,\text{解得 } t_2 = 739\,℃ 。$$

普通砖与隔热材料界面温度为 $t_3$,对于隔热材料层有

$$q_3 = q = \frac{Q}{A} = \frac{t_3 - t_4}{\dfrac{\delta_3}{\lambda_3}} = \frac{t_3 - 70}{\dfrac{0.03}{0.03}} = 608,\text{解得 } t_3 = 678\,℃ 。$$

本题为多层平壁热传导而设计。多层平壁的定态热传导,推动力和热阻是可以加和的,总热阻等于各层热阻之和,总推动力等于各层推动力之和。通过本题可知,多层平壁定态热传导过程中,哪层热阻大,哪层温差大;反之,哪层温差大,哪层热阻必定大。

**2-3** 在 $\phi76 \, \text{mm} \times 3 \, \text{mm}$ 的钢管外包一层 $30 \, \text{mm}$ 厚的软木后,又包一层 $30 \, \text{mm}$ 厚的石棉。软木和石棉的导热系数分别为 $0.04 \, \text{W}/(\text{m} \cdot \text{K})$ 和 $0.16 \, \text{W}/(\text{m} \cdot \text{K})$,钢管的导热系数为 $45 \, \text{W}/(\text{m} \cdot \text{K})$。已知钢管内壁的温度为 $-100\,℃$,最外侧的温度为 $10\,℃$。试求:(1) 每米管道损失的冷量;(2) 在其他条件不变的情况下,将两种保温材料交换位置后,每米管道损失的冷量;(3) 说明何种材料放在内层保温效果更好?

**解:**(1) 每米管道损失的冷量 $r_1 = 0.035 \, \text{m}$,$\lambda_1 = 45 \, \text{W}/(\text{m} \cdot \text{K})$;$r_2 = 0.038 \, \text{m}$,$\lambda_2 = 0.04 \, \text{W}/(\text{m} \cdot \text{K})$;$r_3 = 0.068 \, \text{m}$,$\lambda_3 = 0.16 \, \text{W}/(\text{m} \cdot \text{K})$;$r_4 = 0.098 \, \text{m}$,$L = 1 \, \text{m}$。

根据三层圆筒壁的热传导速率方程计算每米管道损失的冷量为

$$Q = \frac{2\pi L(t_1 - t_4)}{\dfrac{1}{\lambda_1}\ln\dfrac{r_2}{r_1} + \dfrac{1}{\lambda_2}\ln\dfrac{r_3}{r_2} + \dfrac{1}{\lambda_3}\ln\dfrac{r_4}{r_3}} = \frac{2 \times 3.14 \times 1 \times (-100 - 10)}{\dfrac{1}{45} \times \ln\dfrac{0.038}{0.035} + \dfrac{1}{0.04} \times \ln\dfrac{0.068}{0.038} + \dfrac{1}{0.16} \times \ln\dfrac{0.098}{0.068}}$$
$$= -45 \, (\text{W})$$

(2) 在其他条件不变的情况下,将两种保温材料交换位置后,每米管道损失的冷量将发生变化,此时 $r_1 = 0.035 \, \text{m}$,$\lambda_1 = 45 \, \text{W}/(\text{m} \cdot \text{K})$;$r_2 = 0.038 \, \text{m}$,$\lambda_2 = 0.16 \, \text{W}/(\text{m} \cdot \text{K})$;$r_3 = 0.068 \, \text{m}$,$\lambda_3 = 0.04 \, \text{W}/(\text{m} \cdot \text{K})$;$r_4 = 0.098 \, \text{m}$,$L = 1 \, \text{m}$。因此每米管道损失的冷量为

$$Q = \frac{2\pi L(t_1 - t_4)}{\dfrac{1}{\lambda_1}\ln\dfrac{r_2}{r_1} + \dfrac{1}{\lambda_2}\ln\dfrac{r_3}{r_2} + \dfrac{1}{\lambda_3}\ln\dfrac{r_4}{r_3}} = \frac{2 \times 3.14 \times 1 \times (-100 - 10)}{\dfrac{1}{45} \times \ln\dfrac{0.038}{0.035} + \dfrac{1}{0.16} \times \ln\dfrac{0.068}{0.038} + \dfrac{1}{0.04} \times \ln\dfrac{0.098}{0.068}}$$
$$= -59 \, (\text{W})$$

(3) 上述计算结果表明,将导热系数比较小的保温材料置于保温内层,保温效果更好。此结果有实际意义。

本题为多层圆筒壁热传导而设计。多层圆筒壁的热传导计算时单位管长的传热速率 $Q$ 保持不变。

**2-4** 在某换热器中,用 $110 \, \text{kPa}$ 下的饱和水蒸气加热苯,苯的流量为 $10 \, \text{m}^3/\text{h}$,从 $20\,℃$ 加热到 $70\,℃$,设该换热器热量损失为苯吸收热量的 $8\%$。定性温度下苯的物性数据为 $c_p = 1.756 \, \text{kJ}/(\text{kg} \cdot ℃)$,密度为 $\rho = 840 \, \text{kg}/\text{m}^3$;$110 \, \text{kPa}$ 下饱和水蒸气的汽化潜热为 $2\,252 \, \text{kJ}/\text{kg}$。试求换热器的热负荷和水蒸气的用量。

**解**：苯升温需要的热量

$$Q_1 = q_m c_p (t_2 - t_1) = \frac{10 \times 840}{3\,600} \times 1.756 \times 10^3 \times (70 - 20) = 204\,866.7(\text{W})$$

热量损失为 $Q_2 = 8\% \times Q_1 = 16\,389.3(\text{W})$

换热器的热负荷为 $Q = Q_1 + Q_2 = 221\,256\ \text{W} = 221.3\ \text{kW}$。

水蒸气的用量为 $q_m = \dfrac{Q}{\gamma} = \dfrac{221\,256}{2\,251 \times 10^3} = 0.098\,3(\text{kg/s})$。

热量损失较为常见，学习传热的目的之一是如何防止热量损失。实际加热过程存在一定的热量损失，这在工程上是常见的，若热量损失比较大时便不能忽略，上述过程热量分成两部分：一部分是苯被加热，苯从 20℃ 升温到 70℃ 需要的热量；另一部分是换热器本身损失的热量。这两部分热量应该都是由加热蒸汽提供的。

**对流给热**

**2-5** 某厂精馏塔顶，采用列管式冷凝器，共有 $\phi 25\ \text{mm} \times 2.5\ \text{mm}$ 的管子 60 根，管长为 2 m，蒸汽走管间，冷却水走管内，水的流速为 1 m/s，进、出口温度分别为 20℃ 和 60℃。已知在定性温度下水的物性数据为：$\rho = 992.2\ \text{kg/m}^3$，$\lambda = 0.633\,8\ \text{W/(m·℃)}$，$\mu = 6.56 \times 10^{-4}$ Pa·s，$Pr = 4.31$。

(1) 求管内水的对流传热系数；

(2) 如使总管数减为 50 根，水量和水的物性视为不变，此时管内水的对流传热系数又为多大？

**解**：(1) $Re = \dfrac{\rho u d}{\mu} = 30\,250 > 10^4$，$0.6 < Pr < 160$，$l/d = 100 > 50$，因此可用下式计算对流给热系数

$$\alpha = 0.023\,\frac{\lambda}{d} Re^{0.8} Pr^{0.4}$$

代入数据计算得到

$\alpha = 5\,023.7\ \text{W/(m}^2\text{·K)}$

(2) 当管子根数减少时，流速变大即

$$u' = \frac{n}{n'} u = \frac{60}{50} \times 1 = 1.2(\text{m/s})$$

$$\alpha \propto \frac{u^{0.8}}{d^{0.2}}，故\ \frac{\alpha'}{\alpha} = \left(\frac{u'}{u}\right)^{0.8} = 1.2^{0.8} = 1.157$$

所以 $\alpha' = 1.157\alpha = 1.157 \times 5\,023.7 = 5\,812.4\,[\text{W/(m}^2 \text{·K)}]$。

本题为对流给热系数计算而设计，应用对流给热关联式进行计算时，要注意经验关联式的使用条件和适用范围。管子数减少，同样流量下流速增加，对流给热系数增大。

**传热系数计算**

**2-6** 热空气在 $\phi 25\ \text{mm} \times 2.5\ \text{mm}$ 的钢管外流动，对流给热系数为 50 W/(m²·K)，冷却水在管内流动，对流给热系数为 1 000 W/(m²·K)。钢管的导热系数为 45 W/(m·K)。管内、外的垢层热阻分别为 0.000 5 m²·K/W，0.000 58 m²·K/W。试求：(1)传热系数 $K$；(2)若管外对流给热系数增大 1 倍，传热系数有何变化？(3)若管内对流给热系数增大 1 倍，传热系数又有何变化？

**解**：(1) 内外管径对数平均直径为

$$d_m = \frac{d_o - d_i}{\ln \dfrac{d_o}{d_i}} = 0.022\,41\ \text{m}$$

传热系数 $K$ 为

$$K_o = \cfrac{1}{\cfrac{1}{\alpha_i} \cdot \cfrac{d_o}{d_i} + R_i + \cfrac{\delta d_o}{\lambda d_m} + R_o + \cfrac{1}{\alpha_o}}$$

$$= \cfrac{1}{\cfrac{1}{1\,000} \times \cfrac{0.025}{0.02} + 0.000\,5 + \cfrac{0.002\,5 \times 0.025}{45 \times 0.022\,41} + 0.000\,58 + \cfrac{1}{50}}$$

$$= 44.66\,[\mathrm{W/(m^2 \cdot K)}]$$

（2）管外对流给热系数增大一倍后，传热系数为

$$K'_o = \cfrac{1}{\cfrac{1}{\alpha_i} \cdot \cfrac{d_o}{d_i} + R_i + \cfrac{\delta d_o}{\lambda d_m} + R_o + \cfrac{1}{2\alpha_o}}$$

$$= \cfrac{1}{\cfrac{1}{1\,000} \times \cfrac{0.025}{0.02} + 0.000\,5 + \cfrac{0.002\,5 \times 0.025}{45 \times 0.022\,41} + 0.000\,58 + \cfrac{1}{2 \times 50}}$$

$$= 80.70\,[\mathrm{W/(m^2 \cdot K)}]$$

$\cfrac{K'_o - K_o}{K_o} \times 100\% = 80.7\%$，即传热系数增大了 $80.7\%$。

（3）管内对流给热系数增大一倍后，传热系数为

$$K''_o = \cfrac{1}{\cfrac{1}{2\alpha_i} \cdot \cfrac{d_o}{d_i} + R_i + \cfrac{\delta d_o}{\lambda d_m} + R_o + \cfrac{1}{\alpha_o}}$$

$$= \cfrac{1}{\cfrac{1}{2 \times 1\,000} \times \cfrac{0.025}{0.02} + 0.000\,5 + \cfrac{0.002\,5 \times 0.025}{45 \times 0.022\,41} + 0.000\,58 + \cfrac{1}{50}}$$

$$= 45.94\,[\mathrm{W/(m^2 \cdot K)}]$$

$\cfrac{K''_o - K_o}{K_o} \times 100\% = 2.87\%$，即传热系数仅增大 $2.87\%$。

从传热系数变化最大百分数可以看出：总传热系数接近热阻较大一侧的流体的对流给热系数。本题中气体侧热阻远大于水侧热阻，提高气体侧的对流给热系数，总传热系数变化最大，提高水侧对流给热系数，总传热系数的变化并不明显。提高传热系数可以强化传热，本例可见要提高传热系数，应该从给热系数比较小的一侧着手可以达到效果，而对传热系数较大的一侧着手，效果显然不明显。

**2-7** 一列管式换热器，原油流经管内，管外用饱和蒸汽加热，管束由 $\phi 53\,\mathrm{mm} \times 1.5\,\mathrm{mm}$ 钢管组成。已知管外对流给热系数 $\alpha_o$ 为 $10\,000\,\mathrm{W/(m^2 \cdot K)}$，管内对流给热系数为 $\alpha_i$ 为 $100\,\mathrm{W/(m^2 \cdot K)}$，钢的导热系数为 $45\,\mathrm{W/(m \cdot K)}$。试求：（1）传热系数 $K$；（2）该换热器使用一段时间后管内形成垢层，其热阻为 $R_{si} = 0.001\,(\mathrm{m^2 \cdot K})/\mathrm{W}$，此时传热系数又为多少？

**解**：内外管径对数平均直径为

$$d_m = \cfrac{d_o - d_i}{\ln \cfrac{d_o}{d_i}} = 0.051\,5\,\mathrm{m}$$

（1）无垢层热阻时的传热系数为

$$K_o = \cfrac{1}{\cfrac{1}{\alpha_i} \cdot \cfrac{d_o}{d_i} + \cfrac{\delta d_o}{\lambda d_m} + \cfrac{1}{\alpha_o}} = \cfrac{1}{\cfrac{1}{100} \times \cfrac{0.053}{0.05} + \cfrac{0.001\,5 \times 0.053}{45 \times 0.051\,5} + \cfrac{1}{10\,000}}$$

$$=93.95[W/(m^2 \cdot K)]$$

（2）形成垢层后的传热系数为

$$K_o = \cfrac{1}{\cfrac{1}{\alpha_i} \cdot \cfrac{d_o}{d_i} + R_i + \cfrac{\delta d_o}{\lambda d_m} + \cfrac{1}{\alpha_o}} = \cfrac{1}{\cfrac{1}{100} \times \cfrac{0.053}{0.05} + 0.001 + \cfrac{0.001\,5 \times 0.053}{45 \times 0.051\,5} + \cfrac{1}{10\,000}}$$

$$=85.95[W/(m^2 \cdot K)]$$

本题为污垢热阻对传热影响而设计，工程上换热器长时间使用后不可避免产生污垢热阻，污垢热阻产生之后传热系数减小。

**传热过程计算**

**2-8** 为了测定套管式甲苯冷却器的传热系数，测得实验数据如下：冷却器传热面积 $A=2.8\ m^2$，甲苯的流量 $q_{m1}=2\,000\ kg/h$，由 80℃冷却到 40℃，甲苯的平均比定压热容 $c_{p1}=1.84\ kJ/(kg \cdot ℃)$。冷却水从 20℃升高到 30℃，两流体呈逆流流动，求所测得的传热系数 $K$ 为多少？若水的比定压热容 $c_{p2}=4.18\ kJ/(kg \cdot ℃)$，问水的流量为多少？

**解**：热负荷 $Q=q_{m1}c_{p1}(T_1-T_2)=\cfrac{2\,000}{3\,600} \times 1.84 \times 10^3 \times (80-40)=40\,888.9(W)$

逆流时对数平均推动力为

$$\Delta t_{m逆} = \cfrac{(T_1-t_2)-(T_2-t_1)}{\ln \cfrac{T_1-t_2}{T_2-t_1}} = \cfrac{(80-30)-(40-20)}{\ln \cfrac{80-30}{40-20}} = 32.74(℃)$$

$$K = \cfrac{Q}{A\Delta t_{m逆}} = \cfrac{40\,888.9}{2.8 \times 32.74} = 446.03[W/(m^2 \cdot ℃)]$$

$$Q=q_{m2}c_{p2}(t_2-t_1)=40\,888.9\ W$$

所以

$$q_{m2} = \cfrac{Q}{c_{p2}(t_2-t_1)} = \cfrac{40\,888.9}{4.18 \times 10^3 \times (30-20)} = 0.978\,2(kg/s)=3\,521.52(kg/h)。$$

本题为热量平衡方程和传热基本方程联立计算过程而设计。这在传热计算过程中极为重要，初学者必须牢记。

**2-9** 在内管为 $\phi$180 mm×10 mm 的套管换热器中，将流量为 3 500 kg/h 的某液态烃从 100℃冷却到 60℃，其平均比定压热容 $c_p=2.38\ kJ/(kg \cdot ℃)$，环隙走冷却水，其进、出口温度分别为 40℃和 50℃，平均比定压热容 $c_p=4.174\ kJ/(kg \cdot ℃)$，基于传热外面积的总传热系数 $K=2\,000\ W/(m^2 \cdot ℃)$，且保持不变。设热损失可以忽略。试求：（1）冷却水用量；（2）计算两流体为逆流和并流情况下的平均温差及管长。

**解**：（1）根据热量平衡方程确定冷却水的用量

$$q_{m1}c_{p1}(T_1-T_2)=q_{m2}c_{p2}(t_2-t_1)$$

即 $3\,500 \times 2.38 \times (100-60)=q_{m2} \times 4.174 \times (50-40)$

所以冷却水用量为：$q_{m2}=7\,982\ kg/h$。

（2）并流时

$$\Delta t_{m并} = \cfrac{(T_1-t_1)-(T_2-t_2)}{\ln \cfrac{T_1-t_1}{T_2-t_2}} = 27.19℃$$

逆流时

$$\Delta t_{m逆} = \cfrac{(T_1-t_2)-(T_2-t_1)}{\ln \cfrac{T_1-t_2}{T_2-t_1}} = 32.74℃$$

$$Q=KA\Delta t_m, A=\pi d_o l$$

$$Q=q_{m1}c_{p1}(T_1-T_2)=\frac{3\,500}{3\,600}\times 2.38\times 10^3\times(100-60)=92\,555.6(\text{W})$$

并流时有 $Q=KA_{并}\Delta t_m$，所以 $A_{并}=\dfrac{Q}{K\Delta t_{m并}}=\dfrac{92\,555.6}{2\,000\times 27.19}=1.702(\text{m}^2)$

$A_{并}=\pi d_o l_{并}$，所以 $l_{并}=\dfrac{A_{并}}{\pi d_o}=3.39\text{m}$。

逆流时有 $Q=KA_{逆}\Delta t_{m逆}$，所以 $A_{逆}=\dfrac{Q}{K\Delta t_{m逆}}=\dfrac{92\,555.6}{2\,000\times 32.74}=1.413(\text{m}^2)$

$A_{逆}=\pi d_o l_{逆}$，所以 $l_{逆}=\dfrac{A_{逆}}{\pi d_o}=2.813\text{m}$。

本题为流向对传热的影响而设计,进一步深层次比较逆流和并流,对初学者可建立深刻印象。

**2-10** 在套管换热器内,用饱和水蒸气对在内管中做湍流流动的空气加热,设此时的总传热系数近似等于管壁向空气的对流给热系数。今要求空气量增加一倍,而加热蒸汽的温度及空气的进、出口温度和套管直径仍然不变,问该换热器的长度应增加百分之几?

**解**:高度湍流下, $\alpha\propto u^{0.8}$  $\quad\dfrac{\alpha'}{\alpha}=\left(\dfrac{u'}{u}\right)^{0.8}=2^{0.8}$

$Q=KA\Delta t_m$ 且 $K\approx\alpha$

$Q=q_m c_p(t_2-t_1)$,因为出口度不变

所以 $Q'=2Q$

$K'A'\Delta t'_m=2KA\Delta t_m$

因为进出口温度不变, $\Delta t_m=\Delta t'_m$

又因为 $K'A'=2KA$

$\alpha'\pi dL'=2\alpha\pi dL$

$\dfrac{L'}{L}=2\left(\dfrac{\alpha}{\alpha'}\right)=2^{0.2}=1.15$

$\dfrac{L'-L}{L}\times 100\%=15\%$,即该换热器的长度增加了15%。

本题为控制热阻而设计。控制热阻即决定总热阻数值的最大热阻,传热过程是串联过程,总热阻是由各部分热阻叠加而成的,控制热阻决定总热阻的大小,因此有题中"总传热系数近似等于管壁向空气的对流给热系数"之说。

**2-11** 在列管式换热器中,用饱和水蒸气将空气由10℃加热到90℃,该换热器由38根 $\phi 25\text{ mm}\times 2.5\text{ mm}$、长1.5 m的铜管构成,空气在管内做湍流流动,其流量为740 kg/h,比定压热容为 $1.005\times 10^3\text{ J/(kg·℃)}$,饱和水蒸气在管间冷凝。已知操作条件下的空气对流传热系数为70 W/(m²·℃),水蒸气的冷凝传热系数为8 000 W/(m²·℃),管壁及垢层热阻可忽略不计。

(1) 试确定所需饱和水蒸气的温度;

(2) 若将空气量增大25%通过原换热器,在饱和水蒸气温度及空气进口温度均不变的情况下,空气能加热到多少度?(设在本题条件下空气出口温度有所改变时,其物性参数可视为不变。)

**解**:(1)根据题意,由传热系数计算式得

$$\frac{1}{K_o}=\frac{1}{\alpha_o}+\frac{1}{\alpha_i}\cdot\frac{d_o}{d_i}=\frac{1}{8\,000}+\frac{1}{70}\times\frac{25}{20}$$

$K_o = 55.61 \text{ W/(m}^2 \cdot \text{℃)}$

$$Q = q_{m2}c_{p2}(t_2 - t_1) = K_o A_o \Delta t_m = k_o A_o \frac{t_2 - t_1}{\ln \dfrac{T - t_1}{T - t_2}}$$

$$\ln \frac{T - t_1}{T - t_2} = \frac{K_o A_o}{q_{m2}c_{p2}} = \frac{k_o \pi dnL}{q_{m2}c_{p2}} = \frac{55.61 \times 3.14 \times 0.025 \times 38 \times 1.5}{\dfrac{740}{3\,600} \times 1.005 \times 10^3} = 1.204$$

即 $\dfrac{T - 10}{T - 90} = 3.34$，解得 $T = 124.2$℃

(2) 由 $\dfrac{\alpha_i'}{\alpha_i} = \left(\dfrac{q_{m2}'}{q_{m2}}\right)^{0.8}$ 得：$\alpha_i' = 1.25^{0.8} \times 70 = 83.68[\text{W/(m}^2 \cdot \text{℃)}]$

$$\frac{1}{K_o'} = \frac{1}{\alpha_o} + \frac{1}{\alpha_i'} \cdot \frac{d_o}{d_i} = \frac{1}{8\,000} + \frac{1}{83.68} \times \frac{25}{20}$$

$K_o' = 66.39 \text{ W/(m}^2 \cdot \text{℃)}$

$$\ln \frac{T - t_1}{T - t_2'} = \frac{K_o' A_o}{q_{m2}'c_{p2}} = \frac{k_o' \pi dnL}{q_{m2}'c_{p2}}$$

$$\ln \frac{124.2 - 10}{124.2 - t_2'} = \frac{66.39 \times 3.14 \times 0.025 \times 38 \times 1.5}{\dfrac{740}{3\,600} \times 1.005 \times 10^3 \times 1.25} = 1.15$$

解得 $t_2' = 88.05$℃。

本题为冷流体流量增大对传热结果的影响而设计。冷流体流量不仅对热量平衡有影响，同时影响传热系数。

**2-12** 在管长为 1 m 的冷却器中，用水冷却油。已知两流体做并流流动，油由 420 K 冷却到 370 K，冷却水由 285 K 加热到 310 K。欲用加长冷却管子的办法，使油出口温度降至 350 K。若在两种情况下油、水的流量，物性常数，进口温度均不变，冷却器除管长外，其他尺寸也均不变，试求管长。

**解：**由热量平衡方程

$$q_{m1}c_{p1}(T_1 - T_2) = q_{m2}c_{p2}(t_2 - t_1) \text{ 即}$$

$$q_{m1}c_{p1}(420 - 370) = q_{m2}c_{p2}(310 - 285) \tag{a}$$

$$q_{m1}c_{p1}(420 - 350) = q_{m2}c_{p2}(t_2' - 285) \tag{b}$$

(a)(b)两式相比较得到 $t_2' = 320$ K。

$$\Delta t_{m并} = \frac{(T_1 - t_1) - (T_2 - t_2)}{\ln \dfrac{T_1 - t_1}{T_2 - t_2}} = \frac{(420 - 285) - (370 - 320)}{\ln \dfrac{420 - 285}{370 - 320}} = 92.5(\text{K})$$

$$\Delta t_{m并}' = \frac{(T_1 - t_1) - (T_2' - t_2)}{\ln \dfrac{T_1 - t_1}{T_2' - t_2}} = \frac{(420 - 285) - (350 - 320)}{\ln \dfrac{420 - 285}{350 - 320}} = 69.8(\text{K})$$

因为油与水的流量、物性及管径皆不变化，故传热系数不变，有

$$Q = q_{m1}c_{p1}(T_1 - T_2) = q_{m1}c_{p1}(420 - 370) = K \pi d_o l \Delta t_{m并} \tag{c}$$

$$Q' = q_{m1}c_{p1}(T_1 - T_2') = q_{m1}c_{p1}(420 - 350) = K \pi d_o l' \Delta t_{m并}' \tag{d}$$

将(c)(d)两式相比较得

$$\frac{l' \Delta t_{m并}'}{l \Delta t_{m并}} = \frac{T_1 - T_2'}{T_1 - T_2}$$

代入数据计算得到

$l'=1.855\ 3$ m

本题为并流传热而设计。并流方式传热工业上屡见不鲜,如热敏性物料的换热过程。另外,对于某些高温换热器中,逆流操作因冷流体最高出口温度和热流体进口温度集中在一端,会使壁温太高。为降低壁温,采用并流,可延长换热器的寿命。需要说明的是,完成同样传热任务,逆流下需要的设备投入较并流小;端值相同时,逆流的传热推动力较并流大。

**2-13** 用 120℃的饱和水蒸气将流量为 36 m³/h 的某稀溶液在单程列管换热器中从 80℃加热至 95℃,溶液的密度及比定压热容与水接近: $\rho=1\ 000$ kg/m³, $c_p=4.2$ kJ/(kg·℃)。若每程有直径为 $\phi25$ mm×2.5 mm 的管子 30 根,且以管外表面积为基准的传热系数 $K=2\ 800$ W/(m²·℃)。蒸汽侧污垢热阻和管壁热阻可忽略不计,试求:(1)换热器所需的管长;(2)当操作一年后,由于污垢累积,溶液侧的污垢系数为 0.000 09(m²·℃)/W,若维持溶液的原流量及进口温度,其出口温度为多少?又若必须保证溶液原出口温度,可以采取什么措施?

**解:**(1)饱和蒸汽加热,即热流体温度恒定。此时对数平均温度为

$$\Delta t_m=\frac{t_2-t_1}{\ln\dfrac{T-t_1}{T-t_2}}=\frac{95-80}{\ln\dfrac{120-80}{120-95}}=31.91(℃)$$

换热量为

$$Q=q_{m2}c_{p2}(t_2-t_1)=\frac{36\times1\ 000}{3\ 600}\times4.2\times10^3\times(95-80)=6.3\times10^5(\text{W})$$

完成上述换热量需要的换热面积为

$$A=\frac{Q}{K_o\Delta t_m}=\frac{6.3\times10^5}{2\ 800\times31.91}=7.05(\text{m}^2)$$

$$A=n\pi d_o l=30\times3.14\times0.025 l=7.05$$

则 $l=2.994$ m≈3 m。

(2)因污垢产生,传热系数产生变化,有

$$\frac{1}{K'_o}-\frac{1}{K_o}=R\frac{d_o}{d_i}=0.000\ 09\times\frac{25}{20}=0.000\ 112\ 5, 则$$

$$K'_o=\left(\frac{1}{K_o}+R\frac{d_o}{d_i}\right)^{-1}=2\ 129.3\ \text{W}/(\text{m}^2·℃)$$

换热量不发生变化,即 $Q$ 为原值,有

$$Q=q_{m2}c_{p2}(t'_2-t_1)=K'_o A\Delta t'_m=K'_o A\frac{t'_2-t_1}{\ln\dfrac{T-t_1}{T-t'_2}}$$

因此有

$$\ln\frac{T-t_1}{T-t'_2}=\frac{K'_o A}{q_{m2}c_{p2}}=\frac{2\ 129.3\times7.05}{\dfrac{36\times1\ 000}{3\ 600}\times4.2\times10^3}=0.357\ 4$$

即 $\dfrac{T-t_1}{T-t'_2}=1.429\ 63$

所以计算得到 $t'_2=92.02℃$。

在给定的溶液流量下,产生垢层热阻后,要保持溶液的进、出口温度为原值,采取的措施为清除污垢或提高加热蒸汽温度(即调节加热蒸汽的压强)。

本题可见污垢热阻影响换热效果。换热器长时间运行后,形成垢层热阻,总传热系数降

低,换热器性能下降,故工厂要定期清洗换热器污垢。

**2-14** 用一传热面积为 3 m²、由 $\phi 25$ mm×2.5 mm 的管子组成的单程列管式换热器,用初温为 10℃的水将机油由 200℃冷却至 100℃,水走管内,油走管间。已知水和机油的质量流量分别为 1 000 kg/h 和 1 200 kg/h,其比定压热容分别为 4.18 kJ/(kg·K)和 2.0 kJ/(kg·K);水侧和油侧的对流给热系数分别为 2 000 W/(m²·K)和 250W/(m²·K),两流体呈逆流流动,忽略管壁和污垢热阻。(1)试通过计算确定该换热器是否合用?(2)夏天当水的初温达到 30℃,而油的流量和冷却程度及传热系数不变时,该换热器是否适用?如果不适用该如何解决?

**解**:(1) 换热量为

$$Q = q_{m1} c_{p1} (T_1 - T_2) = \frac{1\,200}{3\,600} \times 2 \times 10^3 \times (200 - 100) = 6.666\,7 \times 10^4 (\text{W})$$

热量平衡方程

$$q_{m1} c_{p1} (T_1 - T_2) = q_{m2} c_{p2} (t_2 - t_1)$$

即 $1\,200 \times 2 \times 10^3 \times (200 - 100) = 1\,000 \times 4.18 \times 10^3 \times (t_2 - 10)$

据此可以计算出冷水出口温度 $t_2 = 67.4℃$。

传热系数 $K$ 为

$$K_o = \left( \frac{1}{\alpha_o} + \frac{1}{\alpha_i} \cdot \frac{d_o}{d_i} \right)^{-1} = \left( \frac{1}{250} + \frac{1}{2\,000} \times \frac{25}{20} \right)^{-1} = 216.22 [\text{W}/(\text{m}^2 \cdot ℃)]$$

逆流情况下,对数平均温差为

$$\Delta t_{m逆} = \frac{(T_1 - t_2) - (T_2 - t_1)}{\ln \dfrac{T_1 - t_2}{T_2 - t_1}} = \frac{(200 - 67.4) - (100 - 10)}{\ln \dfrac{200 - 67.4}{100 - 10}} = 109.93 (℃)$$

完成上述换热量需要的传热面积为

$$A = \frac{Q}{K_o \Delta t_{m逆}} = \frac{6.666\,7 \times 10^4}{216.22 \times 109.93} = 2.805 (\text{m}^2)$$

换热器实际面积为 3 m²,故可用。

(2) 夏季水温上升后,$t_1' = 30℃$

热量平衡方程

$$q_{m1} c_{p1} (T_1 - T_2) = q_{m2} c_{p2} (t_2' - t_1')$$

即 $1\,200 \times 2 \times 10^3 \times (200 - 100) = 1\,000 \times 4.18 \times 10^3 \times (t_2 - 10)$

据此可以计算出冷水出口温度 $t_2' = 87.4℃$。

此时对数平均温差变为

$$\Delta t'_{m逆} = \frac{(T_1 - t_2') - (T_2 - t_1')}{\ln \dfrac{T_1 - t_2'}{T_2 - t_1'}} = \frac{(200 - 87.4) - (100 - 30)}{\ln \dfrac{200 - 87.4}{100 - 30}} = 89.62 (℃)$$

完成传热任务需要的换热器面积变为

$$A' = \frac{Q}{K_o \Delta t'_{m逆}} = \frac{6.666\,7 \times 10^4}{216.22 \times 89.62} = 3.44 (\text{m}^2)$$

换热器实际面积为 3 m²,故不适用。

采取措施:调大水量,使 $t_2$ 下降,$\Delta t_m$ 增大,并使 $\alpha$ 增大,$K$ 增大。

本题为季节变化对传热过程影响而设计。季节变化影响冷流体进口温度,通常设计选择换热器时,按照夏天考虑。尽管按此考虑计算所得的换热器面积稍大,设备费用稍高,工程上是安全的。同时,初学者应该掌握换热器调节措施。

**2-15** 有一列管式换热器,装有 $\phi 25\ mm \times 2.5\ mm$ 钢管 300 根,管长为 2 m。要求将质量流量为 8 000 kg/h 的常压空气于管程由 20℃ 加热到 85℃,选用 108℃ 饱和蒸汽于壳程冷凝加热之。若水蒸气的冷凝传热系数为 $1 \times 10^4$ W/($m^2$·K),管壁及两侧污垢的热阻均忽略不计,而且不计热损失。已知空气在平均温度下的物性常数为 $c_p = 1$ kJ/(kg·K),$\lambda = 2.85 \times 10^{-2}$ W/(m·K),$\mu = 1.98 \times 10^{-5}$ Pa·s,$Pr = 0.7$。试求:

(1) 空气在管内的对流传热系数;

(2) 求换热器的总传热系数(以管子外表面为基准);

(3) 通过计算说明该换热器能否满足需要;

(4) 计算说明管壁温度接近于哪一侧的流体温度。

**解**:(1) 质量流速 $G$ 为

$$G = \frac{q_m}{A} = \frac{q_m}{n\frac{\pi}{4}d_i^2} = \frac{8\,000/3\,600}{300 \times 0.785 \times 0.02^2} = 23.59[kg/(m^2 \cdot s)]$$

流动状态下的雷诺数为

$$Re = \frac{dG}{\mu} = \frac{0.02 \times 23.59}{1.98 \times 10^{-5}} = 23\,829 > 10^4, Pr = 0.7, \frac{l}{d} = \frac{2}{0.02} = 100$$

根据计算结果,采用高度湍流下对流给热系数经验关联式,对流给热系数为

$$\alpha_i = 0.023\frac{\lambda}{d}Re^{0.8}Pr^{0.4} = 0.023 \times \frac{2.85 \times 10^{-2}}{0.02} \times 23\,829^{0.8} \times 0.7^{0.4} = 90.21[W/(m^2 \cdot ℃)]$$

(2) 以外表面积为基准的传热系数为

$$K_o = \left(\frac{1}{\alpha_o} + \frac{1}{\alpha_i} \cdot \frac{d_o}{d_i}\right)^{-1} = \left(\frac{1}{10^4} + \frac{1}{90.21} \times \frac{25}{20}\right)^{-1} = 71.64[W/(m^2 \cdot ℃)]$$

(3) 传热量为

$$Q = q_{m2}c_{p2}(t_2 - t_1) = \frac{8\,000}{3\,600} \times 1 \times 10^3 \times (85 - 20) = 144\,444.44(W)$$

对数平均温差为

$$\Delta t_m = \frac{t_2 - t_1}{\ln\frac{T - t_1}{T - t_2}} = \frac{85 - 20}{\ln\frac{108 - 20}{108 - 85}} = 48.44(℃)$$

换热器面积为

$$A_o = n\pi d_o l = 300 \times 3.14 \times 0.025 \times 2 = 47.1(m^2)$$

换热器的热负荷为

$$Q_{负荷} = K_o A_o \Delta t_m = 71.64 \times 47.1 \times 48.44 = 163\,448.4(W)$$

由此可见,换热器的热负荷大于要求的换热量,故此换热器可用。

(4) 壁温计算

由于忽略壁的热阻,所以内外壁温相同。

$$Q_{负荷} = \alpha_o A_o(T - T_w) = 10^4 \times 47.1 \times (108 - T_w) = 163\,448.4W$$

计算得到壁温为 $T_w = 107.65℃$,所以壁温接近外侧蒸汽温度(或 $\alpha$ 大的一侧流体的温度)。

本题涉及传热计算过程若干知识点,是典型的传热综合性计算。壁温计算比较有意义,直接使初学者了解壁温接近于给热系数较大一侧流体温度的事实情况。

**2-16** 一套管换热器,外管为 $\phi 83\ mm \times 3.5\ mm$,内管为 $\phi 57\ mm \times 3.5\ mm$ 的钢管,有效长度为 60 m。用 120℃ 的饱和水蒸气冷凝来加热内管中的油。蒸汽冷凝潜热为 2 205 kJ/kg。

已知油的流量为 7 200 kg/h,密度为 810 kg/m³,比定压热容为 2.2 kJ/(kg·℃),黏度为 $5 \times 10^{-3}$ Pa·s,进口温度为30℃,出口温度为80℃。不计热量损失。试求:(1)蒸汽用量;(2)传热系数;(3)如果油的流量及加热程度不变,加热蒸汽压强不变,现将内管直径改为 $\phi47mm \times 3.5mm$ 的钢管。求管长为多少?已知蒸汽冷凝传热系数为 12 000 W/(m²·K),管壁及污垢热阻不计,管内油的流动类型为湍流。

**解:**(1) 蒸汽用量 $W$

$$Q = W\gamma = q_m c_p (t_2 - t_1) = \frac{7\,200}{3\,600} \times 2.2 \times 10^3 \times (80 - 30) = 220\,000(\text{W})$$

$$W = \frac{Q}{\gamma} = \frac{220\,000}{2\,205 \times 10^3} = 0.1(\text{kg/s}) = 359.2(\text{kg/h})$$

(2) 传热系数的计算

$$\Delta t_m = \frac{t_2 - t_1}{\ln \dfrac{T - t_1}{T - t_2}} = \frac{80 - 30}{\ln \dfrac{120 - 30}{120 - 80}} = 61.66(\text{℃})$$

内管内表面积为

$$A = \pi d l = 3.14 \times 0.05 \times 60 = 9.42(\text{m}^2)$$

则传热系数为

$$K_i = \frac{Q}{A \Delta t_m} = \frac{220\,000}{9.42 \times 61.66} = 378.76[\text{W/(m}^2 \cdot \text{℃)}]$$

(3) $K_i = \left( \dfrac{1}{\alpha_i} + \dfrac{1}{\alpha_o} \cdot \dfrac{d_i}{d_o} \right)^{-1}$,则

$$\frac{1}{\alpha_i} = \frac{1}{K_i} - \frac{1}{\alpha_o} \cdot \frac{d_i}{d_o} = \frac{1}{378.76} - \frac{1}{12\,000} \times \frac{50}{57}$$

计算得到 $\alpha_i = 389.6$ W/(m²·℃)。

由高度湍流下对流给热系数经验式得到

$$\frac{\alpha_i'}{\alpha_i} = \left( \frac{d_i}{d_i'} \right)^{1.8}$$

所以 $\alpha_i' = \left( \dfrac{50}{40} \right)^{1.8} \times 389.6 = 582.2[\text{W/(m}^2 \cdot \text{℃)}]$

$$K_i' = \left( \frac{1}{\alpha_i'} + \frac{1}{\alpha_o} \cdot \frac{d_i'}{d_o} \right)^{-1} = \left( \frac{1}{582.2} + \frac{1}{12\,000} \times \frac{40}{47} \right)^{-1} = 559.1[\text{W/(m}^2 \cdot \text{℃)}]$$

再由 $Q = K_i' A_i \Delta t_m$ 得 $A_i = \dfrac{Q}{K_i' \Delta t_m} = \dfrac{220\,000}{559.1 \times 61.66} = 6.382(\text{m}^2)$

$A_i = \pi d_i l = 3.14 \times 0.04 \times l = 6.382$ m²,计算得到 $l = 50.81$ m。

管径影响对流给热系数,进一步影响总传热系数 $K$,进一步影响传热面积或换热管长。

**换热器核算**

**2-17** 在一传热面积为 30 m² 的列管式换热器中,用120℃的饱和蒸汽冷凝将气体从30℃加热到80℃,气体走管内,流量为 5 000 m³/h,密度为 1 kg/m³(均按入口状态计),比定压热容为 1 kJ/(kg·K),估算此换热器的传热系数。若气量减少了50%,估算在加热蒸汽压强和气体入口温度不变的条件下,气体出口温度变为多少?

**解:**(1) 计算传热系数 $K$

对数平均温差为

$$\Delta t_m = \frac{t_2 - t_1}{\ln \frac{T - t_1}{T - t_2}} = \frac{80 - 30}{\ln \frac{120 - 30}{120 - 80}} = 61.66(℃)$$

换热量为

$$Q = q_{m2}c_{p2}(t_2 - t_1) = \frac{5\,000 \times 1}{3\,600} \times 1 \times 10^3 \times (80 - 30) = 69\,444.44(W)$$

联立传热基本方程和热量平衡方程得

$$Q = q_{m2}c_{p2}(t_2 - t_1) = KA\Delta t_m$$

$$K = \frac{Q}{A\Delta t_m} = \frac{69\,444.44}{30 \times 61.66} = 37.54[W/(m^2 \cdot K)]$$

（2）气体出口温度计算

假设气体流量减少50%后，气体物性不变，联立传热基本方程和热量平衡方程得

$$Q = q_{m2}c_{p2}(t'_2 - t_1) = K'A\Delta t'_m$$

所以 $\ln \dfrac{T - t_1}{T - t'_2} = \dfrac{K'A}{q'_{m2}c_{p2}}$ 　　　　　　　　　　　　　（a）

原工况下

$$\ln \frac{T - t_1}{T - t_2} = \frac{KA}{q_{m2}c_{p2}}$$ 　　　　　　　　　　　　　（b）

比较（a）（b）两式得到

$$\ln \frac{T - t_1}{T - t'_2} = \frac{K'}{K} \cdot \frac{q_{m2}}{q'_{m2}} \ln \frac{120 - 30}{120 - 80}$$ 　　　　　　　　（c）

由于空气的对流给热系数 $\alpha_i$ 比蒸汽冷凝给热系数小很多，传热系数 $K$ 接近 $\alpha_i$，所以有

$$\frac{K'}{K} \approx \frac{\alpha'_i}{\alpha_i} = 0.5^{0.8} = 0.574\,3$$

将上述结果和有关数据代入式（c）计算得到

$$\ln \frac{120 - 30}{120 - t'_2} = 0.931$$

计算后得到 $t'_2 = 84.54℃$。

这又是一道冷流体流量变化对传热影响的例题。冷流体流量变化既影响热量平衡，又影响传热系数，这是初学者应牢记的。

**2-18** 采用传热面积为 $4.48\ m^2$ 单程管壳式换热器，进行溶剂和某水溶液间的逆流传热，溶剂为苯，流量为 $3\,600\ kg/h$，比定压热容为 $1.88\ kJ/(kg \cdot ℃)$，苯由 $80℃$ 被冷却至 $50℃$，水溶液由 $20℃$ 被加热到 $30℃$。忽略热损失，流体的物性常数可视为不变。试求：（1）传热系数 $K$；（2）因前工段的生产情况有变动，水溶液进口温度降到 $10℃$，但由于工艺的要求，水溶液出口温度不能低于 $30℃$。若两流体的流量及苯的进口温度不变，原换热器是否能保证水溶液的出口温度不低于 $30℃$？

**解：**（1）$Q = q_{m1}c_{p1}(T_1 - T_2) = \dfrac{3\,600}{3\,600} \times 1.88 \times 10^3 \times (80 - 50) = 56\,400(W)$

逆流下对数平均温差为

$$\Delta t_{m逆} = \frac{(T_1 - t_2) - (T_2 - t_1)}{\ln \dfrac{T_1 - t_2}{T_2 - t_1}} = \frac{(80 - 30) - (50 - 20)}{\ln \dfrac{80 - 30}{50 - 20}} = 39.15(℃)$$

所以

$$K = \frac{Q}{A\Delta t_{\text{m逆}}} = \frac{56\,400}{4.48 \times 39.15} = 321.57[\text{W/(m}^2 \cdot \text{K)}]$$

（2）原工况下

$$q_{m1}c_{p1}(T_1 - T_2) = q_{m2}c_{p2}(t_2 - t_1) \tag{a}$$

现工况下

$$q_{m1}c_{p1}(T_1 - T_2') = q_{m2}c_{p2}(t_2' - t_1') \tag{b}$$

比较(a)(b)两式并代入数据计算得到 $T_2' = 20℃$。即苯的出口温度为 $20℃$ 时,水溶液出口温度为 $30℃$,正好符合要求。此情况下的换热量为

$$Q' = q_{m1}c_{p1}(T_1 - T_2') = \frac{3\,600}{3\,600} \times 1.88 \times 10^3 \times (80 - 20) = 112\,800(\text{W})$$

传热系数不发生变化,仍然为 $321.57$ W/(m² · K),对数平均温差变化为

$$\Delta t'_{\text{m逆}} = \frac{(T_1 - t_2') - (T_2' - t_1')}{\ln \dfrac{T_1 - t_2}{T_2' - t_1'}} = \frac{(80 - 30) - (20 - 10)}{\ln \dfrac{80 - 30}{20 - 10}} = 24.85(℃)$$

所需的传热面积为

$$A = \frac{Q'}{K\Delta t'_{\text{m}}} = \frac{112\,800}{321.57 \times 24.85} = 14.11(\text{m}^2)$$

而换热器实际面积为 $4.48$ m²,故原换热器不适用。计算结果说明,只有当 $A' = 14.11$ m² 时,才能保证 $t_2' = 30℃$。

核算换热器能否适用的解题方法较多,从换热器面积比较是最适用的方法。当然从换热量比较也是可以的。

**2－19** 在列管式换热器中,用饱和水蒸气将空气由 $10℃$ 加热到 $90℃$,该换热器由 38 根 $\phi25$ mm$\times 2.5$ mm、长 $1.5$ m 的铜管构成,空气在管内做湍流流动,其流量为 $740$kg/h,比定压热容为 $1.005 \times 10^3$ J/(kg·℃),饱和水蒸气在管间冷凝。已知操作条件下的空气对流传热系数为 $70$ W/(m²·℃),水蒸气的冷凝传热系数为 $8\,000$ W/(m·℃),管壁及垢层热阻可忽略不计。设空气出口温度有所改变时,其物性参数可视为不变。(1)试确定所需饱和水蒸气的温度;(2)若将空气量增大 $25\%$ 通过原换热器,在饱和水蒸气温度及空气进口温度均不变的情况下,空气能加热到多少度?

**解:**（1）$Q = q_m c_p(t_2 - t_1) = \dfrac{740}{3\,600} \times 1.005 \times 10^3 \times (90 - 10) = 16\,526.67(\text{W})$

$$K_\text{o} = \left(\frac{1}{\alpha_\text{o}} + \frac{1}{\alpha_\text{i}} \cdot \frac{d_\text{o}}{d_\text{i}}\right)^{-1} = \left(\frac{1}{8\,000} + \frac{1}{70} \times \frac{25}{20}\right)^{-1} = 55.61[\text{W/(m} \cdot ℃)]$$

$$A_\text{o} = n\pi d_\text{o}l = 38 \times 3.14 \times 0.025 \times 1.5 = 4.474\,5(\text{m}^2)$$

$Q = K_\text{o}A_\text{o}\Delta t_\text{m}$,则

$$\Delta t_\text{m} = \frac{Q}{K_\text{o}A_\text{o}} = \frac{16\,526.67}{55.61 \times 4.474\,5} = 66.42(℃)$$

$$\Delta t_\text{m} = \frac{t_2 - t_1}{\ln \dfrac{T - t_1}{T - t_2}} = \frac{90 - 10}{\ln \dfrac{T - 10}{T - 90}} = 66.42℃,由此解得 T = 124.3℃。$$

（2）空气量增大 $25\%$ 后,有

$$\alpha'_\text{i} = 1.25^{0.8}\alpha_\text{i} = 1.25^{0.8} \times 70 = 83.68[\text{W/(m}^2 \cdot ℃)]$$

$$K'_\text{o} = \left(\frac{1}{\alpha_\text{o}} + \frac{1}{\alpha'_\text{i}} \cdot \frac{d_\text{o}}{d_\text{i}}\right)^{-1} = \left(\frac{1}{8\,000} + \frac{1}{83.68} \times \frac{25}{20}\right)^{-1} = 66.4[\text{W/(m}^2 \cdot ℃)]$$

$$\Delta t'_m = \frac{t'_2 - t_1}{\ln\dfrac{T - t_1}{T - t'_2}}$$

$$Q' = 1.25 q_m c_p (t'_2 - t_1) = K'_o A_o \Delta t'_m \quad 即$$

$$\ln\frac{T - t_1}{T - t'_2} = \frac{K'_o A_o}{1.25 q_m c_p} = \frac{66.4 \times 4.474\,5}{1.25 \times \dfrac{740}{3\,600} \times 1.005 \times 10^3} = 1.150\,6,\ 整理得到$$

$$\frac{T - t_1}{T - t'_2} = 3.16,\ 即\frac{124.3 - 10}{124.3 - t'_2} = 3.16,\ 解得\ t'_2 = 88.13℃。$$

**2-20** 有一套管换热器,由内管为 $\phi 54\ mm \times 2\ mm$,套管为 $\phi 116\ mm \times 4\ mm$ 的钢管组成。内管中苯自 $50℃$ 被加热至 $80℃$,流量为 $4\,000\ kg/h$。环隙中为 $2\ atm$(绝压)的饱和水蒸气冷凝。蒸汽冷凝给热系数为 $10\,000\ W/(m^2 \cdot ℃)$。已知:苯在 $50 \sim 80℃$ 之间的物性数据平均值为:$\rho = 880\ kg/m^3$,$c_p = 1.86\ kJ/(kg \cdot ℃)$,$\lambda = 0.134\ W/(m \cdot ℃)$,$\mu = 0.39 \times 10^{-3}$ $Pa \cdot s$。管内侧污垢热阻 $R_i = 0.000\,4\ (m^2 \cdot ℃)/W$,管壁及管外侧污垢热阻不计。蒸汽温度与压强关系如下表所示。

| 压强(绝压)/kPa | 100 | 200 | 300 |
|---|---|---|---|
| 温度/℃ | 99.6 | 120.2 | 133.3 |

试求:(1)管壁对苯的对流传热系数;(2)套管的有效长度;(3)若加热蒸汽压力降为 $1\ atm$(绝压),问苯出口温度应为多少?

**解**:(1)苯在内管中的质量流速为

$$G = \frac{q_{m2}}{A_内} = \frac{4\,000/3\,600}{0.785 d_内^2} = 566.17\ kg/(m^2 \cdot s)$$

$$Re = \frac{d_内 G}{\mu} = \frac{0.05 \times 566.17}{0.39 \times 10^{-3}} = 72\,585.90 > 10^4$$

$$Pr = \frac{c_{p2}\mu}{\lambda} = \frac{1.86 \times 10^3 \times 0.39 \times 10^{-3}}{0.134} = 5.413 > 0.7$$

$$\alpha_i = 0.023 \frac{\lambda}{d_i} Re^{0.8} Pr^{0.4} = 0.023 \times \frac{0.134}{0.05} \times 72\,586.06^{0.8} \times 5.413^{0.4}$$
$$= 937.42\,[W/(m^2 \cdot ℃)]$$

(2) $Q = q_{m2} c_{p2}(t_2 - t_1) = \dfrac{4\,000}{3\,600} \times 1.86 \times 10^3 \times (80 - 50) = 62\,000(W)$

$$K_i = \left(\frac{1}{\alpha_i} + R_i + \frac{1}{\alpha_o} \cdot \frac{d_i}{d_o}\right)^{-1} = 641.29\ W/(m^2 \cdot ℃)$$

$$\Delta t_m = \frac{t_2 - t_1}{\ln\dfrac{T - t_1}{T - t_2}} = \frac{80 - 50}{\ln\dfrac{120 - 50}{120 - 80}} = 53.61(℃)$$

$$A_i = \frac{Q}{K_i \Delta t_m} = 1.803\ m^2$$

$$l = \frac{A_i}{\pi d_i} = \frac{1.803}{3.14 \times 0.05} = 11.48(m)$$

(3)$K$ 不变,$A$ 不变,$T$ 变为 $99.1℃$,苯的流量及比定压热容均不变。设出口温度为 $t'_2$,在新条件下,传热速率方程变为

$$Q = q_{m2}c_{p2}(t'_2 - t_1) = K_i A_i \Delta t'_m = K_i A_i \frac{t'_2 - t_1}{\ln \dfrac{T' - t_1}{T' - t'_2}}$$

代入数据,计算得到 $t'_2 = 71℃$。

**2－21** 在单程列管换热器内,用120℃饱和蒸汽将流量为 8 500 kg/h 的气体从20℃加热到 60℃,气体在管内以 10 m/s 流动,管子为 $\phi$26 mm×1 mm 的铜管,蒸汽冷凝给热系数为 11 630 W/(m² · ℃),管壁和污垢热阻可不计。已知气体物性为:$c_p = 1.005$ kJ/(kg · ℃),$\rho = 1.128$ kg/m³,$\lambda = 1.754 \times 10^{-2}$ W/(m · ℃),$\mu = 1.91 \times 10^{-5}$ Pa · s。试计算:(1)传热内表面积;(2)如果将气体流量增加一倍,气体出口温度为多少(气体进口温度和气体物性不变)?

**解:**(1) 气体在内管中的质量流速为

$$G = \rho u = 1.128 \times 10 = 11.28 [kg/(m^2 \cdot s)]$$

$$Re = \frac{d_内 G}{\mu} = \frac{0.024 \times 11.28}{1.91 \times 10^{-5}} = 14\ 173.82 > 10^4$$

$$Pr = \frac{c_{p2}\mu}{\lambda} = \frac{1.05 \times 10^3 \times 1.91 \times 10^{-5}}{1.75 \times 10^{-2}} = 1.097 > 0.7$$

$$\alpha_i = 0.023 \frac{\lambda}{d_i} Re^{0.8} Pr^{0.4} = 0.023 \times \frac{1.75 \times 10^{-2}}{0.024} \times 14\ 173.82^{0.8} \times 1.097^{0.4}$$

$$= 36.46 [W/(m^2 \cdot ℃)]$$

$$K_i = \left( \frac{1}{\alpha_i} + \frac{1}{\alpha_o} \cdot \frac{d_i}{d_o} \right)^{-1} = 36.35 W/(m^2 \cdot ℃)$$

$$\Delta t_m = \frac{t_2 - t_1}{\ln \dfrac{T - t_1}{T - t_2}} = \frac{60 - 20}{\ln \dfrac{120 - 20}{120 - 60}} = 78.3(℃)$$

$$Q = q_{m2}c_{p2}(t_2 - t_1) = \frac{8\ 500}{3\ 600} \times 1.005 \times 10^3 \times (60 - 20) = 94\ 916.67(W)$$

$$A_i = \frac{Q}{K_i \Delta t_m} = \frac{94\ 916.67}{36.35 \times 78.3} = 33.35(m^2)$$

(2) 气体流量增加一倍,则

$$\alpha'_i = 2^{0.8} \alpha_i = 63.29\ W/(m^2 \cdot ℃)$$

$$K'_i = \left( \frac{1}{\alpha'_i} + \frac{1}{\alpha_o} \cdot \frac{d_i}{d_o} \right)^{-1} = 62.97 W/(m^2 \cdot ℃)$$

$$Q = q'_{m2}c_{p2}(t'_2 - t_1) = K'_i A_i \Delta t'_m = K'_i A_i \frac{t'_2 - t_1}{\ln \dfrac{T - t_1}{T - t'_2}}$$

代入数据,计算得到 $t'_2 = 55.76℃$。

## 2.7 习题精选

1. 在通过三层平壁的定态热传导过程中,各层平壁厚度相同,接触良好。若第一层两侧温度分别为150℃和100℃,第三层外表面温度为50℃,则这三层平壁的导热系数 $\lambda_1$、$\lambda_2$、$\lambda_3$ 之间的关系为＿＿＿＿＿＿。

2. 一包有石棉泥保温层的蒸汽管道,当石棉泥受潮后,其保温效果应＿＿＿＿,原因是＿＿＿＿＿＿。

3. 由多层等厚平均构成的保温层中，如果某层材料的热导率越大，则该层的热阻就越_____；其两侧的温度差越_____。

4. 蒸汽冷凝现象有_____冷凝和_____冷凝之分；工业冷凝器一般是按_____冷凝设计的。

5. 在对流给热系数的量纲一特征数关联式中，_____代表了流动类型和湍动程度对对流给热的影响；_____代表了流体的物性对对流给热过程的影响；_____代表了自然对流对对流给热的贡献。

6. 水在管内做湍流流动，若使流速提高至原来的 2 倍，则其对流给热系数约为原来的_____倍；若管径改为原来的 1/2 而流量保持不变，则其对流给热系数约为原来的_____倍。

7. 在无相变强制对流给热过程中，热阻主要集中在_____；在蒸汽冷凝给热过程中，热阻主要集中在_____。

8. 用冷却水将一定量的热流体由 100℃ 冷却至 40℃，冷却水入口温度为 15℃。在设计列管式换热器时，指定两流体逆流流动，关于冷却水出口温度的选择有两种方案：方案 a 是令冷却水出口温度为 30℃；方案 b 是冷却水出口温度为 28℃。则这两种方案冷却水用量比较有 $q_{ma}$_____$q_{mb}$；所需传热面积比较有 $A_a$_____$A_b$。

9. 通过一换热器，用饱和水蒸气加热水，可使水的温度由 20℃ 升高到 80℃。现发现水的出口温度降低了，经检查水的入口温度和流量均无变化，则引起出口水温下降的原因可能有：(1)_____；(2)_____；(3)_____；(4)_____。

10. 利用水在逆流操作的套管式换热器中冷却某物料，要求热流体的进、出口温度保持一定。现由于冷却水进口温度升高，为保证完成生产任务，采用提高冷却水流量的办法，则与原来相比，其结果是：换热器的传热速率_____、总传热系数_____、对数平均温度差_____。

11. 工业上使用列管式换热器时，需要根据流体的性质和状态确定其是走管程还是走壳程。一般来说，蒸汽走_____；易结垢的流体走_____；有腐蚀性的流体走_____；高压流体走_____；黏度大或流量小的流体走_____。

12. 列管式换热器中，用饱和水蒸气加热空气，则换热管管壁温度接近于_____的温度，而总传热系数接近于_____的对流给热系数。

13. 用冷却水在套管式换热器中将高温气体冷却，水走管内，气体走环隙。为强化传热，应在内管的_____侧装翅片，因为_____。

14. 在一维定态传热过程中，两层的热阻分别为 $R_1$ 和 $R_2$，推动力为 $\Delta t_1$ 和 $\Delta t_2$，若 $R_1 < R_2$，则推动力 $\Delta t_1$_____$\Delta t_2$，$\Delta t_1/R_1$_____$\Delta t_2/R_2$_____$(\Delta t_1 + \Delta t_2)/(R_1 + R_2)$。(填>,<,=)

15. 为对某管道保温，现需将两种导热系数分别为 $\lambda_1$ 和 $\lambda_2$ 的材料包于管外，已知 $\lambda_1 > \lambda_2$，$\delta_1 = \delta_2$，则应该将导热系数_____的材料包于内层，更有利于保温。

16. 对流传热的贡献是_____。

17. 大容积饱和沸腾分_____状沸腾和_____状沸腾，操作应控制在_____状沸腾下进行。

18. 某无相变逆流传热过程，已知 $T_1 = 60℃$，$t_2 = 30℃$，$q_{m2} c_{p2}/(q_{m1} c_{p1}) = 1$，则 $\Delta t_m =$_____。

19. 用饱和蒸汽加热冷流体(冷流体无相变)，若保持加热蒸汽压力和冷流体 $t_1$ 不变，而增加冷流体流量 $q_{m2}$，则 $t_2$_____，$Q$_____，$K$_____，$\Delta t_m$_____。

20. 冷流体在换热器无相变逆流传热，换热器用久后形成垢层，在同样的操作条件下，与无垢层相比，结垢后换热器的 $K$_____，$\Delta t_m$_____，$t_2$_____，$Q$_____。

21. 冷热流体的进出口温度 $t_1,t_2,T_1,T_2$ 相等时，$\Delta t_{m并}$ _____ $\Delta t_{m逆}$（填＞，＝，＜）。

22. 平壁炉炉壁由两种材料构成。内层为 130 mm 厚的某种耐火材料，外层为 250 mm 厚的某种普通建筑材料。此条件下测得炉内温度为 820℃，外壁温度为 115℃。为减少热损失，在普通建筑材料外面又包一层厚度为 50 mm 的石棉，其导热系数为 0.22 W/(m·K)。包石棉后测得的各层温度为：炉内壁 820℃、耐火材料与普通建筑材料交界面为 690℃，普通建筑材料与石棉交界面为 415℃，石棉层外侧位 80℃。问包石棉层前后单位传热面积的热损失分别为多少？

23. 炉壁由绝热砖 A 和普通砖 B 组成。已知绝热砖导热系数 $\lambda_A=0.25$ W/(m·K)，其厚度为 210 mm；普通砖导热系数 $\lambda_B=0.75$ W/(m·K)。当绝热砖放在里层时，各处温度如下：$t_1$ 未知，$t_2=210℃$，$t_3=60℃$，$t_b=15℃$。其中 $t_1$ 指内壁温度，$t_b$ 指外界大气温度。外壁与大气的对流给热系数为 $\alpha=10$ W/(m²·K)。(1)求此时单位面积炉壁的热损失和温度 $t_1$；(2)如果将两种砖的位置互换，假定互换前后 $t_1$、$t_b$、$\alpha$ 均保持不变，求此时的单位面积热损失、$t_2$ 和 $t_3$。

24. 在外径为 120 mm 的蒸汽管道外面包两层不同材料的保温层。包在里面的保温层厚度为 60 mm，两层保温材料的体积相等。已知管内蒸气温度为 160℃，对流给热系数为 10 000 W/(m²·K)；保温层外大气温度为 28℃，保温层外表面与大气的自然对流给热系数为 16 W/(m²·K)。两种保温材料的导热系数分别为 0.06 W/(m·K) 和 0.25 W/(m·K)。钢管管壁热阻忽略不计。求：(1)导热系数较小的材料放在里层，该管道每米管长的热损失为多少？此时两保温层表面处的温度各是多少？(2)导热系数较大的材料放在里层，该管道每米管长的热损失为多少？此时两保温层表面处的温度各是多少？

25. 水在一定流量下流过某套管换热器的内管，温度可从 20℃ 升至 80℃，此时测得其对流给热系数为 1 000 W/(m²·K)。试求等体积流量的苯通过换热器内管时的对流给热系数为多少？已知两种情况下流动皆为湍流，苯进、出口的平均温度为 60℃。

26. 某套管式换热器由 $\phi48$ mm×3 mm 和 $\phi25$ mm×2.5 mm 的钢管制成。两种流体分别在环隙和内管中流动，分别测得对流给热系数为 $\alpha_1$ 和 $\alpha_2$。若两种流体流量保持不变并忽略出口温度变化对物性的影响，且两种流体的流动总保持湍流，试求将内管改为 $\phi32$ mm×2.5 mm 的管子后两侧的对流给热系数分别变为原来的多少倍？

27. 某套管换热器由 $\phi57$ mm×3.5 mm 的内管和 $\phi89$ mm×4.5 mm 的外管构成（均为钢制），甲醇以 5 000 kg/h 的流量在内管流动，温度由 60℃ 降至 30℃，其与内管管壁的对流给热系数为 1 500 W/(m²·K)。冷却水在环隙流动，其进、出口温度分别为 20℃ 和 35℃。甲醇和冷却水逆流流动，忽略热损失和污垢热阻。甲醇物性数据：$c_{p1}=2.6$ kJ/(kg·K)；水的物性数据：$c_{p2}=4.18$ kJ/(kg·K)，$\rho_2=996.3$ kg/m³，$\lambda_2=0.603$ W/(m·K)，$\mu_2=0.845\times10^{-3}$ Pa·s；换热管材料导热系数 $\lambda=45$ W/(m·K)。试求：(1)冷却水用量（kg/h）；(2)所需要套管长度。

28. 一列管换热器由 $\phi25$ mm×2.5 mm 的换热管组成，总传热面积为 3 m²。需要在此换热器中用初温为 12℃ 的水将某油品由 205℃ 冷却至 105℃，且水走管内。已知水和油的质量流量分别为 1 100 kg/h 和 1 250 kg/h，比热容分别为 4.18 kJ/(kg·℃) 和 2.0 kJ/(kg·℃)，对流给热系数分别为 1 800 W/(m²·K) 和 260 W/(m²·K)。两种流体逆流流动，忽略管壁和污垢热阻。(1)计算说明该换热器是否合用？(2)在夏季，当水的初温达到 28℃ 时，该换热器是否仍然合用（假设传热系数不变）？

29. 有一蒸汽冷凝器，蒸汽在其壳程中冷凝给热系数为 10 000 W/(m²·K)，冷却水在其管程中的对流给热系数为 1 000 W/(m²·K)。已测得冷却水进、出口温度分别为 $t_1=30℃$、$t_2=35℃$。现将冷却水流量增加一倍，问蒸汽冷凝量将增加多少？已知蒸汽在饱和温度 100℃下冷凝,且水在管程中流动均达到湍流(忽略污垢热阻和管壁热阻)。

30. 用套管换热器每小时冷凝甲苯蒸气 1 000 kg,冷凝温度为 110℃,冷凝潜热为 363 kJ/kg,冷凝给热系数为 $\alpha_1 = 10\,000$ W/(m² · K)。该换热器的内管尺寸为 $\phi 57$ mm×3.5 mm,外管尺寸为 $\phi 89$ mm×3.5 mm,有效长度为 5 m。冷却水初温为 16℃,以 3 000 kg/h 的流量进入内管,其比热容为 4.174 kJ/(kg · K),黏度为 $1.11×10^{-3}$ Pa · s,密度为 995 kg/m³。忽略管壁热阻、污垢热阻及热损失。求:(1)冷却水出口温度;(2)管内水的对流给热系数 $\alpha_2$;(3)若将内管改为 $\phi 47$ mm×3.5 mm 的钢管,长度不变,冷却水流量及进出口温度不变,问蒸气冷凝量变为原来的多少倍?

31. 在单管程逆流列管式换热器中用水冷却空气。水和空气的进口温度分别为 25℃ 及 115℃。在换热器使用的初期,水和空气的出口温度分别为 48℃ 和 42℃;使用一年后,由于污垢热阻的影响,在水的流量和入口温度不变的情况下,其出口温度降至 40℃。不计热损失。求:(1)空气出口温度变为多少?(2)总传热系数变为原来的多少倍?(3)若使水流量增大一倍,而空气流量及两流体入口温度都保持不变,则两流体的出口温度分别变为多少?(提示:水的对流给热系数远大于空气。)

32. 在列管式换热器中用饱和水蒸气来预热某股料液。料液走管内,其入口温度为 295 K,料液比热容为 4.0 kJ/(kg · K),密度为 1 100 kg/m³;饱和蒸汽在管外冷凝,其冷凝温度为 395 K。当料液流量为 $1.76×10^{-4}$ m³/s,其出口温度为 375K;当料液流量为 $3.25×10^{-4}$ m³/s,其出口温度为 370 K。假定料液在管内流动达到湍流,蒸汽冷凝给热系数为 3.4 W/(m² · K),且保持不变,忽略管壁热阻和污垢热阻。试求该换热器的传热面积。

33. 在传热面积为 5 m² 的换热器中用冷却水冷却某溶液。冷却水流量为 1.5 kg/s,入口温度为 20℃,比热容为 4.17 kJ/(kg · K);溶液的流量为 1 kg/s,入口温度为 78℃,比热容为 2.45 kJ/(kg · K)。已知溶液与冷却水逆流流动,两流体的对流给热系数均为 1 800 W/(m² · K)。(1)试分别求两流体的出口温度;(2)现将溶液流量增加 30%,欲通过提高冷却水流量的方法使溶液出口温度仍维持原值,试求冷却水流量应该达到多少?(设冷却水和溶液的对流给热系数均与各自流量的 0.8 次方成正比,忽略管壁热阻和污垢热阻。)

34. 进入某间壁式换热器的冷、热流体温度为 $t_1 = 50℃$,$T_1 = 200℃$,已知换热器的总热阻 $1/(KA) = 0$,试求下列条件下冷热流体的出口温度。(1)并流操作 $q_{m2}c_{p2}/(q_{m1}c_{p1}) = 2$;(2)逆流操作 $q_{m2}c_{p2}/(q_{m1}c_{p1}) = 2$;(3)逆流操作 $q_{m2}c_{p2}/(q_{m1}c_{p1}) = 0.5$。

35. 有一单程列管式换热器,其管束由 269 根长为 3 m,$d = 25$ mm 的管子组成。现欲用此换热器将流量为 8 000 kg/h 的常压空气从 10℃加热至 110℃,已知定性温度下,空气的 $c_p = 1.01$ kJ/(kg · ℃),$\mu = 2.01×10^{-2}$ mPa · s,$\lambda = 2.87×10^{-2}$ W/(m · ℃),试问,若壳程通入 120℃的饱和蒸汽,此换热器是否适用(蒸汽管壁及垢层热阻可忽略不计)?

36. 某台传热面积为 25m² 的单程列管式换热器,在管程内水逆流冷却热油,原工况下,水的流量为 2 kg/s,比热容为 4.18 J/(kg · ℃),进、出口温度分别为 20℃ 和 40℃,热油的进、出口温度分别为 50℃ 和 100℃,热油的给热系数 $\alpha = 500$ W/(m · ℃)。现将冷水的流量降为 1.2 kg/s,同时因管子渗漏而堵塞该部分管子,使管子根数为原来的 0.8 倍,已知冷水的管内 $Re > 10^4$,物性的变化、管壁及垢层热阻可忽略,试求新工况下冷、热流体的出口温度(冷、热流体的进口温度及热流体的流量不变)。

37. 现有两个完全相同的列管式换热器,内有 180 根 $\phi 19$ mm×1.5 mm 的管子,每根长 3 m,管内走流量为 2 000 kg/h 的冷流体,进口温度为 30℃,与热流体单程换热,已知 $q_{m2}c_{p2}/(q_{m1}c_{p1}) = 0.5$,冷流体 $c_p = 1.05$ kJ/(kg · ℃),$\mu = 2×10^{-2}$ mPa · s,$\lambda = 0.028\,9$ W/(m · ℃),热流体的进口温度 $T_1 = 150℃$,热流体、管壁及垢层热阻可忽略,现按如习题 37 图所示方式进行操作,求热流体的出口温度 $T$。

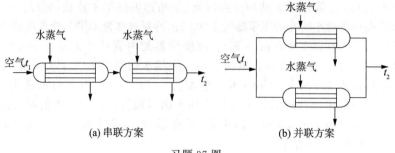

(a) 串联方案　　　　　　(b) 并联方案

习题 37 图

# 2.8　习题精选参考答案

1. $\dfrac{1}{\lambda_1} = \dfrac{1}{\lambda_2} = \dfrac{1}{\lambda_3}$

2. 变差;水的导热系数大于石棉泥的导热系数

3. 小;小

4. 滴状;膜状;滴状

5. 雷诺数;普朗特数;格拉晓夫数

6. $2^{0.8}$;$2^{1.8}$

7. 层流内层;冷凝液层

8. <;>

9. (1)蒸汽中含有不凝性气体;(2)蒸汽冷凝液未及时排放;(3)蒸汽压力下降;(4)换热器结垢

10. 不变;增大;减小

11. 壳程;管程;管程;管程;壳程

12. 蒸汽;空气

13. 外;空气侧热阻为控制热阻

14. <;=;=

15. 较小

16. 增加了近壁面处的温度梯度,强化了传热

17. 核;膜;核

18. 30℃

19. 降低;增大;增大;升高

20. 减小;升高;下降;减小

21. <

22. 2 564 W/m²;1 474 W/m²

23. (1)450 W/m²;588℃;(2)450 W/m²;438℃;60℃

24. (1) 63.45 W/m;159.98℃;43.3℃;32℃;(2) 105.9 W/m;159.98℃;113.2℃;34.7℃

25. 281.4 W/(m² · K)

26. 0.583;1.57

27. (1)6 220 kg/h;(2)42.5 m

28. (1)2.76 m²<A=3 m²,合用;(2)3.21 m²>A=3 m²,不合用

29. 增加 64%

30. (1)45℃;(2)1 907 W/(m² · K);(3)1.1

31. (1)67.4℃;(2)0.452;(3)65.5℃;32.8℃

32. 9.03 m²

33. (1)33.19℃;37.56℃;(2)2.127 kg/s

34. (1)100℃;(2)125℃;(3)125℃

35. 不合用

36. 45.3℃;62.1℃

37. 97.2℃

# 2.9 思考题参考答案

2-1 传热过程有哪三种基本方式?

直接接触式传热、间壁式传热和蓄热式传热。

2-2 传热按机理分为哪几种?

热传导、对流给热和辐射传热。

2-3 物体的导热系数与哪些主要因素有关?

与物质聚集状态(相态)、温度等有关。

2-4 流动对传热的贡献主要表现在哪儿?

流动流体载热。

2-5 自然对流中的加热面与冷却面的位置应如何放才有利于充分传热?

加热面在下,制冷面在上。

2-6 液体沸腾的必要条件有哪两个?

过热度和汽化核心。

2-7 工业沸腾装置应在什么沸腾状态下操作? 为什么?

核状沸腾状态。因为此时对流给热系数大,壁温较低。

2-8 沸腾给热的强化可以从哪两个方面着手?

改善加热面,以提供更多的汽化核心;加入添加剂,降低液体表面张力。

2-9 蒸汽冷凝时为什么要定期排放不凝性气体?

避免不凝性气体累积,防止给热系数降低。

2-10 为什么低温时热辐射往往可以忽略,而高温时热辐射则往往成为主要的传热方式?

因为热辐射量和绝对温度的四次方成正比,低温时热辐射量比较小,高温时热辐射量比较大,即热辐射量对温度比较敏感。

2-11 影响辐射传热的主要因素有哪些?

温度、黑度、辐射面积、中间介质等。

2-12 为什么有相变时的对流给热系数大于无相变时的对流给热系数?

相变热远大于显热;沸腾时气泡的搅动加速对流;蒸汽冷凝时液膜较薄。

2-13 传热基本方程中,推导得出对数平均推动力的前提条件有哪些?

传热系数 $K$、$q_{m1}c_{p1}$、$q_{m2}c_{p2}$ 沿程不变,管程、壳程皆为单程。

2-14 为什么一般情况下,逆流总是优于并流? 并流适用于哪些情况?

因为逆流对数平均推动力 $\Delta t_m$ 大,载热体用量少。并流主要用于热敏性物料的加热,控制壁温以免过高。

# 第3章　非均相机械分离过程

## 3.1　学习目标

通过本章学习,掌握非均相物系分离的原理、规律、方法、特点及在化工上的应用,分析和解决非均相物系分离过程相关的问题。主要包括以下主要内容。

(1)沉降分离操作过程的原理、过程计算、典型设备结构和特性,并根据生产工艺要求,合理选择设备类型,正确确定设备尺寸。

(2)过滤操作过程的原理、过程计算、典型过滤设备结构和特性,并根据生产工艺要求,合理选择设备类型,正确确定设备尺寸。

(3)沉降和过滤速率的各影响因素,沉降和过滤分离过程的工业强化方法、措施手段等。

## 3.2　主要学习内容

**1. 概述**

(1)非均相物系与类别

物系内部有相界面,界面两侧物质的物理化学性质有明显差别,这种混合物称为非均相混合物。非均相混合物分为:液态非均相和气态非均相混合物。前者连续相为液体,后者连续相为气体。液体非均相混合物包括悬浮液、乳浊液、泡沫液;气体非均相混合物包括含尘气体、含雾气体。

(2)非均相物系的分离方法

非均相物系混合物常采用机械分离方法,即采用非均相混合物中两相的物理化学性质(如密度、颗粒形状、大小等)的差异,使两相间相对运动而使其分离,机械分离方法包括沉降和过滤两种操作,可根据物系两相性质差异和分离要求选择分离方法,如表3-1所示。

表3-1　机械分离方法

| 物系 | 分离要求 | 分离方法 | 机械设备 |
|---|---|---|---|
| 气态非均相物系 | 除微粒 | 过滤等 | 袋滤器、湿法除尘器、静电除尘器 |
| | 除细粒 | 离心沉降、旋风分离 | 旋风分离器 |
| | 除大粒 | 重力沉降 | 降尘室 |
| 液态非均相物系 | 悬浮液增浓 | 离心沉降 | 增稠器、旋液分离器 |
| | 含固量<0.1 % | 深层过滤 | 砂滤 |
| | 含固量>1 % | 过滤 | 板框过滤器、叶滤机、回转真空过滤器 |
| | 除微粒(<50 μm) | 膜过滤 | 各类膜过滤(微滤、超滤等) |

(3)非均相机械分离中流体和固体之间的作用力

非均相物系分离过程中,流体和固体颗粒之间有相对运动,流体对固体颗粒产生曳力作用,固体颗粒对流体流动产生阻力作用。曳力和阻力是作用力和反作用力。

（4）颗粒、颗粒群和床层的主要特性

单个球形颗粒的特性较为简单,包括:直径 $d_p$,体积 $V=\dfrac{\pi}{6}d_p^3$,表面积 $S=\pi d_p^2$,比表面积 $a=\dfrac{S}{V}$。

单个非球形颗粒:球形度（形状系数）$\Psi$、表面积 $S_p$、体积 $V_p$、比表面积 $a$。

$$球形度=\dfrac{\text{与非球形颗粒体积相等的球的表面积}}{\text{非球形颗粒的表面积}}$$

球形颗粒 $\Psi=1$,非球形颗粒 $0<\Psi<1$。颗粒越接近球形,$\Psi$ 越接近 1。

体积当量直径 $d_{eV}$:与非球形颗粒体积相等的球体的直径。

$$d_{eV}=\sqrt[3]{\dfrac{6}{\pi}V_p} \tag{3-1}$$

表面积当量直径 $d_{eA}$:与非球形颗粒表面积 $S$ 相等的球体的直径。

$$d_{eA}=\sqrt{\dfrac{S}{\pi}} \tag{3-2}$$

比表面积当量直径 $d_{ea}$:与非球形颗粒比表面积 $a$ 相等的球体的直径。

$$d_{ea}=\dfrac{6}{a} \tag{3-3}$$

工程上通常采用体积当量直径 $d_{eV}$。以 $d_{eV}$ 和 $\Psi$ 表征非球形颗粒的特性

$$V_p=\dfrac{\pi}{6}d_{eV}^3 \tag{3-4}$$

$$S=\dfrac{\pi d_{eV}^2}{\Psi} \tag{3-5}$$

$$a=\dfrac{6}{\Psi d_{eV}} \tag{3-6}$$

颗粒群由不同大小、形状的颗粒组成,其特性包括:粒度（大小）分布、平均直径。大量固体颗粒堆积形成颗粒床层,颗粒床层的特性如下。

床层空隙率 $\varepsilon$:床层中颗粒之间空隙部分的体积与整个床层体积的比值。

床层的自由截面:床层截面上未被固体颗粒占据的流体可以自由通过的截面积。

床层的比表面积:单位床层体积具有的颗粒的表面积（实为颗粒与流体接触的表面积）。

床层的当量直径:原教材未做讨论。

**2. 沉降分离**

沉降分离是常见的固液、固气分离方法,是借颗粒与流体之间的密度差为基础的分离方法。重力沉降是最简便的沉降方法,并非有了密度差就一定能进行重力沉降,颗粒直径小于 $0.5\ \mu m$ 就难以沉降,必须寻求其他强化沉降的方法,如离心沉降。

1）沉降过程

自由沉降:沉降中颗粒间无相互影响,通常是极稀悬浮液沉降的初始阶段。

干扰沉降:颗粒间相互影响,常发生于浓悬浮液沉降的中期阶段。

压缩沉降:颗粒沉降为一体,颗粒自主将间隙内的液体排出,颗粒层压缩,常发生在沉降的末期。

通常所指的沉降多为自由沉降。

自由沉降经历以下两个阶段。

(1)加速阶段——静止颗粒因重力而下沉,逐渐加速,此时为加速阶段。

(2)恒速阶段——颗粒沉降时受流体曳力作用,当曳力、浮力与重力达到平衡时,加速度为0,颗粒恒速沉降,该速度称为终端速度,亦称沉降速度。此时为恒速阶段。

为确定沉降速度,必须分析颗粒与流体相对运动时,颗粒受流体的曳力。

$$光滑球: F_D = \xi A_p \left( \frac{1}{2} \rho u^2 \right) \tag{3-7}$$

其中,$\xi$ 为曳力系数。其取值和颗粒雷诺数大小有关。

黏性流体对圆球低速绕流(爬流)曳力的理论式为

$$F_D = 3\pi \mu d_p u \tag{3-8}$$

$Re_p < 2$ 时为斯托克斯(Stokes)定律区,满足 Stokes 定律。

斯托克斯定律只适用于球形颗粒,上式可见密度差是动力,黏性是阻力,沉降速度与颗粒大小呈平方关系,颗粒大小是沉降的关键因素。

2)重力沉降设备

(1)沉降室

对均匀分布的含尘气流进入重力沉降室,以流体质点在沉降室内停留时间和颗粒 $d_p$ 沉降时间之间关系取极限情形可得

$$q_V = A u_t \tag{3-9}$$

可以这样理解:颗粒从顶部完全沉降至底部时,凡是大于某直径的颗粒也已完全沉降,此时 $u_t$ 是沉降室能够 100% 除去的最小颗粒直径($d_{min}$)对应的沉降速度。

由上式可见:对一定物系,沉降室的处理能力只取决于沉降室的底面积,而与高度无关。鉴于此,沉降室通常设计成扁平形状,或在室内设置多层水平隔板。

设置 $n$ 层隔板时,有

$$q_V = (n+1) A u_t \tag{3-10}$$

对于小于 $d_{min}$ 颗粒,只能部分沉降,引入沉降百分率 $\eta$

$$\eta = \left( \frac{d_p}{d_{min}} \right)^2 \times 100\% \tag{3-11}$$

(2)增稠器

悬浮液在设备内静置,重力作用下沉降而与液体分离,构成增稠器。

(3)分级器

利用重力沉降将悬浮液中不同大小的颗粒进行分级,或将两种不同密度的物质进行分类,构成分级器。

3)离心沉降设备

离心沉降可看成是对重力沉降过程的强化。

(1)转鼓式离心机

多考虑斯托克斯定律区的情形。

（2）碟式分离机

（3）管式高速离心机

**3. 过滤**

过滤是借外力或压差作用使悬浮液通过过滤介质,固体颗粒被截留而滤液穿过过滤介质,实现固液(气)分离的单元操作。过滤操作物料涉及悬浮液、滤饼、滤液,推动力涉及外力或压差,同时要借助于过滤介质。

1）过程基本概念和特点

（1）基本概念

悬浮液是含有固体颗粒的液体,过滤操作中也将悬浮液称为滤浆,通过过滤介质的液体称为滤液,截留于过滤介质上的固体颗粒群称为滤饼或滤渣。

按生产要求,对过滤得到的滤饼进行除杂处理或将滤饼中所含液体清洗出来。除杂是将滤饼中所含的可溶性无机盐等滤去,这种将滤饼中可溶性无机盐或滤饼中液体清洗出来的过程称为洗涤。过滤结束后有清除滤饼、放置过滤介质等辅助操作。因此过滤操作周期包括准备过滤的辅助工作、过滤、洗涤、卸料四个阶段。

过滤介质有织物介质、多孔性固体介质和堆积介质等,其选择要根据悬浮液特性、介质承受能力等因素综合考虑。

（2）滤饼的可压缩性和助滤剂

滤饼内空隙结构因外力或压差增大而产生变形的情况,称为滤饼的可压缩性,滤饼结构不变形时称为不可压缩滤饼,结构发生变形时称为可压缩滤饼。

为减少滤饼的变形,可采用助滤剂增加滤饼刚性。助滤剂是质地坚硬、形状不规则的固体颗粒,可以和滤饼一起形成结构疏松、不可压缩的滤饼层。

（3）过滤过程特点

过滤操作中,滤饼层厚度不断增加,滤液通过速率随过滤时间的延长而减小,显然属于非定态过程,但因滤饼层厚度增加缓慢,过滤操作可作为拟定态处理。

（4）过滤速率

单位时间、单位过滤面积所得的滤液量称为过滤速率

$$u = \frac{\mathrm{d}V}{A\,\mathrm{d}\tau} = \frac{\mathrm{d}q}{\mathrm{d}\tau} \qquad (3-12)$$

2）过滤过程物料衡算

悬浮液中固体颗粒的质量分数和体积分数之间的关系为

$$\phi = \frac{w/\rho_{\mathrm{p}}}{w/\rho_{\mathrm{p}} + (1-w)/\rho_p} \qquad (3-13)$$

无论是质量还是体积,对过滤过程衡算有

$$悬浮液 = 滤饼 + 滤液$$

采用体积关系时,有

$$V_悬 = V + LA \qquad (3-14)$$

滤饼视为固定床,其空隙率为 $\varepsilon$,厚度为 $L$,过滤面积为 $A$,对固体而言有

$$L = \frac{\phi}{1-\varepsilon-\phi} \cdot \frac{V}{A} = \frac{\phi}{1-\varepsilon-\phi} q \qquad (3-15)$$

$\phi$ 较小时,滤饼厚度近似为 
$$L = \frac{\phi}{1-\varepsilon}q \tag{3-16}$$

3) 过滤基本方程

过滤过程速率是过滤过程推动力($\Delta p$)与过程阻力($r\mu\phi q$)的比值,阻力来自滤饼层和过滤介质,因此推动力和阻力皆系叠加而得。引入 $K$ 后得过滤基本方程。

过滤速率基本方程表示某一瞬时的过滤速率与物系特性、操作压差及该时刻以前的累计滤液量之间的关系,同时表明了过滤介质阻力的影响。$K$ 和 $q_e$ 这两个参数为过滤常数,其数值通过实验测定。

4) 间隙过滤的滤液量与过滤时间的关系

(1) 恒速过滤

(2) 恒压过滤

(3) 恒压前已在其他条件下过滤了一段时间 $\tau_1$,获得滤液量 $q_1$,则

$$(q^2 - q_1^2) + 2q_e(q - q_1) = K(\tau - \tau_1) \tag{3-17}$$

$$(V^2 - V_1^2) + 2V_e(V - V_1) = KA^2(\tau - \tau_1) \tag{3-18}$$

5) 过滤设备

过滤设备主要包括叶滤机、板框过滤机和回转真空过滤机等。前两者是间歇过滤设备,后者是连续过滤设备;叶滤机和板框过滤机是压滤过滤设备,回转真空过滤机是吸滤设备。以上三种典型设备的基本结构、操作特点和应用场合各异。

6) 洗涤速率和洗涤时间

(1) 洗涤过程特点

滤饼洗涤过程滤饼厚度不变,如洗涤压差和过滤终了时压差相同,洗涤是恒速过程。洗涤速率为

$$\left(\frac{\mathrm{d}q}{\mathrm{d}\tau}\right)_w = \frac{\Delta \mathscr{P}_w}{r\mu_w\phi(q + q_e)} \tag{3-19}$$

$$\left(\frac{\mathrm{d}V}{\mathrm{d}r}\right)_w = \frac{\Delta \mathscr{P}_w}{r\mu_w\phi(V + V_e)} = \frac{kA^2}{2(y + V_e)} \tag{3-20}$$

$$\tau_w = \frac{q_w}{\left(\dfrac{\mathrm{d}q}{\mathrm{d}\tau}\right)_w} = \frac{V_w}{\left(\dfrac{\mathrm{d}V}{\mathrm{d}\tau}\right)_w} = \frac{2(V + V_e)V_w}{KA^2} \tag{3-21}$$

(2) 叶滤机洗涤时间

$$\tau_w = \frac{2(V + V_e)V_w}{kA^2} \tag{3-22}$$

(3) 板框过滤机洗涤时间

鉴于板框过滤机的特殊性即洗涤面积为过滤面积的一半、洗涤液通道厚度为滤液通道厚度的两倍,因此其洗涤时间为

$$\tau_w = \frac{8(V + V_e)V_w}{KA^2} \tag{3-23}$$

7) 过滤设备的生产能力

过滤设备生产能力 $Q$ 可定义为单位时间获得的滤液量(体积)

$$Q = \frac{V}{\sum \tau} \qquad (3-24)$$

过滤完整的操作周期包括辅助时间 $\tau_D$、过滤时间 $\tau$ 和洗涤时间 $\tau_w$,即

$$\sum \tau = \tau + \tau_w + \tau_D \qquad (3-25)$$

回转真空过滤机作为连续式过滤设备,其生产能力 $Q$ 的计算不同于间歇过滤设备。设回转真空过滤机的转鼓转速为 $n(r/s)$,转鼓浸入面积占全部转鼓面积的比率为浸没度 $\varphi$,转鼓每旋转一周,过滤时间 $\tau$ 为

$$\tau = \frac{\varphi}{n} \qquad (3-26)$$

转鼓旋转一周得到的滤液量为

$$q = \sqrt{q_e^2 + K\tau} - q_e \qquad (3-27)$$

$$V = \sqrt{V_e^2 + KA^2\tau} - V_e \qquad (3-28)$$

转鼓每旋转一周,包括过滤、洗涤和卸渣等辅助操作,应为一个过滤操作周期。根据生产能力的定义,则有

$$Q = \frac{V}{\sum \tau} = n(\sqrt{V_e^2 + KA^2\tau} - V_e)' = n\left(\sqrt{V_e^2 + \frac{\varphi}{n}KA^2} - V_e\right) \qquad (3-29)$$

# 3.3 概念关联图表

## 3.3.1 基本关系

| | | | |
|---|---|---|---|
| 非均相<br>机械分离<br>过程 | 沉降(气固、气液、液固系统) | 重力沉降 | 斯托克斯定律 $u_t = \dfrac{g d_p^2 (\rho_p - \rho)}{18\mu}$ |
| | | 离心沉降 | $q_V = \dfrac{\pi H \omega^2 (\rho_p - \rho) d_p^2}{18\mu} \cdot \dfrac{R_B^2 - R_A^2}{\ln \dfrac{R_B}{R_A}}$ |
| | 过滤(液固、气固) | 恒压过滤 | $q^2 + qq_e = \dfrac{K}{2}\tau V^2 + VV_e = \dfrac{K}{2}A^2\tau$ |
| | | 恒速过滤 | $q^2 + 2qq_e = K\tau V^2 + 2VV_e = KA^2\tau$ |

## 3.3.2 过滤典型设备比较

| 设备名称 | 特点 | 适用范围 |
|---|---|---|
| 板框过滤机 | 间歇式,恒压强,压力大,单位体积的过滤面积大,生产效率低,劳动强度大 | 多批量、多品种过滤,高黏度、难分离体系 |
| 叶滤机 | 间歇式,滤布不需装卸,结构比较复杂,单位体积过滤面积大,劳动条件较好 | 多批量、多品种的过滤 |
| 回转真空过滤机 | 连续式,生产能力大,劳动强度小,造价高 | 单一品种,需要生产大的过滤场合 |
| 离心过滤机 | 连续式,生产能力大,分离效果好,造价高 | 含水量高,悬浮固体颗粒小的混合物系,黏度高的难分离体系 |

123

## 3.4 难点分析

**1. 什么是曳力？**

诸多化工生产过程涉及流固两相物系固体颗粒与流体间的相对运动。固体颗粒和流体之间的相对运动有以下三种情况：①固体颗粒静止，流体对其做绕流运动；②流体静止，固体颗粒做沉降运动；③流体和固体颗粒都运动，两者保持一定的相对速度。从流体与固体颗粒之间的作用力来说，上述三种情况实无本质区别。

流体与固体颗粒做相对运动时，流体对固体颗粒的作用力称为曳力，而固体对流体的作用力称为阻力，阻力和曳力是一对作用力和反作用力。现设颗粒静止，流体以一定的流速对其绕流，分析流体对颗粒的作用力，如图 3-1 所示。

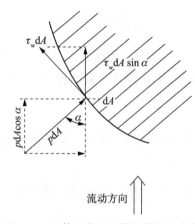

图 3-1　流体对静止颗粒的作用力分析

图 3-1 所示为流体以流速 $u$ 绕过一静止颗粒的运动。流体作用于颗粒表面任意一点的力可分解成与表面相切和垂直的两个分力，即表面上任意一点同时存在剪应力 $\tau_w$ 和压强 $p$。在颗粒表面上任取一面积为 $dA$ 的微元，作用于该微元上的剪应力为 $\tau_w dA$，压力为 $p\,dA$。

设所取微元面积 $dA$ 与流动方向成夹角 $\alpha$，则剪应力在流动方向上的分力为 $\tau_w dA\sin\alpha$。将此分力沿整个颗粒表面积分而得该颗粒所受剪应力在流动方向上的总和，称为表面曳力。

同样，压力 $p\,dA$ 在流动方向上的分力为 $p\,dA\cos\alpha$，将此力沿整个颗粒表面积分可得

$$\oint_A p\cos\alpha\,dA = \oint_A \mathcal{P}\cos\alpha\,dA - \oint_A \rho gz\cos\alpha\,dA$$

上式等号右端第一项 $\oint_A \mathcal{P}\cos\alpha\,dA$ 称为形体曳力，第二项 $-\oint_A \rho gz\cos\alpha\,dA$ 即颗粒所受的浮力。当颗粒与流体无相对运动时，则不存在表面曳力与形体曳力，但仍有浮力作用。

由此可见，流体对固体颗粒做绕流运动时，在流动方向上对颗粒施加一个总曳力，其值等于表面曳力和形体曳力之和。

总曳力与流体的密度 $\rho$、黏度 $\mu$、流动速度 $u$ 有关，而且受颗粒的形状与定向的影响，问题较为复杂。至今，只有几何形状简单的少数例子可以获得曳力的理论计算式。

曳力大小计算式为

$$F_D = \zeta A_p \frac{1}{2}\rho u^2$$

式中,$A_p$ 为颗粒在运动方向上的投影面积;$\zeta$ 为量纲一的曳力系数。

该式可作为曳力系数的定义式。

### 斯托克斯小传

斯托克斯(1819—1903 年),英国力学家、数学家。1819 年 8 月 13 日生于斯克林,1903 年 2 月 1 日卒于剑桥。斯托克斯 1849 年起在剑桥大学任卢卡斯座教授,1851 年当选皇家学会会员,1854 年起任学会书记,30 年后被选为皇家学会会长。斯托克斯为继牛顿之后任卢卡斯座教授、皇家学会书记、皇家学会会长这三项职务的第二个人。

斯托克斯的主要贡献是对黏性流体运动规律的研究。奈维从分子假设出发,将 L. 欧拉关于流体运动方程进行推广,1821 年获得带有一个反映黏性的常数的运动方程。1845 年斯托克斯从改用连续系统的力学模型和牛顿关于黏性流体的物理规律出发,在《论运动中流体的内摩擦理论和弹性体平衡和运动的理论》中给出黏性流体运动的基本方程组,其中含有两个常数,这组方程后称奈维-斯托克斯方程,它是流体力学中最基本的方程组。1851 年,斯托克斯在《流体内摩擦对摆运动的影响》的研究报告中提出球体在黏性流体中做较慢运动时受到的阻力的计算公式,指明阻力与流速和黏滞系数成比例,这是关于阻力的斯托克斯公式。斯托克斯发现流体表面波的非线性特征,其波速依赖于波幅,并首次用摄动方法处理了非线性波问题。

斯托克斯对弹性力学也有研究,他指出各向同性弹性体中存在两种基本抗力,即体积压缩的抗力和对剪切的抗力,明确引入压缩刚度的剪切刚度(1845),证明弹性纵波是无旋容胀波,弹性横波是等容畸变波(1849)。斯托克斯在数学方面以场论中关于线积分和面积分之间的一个转换公式(斯托克斯公式)而闻名。

**2. 如何正确理解降尘室的处理量仅取决于其底面积?**

降尘室的处理量是指在除去规定的颗粒直径下单位时间内通过降尘室气体流量的上限值。这一上限值可以根据气体在降尘室内的停留时间和颗粒从降尘室顶部沉降至降尘室底部所用时间来确定。

图 3-2 所示为颗粒在降尘室内的运动情况。

设有流量为 $q_V(\mathrm{m^3/s})$ 的含尘气体进入降尘室,降尘室的底面积为 $A$,高度为 $H$。若气流在整个流动截面上均匀分布,则任一流体质点进入至离开降尘室的时间间隔(停留时间)$\tau_r$ 为

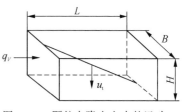

图 3-2  颗粒在降尘室中的运动

$$\tau_r = \frac{\text{设备内的流动容积}}{\text{流体通过设备的流量}} = \frac{AH}{q_V}$$

在流体水平方向上颗粒的速度与流体速度相同,故颗粒在室内的停留时间也与流体质点相同。在垂直方向上,颗粒在重力作用下以沉降速度向下运动。设大于某直径的颗粒必须除去,该直径的颗粒的沉降速度为 $u_t$。那么,位于降尘室最高点的该种颗粒降至室底所需时间(沉降时间)$\tau_t$ 为

$$\tau_t = \frac{H}{u_t}$$

为满足除尘要求,气流的停留时间至少必须与颗粒的沉降时间相等,即应有 $\tau_r = \tau_t$,故得

$$\frac{AH}{q_V} = \frac{H}{u_t} \text{或 } q_V = Au_t$$

上式表明,对一定物系,降尘室的处理能力只取决于降尘室的底面积,而与高度无关。这是以上推导得出的重要结论。正因为如此,降尘室应设计成扁平形状,或在室内设置多层水平隔板,以增大降尘室的面积。

**3. 沉降过程的影响因素有哪些?**

沉降过程的影响因素包括颗粒的特性、颗粒和流体间的密度差、流体特性、颗粒与流体间相对运动状态等。

(1)颗粒特性包括颗粒刚性程度、形状、大小、密度等。颗粒形状和大小及密度大小对沉降的影响易于理解,而颗粒的刚性程度对沉降的影响也很大。例如液滴和固体颗粒相比较,液滴沉降过程中易于变形,这是液滴沉降时在曳力和压力作用下产生形变,使得曳力增大;同时液滴内部的流体产生环流运动,降低了相界面上的相对速度,又使得曳力减小。小液滴沉降类似于刚性颗粒,液滴较大时液滴明显变形。

(2)颗粒和流体间的密度差。密度差是沉降运动的推动力,其值越大,颗粒越易沉降。

(3)流体特性包括流体的密度、黏度。密度和黏度是两个极其重要的流体性质,其对沉降的影响显示于相关关系式中。理论上,对这两个性质有影响的因素都会影响沉降效果。由于液体和气体之间本身性质的差异,各种因素对液体、气体性质的影响也各异,对颗粒在液体、气体中沉降时的影响也不同。例如温度对液体和气体的黏度影响,温度越高,液体黏度越小,而气体黏度越大,对颗粒在液体和气体中的沉降行为自然表现出不同的影响。

(4)颗粒与流体间的相对运动状态。层流时,服从斯托克斯定律,过渡区服从阿仑定律,湍流区服从牛顿定律。

**4. 什么是过滤速率和过滤速度?过滤速率的影响因素有哪些?如何正确应用恒压过滤方程?**

过滤速率是指过滤设备单位时间内所能获得的滤液的体积,表明过滤设备的生产能力。过滤速度是指单位时间内单位过滤面积所获得的滤液体积,表明过滤设备的生产强度即过滤设备性能的优劣,实际为滤液通过过滤面的表观速度。过滤速率和过滤推动力成正比,与过滤阻力成反比。一般压差过滤中,推动力即为压差,阻力与滤饼的结构、滤饼厚度、滤液性质等诸多因素有关,同时滤饼的可压缩性对过滤阻力也有影响,可压缩滤饼的阻力大于不可压缩滤饼的阻力。

恒定压差下进行的过滤即为恒压过滤。随着恒压过滤的进行,滤饼厚度不断增加,过滤阻力亦随之上升,过滤速率则逐渐下降。

维持过滤速率不变的过滤称为恒速过滤。为维持过滤速率不变,滤饼增厚,必应相应增大过滤压差,以克服因滤饼增厚而上升的过滤阻力。由于过滤压差的不断变化,恒速过滤的操作难度相对较大,所以生产上一般采用恒压过滤。有时,为了避免过滤初期的压差过高引起滤布堵塞或破损,也采用先恒速再恒压的过滤操作方式。

影响过滤推动力和过滤阻力的因素都影响过滤速率。这些影响因素包括以下几点。

(1)悬浮液黏度,对过滤速率影响比较大。黏度越小,过滤速率越快。趁热过滤即为一例。工业上对热料浆不宜冷却后过滤,必要时还可适当预热料浆。因料浆浓度越大,其黏度也越大,为降低滤浆黏度,可将料浆酌情稀释再过滤。当然,这样做会造成滤液容积增加。

(2)过滤推动力,对过滤速率有直接影响。当推动力是重力时,为重力过滤;推动力是压差时,为压差过滤(压滤),过滤介质下游造成真空时,称为真空抽滤(减压过滤);推动力为离心力时,称为离心过滤。重力过滤设备简单,但推动力小,过滤速率慢,仅用于处理固体浓度较低且易于过滤的悬浮液;加压过滤有较大的过滤推动力,过滤速率快,可以根据需要确定过滤压差,但是压差越大,对设备的密封性和强度要求越高,即便是设备强度可以承受,还受到滤布、滤饼的可压缩性等因素制约,所以加压过滤压差不宜过高;真空过滤也能够获得较高的过滤速率,但是真空过滤受到液体沸点等因素的制约,真空度不宜过高。离心过滤速率快,操作费用和动力消耗较大,一般仅限于固体颗粒粒度较大、液体含量较少的悬浮液物系分离。对于不可压缩滤饼,增大推动力可提高过滤速率,而可压缩滤饼,增加推动力却不能有效地提高过滤速率。

(3) 滤饼阻力。滤饼阻力是过滤阻力的主要贡献者,构成滤饼颗粒的形状、大小,滤饼空隙率及滤饼厚度等都对过滤阻力有比较大的影响。颗粒越细,滤饼空隙率越小,滤饼越厚,过滤阻力越大。当滤饼厚度增大至一定程度,过滤速率极慢,再进一步操作,过滤变得不经济。

(4) 过滤介质。过滤介质对过滤速率有一定的影响,过滤介质的网孔越细小,厚度越厚,产生的阻力越大,过滤速率越小。过滤介质的主要作用是促进滤饼的形成,因此,过滤介质的选择是依据悬浮液中固体颗粒的大小来决定的。

恒压过滤方程 $V^2 + 2VV_e = KA^2\tau$ 涉及的物理量包括过滤时间 $\tau$、滤液量 $V$、过滤面积 $A$、过滤常数 $V_e$ 和 $K$。因此恒压过滤方程可应用于以下几方面。

(1) 过滤时间、面积、滤液量的计算。

在过滤常数已知的前提下,这三个物理量需要给定其中两个,才可利用恒压过滤方程计算另外一个物理量。此类计算有以下三种情况。

① 当过滤时间和生产能力限定后,计算过滤面积;

② 给定过滤面积和过滤时间,计算过滤设备的生产能力;

③ 给定过滤面积和生产能力,计算过滤时间。

(2) 过滤速率和洗涤时间的计算。

过滤速率方程为 $\dfrac{dV}{d\tau} = \dfrac{KA^2}{2(V+V_e)}$,过滤常数给定时,根据过滤终了所得的滤液量和过滤终了时的过滤速率 $\left(\dfrac{dV}{d\tau}\right)_{终了}$;再结合洗涤时的特点即滤饼不再增厚,并假设洗涤时的压强和过滤终了时的压强相同、洗涤液和滤液的黏度相同,这样洗涤速率和过滤终了时的速率相同,所以洗涤速率为 $\left(\dfrac{dV}{d\tau}\right)_w = \dfrac{KA^2}{2(V+V_e)}$,由洗涤液用量计算洗涤时间,洗涤时间为 $\tau_w = \dfrac{V_w}{\left(\dfrac{dV}{d\tau}\right)_w} = \dfrac{2(V+V_e)V_w}{KA^2}$。

对于叶滤机洗涤(置换洗涤)时间为 $\tau_w = \dfrac{V_w}{\left(\dfrac{dV}{d\tau}\right)_w} = \dfrac{2(V+V_e)V_w}{KA^2}$;

对于板框过滤机洗涤时间(横穿洗涤)为 $\tau_w = \dfrac{V_w}{\left(\dfrac{dV}{d\tau}\right)_w} = \dfrac{8(V+V_e)V_w}{KA^2}$。

(3) 过滤常数的测定。

参见化工原理(少学时)教材内容。

由上述内容可见,过滤方程的应用是多方面的,既用于过滤面积的计算,也用于过滤设备的核算,同时用于过滤常数的测定和滤饼性质研究。

# 3.5 典型例题解析

**例 3-1** **颗粒沉降速度的影响因素**

某球形颗粒直径为 40 μm,密度为 4 000 kg/m³,在水中做重力沉降。试求:(1)该颗粒在 20 ℃水中的沉降速度为多少？(2)直径为 80 $\mu$m 的该类颗粒在 20 ℃水中的沉降速度为多少？(3)直径为 40 $\mu$m 的该类颗粒在 50 ℃的水中沉降速度为多少？(4)与直径为 40 $\mu$m 的球形颗粒同体积的立方体颗粒在 20 ℃水中的沉降速度为多少？

**解：**(1) 20 ℃时水的黏度为 $1 \times 10^{-3}$ Pa·s。假设颗粒沉降运动处在层流区，用 Stokes 公式计算沉降速度如下：

$$u_t = \frac{d^2(\rho_s - \rho)g}{18\mu} = \frac{(40 \times 10^{-6})^2 \times (4\ 000 - 1\ 000) \times 9.81}{18 \times 1 \times 10^{-3}} = 0.002\ 6(\text{m/s})$$

校核沉降运动是否处在层流区：$Re_t = \dfrac{du_t\rho}{\mu} = \dfrac{40 \times 10^{-6} \times 0.002\ 6 \times 1\ 000}{1 \times 10^{-3}} = 0.104 < 2$。

所以该颗粒沉降运动的确处在层流区，以上计算有效。

(2)颗粒直径加倍而其他条件均不变。假定此时沉降运动仍处于层流区，由 Stokes 公式可知：$u'_t \propto d^2$，于是有：

$$u'_t = 4u_t = 4 \times 0.002\ 6 = 0.010\ 4(\text{m/s})$$

校核沉降运动是否处在层流区：由于颗粒雷诺数正比于颗粒直径与沉降速度的乘积，故 $Re'_t = 2 \times 4 \times 0.104 = 0.832 < 2$。

所以该颗粒沉降运动仍处在层流区，以上计算有效。

(3) 50 ℃时水的黏度为 $0.549 \times 10^{-3}$ Pa·s，密度 $\rho = 988$ kg/m³。假设沉降运动处在层流区，由 Stokes 公式可知：

$$\frac{u'_t}{u_t} = \frac{(\rho_s - \rho')\mu}{(\rho_s - \rho)\mu'} = \frac{4\ 000 - 988}{4\ 000 - 1\ 000} \times \frac{1}{0.549} = 1.83$$

$$u'_t = 1.83 \times 0.002\ 6 = 0.004\ 8\ (\text{m/s})$$

校核沉降运动是否处在层流区：$Re'_t = \dfrac{du'_t\rho}{u'} = \dfrac{40 \times 10^{-6} \times 0.004\ 8 \times 988}{0.549 \times 10^{-3}} = 0.35 < 2$

所以该颗粒沉降运动的确处在层流区，以上计算有效。

(4)因该立方体颗粒与上述球形颗粒体积相等，故该颗粒的当量直径与球形颗粒相同，即 $d_e = 40$ $\mu$m。立方体颗粒的边长为

$$w = \left(\frac{\pi}{6}d^3\right)^{1/3} = \left(\frac{3.14}{6}\right)^{1/3} \times 40 = 32.2\ (\mu\text{m})$$

立方体颗粒的形状系数为

$$\phi_s = \frac{\pi d^2}{6w^2} = \frac{3.14 \times 40^2}{6 \times 32.2^2} = 0.808$$

为求立方体颗粒沉降速度表达式，列该颗粒受力平衡方程式如下：

$$w^3\rho_s g - w^3\rho g - \zeta A \frac{\rho u_t^2}{2} = 0$$

式中，$A$ 为指立方体颗粒的最大投影面积，$A = \sqrt{2}w^2$。

$$u_t = 2^{1/4}\sqrt{\frac{w(\rho_s - \rho)g}{\zeta\rho}}$$

由试差法求沉降速度，设沉降速度 $u_t = 0.001\ 8$ m/s，则颗粒雷诺数：

$$Re_t = \frac{d u_t \rho}{\mu} = \frac{40 \times 10^{-6} \times 0.001\,8 \times 1\,000}{1 \times 10^{-3}} = 0.072$$

根据形状系数 0.808 查教材中图 3-2,可得 $\zeta = 500$,则

$$u_t = 2^{1/4} \sqrt{\frac{w(\rho_s - \rho)g}{\zeta \rho}} = 2^{1/4} \times \sqrt{\frac{32.2 \times 10^{-6} \times (4\,000 - 1\,000) \times 9.81}{500 \times 1\,000}} = 0.001\,64\ (\text{m/s})$$

再设 $u_t = 0.001\,64$ m/s,则 $Re_t = \dfrac{d u_t \rho}{\mu} = \dfrac{40 \times 10^{-6} \times 0.001\,64 \times 1\,000}{1 \times 10^{-3}} = 0.065\,6$

查得 $\zeta = 520$,故

$$u_t = 2^{1/4} \sqrt{\frac{w(\rho_s - \rho)g}{\zeta \rho}} = 2^{1/4} \times \sqrt{\frac{32.2 \times 10^{-6} \times (4\,000 - 1\,000) \times 9.81}{520 \times 1\,000}} = 0.001\,61\ (\text{m/s})$$

近两次计算结果接近,试差结束,沉降速度为 0.001 61 m/s。

密度差是颗粒在流体中沉降的推动力,是实现颗粒与流体分离的基础。颗粒的沉降速度与多种因素相关,如颗粒的形状、尺寸、性质及流体的性质等,本例中温度影响流体的黏度,从而影响沉降速度。此外,尚有器壁效应、颗粒浓度等。这些因素都会对沉降分离设备的设计和操作结果产生影响。

**例 3-2　多层降尘室对沉降分离过程的强化**

采用降尘室回收常压炉气中所含球形固体颗粒。降尘室底面积为 10 m²,高 1.6 m。操作条件下的气体密度为 0.5 kg/m³,黏度为 $2.0 \times 10^{-5}$ Pa·s,颗粒密度为 3 000 kg/m³。气体体积流量为 5 m³/s。试求:(1)可完全回收的最小颗粒直径;(2)如将降尘室改为多层结构以完全回收 20 μm 的颗粒,求多层降尘室的层数及层间距。

**解**:(1) 设沉降运动处在层流区,则能完全回收的最小颗粒直径:

$$d_{min} = \sqrt{\frac{18\mu}{g(\rho_s - \rho)} \cdot \frac{q_V}{lb}} = \sqrt{\frac{18 \times 2 \times 10^{-5}}{9.81 \times (3\,000 - 0.5)} \times \frac{5}{10}} = 78.2\ (\mu\text{m})$$

校核:最小颗粒的沉降速度 $u_t = \dfrac{q_V}{bl} = \dfrac{5}{10} = 0.5\ (\text{m/s})$

$$Re = \frac{d_{min} u_t \rho}{\mu} = \frac{78.2 \times 10^{-6} \times 0.5 \times 0.5}{2 \times 10^{-5}} = 0.978 < 2,\text{沉降运动的确处于层流区。}$$

(2) 20 μm 的颗粒要能全部回收,所需要的降尘面积可按下式计算(直径为 78.2 μm 的颗粒尚能处于层流区,20 μm 的颗粒沉降也一定处在层流区):

$$(bl)' = \frac{18\mu q_V}{g(\rho_s - \rho)d_{20}^2} = \frac{18 \times 2 \times 10^{-5}}{9.81 \times (3\,000 - 0.5)} \times \frac{5}{(20 \times 10^{-6})^2} = 153\ (\text{m}^2)$$

需要降尘面积 153 m²,所以降尘室应改为 16 层(15 块隔板),实际降尘面积为 160 m²,层间距为 0.1 m。

就设备结构参数而言,降尘室的处理量仅取决于其底面积,而与高度无关。这是工业降尘室通常被制成扁平形状的原因。由本题可以看出,当处理量一定,欲完全分离出更小的粒径颗粒也必须扩大降尘室的底面积,这是强化沉降常用的工程手段。对已有降尘室,通常是通过将单层结构改为多层结构来实现的。

**例 3-3　降尘室的设计及操作计算**

用降尘室来除去某股气流中的粉尘,粉尘的密度为 4 300 kg/m³。操作条件下气体流量为 10 000 m³/h,黏度为 $3 \times 10^{-5}$ Pa·s,密度为 1.45 kg/m³。(1)若要求净化后的气体

中不含直径大于 $50\ \mu m$ 的尘粒,求所需要的降尘室面积为多少? 若采用多层降尘室,降尘室底面宽 1.2 m,长 2.0 m,则需要隔板几层? (2)若气流中颗粒均匀分布,使用该降尘室操作,则直径为 $25\ \mu m$ 颗粒被除去的百分数是多少? (3)若增加原降尘室内隔板数(不计其厚度),使其总层数增加一倍,而使能被完全除去的最小颗粒尺寸不变,则生产能力如何变化?

**解:**(1)沉降速度为 $u_t$ 的颗粒能被完全除去的条件为:

$$lb \geq \frac{q_V}{u_t}$$

设直径为 $50\ \mu m$ 的颗粒沉降运动处于层流区,则其沉降速度:

$$u_t = \frac{d^2(\rho_s - \rho)g}{18\mu} = \frac{(50 \times 10^{-6})^2 \times (4\ 300 - 1.45) \times 9.81}{18 \times 3 \times 10^{-5}} = 0.195\ (\text{m/s})$$

校核:$Re = \dfrac{du_t\rho}{\mu} = \dfrac{50 \times 10^{-6} \times 0.195 \times 1.45}{3 \times 10^{-5}} = 0.47 < 2$,沉降运动的确处在层流区。

达到 10 000 m³/h 生产能力,且使直径为 $50\mu m$ 以上的颗粒完全被分离所需要的底面积为

$$lb = \frac{q_V}{u_t} = \frac{10\ 000}{3\ 600 \times 0.195} = 14.25\ (\text{m}^2)$$

$n$ 层隔板将降尘室隔为 $(n+1)$ 层,$(n+1) \times 2 \times 1.2 = 14.25$,则 $n = 4.94$,取 $n = 5$,即需要 5 层隔板,将降尘室分为 6 层。

(2)该降尘室能将直径为 $50\ \mu m$ 的颗粒完全去除。直径为 $25\ \mu m$ 的颗粒中,入室时离某层底面较近的颗粒也可被除去。这些颗粒应该满足的具体条件是:沉降时间≤停留时间。其中满足:"沉降时间等于停留时间"的颗粒是刚好被除去的,设其在入口处离底面的高度为 $h'$。如果入室时固体颗粒在气体中均布,则直径为 $25\ \mu m$ 的颗粒能被除去的百分数:

$$\varphi = \frac{h'}{h}$$

式中,$h$ 为多层降尘室的层高。入室高度为 $h'$ 的 $25\mu m$ 颗粒沉降时间为 $h'/u_t'$。根据沉降时间等于停留时间,有

$$\frac{h'}{u_t'} = \frac{l}{u} = \frac{h}{u_t}$$

$$\varphi = \frac{h'}{h} = \frac{u_t'}{u_t} = \frac{d_{25}^2}{d_{50}^2} = \left(\frac{25}{50}\right)^2 = 25\%$$

既然直径为 $50\ \mu m$ 的颗粒沉降处于层流区,则直径为 $25\ \mu m$ 的颗粒沉降必处于层流区。

(3)降尘室层数增加一倍时,总的降尘室底面积就变为原来的 2 倍。

$$lb = \frac{q_V}{u_t}$$

$$\frac{q_V'}{q_V} = \frac{(lb)'}{lb} = 2$$

即降尘室处理量为原来的 2 倍。

沉降过程采用"极限"处理方法,即取颗粒在降尘室内的停留时间等于沉降时间。

降尘室设计型问题是指在规定的生产能力(含尘气体流量)和分离要求(处理后气体中不含直径大于某值的颗粒)下,求所需的降尘室底面积;而操作型问题是指降尘室尺寸一定的情况下预测操作结果(对本题而言,就是某一直径颗粒能被除去的百分数)。由本题求解过程可以看出,设计降尘室时,其底面积的大小取决于指定的生产能力和指定的分离要求。操作中,某种颗粒能被除去的百分数主要取决于其直径与该降尘室临界颗粒直径的相对大小。

### 例 3-4 过滤实验——过滤常数的测定

对某固体颗粒悬浮液用板框过滤机进行恒压过滤实验。过滤面积为 $4.4 \times 10^{-2}$ $m^2$。已知获得 1 $m^3$ 滤液可得滤饼体积为 0.025 $m^3$。操作温度下滤液的黏度为 $0.9 \times 10^{-3}$ Pa·s。过滤过程在三种不同的压差下进行,不同过滤时刻所得滤液体积如例 3-4 表 1 所示。求三个过滤压力下的过滤常数 $K$ 和滤饼比阻,并求滤饼的压缩性指数 $s$。

例 3-4 表 1　恒压过滤实验下滤液体积与过滤时间

| 过滤压差 /kPa | 所得滤液体积与过滤时间 | | | | | | | | | |
|---|---|---|---|---|---|---|---|---|---|---|
| | 0.5L | 1.0L | 1.5L | 2.0L | 2.5L | 3.0L | 3.5L | 4.0L | 4.5L | 5.0L |
| 100 | 6.8s | 19.0s | 34.6s | 53.4s | 76.0s | 102.0s | 131.2s | 163.0s | | |
| 200 | 6.3s | 14.0s | 24.2s | 37.0s | 51.7s | 69.0s | 88.8s | 110.0s | 134.0s | 160.0s |
| 350 | 4.4s | 9.5s | 16.3s | 24.6s | 34.7s | 46.1s | 59.0s | 73.0s | 89.4s | 107.3s |

**解**:将过滤方程式 $q^2 + 2qq_e = K\tau$ 两边同除以 $K_q$,可得

$$\frac{\tau}{q} = \frac{1}{K}q + \frac{2q_e}{K}$$

可见恒压过滤时,$\tau/q$ 与 $q$ 之间具有线性关系,所得直线斜率为 $1/K$,截距为 $2q_e/K$。在不同过滤时间 $\tau$,记录单位面积所得滤液量 $q$,依据上式求得过滤常数 $K$ 和 $q_e$。根据例 3-4 表 1 所列实验数据,可得不同时刻的 $q$ 值,作图,并进行线性回归,结果如例 3-4 图(a)所示。根据各直线斜率和截距求得各压差下过滤常数 $K$ 和 $q_e$,结果如例 3-4 表 2 所示。

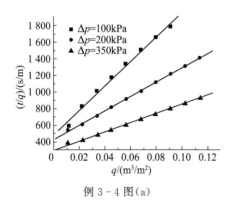

例 3-4 图(a)

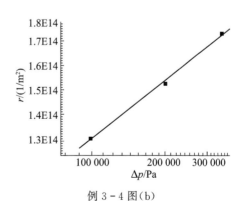

例 3-4 图(b)

因 $K=\dfrac{2\Delta p}{\mu r \upsilon}$ 和操作压差有关,可求得各压差下的滤饼比阻 $r$,结果也示于例 3-4 表2中。根据 $r=r'\Delta p^s$,在双对数坐标系中以 $\Delta p$ 为横坐标、$r$ 为纵坐标作图,结果如例 3-4 图(b)所示。该直线的斜率为 0.226,此即为滤饼的压缩性指数 $s$;截距的反对数为 $9.77\times10^{12}$,此即为单位压差下的滤饼 $r'$(计算时压差单位以 Pa 计)。

**例 3-4 表2  过滤实验数据处理结果**

| 过滤压差/kPa | 直线斜率/(s/m²) | 直线截距/(s/m) | $K/(m^2/s)$ | $q_e/(m^3/m^2)$ | $t_e/s$ | $r/(1/m^2)$ |
|---|---|---|---|---|---|---|
| 100 | 14 703.4 | 485.6 | $6.80\times10^{-5}$ | 0.016 5 | 4.00 | $1.31\times10^{14}$ |
| 200 | 8 560.9 | 431.0 | $1.17\times10^{-4}$ | 0.025 2 | 5.43 | $1.52\times10^{14}$ |
| 350 | 5 598.7 | 297.5 | $1.79\times10^{-4}$ | 0.026 6 | 3.95 | $1.74\times10^{14}$ |

过滤常数 $K$ 和 $q_e$ 是工业过滤机设计工作必需的重要参数,由于滤饼层和过滤介质内部结构的复杂性,这两个参数都需要由实验来测定。本例介绍了 $K$ 和 $q_e$ 测定实验的基本原理和数据处理方法。需要说明的是,$K$ 和 $q_e$ 都与过滤压差有关,只有工业生产条件(压差、温度、过滤介质等)与实验条件相同的情况下,才可直接使用测得的过滤常数。

**例 3-5  板框过滤机的设计计算**

拟采用板框过滤机在 0.1 MPa、20℃ 下过滤某固体悬浮液,要求每小时至少得到 10 m³ 的滤液。已知悬浮液中固体颗粒对水的质量比为 0.03,固体颗粒的密度为 2 930 kg/m³,每立方米滤饼中含固相 1 503 kg。相同条件下的小型过滤实验测得过滤常数 $K$ 为 0.6 m²/h,过滤介质阻力忽略不计。过滤终了时用 20℃ 清水洗涤滤饼,洗涤液量为所得滤液量的 10%。卸渣、整理、重装等辅助时间为 30 min。若采用长、宽均为 600 mm 板框,问:(1) 至少要配多少个这样的板框才能完成指定的生产任务?(2) 框的厚度为多少?

**解:**(1) 应该按最大生产能力进行设计。对板框式过滤机,如滤布阻力可以忽略,则应满足条件:辅助时间=过滤时间+洗涤时间=30 min 时,过滤机具有最大的生产能力。

忽略滤布阻力的过滤基本方程:$V^2=KA^2t$,则过滤时间 $t=\dfrac{V^2}{KA^2}$

板框过滤机滤饼洗涤时间:$t_w=\dfrac{8VV_w}{KA^2}=\dfrac{0.8V^2}{KA^2}$(洗涤液量等于滤液量的 10%)

则

$$t+t_w=30\text{min}=1\ 800\text{s}=1.8\dfrac{V^2}{KA^2}$$

每个操作周期恰好为 1 h,因此上式中 $V$ 代入 10 m³,可得所需要的过滤面积:

$$A=\left(\dfrac{10^2}{1\ 000\times0.6/3\ 600}\right)^{0.5}=24.5\ (m^2)$$

则过滤框的个数

$$m=\dfrac{24.5}{0.6\times0.6\times2}=34$$

(2) 由所给已知条件知,每千克悬浮液所含颗粒 0.03kg,每立方米滤液的滤饼体积为 $\upsilon=\dfrac{0.03\times1\ 000}{1\ 503}=0.02$(m³ 滤饼/m³ 滤液)

假定过滤过程一直进行到滤渣充满框时为止。一个操作周期所得滤液量 $V=10\text{m}^3$,在此期间获得的滤饼体积:

$$V_{cake}=V\upsilon=10\times0.02=0.2\ (m^3)$$

框的厚度为
$$\frac{0.2}{34\times0.6\times0.6}=0.016\,(\text{m})$$

板框式过滤机设计的主要内容就是要确定板框的个数和框的厚度,设计的出发点是过滤基本方程。计算应按生产达到能力最大这一原则来进行,框的厚度应按滤渣充满全框计算。同时,板框过滤机区别于其他恒压过滤设备的特点应该牢固掌握。

### 例3-6 回转真空过滤机的计算

在表压 200 kPa 下用一小型板框过滤机进行某悬浮液的过滤实验,测得过滤常数 $K=1.25\times10^{-4}$ m²/s,$q_e=0.02$ m³/m²。今要用一转筒过滤机过滤同样的悬浮液,滤布与板框过滤实验时亦相同。已知滤饼不可压缩,操作真空度为 80 kPa。转速为 0.5 r/min,转筒在滤浆中的浸入分数为 1/3,转筒直径为 1.5 m,长为 1 m。试求:

(1) 转筒真空过滤机的生产能力为多少(m³滤液/h)? (2)如果滤饼体积与滤液体积之比为 0.2,转筒表面的滤饼最终厚度为多少毫米?

**解**:(1)由题意可知,滤布阻力不能忽略。转筒过滤的压差 $\Delta p'=80$ kPa,板框过滤的压差为 $\Delta p=200$ kPa,又由于滤饼不可压缩,压缩性指数等于零,于是
$$\frac{K'}{K}=\frac{\Delta p'}{\Delta p}=\frac{80}{200}$$

则 $\qquad K'=0.4K=0.4\times1.25\times10^{-4}=5\times10^{-5}\,(\text{m}^2/\text{s})$

由于转筒过滤机所用滤布与板框过滤时相同,且滤饼不可压缩,所以 $q'_e=q_e$。

转筒转速 $n=0.5$ r/min$=0.008\,33$ r/s

转筒面积:$A=\pi dl=3.14\times1.5\times1=4.71\,(\text{m}^2)$;浸入分数 $\psi=1/3$;

$$V_e=q_e A=0.02\times4.71=0.094\,2\ \text{m}^3$$

$$V_h=3\,600nqA=3\,600n\left(\sqrt{V_e^2+\frac{\psi}{n}KA^2}-V_e\right)$$
$$=3\,600\times0.008\,33\times\left(\sqrt{0.094\,2^2+\frac{1}{3\times0.008\,33}\times5\times10^{-5}\times4.71^2}-0.094\,2\right)$$
$$=4.1(\text{m}^3\ \text{滤液/h})$$

(2) 一个操作周期中生成的滤饼将被刮掉,因此计算滤饼厚度应以一个周期为基准。在一个操作周期中,过滤时间为
$$t_F=\psi t_c=\frac{\psi}{n}=\frac{1}{3\times0.008\,33}=40\,(\text{s})$$

由过滤基本方程式可求出一个周期内产生的滤液量:
$$V^2+2VV_e=KA^2t_F\Rightarrow V^2+2VV_e-KA^2t_F=0$$
$$V=\frac{-2V_e+\sqrt{4V_e^2+4KA^2t_F}}{2}$$
$$=\frac{-2\times0.094\,2+\sqrt{4\times0.094\,2^2+4\times5\times10^{-5}\times4.71^2\times40}}{2}$$
$$=0.136\,5(\text{m}^3\ \text{滤液})$$

一个周期内生成的滤饼体积为 $Vv$,则滤饼厚度为
$$L=\frac{Vv}{A}=\frac{0.136\,5\times0.2}{4.71}\times1\,000=5.8(\text{mm})$$

回转真空过滤机是连续恒压过滤设备,其应用可克服工业实际过滤操作生产过程劳动强度大的缺点,具有自动连续的特点。

# 3.6  典型习题详解与讨论

**颗粒沉降**

**3-1**  球径 0.50 mm、密度 2 700 kg/m³ 的光滑球形固体颗粒在 $\rho = 920$ kg/m³ 的液体中自由沉降,自由沉降速度为 0.016 m/s,试计算该液体的黏度。

**解**:设沉降在斯托克斯区进行,则

$$u_t = \frac{d_p^2(\rho_s - \rho)g}{18\mu}$$

代入数据计算得到

$$\mu = 0.015\ 2\text{Pa} \cdot \text{s}。$$

检验

$$Re_p = \frac{\rho u_t d_p}{\mu} = \frac{920 \times 0.016 \times 0.50 \times 10^{-3}}{0.015\ 2} = 0.484 < 2$$

假设正确,计算有效。

本题为 Stokes 定律应用而设计。应用 Stokes 定律时,假设后计算的校核易被初学者忽视或遗忘,这是要注意的。

**3-2**  在某蒸发器的蒸发室中,蒸汽上升速度 $u = 0.2$ m/s,蒸汽密度 $\rho = 1$ kg/m³,黏度 $\mu = 0.017 \times 10^{-3}$Pa·s,液体密度 $\rho_L = 1\ 100$ kg/m³,求蒸汽带走的最大液滴直径 $d_p$(设液滴为球形)。

**解**:依题意,最大液滴的沉降速度 $u_t =$ 蒸汽上升速度 $u = 0.2$m/s

假设沉降发生在 Stokes 区,即 $Re_p < 2$,则

$$u_t = \frac{d_p^2(\rho_s - \rho)g}{18\mu}$$

代入数据,计算得到

$$d_p = 7.53 \times 10^{-5}\text{m} = 75.3\mu\text{m}$$

检验

$$Re_p = \frac{\rho u_t d_p}{\mu} = \frac{1 \times 0.2 \times 7.53 \times 10^{-5}}{0.017 \times 10^{-3}} = 0.886 < 2$$

假设正确,计算有效。

本题为小颗粒沉降而设计。小颗粒的沉降不同于物体的自由落体运动,小颗粒加速阶段的时间和距离都比较小,这一点初学者应该注意。

**3-3**  已知直径为 $40\mu$m 的小颗粒在 20℃常压空气中的沉降速度 $u_t = 0.08$ m/s。相同密度的颗粒如果直径减半,则沉降速度 $u'_t$ 为多大?空气密度为 1.2 kg/m³,黏度为 $1.81 \times 10^{-5}$ Pa·s,且颗粒皆为球形。

**解**:$d_p = 40\mu$m 的颗粒,$Re_p = \frac{\rho u_t d_p}{\mu} = \frac{1.2 \times 0.08 \times 40 \times 10^{-6}}{1.81 \times 10^{-5}} = 0.21 < 2$

显然,沉降属斯托克斯区;直径减半的颗粒粒径 $d'_\text{p}=d_\text{p}/2$ 的沉降必属于斯托克斯区。

则由 Stokes 定律 $u_\text{t}=\dfrac{d_\text{p}^2(\rho_s-\rho)g}{18\mu}$ 得到

$$\frac{u'_\text{t}}{u_\text{t}}=\left(\frac{d'_\text{p}}{d_\text{p}}\right)^2$$

因此,直径减半后的沉降速度为

$$u'_\text{t}=u_\text{t}\left(\frac{d'_\text{p}}{d_\text{p}}\right)^2=u_\text{t}\times\frac{1}{4}=0.02\ \text{m/s}$$

本题为 Stokes 定律应用中的影响因素而设计。某一粒径颗粒如果沉降发生于 Stokes 区时,比其粒径更小的颗粒在同样沉降环境和条件下的沉降也必在 Stokes 区。

**3-4** 一除尘器高 4 m,长 8 m,宽 6 m,用于除去炉气中的灰尘。尘粒密度 $\rho_s=3\,000\ \text{kg/m}^3$。炉气密度 $\rho=0.5\ \text{kg/m}^3$、黏度 $\mu=0.035\text{Pa}\cdot\text{s}$,颗粒在气流中均匀分布。若要求完全除去大于 10mm 的尘粒,问:每小时可处理多少立方米的炉气?若要求处理量增加一倍,可采用什么措施?

**解**:(1)10 mm 粒径以 $d_\text{p}$ 表示,其沉降速度以 $u_\text{t}$ 表示。

假设沉降在 Stokes 区进行即 $Re_\text{p}<2$,则

$$u_\text{t}=\frac{d_\text{p}^2(\rho_s-\rho)g}{18\mu}=\frac{0.01^2\times(3\,000-0.5)\times9.81}{18\times0.035\times10^{-3}}=4.67\times10^{-3}(\text{m/s})$$

校核:

$$Re_\text{p}=\frac{\rho u_\text{t}d_\text{p}}{\mu}=\frac{0.5\times0.004\,67\times0.01}{0.035\times10^{-3}}=6.67\times10^{-4}<2$$

原假设正确,计算有效。

气体处理量为

$$q_V=Au_\text{t}=8\times6\times0.004\,67=0.224\,16(\text{m}^3/\text{s})=807\ (\text{m}^3/\text{h})$$

气体处理量增大一倍,可设置一层中间水平隔板。对 10 mm 颗粒而言,$u_\text{t}$ 值与(1)相同。

本题为重力沉降而设计。降尘室设置隔板的目的是使更小颗粒能够沉降而被除去,或者是为沉降去除同样大小的颗粒而增加处理能力,这在工程上较有意义。

**3-5** 已知 20 ℃下水的密度为 998 kg/m³,黏度为 1.005 Pa·s,20 ℃下空气的密度为 1.21 kg/m³,黏度为 0.018 1 Pa·s。试计算直径为 30 $\mu$m、密度为 2 650 kg/m³ 的球形石英颗粒在 20 ℃ 水中和在 20 ℃ 常压空气中的沉降速度。

**解**:(1) 假设沉降发生在 Stokes 区,则在水中的沉降速度为

$$u_\text{t}=\frac{d^2(\rho_\text{p}-\rho)g}{18\mu}=\frac{(30\times10^{-6})^2\times(2\,650-998)\times9.81}{18\times1.005\times10^{-3}}=8.06\times10^{-4}(\text{m/s})$$

校核:$Re_\text{p}=\dfrac{\rho u_\text{t}d_\text{p}}{\mu}=\dfrac{998\times8.06\times10^{-4}\times30\times10^{-6}}{1.005\times10^{-3}}=0.24<2$

假设正确,计算有效,在 20℃ 水中的沉降速度为 $8.06\times10^{-4}\ \text{m/s}$。

(2) 空气中,假设沉降发生在 Stokes 区,则在空气中的沉降速度为

$$u_t = \frac{d^2(\rho_p - \rho)g}{18\mu} = \frac{(30 \times 10^{-6})^2 \times (2\,650 - 1.21) \times 9.81}{18 \times 0.018\,1 \times 10^{-3}} = 0.072\,(\text{m/s})$$

校核：$Re_p = \dfrac{\rho u_t d_p}{\mu} = \dfrac{1.21 \times 0.072 \times 30 \times 10^{-6}}{0.018\,1 \times 10^{-3}} = 0.144 < 2$

假设正确，计算有效，在 20℃ 常压空气中的沉降速度为 0.072 m/s。

本题为同样颗粒在不同介质中沉降而设计。同样大小的颗粒在不同介质中沉降，沉降速度明显不同，相差较大。

**3-6** 温度为 20℃，压强为 101.3 kPa 的含球形颗粒粒径为 58 $\mu$m，密度为 1 800 kg/m³ 的尘粒空气，在进入反应器之前需要除去该尘粒并升高温度至 400℃，降尘室底面积为 60 m²，试计算先除尘后升温和先升温后除尘两种方案的气体最大处理量。已知 20℃ 空气黏度为 $1.81 \times 10^{-5}$ Pa·s，密度为 1.21 kg/m³；400℃ 空气黏度为 $3.31 \times 10^{-5}$ Pa·s，密度为 0.524 kg/m³。

**解：**（1）20℃ 时气体最大处理量

假设在 Stokes 区沉降，则沉降速度为

$$u_t = \frac{d^2(\rho_p - \rho)g}{18\mu} = \frac{(58 \times 10^{-6})^2 \times (1\,800 - 1.21) \times 9.81}{18 \times 1.81 \times 10^{-5}} = 0.182\,(\text{m/s})$$

校核：$Re_p = \dfrac{\rho u_t d_p}{\mu} = \dfrac{1.21 \times 0.182 \times 58 \times 10^{-6}}{1.81 \times 10^{-5}} = 0.71 < 2$

假设正确，计算有效。最大处理量为

$$q_V = A_底\, u_t = 60 \times 0.182 = 10.92\ (\text{m}^3/\text{s})$$

（2）400℃ 时气体最大处理量

假设在 Stokes 区沉降，则沉降速度为

$$u_t = \frac{d^2(\rho_p - \rho)g}{18\mu} = \frac{(58 \times 10^{-6})^2 \times (1\,800 - 0.524) \times 9.81}{18 \times 3.31 \times 10^{-5}} = 0.10\ (\text{m/s})$$

校核：$Re_p = \dfrac{\rho u_t d_p}{\mu} = \dfrac{0.524 \times 0.10 \times 58 \times 10^{-6}}{3.31 \times 10^{-5}} = 0.092 < 2$

假设正确，计算有效。最大处理量为

$$q_V = A_底\, u_t = 60 \times 0.10 = 6.0\ (\text{m}^3/\text{s})$$

从计算过程可见，在已有沉降设备中的除尘操作，低温下操作可以获得比较好的除尘效果。对于本题，宜采用先除尘后升温的方案。先除尘对换热器的污染可以大为减少。当然，要获得更好的除尘效果，可以在降尘室内设置多层隔板。

**过滤**

**3-7** 某板框压滤机，进行恒压过滤 1 h 得到 11m³ 滤液后即停止过滤，然后用 3m³ 清水（其黏度与滤液相同）在同样压力下对滤饼进行洗涤，求洗涤时间。滤布阻力可以忽略。

**解：**由题意知

$$V^2 = KA^2\tau \quad 即 \quad 11^2 = KA^2 \times 3\,600$$

故 $\qquad\qquad\qquad KA^2 = 0.033\,611(\text{m}^6/\text{s})$

洗涤过程特点在于：洗涤速率等于过滤终了时的过滤速度，据此可计算洗涤时间。过滤终了时的过滤速率为

$$\left(\frac{\mathrm{d}V}{\mathrm{d}\tau}\right) = \frac{KA^2}{2V} = \frac{0.033\,61}{2 \times 11} = 1.527\,7 \times 10^{-3}\,(\text{m}^3/\text{s})$$

洗涤速率 $\qquad \left(\dfrac{\mathrm{d}V}{\mathrm{d}\tau}\right)_{\mathrm{w}}=\dfrac{1}{4}\left(\dfrac{\mathrm{d}V}{\mathrm{d}\tau}\right)=3.819\ 3\times10^{-4}(\mathrm{m/s})$

洗涤时间 $\qquad \tau_{\mathrm{w}}=\dfrac{V_{\mathrm{w}}}{\left(\dfrac{\mathrm{d}V}{\mathrm{d}\tau}\right)_{\mathrm{w}}}=\dfrac{3}{3.819\ 3\times10^{-4}}=7\ 854.8\ (\mathrm{s})=2.182(\mathrm{h})$

本题为恒压过滤和洗涤而设计。板框过滤设备中过滤速率和洗涤速率的差异是必须注意的,滤液通道和洗涤液通道的不同、过滤速率和洗涤速率的差异造成板框过滤机和叶滤机洗涤时间相差 4 倍是解本题的关键。

**3-8** 某板框过滤机空框的长、宽、厚为 250 mm×250 mm×50 mm,框数为 8,以此过滤机恒压过滤某悬浮液,测得过滤时间为 8.75min 与 15min 时的滤液量分别为 0.15m³ 及 0.20m³。试计算过滤常数 $K$。

**解**:过滤面积 $A=8\times0.25\times0.25=0.5(\mathrm{m}^2)$

根据恒压过滤方程

$$V^2+2VV_{\mathrm{e}}=KA^2\tau$$

过滤时间 $\tau_1=8.75\ \mathrm{min}=525\ \mathrm{s}$ 后得滤液 $V_1=0.15\ \mathrm{m}^3$;过滤时间 $\tau_2=15\ \mathrm{min}=900\mathrm{s}$ 后得滤液 $V_2=0.20\ \mathrm{m}^3$,由此得到

$$0.15^2+2\times0.15V_{\mathrm{e}}=K\times0.5^2\times525 \qquad (\mathrm{a})$$

$$0.20^2+2\times0.20V_{\mathrm{e}}=K\times0.5^2\times900 \qquad (\mathrm{b})$$

(a)(b)两式联立,解得 $K=2\times10^{-4}(\mathrm{m}^2/\mathrm{s})$。

本题为测定过滤常数而设计。滤液体积是累积量,同时应注意过滤常数 $K$ 受压差影响,只有实验测定压差和工业生产条件相同时,实验结果才能直接应用。

**3-9** 以叶滤机过滤某悬浮液,已知过滤常数 $K=2.5\times10^{-3}\ \mathrm{m}^2/\mathrm{s}$,过滤介质阻力可略。求:

(1) $q_1=2\mathrm{m}^3/\mathrm{m}^2$ 所需过滤时间 $\tau_1$;

(2) 若操作条件不变,在上述过滤时间 $\tau_1$ 基础上再过滤 $\tau_1$ 时间,又可得单位过滤面积上多少立方米的滤液?

(3) 若过滤终了时 $q=2.85\ \mathrm{m}^3/\mathrm{m}^2$,以每平方米过滤面积上用 0.5 m³ 洗液洗涤滤饼,操作压力不变,洗液与滤液黏度相同,洗涤时间是多少?

**解**:(1) $q_1^2=K\tau_1$

代入数据计算得到

$$\tau_1=1\ 600\ \mathrm{s}=26.67\mathrm{min}$$

(2) 在 $\tau_1$ 时间基础上再过滤 $\tau_1$ 时间得滤液

$$q_2^2=K(\tau_1+\tau_1)$$

所以,计算得

$$q_2=2.828\ \mathrm{m}^3/\mathrm{m}^2$$

又可再得滤液为

$$q_2-q_1=2.828-2=0.828(\mathrm{m}^3/\mathrm{m}^2)$$

(3) 过滤终了时的过滤速率为

$$\frac{\mathrm{d}q}{\mathrm{d}\tau}=\frac{K}{2q}=\frac{2.5\times10^{-3}}{2\times2.85}=4.386\times10^{-4}(\mathrm{m}^3/\mathrm{s})$$

这就是洗涤速率,所以洗涤时间为

$$\tau_{\mathrm{w}}=\frac{q_{\mathrm{w}}}{\left(\frac{\mathrm{d}q}{\mathrm{d}\tau}\right)_{\mathrm{w}}}=\frac{0.5}{4.386\times10^{-4}}=1\ 140(\mathrm{s})=19(\mathrm{min})$$

本题为恒压过滤方程应用和洗涤时间计算而设计。题中强调洗涤液黏度和滤液相同、洗涤时的压差与过滤时的压差相同的目的是简化计算。本题以单位过滤面积下的滤液量 $q$ 表示滤液量。

**3-10** 以板框压滤机恒压过滤某悬浮液,已知过滤面积 $8.0\ \mathrm{m}^2$,过滤常数 $K=8.50\times10^{-5}$ $\mathrm{m}^2/\mathrm{s}$,过滤介质阻力可略。求:

(1) 取得滤液 $V_1=5.0\mathrm{m}^3$ 所需过滤时间 $\tau_1$;

(2) 若操作条件不变,在上述过滤 $\tau_1$ 时间基础上再过滤 $\tau_1$ 时间,又可得多少滤液?

(3) 若过滤终了时共得滤液 $3.40\mathrm{m}^3$,以 $0.42\mathrm{m}^3$ 洗液洗涤滤饼,操作压力不变,洗液与滤液黏度相同,洗涤时间是多少?

**解**:(1) 根据恒压过滤方程得

$V_1^2=KA^2\tau_1$,代入数据计算得到 $\tau_1=4\ 595.6\mathrm{s}=1.277\mathrm{h}$。

(2) $V_2^2=KA^2(\tau_1+\tau_1)$,代入数据计算得到 $V_2=7.07\ \mathrm{m}^3$,故又可得到滤液

$$V_2-V_1=7.07-5=2.07\ (\mathrm{m}^3)$$

(3)过滤终了时的速率为

$$\left(\frac{\mathrm{d}V}{\mathrm{d}\tau}\right)=\frac{KA^2}{2V}=\frac{8.5\times10^{-5}\times8^2}{2\times3.4}=8\times10^{-4}(\mathrm{m}^3/\mathrm{s})$$

故洗涤时间为

$$\tau_{\mathrm{w}}=\frac{4V_{\mathrm{w}}}{\left(\frac{\mathrm{d}V}{\mathrm{d}\tau}\right)_{\mathrm{w}}}=\frac{4\times0.42}{8\times10^{-4}}=2\ 100(\mathrm{s})=35(\mathrm{min})$$

**3-11** 某板框压滤机恒压下操作,经 1 h 过滤,得滤液 2 m³。过滤介质阻力可略。试问:(1)若操作条件不变,再过滤 1 h,共得多少滤液? (2)在原条件下过滤 1 h 后即把压差提高一倍,再过滤 1 h,已知滤饼压缩性指数 $s=0.24$,共可得多少立方米的滤液?

**解**:(1) 由题意知

$$V^2=KA^2\tau\ 即\ 2^2=KA^2\times3\ 600$$

故 $\qquad\qquad\qquad\qquad KA^2=0.001\ 11\mathrm{m}^6/\mathrm{s}$。

再过滤 1 h,得滤液

$V'^2=KA^2(\tau_1+\tau_1)$ 计算得到 $V'=2.828\ \mathrm{m}^3$,即共得滤液 $2.828\ \mathrm{m}^3$。

(2)过滤 1 h 后,把压差提高一倍。此时有

$$\frac{K'A^2}{KA^2}=\frac{\Delta\mathscr{P}}{\Delta\mathscr{P}^s}=(\Delta\mathscr{P})^{1-s}=2^{1-0.24}=1.693$$

则 $\qquad\qquad\qquad\qquad K'A^2=1.882\times10^{-3}\mathrm{m}^6/\mathrm{s}$。

$$V''^2 - V'^2 = K'A^2(\tau'' - \tau') = 1.882 \times 10^{-3} \times 3\,600 = 6.774$$

所以 $V'' = 3.282 \text{ m}^3$。

**3-12** 某板框压滤机在恒压下操作,经 1 h 过滤,得滤液 2 $\text{m}^3$,过滤介质阻力可略。原操作条件下过滤共 3 h,滤饼便充满滤框。试问:若在原条件下过滤 1.5 h 即把过滤压差提高一倍,则过滤共需多长时间? 设滤饼不可压缩。

**解**:由题意知,原来操作条件下

$$V^2 = KA^2\tau \quad \text{即} \quad 2^2 = KA^2 \times 3\,600$$

故 $KA^2 = 0.001\,11\,(\text{m}^6/\text{s})$。

令过滤 1.5 h 得的滤液量为 $V_1$,则

$$V_1^2 = KA^2 \times 1.5 \times 3\,600, \text{所以} V_1 = 2.45 \text{ m}^3。$$

令过滤 3 h 得的滤液量为 $V_2$,则

$$V_2^2 = KA^2 \times 3 \times 3\,600, \text{所以} V_2 = 3.46 \text{ m}^3。$$

压差提高一倍,且 s=0,则 $K'/K = \Delta\mathscr{P}'/\Delta\mathscr{P} = 2$

则 $K'A^2 = 0.002\,22\,(\text{m}^6/\text{s})$。

原条件过滤 1.5 h 再提高压差一倍,过滤至滤液量为 $V_2$,可列出下式

$$V_2^2 - V_1^2 = K'A^2(\tau_2 - \tau_1) \quad \text{即}$$
$$3.46^2 - 2.45^2 = 0.002\,22 \times (\tau_2 - 1.5 \times 3\,600)$$

所以 $\tau_2 = 8\,100 \text{ s} = 2.25 \text{ h}$。

**3-13** 用板框过滤机恒压差过滤钛白($TiO_2$)水悬浮液。过滤机的尺寸为:滤框的边长 810 mm(正方形),每框厚度 42 mm,共 10 个框。现已测得:过滤 10 min 得滤液 1.31 $\text{m}^3$,再过滤 10 min 共得滤液 1.905 $\text{m}^3$。已知滤饼体积和滤液体积之比 $V = 0.1$,试计算:(1)将滤框完全充满滤饼所需的过滤时间;(2)若洗涤时间和辅助时间共 45 min,求该装置的生产能力(以每小时得到的滤饼体积计)。

**解**:过滤面积 $A = 10 \times 2 \times 0.81^2 = 13.12\,(\text{m}^2)$

滤饼体积 $V_s = 10 \times 0.81^2 \times 0.042 = 0.276\,(\text{m}^3)$

滤液体积 $V = V_s/v = 2.76\,(\text{m}^3)$

$q = V/A = 0.21 \text{ m}^3/\text{m}^2$

$\tau_1 = 600 \text{ s}, q_1 = 0.1$

$\tau_2 = 1\,200\text{s}, q_2 = 0.145\,2$

$(0.1 + q_e)^2 = K(600 + \tau_e)$         (a)

$(0.145\,2 + q_e)^2 = K(1\,200 + \tau_e)$         (b)

$q_e^2 = K\tau_e$         (c)

由方程(a)(b)(c)得

$$K = 2 \times 10^{-5} \text{ m}^2/\text{s}, q_e = 0.01, \tau_e = 5 \text{ s}$$

所以 $\tau = (0.21 + 0.01)^2/(2 \times 10^{-5}) = 2\,415\,(\text{s}) = 0.671(\text{h})$

$Q_s = V_s/(\tau + \tau_D + \tau_w) = 0.194 \text{ m}^3/\text{h}$

本题为恒压过滤方程应用而设计。同时要求正确理解过滤周期、生产能力概念。

# 3.7 习题精选

1. 降尘室用隔板分层后,若要求能够被 100% 去除的颗粒直径不变,则其生产能力____,颗粒沉降速度_____,颗粒被收集所需要沉降时间_____。

2. 升高气体温度能够使降尘室的生产能力_____,原因是_____。

3. 与颗粒沉降速度有关的颗粒性质有:_____、_____、_____。

4. 恒压过滤方程基本是基于滤液在_____中处于_____(流动形态)的假定而导出的。

5. 板框过滤机中,过滤介质阻力可忽略不计时,若其他条件不变,滤液黏度增加一倍,则得到等体积滤液时的过滤速度为原来的_____倍;若其他条件不变,$2t$ 时刻的过滤速度是 $t$ 时刻过滤速度的_____倍。

6. 在降尘室中,若气体处理量增加一倍,则能被分离出来的最小颗粒直径为原来的_____倍;若原无隔板的降尘室内加入两层隔板,则在相同处理量下能被分离出来的最小颗粒直径为原来的_____(假定该降尘室内颗粒沉降处在层流区)。

7. 叶滤机中如果滤饼不可压缩,当过滤压差增加一倍时,过滤速率是原来的_____倍。黏度增加一倍时,过滤速率是原来的_____倍。

8. 对真空回转过滤机,转速越大,则每转一周所得的滤液量就越_____,该滤机的生产能力则越_____。

9. 某叶滤机恒压操作,过滤终了时 $V = 0.5\text{m}^3$,$\tau = 1$ h,$V_e = 0$,滤液黏度是水的 4 倍。现在同一压强下再用清水洗涤,$V_w = 0.1$ $\text{m}^3$,则洗涤时间为_____。

10. 玻璃管长 1 m,充满油。从顶端每隔 1 s 加入 1 滴水,问:(1)油静止,当加入第 21 滴水时,第一滴正好到底部,则沉降速度为_____m/s;(2)现油以 0.01m/s 的速度向上运动,加水速度不变,则管内有水_____滴。

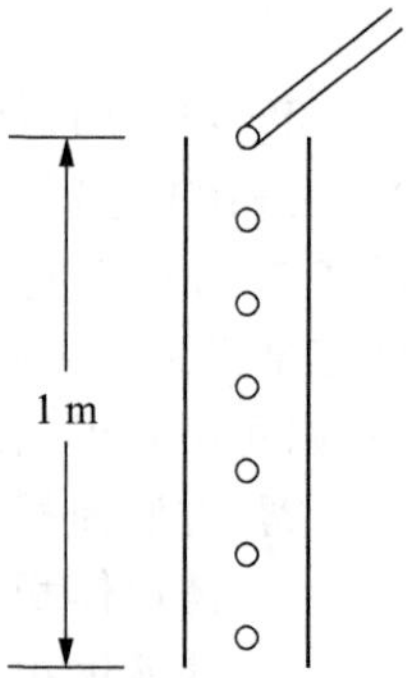

11. 一种测量液体黏度的方法是测定金属球在其中沉降一定距离所用时间。现测得密度为 8 000 kg/m³、直径为 5.6 mm 钢球在某种密度为 920 kg/m³ 油品中重力沉降 300mm 的距离所用的时间为 12.1 s,问此种油品的黏度是多少?

习题 10 图

12. 降尘室长 6 m、宽 3 m、高 2 m,用于处理密度为 0.6 kg/m³、黏度 0.032 Pa·s 的含尘气体。操作条件下气体流量为 23 500 m³/h。已知颗粒密度为 4 000 kg/m³。假设气体入室时颗粒在气流中均匀分布。试分别求直径为 100 $\mu$m 和 50 $\mu$m 的颗粒在此降尘室能够被除去的百分数。

13. 某股常压、20℃的含尘空气,其流量为 5 000 m³/h,其所含尘粒的密度为 2 000 kg/m³,欲用降尘室处理,要求净化后气流中不含直径大于 12 $\mu$m 的颗粒,试求需要的降尘总面积。若所用降尘室底面长 5 m、宽 3.2 m,则气体的质量流量变为多少?

14. 流量为 15 000 kg/h、温度为 350 ℃的含尘空气用长 6 m、宽 2.1 m、高 1.8 m 且含有 4 层隔板的降尘室进行净化处理。已知尘粒密度为 2 000 kg/m³,求:(1)能被完全除去的最小颗粒直径为多少?(2)若将该股空气先降温至 50 ℃再送入降尘室,则能够被完全除去的最小颗粒直径为多少?(3)降温至 50 ℃后,为使临界颗粒直径不变,则气体的质量流量变为多少?

15. 过滤面积为 0.1 m² 的板框过滤机在 60 kPa 的压差下处理某悬浮液。开始 400 s 得到滤液 $5.0 \times 10^{-4}$ m³,又过 600 s,得到另外 $5.0 \times 10^{-4}$ m³ 的滤液。操作条件下滤液黏度为 $1 \times 10^{-3}$ Pa·s。(1)试求该压差下的过滤常数 $K$ 和 $q_e$;(2)再收集 $5.0 \times 10^{-4}$ m³ 滤液所需时

间;(3)若获得每立方米滤液所得到的滤饼体积为 0.06m³,则滤饼比阻为多少?

16. 一小型板框过滤机共有 12 个框,每框尺寸为 0.25 m×0.25 m。用此过滤机在压差为 200 kPa 下处理某悬浮液,滤饼充满滤框时对应的过滤时间为 1.5 h,所得滤液体积为 200 L。一个操作周期中洗涤和其他辅助时间之和为 1 h。若滤饼不可压缩,且忽略过滤介质的阻力,求:(1)洗涤速率(m³/s);(2)若过滤压差变为原来的 1.5 倍,则此时过滤机的生产能力为多少?(m³滤液/h)(设洗涤液黏度与滤液黏度相同,洗涤压差与过滤压差相同。)

17. 拟用一板框过滤机过滤某悬浮液,过滤压差为 330 kPa,与此对应的过滤常数为 $K=8.2\times10^{-5}$ m²/s,$q_e=0.01$ m³/m²。设计每一操作周期中在 0.8 h 内得到 9 m³ 的滤液。已知滤饼不可压缩,且每立方米滤液可得滤饼 0.03 m³。求:(1)过滤面积;(2)若操作压差提高至 500 kPa,现有一台板框过滤机,框的尺寸为 600 mm×600 mm×25 mm,要求每操作周期仍得到 9 m³ 的滤液,至少需要多少个框?过滤时间为多少?

18. 一转筒过滤机,其转速为 0.5 r/min,此条件下过滤机的生产能力为 3 m³滤液/h。现要求将生产能力提至 4.5 m³滤液/h,试求:(1)转速应提至多少?(2)提速后每一操作周期中形成的滤饼厚度是原来的多少倍?设滤布阻力可忽略不计。

19. 一转筒过滤机的总过滤面积为 3m²,其中浸没在悬浮液中的部分占 30%。转筒转速为 0.5r/min。已知有关数据如下:滤饼体积与滤液体积之比为 0.23 m³/m³;滤饼比阻 $2\times10^{12}$ m⁻²;滤液黏度 $1.0\times10^{-3}$Pa·s;转筒内绝压 30kPa;滤布阻力相当于 2mm 厚度滤饼的阻力。试计算:(1)过滤机的生产能力;(2)每一操作周期中形成的滤饼厚度。

20. 一降尘室每层底面积 10m²,内设 9 层隔板,现用此降尘室净化质量流量为 1 200kg/h,温度为 20℃ 的常压含尘空气,尘粒密度为 2 500kg/m³,试求:可 100% 除去的最小颗粒直径为多少?可 50% 除去的最小颗粒直径为多少?直径为 5μm 的尘粒可除去百分数为多少?(设尘粒在空气中分布均匀。)

21. 拟用板框压滤机恒压过滤含 $CaCO_3$8%(质量分数)的水悬浮液 2m³,每立方米滤饼中含固体1 000 kg,$CaCO_3$ 密度为 2 800 kg/m³,过滤常数 $K=0.162$ m²/h,过滤时间 $\tau=30$min,试求:(1)滤液体积(m³);(2)现有 560 mm×560 mm×50 mm 规格的板框压滤机,问需要多少个滤框?(过滤介质阻力不计。)

22. 某悬浮液用板框过滤机过滤,该板框过滤机有滤框 28 个,尺寸为 635 mm×635 mm×25 mm,操作表压恒定为 98.1 kPa,该条件下 $K=1\times10^{-5}$m²/s,$q_e=0.02$m³/m²,已知滤饼与滤液的体积比为 0.075,试求:(1)滤饼充满滤框需要多少时间?(2)若将操作表压提高一倍,其他条件不变($s=0.5$),则充满同样滤框所需时间为多少?(3)若将框厚增加一倍,其他操作条件同(2),则过滤同样时间可获得滤液多少立方米?

# 3.8 习题精选参考答案

1. 增大;不变;减少
2. 下降;气体黏度随温度升高而增大
3. 颗粒尺寸;颗粒形状;颗粒密度
4. 滤饼层;爬流状态
5. 0.5;0.707
6. 1.414;0.577
7. 2;0.5
8. 少;大
9. 0.1 h

10. (1)0.05；(2)25

11. 4.84 Pa·s

12. 100%；46.88%

13. 160.3m²；601.8kg/h

14. (1)58.0μm；(2)33.0μm；(3)46 350.3kg/h

15. (1)2.5×10⁻⁷m²/s；7.5×10⁻³m³/m²；(2)800 s；(3)8.0×10¹⁵m⁻²

16. (1)4.63×10⁻⁶m³/s；(2)0.1m³滤液/h

17. (1)18.9m³；(2)30；0.408h

18. (1)1.125r/min；(2)0.667

19. (1)8.76m³/h；(2)0.022 4m

20. 6.1μm；4.3μm；67.2%

21. (1)1.83m³；(2)11

22. (1)3 460 s；(2)2 450 s；(3)3.78m³

# 3.9 思考题参考答案

3-1 曳力系数是如何定义的？它与哪些因素有关？

曳力系数 $\xi=\dfrac{F_D}{A_p\rho\dfrac{u^2}{2}}$，它与颗粒雷诺数 $Re_p=\dfrac{\rho u d_p}{\mu}$、颗粒的球形度 $\psi$ 有关。

3-2 斯托克斯定律区的沉降速度与各物理量的关系如何？应用的前提是什么？颗粒的加速段在什么条件下可忽略不计？

斯托克斯定律 $u_t=\dfrac{d_p^2(\rho_p-\rho)g}{18\mu}$，应用前提 $Re_p=\dfrac{\rho u d_p}{\mu}<2$，当颗粒直径 $d_p$ 很小时，加速阶段忽略不计。

3-3 重力降尘室的气体处理量与哪些因素有关？降尘室的高度是否影响气体处理量？

重力降尘室的底面积和沉降速度有关；降尘室的高度不影响气体处理量，但会影响沉降距离的高低。

3-4 沉降过程的强化措施有哪些？

加大颗粒直径 $d_p$（凝聚或絮凝）、提高重力加速度、降低流体黏度。

3-5 过滤速率与哪些因素有关？

过滤速率 $u=\dfrac{dq}{d\tau}=\dfrac{\Delta\mathscr{P}}{r\phi\mu(q+q_e)}$ 中，$u$ 和 $\Delta\mathscr{P}$、$r$、$\phi$、$\mu$、$q$、$q_e$ 有关。

3-6 过滤常数有哪两个？各与哪些因素有关？什么条件下才为常数？

$K$、$q_e$ 为过滤常数。$K$ 和压差、悬浮液浓度、滤饼的比阻、滤液黏度有关；$q_e$ 和过滤介质阻力有关。恒压下 $K$、$q_e$ 为常数。

3-7 回转真空过滤机的生产能力计算时，过滤面积为什么用 $A$ 而不用 $A\phi$？该机的滤饼厚度是否与生产能力成正比？

采用跟踪法考察，所以过滤面积为 $A$，而 $\phi$ 体现在过滤时间里。此类过滤机的滤饼厚度不与生产能力成正比例，这是因为滤饼厚度 $\delta$ 与 $q=\sqrt{K\dfrac{\phi}{n}+q_e^2}-q_e$ 呈正比例关系，例如，转速越快，生产能力越大，而滤饼厚度越薄。

# 第 4 章  吸收

## 4.1  学习目标

通过对本章的学习,掌握气体吸收过程的原理、吸收过程及设备的计算、吸收过程的操作分析,主要包括以下内容。

(1) 吸收过程目的、分类、溶剂选择条件、吸收过程经济性、气液接触方式;

(2) 物理吸收过程双组分气液相平衡表达和应用、吸收与气液相平衡之间的关系(过程方向判别、过程极限和吸收过程推动力计算);

(3) 吸收过程两相之间物质传递步骤、物质传递机理(分子扩散和对流传质)、费克定律、流动对传质的贡献、扩散系数、对流传质速率、对流传质理论、相际传质及其速率、传质速率方程、传质系数、传质阻力控制步骤(气相阻力控制和液相阻力控制);

(4) 低含量气体吸收及其特点、物料衡算方程、传质速率积分方程(吸收基本方程)、传质单元数、传质单元高度、操作线与推动力变化规律、传质单元数的计算方法、吸收因数;

(5) 吸收过程设计型计算过程、流向和吸收剂用量对吸收过程的影响、最小吸收剂用量、吸收剂再循环(返混)对吸收过程的影响;

(6) 吸收过程操作性计算分类和计算过程、吸收塔的操作与调节(三大操作要素);

(7) 吸收塔的结构、填料的作用与性能、各类填料、填料塔的附属结构。

## 4.2  主要学习内容

**1. 概述**

(1) 吸收原理与流程

根据混合物中各组分在某溶剂中溶解度的差异而达到分离的目的。

从吸收的工业实例可见吸收过程的流程包括吸收流程和解吸流程。

吸收流程中所用的溶剂称为吸收剂,混合气体中能够显著溶解于吸收剂的组分称为溶质,而几乎不溶解于吸收剂的组分称为惰性组分;经吸收后排出吸收塔的气体组分称为吸收尾气,其主要成分是惰性组分和少量未被吸收的溶质。吸收后吸收液中的溶质应释放出来,得到较纯净的溶质,工程上称为解吸。

从吸收流程可见,采用吸收操作实现气体混合物的分离,要选择合适的溶剂和传质设备。选择合适的溶剂,将溶质选择性溶解吸收,选择合适的传质设备,实现气液两相有效传质,可再生溶剂并使之循环利用。

溶剂的选择考虑以下几个方面:溶剂对溶质应有较大溶解度,而对惰性组分不溶解或溶解较少,即溶剂对溶质的吸收有选择性;溶剂对溶质的溶解对温度较为敏感,同时溶剂蒸气压较低、化学稳定性较好、黏度较低、无毒、价格低廉。

(2) 气体吸收的分类

根据吸收剂和溶质之间有无化学反应,将吸收分为物理吸收和化学吸收;

根据吸收组分种类的不同,将吸收分为单组分吸收和多组分吸收;

根据吸收前后温度是否变化,将吸收分为等温吸收和非等温吸收;

根据溶质在气液两相含量的高低,将吸收分为低含量吸收和高含量吸收。

（3）吸收过程中气液两相的接触方式

气液两相逐级逆流接触称为级式接触,级式接触时气体中可溶组分的浓度由下而上阶跃式降低,吸收剂中溶质浓度由上而下阶跃式升高。气液两相借助于填料,在填料表面连续逆流接触称为微分接触。两种接触方式的传质设备进行传质可以是定态过程,也可以是非定态过程。

**2. 吸收和气液相平衡关系**

1）气体在液体中的溶解度

（1）吸收过程气液相平衡可以用溶解度曲线表示

气液两相处于平衡状态时,溶质在液相中的浓度称为平衡溶解度。平衡溶解度与温度、溶质在气相中的分压有关。由实验可测定气体在液体中的溶解度,将实验结果绘制成曲线即溶解度曲线。根据溶解度曲线,溶解度大的称为易溶物系,溶解度小的称为难溶物系。

（2）温度和压强对溶解度的影响

从教材中溶解度曲线可得出:①对同一种溶质,相同气相分压下,溶解度随温度升高而降低;②对同一种溶质,相同温度下,溶解度随气相分压的升高而增大。

由此可见:加压和降温有利于吸收操作,反之减压和升温有利于解吸操作。

2）亨利定律

低含量气体混合物吸收过程,气液相平衡关系可用亨利定律表示。亨利定律有 3 种表达式。

（1）3 种亨利定律表达式

$E$、$H$、$m$ 称为亨利系数,$m$ 又称为相平衡常数。三个系数数值越小,溶质的溶解度越大。$E$、$H$、$m$ 三个系数的单位各不相同。

（2）亨利系数之间的关系

根据溶解度曲线易得温度对亨利系数的影响:温度升高,$E$、$H$、$m$ 增大,反之则减小;总压对 $E$、$H$ 无影响,仅对 $m$ 有影响,总压越高,$m$ 越小。

3）气液相平衡与吸收过程的关系

相平衡是两相接触传质的极限状态。根据气液两相的实际组成与相应条件下的相平衡组成,可以判别过程的传质方向,确定传质过程的推动力,并能指明过程的极限状况。

（1）判别过程的方向

当气液两相接触时,利用相平衡关系确定一相与另一相的平衡组成,将其与该相的实际组成比较,即可判断传质过程的方向。

$y > y_e$ 或 $x < x_e$,溶质传质方向由气相向液相传递,是吸收过程;

$y = y_e$ 或 $x = x_e$,两相呈相平衡状态;

$y < y_e$ 或 $x > x_e$,溶质传质方向由液相向气相传递,是解吸过程。

（2）计算过程的推动力

吸收过程的推动力以某一相的实际组成与平衡组成的偏离程度表示。如图 4-1 所示,设吸收塔某一截面上,气相溶质组成为 $y$,液相溶质组成为 $x$,$x-y$ 图上,点 $A$ 表示塔截面上溶质的气液相组成,与液相组成 $x$ 成平衡的气相组成为 $y_e$,与气相组成 $y$ 成平衡的液相组成为 $x_e$,则($y-y_e$)称为以气相组成差表示的吸收推动力,($x_e-x$)称为以液相组成差表示的吸收推动力。图 4-1 中点 $A$ 在相平衡线的左上侧,$y > y_e$、$x < x_e$,是吸收过程,可见在相平衡线左上侧各点表示的都是吸收过程,而在相平衡线右下侧各点表示的都是解吸过程。对解吸过程推动力也可以计算。($y_e-y$)是气相组成差表示的解吸推动力,($x-x_e$)是液相组成差表示的解吸推动力。

（3）指明过程的极限

如图 4-1 所示的逆流吸收过程，减少吸收剂用量时（图 4-1（a）），溶剂在塔底出口处的组成必增大，但有极限值。此极限值为 $x_{1,\max}=x_{1e}=\dfrac{y_1}{m}$。若吸收剂量增大时（图 4-1（b）），出口尾气的溶质组成 $y_2$ 必降低，但有极限值，此极限值为 $y_{2,\min}=y_{2e}=mx_2$。

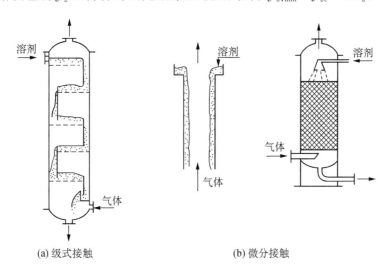

(a) 级式接触　　　　　　　　　(b) 微分接触

图 4-1　两类吸收设备

由此可见：相平衡关系限制了吸收剂离塔时的最高含量和气体混合物离塔时的最低含量。

**3. 吸收速率**

吸收过程涉及两相间的物质传递，包括：溶质气相内的传递、界面上的溶解和液相内的传递共三个步骤。

物质传递的机理是分子扩散和对流传质。分子扩散是分子微观热运动的宏观统计结果，当相内存在温度梯度、压强梯度或浓度梯度，都会造成分子扩散。流体流动时，不仅有分子扩散，流体宏观流动也会导致物质的传递，这种现象称为对流传质。显然对流传质包括分子扩散。

吸收时将单位时间内、单位相际传质面积上传递的溶质的量称为吸收速率。定态条件下以上三个步骤传递的溶质量是相等的，都等于吸收速率。

1）分子扩散速率

恒温恒压下，一维定态扩散，单位时间内溶质 A 通过单位面积扩散的物质的量称为扩散速率 $I_A$，只要混合物中存在浓度梯度，必产生物质的扩散流。

2）对流传质速率

对流传质速率正比于界面浓度与流体主体浓度之差，但吸收过程气液两相浓度可用不同单位表示，故对流传质速率有多种表达形式（参考教材）。解吸过程的对流传质速率方程与吸收类似。多种吸收或解吸速率方程对应多个气液相传质系数。

3）扩散系数

扩散系数是物质的一种传递性质，其值受温度、压强和混合物中组分浓度的影响。

（1）组分在气体中的扩散系数受温度、压强影响。

（2）组分在液体中的扩散系数受温度、黏度影响。

4）对流传质理论

（1）有效膜理论（双膜论）

有效膜理论认为气液相界面两侧各存在一层静止的气膜和液膜，全部传质阻力集中于此两层静止膜中，界面不存在传质阻力。

（2）溶质渗透理论

溶质渗透理论将传质过程转化为非定态扩散过程，认为每隔一定时间，发生一次完全混合，使流体主体浓度均匀化。

（3）表面更新理论

气液两相传质发生在相界面，传质过程中表面是不断更新的，表面更新强化了传质，并随机进行。

## 4. 相际传质

（1）相际传质速率

气相传质速率 $N_A = k_y(y - y_i)$         （4-1）

液相传质速率 $N_A = k_x(x_i - x)$         （4-2）

根据有效膜理论，界面上无传质阻力，气液相达平衡，有 $y_i = mx_i$

定态时，$N_A = \dfrac{y - y_i}{\dfrac{1}{k_y}} = \dfrac{x_i - x}{\dfrac{1}{k_x}} = \dfrac{(y - y_i) + m(x_i - x)}{\dfrac{1}{k_y} + \dfrac{m}{k_x}} = \dfrac{y - y_e}{\dfrac{1}{k_y} + \dfrac{m}{k_x}}$

设 $\dfrac{1}{K_y} = \dfrac{1}{k_y} + \dfrac{m}{k_x}$，则有

$$N_A = K_y(y - y_e) \tag{4-3}$$

称上式为以气相浓度差为推动力的总吸收速率方程。

同理

$$\frac{1}{K_x} = \frac{1}{mk_y} + \frac{1}{k_x}$$
$$N_A = K_x(x_e - x) \tag{4-4}$$

上式为以液相浓度差为推动力的总吸收速率方程，

其中，$K_x = mK_y$。

（2）传质阻力的控制步骤

$$\frac{1}{K_y} = \frac{1}{k_y} + \frac{m}{k_x} \tag{4-5}$$

$$\frac{1}{K_x} = \frac{1}{mk_y} + \frac{1}{k_x} \tag{4-6}$$

总传质阻力为气相传质阻力与液相传质阻力之和。

当 $\dfrac{1}{k_y} \gg \dfrac{m}{k_x}$ 时，$K_y = k_y$，传质阻力主要集中于气相，此类过程称为气相阻力控制过程。易溶气体如 $NH_3$、$HCl$ 等的吸收过程多为气相阻力控制过程。

当 $\dfrac{1}{mk_y} \ll \dfrac{1}{k_x}$ 时，$K_x = k_x$，传质阻力主要集中于液相，此类过程称为液相阻力控制过程。难溶气体如 $N_2$、$O_2$ 等的吸收过程多为液相阻力控制过程。

#### 5. 低含量气体吸收

1）低含量气体吸收的特点

因传递溶质量较少,故低含量气体吸收中,气液相流率 $G$、$L$ 为常数,吸收过程为等温过程,传质系数是常数。

2）低含量气体吸收过程的数学描述

（1）物料衡算微分式

$$G\mathrm{d}y = N_{\mathrm{Aa}}\mathrm{d}h \qquad (4-7)$$

$$L\mathrm{d}x = N_{\mathrm{Aa}}\mathrm{d}h \qquad (4-8)$$

$$G\mathrm{d}y = L\mathrm{d}x \qquad (4-9)$$

（2）全塔物料衡算式

$$G(y_1 - y_2) = L(x_1 - x_2) \qquad (4-10)$$

（3）相际传质速率微分式

由相际传质速率方程和物料衡算微分方程联立得到

$$G\mathrm{d}y = K_y a(y - y_\mathrm{e})\mathrm{d}h \qquad (4-11)$$

$$L\mathrm{d}x = K_x a(x_\mathrm{e} - x)\mathrm{d}h \qquad (4-12)$$

（4）相际传质速率积分式

由相际传质速率微分方程积分得到。

$$H = \frac{G}{K_y a}\int_{y_2}^{y_1}\frac{\mathrm{d}y}{y - y_\mathrm{e}} \qquad (4-13)$$

$$H = \frac{1}{K_x a}\int_{x_2}^{x_1}\frac{\mathrm{d}x}{x_\mathrm{e} - x} \qquad (4-14)$$

（5）过程分解与综合

引入传质单元数、传质单元高度。

（6）操作线方程

逆流吸收过程,取控制体做物料衡算得到

$$y = \frac{L}{G}(x - x_2) + y_2 \qquad (4-15)$$

式(4-15)称为逆流吸收操作线

对并流吸收过程,有

$$y = y_1 + \frac{L}{G}(x - x_1) \qquad (4-16)$$

式(4-16)称为并流吸收操作线。

低含量气体吸收,操作范围内相平衡是直线,传质推动力 $\Delta y = y - y_\mathrm{e}$ 和 $\Delta x = x_\mathrm{e} - x$ 分别随 $y$ 和 $x$ 呈线性变化,此时 $\Delta y$ 对 $y$、$\Delta x$ 对 $x$ 的变化为常数,以 $\Delta y$ 和 $\Delta x$ 的两端值表示。

3）传质单元数的简便计算方法

（1）对数平均推动力法

$$N_{\mathrm{OG}} = \frac{y_1 - y_2}{\Delta y_\mathrm{m}}$$

其中,$\Delta y_\mathrm{m} = \dfrac{\Delta y_1 - \Delta y_2}{\ln\dfrac{\Delta y_1}{\Delta y_2}}$ 为气相对数平均推动力。

$$N_{OL} = \frac{x_1 - x_2}{\Delta x_m}$$

其中，$\Delta x_m = \dfrac{\Delta x_1 - \Delta x_2}{\ln \dfrac{\Delta x_1}{\Delta x_2}}$ 为液相对数平均推动力。

（2）吸收因数法

低含量气体吸收，气液相平衡关系服从亨利定律，将 $N_{OG} = \displaystyle\int_{y_2}^{y_1} \frac{\mathrm{d}y}{y - y_e}$ 结合操作线方程推导出逆流条件下 $N_{OG}$ 的计算式，引入了吸收因数。

（3）数值积分法

对相平衡线为曲线的情况，可采用数值积分法，教材从略。

4）吸收塔高的计算

联立全塔物料衡算方程、相平衡方程和吸收过程基本方程可计算吸收塔塔高。

（1）设计型计算

已知：$G$、$y_1$、$y_2$、$y = mx$（$K_y a$、$K_x a$ 视为已知量）

求：$H$。

定义回收率（吸收率）$\eta = \dfrac{G_1 y_1 - G_2 y_2}{G_1 y_1}$

对低含量气体吸收，$G = G_1 = G_2$，因此 $\eta = \dfrac{y_1 - y_2}{y_1} \times 100\%$ 或 $y_2 = (1 - \eta) y_1$

选择条件：流向、$x_2$、$L$

流向选择优先采用逆流，$x_2$ 过高，$\Delta y_m$ 减小，需要的塔高增加；$x_2$ 过低，对再生要求过高，再生费用加大，因此选择是优化问题。另外教材上对选择有限制，应使 $x_2 \leqslant x_{2e} = \dfrac{y_1}{m}$，极限条件（$H = \infty$）下，$x_2 = x_{2e}$。

吸收剂用量选择

$$\left( \frac{L}{G} \right)_{\min} = \frac{y_1 - y_2}{x_{1e} - x_2} \tag{4-17}$$

$$\frac{L}{G} = (1.1 \sim 2) \left( \frac{1}{G} \right)_{\min} \tag{4-18}$$

（2）操作型计算

两类操作型计算和传热过程操作型计算类似。

① 第 1 类命题

已知条件：$H$、$G$、$L$、$x_2$、$y_1$、$y = mx$、流动方式、$K_y a$、$K_x a$

求：吸收结果 $x_1$、$y_2$。

计算方法及步骤：

由 $G$、$K_y a$ 计算出 $H_{OG}$，由 $G$、$L$、$m$ 计算出 $\dfrac{1}{A}$，由 $H$、$H_{OG}$ 计算出 $N_{OG}$；利用吸收因数公式并线性化，得到 $\dfrac{y_1 - mx_2}{y_2 - mx_2}$ 值；联立全塔物料衡算式和 $\dfrac{y_1 - mx_2}{y_2 - mx_2}$ 值，推算出 $x_1$、$y_2$。

② 第 2 类命题

已知条件：$H$、$G$、$y_1$、$y_2$、$x_2$、$y = mx$、流动方式、$K_y a$、$K_x a$

求：吸收条件 $L$、$x_1$。

计算方法：试差

计算步骤：设 $L_{设}$，用 $\dfrac{1}{A}=\dfrac{mG}{L}$ 和 $N_{OG}$ 公式计算 $N_{OG}$，再由基本方程计算 $H_{计}$，$H_{计}=H$ 时计算有效，如 $H_{计}\neq H$ 时重新试差。

（3）设计塔操作与调节

操作与调节手段包括：吸收剂流率 $L$、温度 $t$ 和吸收剂进口组成 $x_2$。

$L$ 的调节存在极限。

**6. 填料塔**

（1）填料塔的结构、填料及其作用与特性

填料塔结构，塔身为一圆形筒体，塔内安装一定高度的填料。

填料包括乱堆填料和整砌填料。

乱堆填料：拉西环、鲍尔环、矩鞍环、阶梯环、金属 Intalox 填料等。

填料主要特性包括：比表面积 $a$、空隙率 $\varepsilon$ 和单位堆积体积内的填料数目 $n$。

填料塔的作用是提供气液两相接触界面，便于传质。

（2）填料塔的附属结构

填料塔的附属结构包括：支承板、分布器与再分布器、除沫器等。

# 4.3　概念关联图表

## 4.3.1　气液平衡关系

| 亨利定律 | 亨利系数间的关系 | 亨利系数影响因素 |
|---|---|---|
| $p_e=Ex$ | $E=Hc_M，E\approx\dfrac{H\rho_S}{M_S}$ | 温度 |
| $p_e=Hc$ | | 温度 |
| $y_e=mx$ | $m=\dfrac{E}{p}$ | 系统总压、温度 |

## 4.3.2　对流传质速率和传质系数

| 相平衡关系 | $y_e=mx$ | $p_e=Hc$ | 传质系数之间的关系 |
|---|---|---|---|
| 吸收传质速率方程 | $N_A=k_y(y-y_i)$<br>$N_A=k_x(x_i-x)$<br>$N_A=K_y(y-y_e)$<br>$N_A=K_x(x_e-x)$ | $N_A=k_g(p-p_i)$<br>$N_A=k_L(c_i-c)$<br>$N_A=K_G(p-p_e)$<br>$N_A=K_L(c_e-c)$ | $k_y=pk_G$<br>$k_x=c_Mk_L$<br>$K_y=pK_G$<br>$K_x=c_MK_L$ |
| 解吸传质速率方程 | $N_A=k_y(y_i-y)$<br>$N_A=k_x(x-x_i)$<br>$N_A=K_y(y_e-y)$<br>$N_A=K_x(x-x_e)$ | $N_A=k_g(p_i-p)$<br>$N_A=k_L(c-c_i)$<br>$N_A=K_G(p_e-p)$<br>$N_A=K_L(c-c_e)$ | |
| 总传质系数 | $K_y=\dfrac{1}{\dfrac{1}{k_y}+\dfrac{m}{k_x}}，K_x=\dfrac{1}{\dfrac{1}{k_ym}+\dfrac{1}{k_x}}$ | $K_G=\dfrac{1}{\dfrac{1}{k_G}+\dfrac{H}{k_L}}，K_L=\dfrac{1}{\dfrac{1}{Hk_G}+\dfrac{1}{k_L}}$ | $K_x=mK_y$<br>$K_L=HK_G$ |

## 4.3.3　对流传质理论

| 对流传质理论 | 主要观点 |
|---|---|
| 有效膜理论（双膜论） | 相互接触的气液两相之间有一静止界面，界面两侧各有一处于层流流动的气膜和液膜，溶质借分子扩散穿过膜层，全部浓度梯度集中于膜层内；界面上气液两相满足相平衡关系；各膜层外各相流体主体内，流体充分湍流，浓度均匀 |

149

| 对流传质理论 | 主要观点 |
|---|---|
| 溶质渗透理论 | 液体流动过程中每隔一定时间发生一次完全的混合,使得液体的浓度均匀化;在此时间间隔内,液相中发生的是非定态扩散过程 |
| 表面更新理论 | 液体流动过程中表面是不断更新的 |

### 4.3.4 吸收过程物料衡算关系式(逆流)

| | 关系式 | 含义 |
|---|---|---|
| 全塔物料衡算 | $G(y_1-y_2)=L(x_1-x_2)$ | 全塔气液相流率与组成关系 |
| 微元塔段物料衡算 | $G\mathrm{d}y=L\mathrm{d}x$ | 微元体内气液相流率与溶质浓度变化关系 |
| 控制体内物料衡算 | $G(y-y_2)=L(x-x_2)$ | 控制体内气液相流率与组成关系 |

### 4.3.5 填料层高度(逆流吸收)和传质单元数

| 填料层高度 $H$ | $H=H_{OG}\cdot N_{OG},H=H_{OL}\cdot N_{OL}$ |
|---|---|
| 传质单元高度 | $H_{OG}=\dfrac{G}{K_y a},H_{OL}=\dfrac{L}{K_x a}$ |
| 传质单元数 | $N_{OG}=\displaystyle\int_{y2}^{y1}\dfrac{\mathrm{d}y}{y-y_e},N_{OL}=\displaystyle\int_{x2}^{x1}\dfrac{\mathrm{d}x}{x_e-x}$ |

传质单元数的简便计算方法

| | 气相 | 液相 |
|---|---|---|
| 对数平均推动力法 | $N_{OG}=\dfrac{y_1-y_2}{\Delta y_m}$ | $N_{OL}=\dfrac{x_1-x_2}{\Delta x_m}$ |
| 吸收因数法 | $N_{OG}=\dfrac{1}{1-\dfrac{1}{A}}\ln\left[\left(1-\dfrac{1}{A}\right)\dfrac{y_1-mx_2}{y_2-mx_2}+\dfrac{1}{A}\right]$ <br> $\dfrac{1}{A}=\dfrac{mG}{L}$ | $N_{OL}=\dfrac{1}{1-A}\ln\left[(1-A)\dfrac{y_1-mx_2}{y_1-mx_1}+A\right]$ <br> $A=\dfrac{L}{mG}$ |
| 其他方法 | 略 | |

### 4.3.6 填料种类和性能

| 填料塔的结构 | 塔体、填料、填料支承板、液体分布器、液体再分布器、除沫器 | |
|---|---|---|
| 填料 | 乱堆填料 | 环形填料:拉西环、阶梯环、θ环、金属鞍环等 |
| | | 鞍形填料:弧鞍、矩鞍等 |
| | 规整填料 | 波纹板(网)、格栅 |
| | 新型填料 | |
| 填料性能 | 比表面积、空隙率、干填料因子与湿填料因子等 | |
| 流体力学性能 | 持液量、压降(泛点、载点) | |

## 4.4 难点分析

**1. 试从吸收过程的经济性说明吸收剂选择的关键原则。**

吸收操作的成功关键在于吸收剂的性质,吸收剂选择原则中最为关键的内容其一是吸收剂对溶质的溶解度要大,其二吸收剂对溶质的溶解度对温度的变化要灵敏。学习本章内容后,读者就会发现吸收剂的选择对整个吸收过程的经济性而言十分重要。

吸收剂溶解度大是指在一定条件(温度和浓度)下,吸收剂对溶质的溶解能力强,相平衡常数小,溶质组分的平衡分压低。从平衡角度说,处理一定量混合气体所需要的吸收剂量较少,经过吸收后气体中溶质组分的残余浓度较低;从吸收过程速率说,溶质组分的平衡分压低,吸收过程的推动力大,吸收速率快,所需要吸收塔的高度降低,设备投资低。另外,如果吸收设备已经确定,完成某一吸收任务,操作条件相同时,溶质组分的溶解度大时,所需要的吸收剂用量减少,不仅节省了吸收剂,同时也可减少吸收剂输送过程的动力消耗。吸收剂用量减少,吸收剂解吸再生发生的费用也降低,这是吸收最主要的操作费用。

要求溶质组分在吸收剂中溶解度对温度灵敏,通常是指不仅在低温下的溶解度大,平衡分压低,而且随着温度升高,溶质组分的溶解度应迅速降低,平衡分压也应迅速上升。这样,溶质组分易于解吸,吸收剂再生方便。由于整个吸收过程的经济性决定于解吸过程,在解吸中,所用的解吸气量一定时,如溶质组分的溶解度对温度变化灵敏,温度上升,溶质组分的溶解度降低很快,达到一定的解吸率;所需上升温度较小时,相应所需供热量少,解吸能耗降低,解吸费用随之降低。

总而言之,吸收剂选择对吸收操作费用影响颇大。

**2. 亨利定律的形式有哪些?亨利系数 $E$、$H$ 和 $m$ 相互间的关系如何?影响亨利系数的因素有哪些?**

吸收操作常用于低浓度气体混合物的分离,低浓度气体混合物吸收时液相溶质浓度比较低,即在低浓度范围(稀溶液)。稀溶液时,溶解度具有依数性,所以溶解度曲线为一直线,这时溶解度或平衡分压服从亨利定律。

亨利定律三种形式: $p_e = Ex$     (a)

$$p_e = Hc \qquad\qquad\qquad (b)$$

$$y_e = mx \qquad\qquad\qquad (c)$$

比例系数 $E$、$H$、$m$ 为亨利系数。其数值越小,表示溶质组分溶解度越大,或溶剂溶解能力越大。

设系统总压为 $p$,比较(a)、(c)两式可得

$$m = \frac{E}{p}$$

稀溶液中溶质浓度 $c$ 与摩尔分数 $x$ 的关系为 $c = c_M x$,将此关系式代入式(b)可得

$$E = Hc_M$$

对于稀溶液,$c_M \approx \dfrac{\rho_s}{M_s}$,故有

$$E \approx \frac{H\rho_s}{M_s}$$

系统压强不太高时,一定物系中,$E$、$H$ 随温度而变化。温度上升,$E$ 值增大,$H$ 值增大,溶质溶解度降低。$m$ 不仅随温度变化,也随系统压强变化,温度降低或系统压强升高,$m$ 值变小。

通过比较不同体系的 $E$、$H$ 和 $m$ 值的大小,可预计溶质组分溶解的难易程度。难溶解溶质组分的 $E$、$H$ 和 $m$ 值大;易溶溶质组分的 $E$、$H$ 和 $m$ 值小。

亨利定律是近代物理化学的一个重要内容,它被应用于涉及气体在液体中的溶解度的所有科学分支学科中。

19世纪初,化学科学还处于摇篮时代。大多数化学史家把18世纪末的燃素理论被推翻看成是近代化学的开端。虽然主张近代化学有一个特定的诞生年容易引起人们的误解,而把近代化学的建立归功于某一个人也相当不公正,但是,把1789年定为近代化学科学的开端是较为合适的。这一年,法国化学家拉瓦锡(1743—1794年)编写了著名的《化学概论》,这是近代化学的第一本教科书。拉瓦锡在书中详尽地论述了推翻燃素理论的实验依据,系统阐明了"氧化说"这一新的燃烧理论,重新解释了各种化学现象,结束了元素观念的混乱。有人认为,这本书对化学的贡献,完全可以和牛顿的《自然哲学的数学原理》对物理学做出的贡献相媲美。这样,在拉瓦锡及欧洲其他化学家的领导下,化学科学渐渐地开始形成。英国的威廉·亨利(William Henry,1774—1836年)就是这一时代的化学家。

1802年12月,亨利将其实验报告呈交给英国伦敦皇家学会。在这个实验报告中报道了他所研究的压强对一些气体在水中的溶解度的影响。虽然他的仪器较简陋,使用的材料也许不纯,但是他却大胆地得出了一个普遍的结论。他写道:"在增加一个、两个或更多个大气压的条件下,被水吸收的气体量等于在常压下水吸收的气体量的两倍、三倍……"。这些陈述读起来似乎有点老式,但这却是亨利定律的一种能得到公认的陈述。其中所隐含的比例常数被称为亨利常数。注意到这一点是有趣的,即他自己承认该定律不是被严格地遵从。他在实验报告中写道:"通过不断反复的检验,我得到了与以上所阐明的普遍原理不同的结果。但我领会到,对所有的实际效果来说,这一定律是以足够的精确度而被宣布的。"

值得提出来的是,水是亨利在实验中试验过的唯一溶剂。今天,在实际中该定律以某种形式已应用于所有溶剂。

整个19世纪,研究者们用许多不同的溶剂和溶质对亨利定律进行了验证,试图证明或反驳亨利定律。直到19世纪后期,该定律才得到普遍承认,尽管这个定律还存在着一些例外。事实上,许多研究者使这一定律在他们的实验中得到体现。气体溶解度是在接近于大气压下测定的,而其值则是以一个大气压下使用亨利定律更正后被发表的。这个惯例一直持续到20世纪。

亨利来自曼彻斯特。他的父亲托马斯·亨利是曼彻斯特的一位药剂师,也是一位有名望的科学家。亨利是学医学的,但行医只有几年。把他父亲为制造药物(主要是氧化镁)而收藏的化学书籍继承了过来,他一直没有放弃化学方面的实验工作。亨利是一位富有创造力的作者,他出版了好几部化学教科书,其中最有影响、最流行的有:《化学三部曲》(An Epitome Chemistry in Three Parts,1801年)和《实验化学原理》(The Elements of Experimental Chemistry,1802年)。

杰出的化学家道尔顿是亨利最亲密的朋友之一。他是英国贵格会教办的学校里的一位教师,也是曼彻斯特文学与哲学学会会员,且曾担任过一段时间的会长。道尔顿几乎在亨利发表其定律的同一时间提出了著名的原子理论。1803年10月,道尔顿在曼彻斯特文学和哲学学会上宣读了他的论文:《论水对气体的吸收》(On the Absorption of Gases by Water)。这篇论文本来是关于气体在水中的溶解度的理论,但它的名声大振却是因为附在这篇论文上的第一张原子量表。他在论文中援引了亨利的发现:气体被液体吸收时的量与压力成正比(亨利定律),并根据他的分压定律把亨利定律推广到气体混合物。他指出:在气体混合物中的单个组分的溶解度取决于各自的分压,并进一步断定出:某一气体混合物中每一种气体的溶解度与混合气体中别的气体无关。

在相平衡计算领域,亨利定律比其他同行提出的方法更有效。直到1876年,美国物理学家 J. W. 吉布斯(Josiah Willard Gibbs,1839—1903 年)才系统地阐述相平衡的数学理论。《论复相物质的平衡》(On the Heterogeneous Equilibria of Substances)这篇论文是科学上的一个重要里程碑。在这篇论文中,吉布斯应用了热力学原理来解决化学上的一些问题,提出了化学势概念,建立了关于物相变化的相律。因此,吉布斯是第一个把两种以前分离开的科学结合起来的人,对化学热力学做出了极大贡献,为物理化学科学奠定了理论基础。

1888 年,在亨利发表他的定律八十多年后,法国化学家拉乌尔(1830—1901 年)发表了他在溶液蒸气压方面的发现,这就是我们现在所称的拉乌尔定律。在他们的近代思想中,亨利定律与拉乌尔定律是如此相关联,以至于两个定律通常在"物理化学"课程中同时传授给学生。可是,从历史的观点看,两者的成果在时间上竟相隔了八十余年之久,这的确是科学上的一个趣闻。

20 世纪初,美国化学家 G. N. 路易斯(Gilbert Newton Lewis,1875—1946 年)假定了一个新的热力学量——逸度。逸度的应用实质上与吉布斯原理在物理问题上的应用是一致的。

亨利、拉乌尔、吉布斯和路易斯的思想仍然是现代相平衡计算的基础。在某种形式上,他们的这些理论在今天仍在被继续使用。虽然现在我们有使这些计算符合实际的理论和计算方法,但其中的基础理论在本质上并没有改变。

**3. 扩散系数的物理意义是什么? 影响扩散系数的因素有哪些?**

扩散系数反映物质的传递性质,数值上等于单位浓度梯度下的分子扩散速率,即:

$$D = \frac{-J}{\dfrac{dc_A}{dz}}$$

其值大小与物系本身、温度、压强等因素有关。

对于气体,由某温度 $T_0$、压强 $p_0$ 下的扩散系数 $D_0$ 可推算其他温度 $T$ 和压强 $p$ 下的扩散系数 $D$,即:

$$D = D_0 \left(\frac{T}{T_0}\right)^{1.81} \frac{p_0}{p}$$

类似地对于液体有

$$D = D_0 \frac{T}{T_0} \frac{\mu_0}{\mu}$$

可见组分在液体中的扩散系数和液体黏度有关。

**4. 比较牛顿黏性定律、傅里叶定律和费克定律,正确理解"三传"类似性。**

各种单元操作所发生的过程虽多种多样,但究其物理本质只是动量传递、热量传递(传热)和质量传递(传质)这三种传递过程,传递过程是各单元操作统一的研究对象。因分子的微观运动而引起的动量、热量和质量传递现象存在类似性,见下表。

| 比较内容 | 动量传递 | 热量传递 | 质量传递 |
|---|---|---|---|
| 传递梯度 | 速度梯度 | 温度梯度 | 浓度梯度 |
| 传递方向 | 高速度向低速度 | 高温向低温 | 高浓度向低浓度 |
| 遵循基本定律 | $\tau = -\mu \dfrac{du}{dy}$ | $q = -\lambda \dfrac{dt}{dy}$ | $J = -D \dfrac{dc}{dy}$ |

| 比较内容 | 动量传递 | 热量传递 | 质量传递 |
|---|---|---|---|
| 物理意义 | 动量传递速度和速度梯度成正比,传递方向和速度梯度的方向相反 | 热量传递速度和温度梯度成正比,传递方向和温度梯度的方向相反 | 质量传递速度和浓度梯度成正比,传递方向和浓度梯度的方向相反 |
| 比例系数 | 黏度是动量传递物性常数,反映流体流动特性,黏度越大,同样速度梯度产生的剪切应力越大,流动阻力越大 | 导热系数是热传导物性常数,反映物质的导热能力,导热系数越大,同样温度梯度下,热传导速度越大 | 扩散系数是分子扩散物性常数,反映物质扩散传递的特性,扩散系数越大,同样浓度梯度下,扩散速度越大 |

**5. 吸收和间壁式传热过程比较有何异同点?**

| | 比较内容 | 吸收过程 | 传热过程 |
|---|---|---|---|
| 相似 | 传递机理 | 对流传质和分子扩散总和 | 对流给热和热传导总和 |
| | 工程处理方法 | 将对流传质过程简化成界面静止层内分子扩散 | 将对流给热简化成壁面膜内热传导 |
| | 速率=$\dfrac{总推动力}{总阻力}$ =传递系数×总推动力 | 推动力为浓度差 | 推动力为温度差 |
| | | 总阻力和总传质系数互为倒数 | 总阻力和传热系数互为倒数 |
| | | 总阻力=气相阻力+液相阻力 | 总阻力=冷侧对流给热热阻+壁面热传导热阻+热侧对流给热热阻 |
| | 湍流时传递系数表达式 | 对流传质系数关系式 $Sh=0.023\,Re^{0.83}Sc^{0.33}$ | 对流给热系数关系式 $Nu=0.023\,Re^{0.8}Pr^{0.6}$ |
| | 传递阻力控制步骤 | 有气相阻力控制和液相阻力控制两类 | 有冷侧控制热阻和热侧控制热阻两类 |
| 相异 | 推动力 | 一相浓度和另一相平衡浓度差 | 温度差 |
| | 传递极限 | 两相浓度达到相平衡 | 两相温度相同 |
| | 壁温和界面浓度 | 气液两相界面上浓度达到相平衡,但难以测量 | 壁面两侧对流给热各自独立,壁温可测量 |
| | 速率表达式 | 推动力为两相浓度差,浓度表示方法多种,速率方程表达式多样,且和相平衡有关 | 推动力为温差,速率表达式比较单一 |

**路易斯小传**

路易斯(1882—1975 年),美国化学工程专家,被誉为化学工程之父。1882 年 8 月 21 日生于美国特拉华州劳雷尔,卒于 1975 年 5 月 9 日。1905 年路易斯获麻省理工学院学士学位,1908 年获德国布雷斯劳大学哲学博士学位。自 1910 年后,终身任教于麻省理工学院。1923 年,他与 W.H. 华克尔及 W.H. 麦克亚当斯合著的《化工原理》一书,数十年间为化学工程师必读课本,并与 W. 惠特曼创立双膜理论。他在皮革、橡胶制造、蒸馏、过滤、石油裂解、催化剂等方面贡献较大。在两次世界大战期间,担任有关防御毒气战争、发展核武器等工作的顾问。他曾获得珀金斯奖章、美国化学学会普里斯特利奖章(1947 年),美国化学家学会金质奖(1949 年),美国化学学会工业工程化学奖(1957 年)。路易斯善于进行启发式教学,不少著名学者都出于其门下。

**6. 试推导并流吸收传质单元数计算公式。**

在微分接触的吸收塔内,气液两相做并流流动。取图 4-2 所示的塔段为控制体做物料衡算,可得并流时的操作线方程:

$$y = y_1 - \frac{L}{G}(x - x_1)$$

全塔物料衡算方程为

$$G(y_1 - y_2) = L(x_2 - x_1)$$

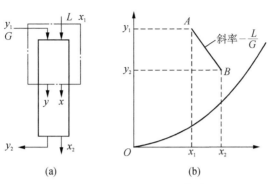

图 4-2　并流吸收的操作线

因为 $y = y_1 - \dfrac{L}{G}(x - x_1)$

所以 $x = x_1 - \dfrac{G}{L}(y - y_1)$

$$N_{OG} = \int_{y_2}^{y_1} \frac{\mathrm{d}y}{y - y_e} = \int_{y_2}^{y_1} \frac{\mathrm{d}y}{y - mx} = \int_{y_2}^{y_1} \frac{\mathrm{d}y}{y - m\left[x_1 - \dfrac{G}{L}(y - y_1)\right]}$$

$$= \int_{y_2}^{y_1} \frac{\mathrm{d}y}{y\left(1 + m\dfrac{G}{L}\right) - mx_1 - m\dfrac{G}{L}y_1}$$

$$= \frac{1}{1 + m\dfrac{G}{L}} \int_{y_2}^{y_1} \frac{\mathrm{d}\left[\left(1 + m\dfrac{G}{L}\right)y - mx_1 - m\dfrac{G}{L}y_1\right]}{y\left(1 + m\dfrac{G}{L}\right) - mx_1 - m\dfrac{G}{L}y_1}$$

$$= \frac{1}{1 + m\dfrac{G}{L}} \ln\left[\left(1 + m\dfrac{G}{L}\right)y - mx_1 - m\dfrac{G}{L}y_1\right]\Bigg|_{y_2}^{y_1}$$

上式结合全塔物料衡算方程并设 $\dfrac{1}{A} = m\dfrac{G}{L}$ 得到

$$N_{OG} = \frac{1}{1 + m\dfrac{G}{L}} \ln\frac{y_1 - mx_1}{y_2 - mx_2} = \frac{1}{1 + \dfrac{1}{A}} \ln\frac{y_1 - mx_1}{y_2 - mx_2}$$

此式适用条件和逆流时的适用条件相同。

# 4.5　典型例题解析

**例 4-1**　**平衡关系的应用**

二氧化碳分压为 $50.65\ \text{kPa}$ 的二氧化碳-空气混合气体与二氧化碳浓度为 $0.01\ \text{kmol/m}^3$

的水溶液接触,系统温度为 25℃,气液平衡关系为 $p_A^*(kPa)=1.66\times10^5 x$。试求:(1)上述过程是吸收还是解吸? 并以气相分压和液相浓度差表示过程的推动力;(2)若将上述混合气体与二氧化碳浓度为 0.005 kmol/m³ 的水溶液接触,以液相浓度差表示的过程推动力为多少? (3)若系统温度为 50℃,气液平衡关系为 $p_e(kPa)=2.87\times10^5 x$,指出该过程是吸收还是解吸? 并以液相浓度差表示过程的推动力。

**解**:(1)由液相浓度 $c_A$ 与 $x$ 的关系 $x=\dfrac{c_A}{\dfrac{\rho_s}{M_s}+c_A}$

得　　$x=\dfrac{0.01}{\dfrac{1\,000}{18}+0.01}=1.8\times10^{-4}$

由气液平衡关系得到 $p_e=1.66\times10^5\times1.8\times10^{-4}=29.88(kPa)$

已知 $p_A=50.65$ kPa

因 $p_A>p_e$

所以该过程为吸收过程。

以气相分压差表示的吸收过程推动力为

$p_A-p_e=50.65-29.88=20.77(kPa)$

平衡时液相浓度 $c_A^*$

由 $H=\dfrac{\rho_s}{EM_s}$ 得到

$$H=\frac{1\,000}{1.66\times10^5\times18}=3.35\times10^{-4}[kmol/(m^3\cdot kPa)]$$

$$c_A^*=Hp_A=3.35\times10^{-4}\times50.65=0.017(kmol/m^3)$$

以液相浓度差表示的吸收过程推动力为

$$c_A^*-c_A=0.017-0.01=0.007(kmol/m^3)$$

(2)当混合气与二氧化碳浓度为 0.005 kmol/m³ 的水溶液接触时,$c_A^*$ 没有变化,故液相浓度差表示的吸收过程推动力为

$$c_A^*-c_A=0.017-0.005=0.012(kmol/m^3)$$

(3)50℃时,$H=\dfrac{1\,000}{2.87\times10^5\times18}=1.94\times10^{-4}\times50.65=0.009\,8(kmol/m^3)$

$c_A^*<c_A$,所以该过程为解吸过程,以液相浓度差表示的解吸推动力为

$$c_A-c_A^*=0.01-0.009\,8=2\times10^{-4}(kmol/m^3)$$

讨论:从上述计算结果看,当液相浓度或气相浓度变化,过程方向和推动力将变化;操作温度和压力变化,使相平衡关系变化,也会引起过程方向及推动力变化。相平衡关系也是判断吸收过程进行方向和推动力计算的重要基础,低温和高压有利于吸收过程。

**例 4-2 吸收速率的影响因素**

在 101.3 kPa、25℃下用水吸收混合空气中的甲醇蒸气,气相主体中含甲醇蒸气为 0.15(摩尔分数,下同),已知水中甲醇的浓度很低,其平衡分压可认为是零。假设甲醇蒸气在气相中的扩散阻力相当于 2 mm 厚的静止空气层:(1)求吸收速率;(2)若吸收在 45℃ 下进行,其他条件不变,吸收速率又如何?(3)若吸收仍维持原条件,但气相主体中含甲醇蒸气为

0.01,吸收速率又如何?（已知 25℃时甲醇在空气中的扩散系数为 $1.54 \times 10^{-5}$ m²/s。）

**解:**(1)已知本题为甲醇蒸气通过静止空气层的单向扩散,且空气中甲醇蒸气浓度较高,要考虑总体流动的影响。

101.3 kPa、25℃下吸收速率即为单相扩散速率:$N_A = \dfrac{Dp}{RTz} \ln \dfrac{p_{B2}}{p_{B1}}$

或 $N_A = \dfrac{Dp}{RTz p_{Bm}} (p_{A1} - p_{A2})$

式中 $p_{Bm} = \dfrac{p_{B1} - p_{B2}}{\ln \dfrac{p_{B1}}{p_{B2}}}$

已知:气相主体中溶质甲醇蒸气分压为 $p_{A1} = 0.15 \times 101.3 = 15.20$(kPa)

空气(惰性组分)的分压 $p_{B1} = p - p_{A1} = 101.3 - 15.20 = 86.10$(kPa)

气液界面上的甲醇蒸气分压为 $p_{A2} = 0$

气液界面上的空气(惰性组分)分压 $p_{B2} = p - p_{A2} = 101.3$(kPa),$z = 0.002$ m,$T = 298$ K,$D = 1.54 \times 10^{-5}$ m²/s,$p = 101.3$ kPa。

漂流因子 $\dfrac{p}{p_{Bm}} = \dfrac{p}{\dfrac{p_{B2} - p_{B1}}{\ln \dfrac{p_{B2}}{p_{B1}}}} = \dfrac{101.3}{\dfrac{101.3 - 86.10}{\ln \dfrac{101.3}{86.10}}} = 1.08$

$$N_A = \frac{Dp}{RTz p_{Bm}} (p_{A1} - p_{A2}) = \frac{1.54 \times 10^{-5}}{8.314 \times 298 \times 0.002} \times 1.08 \times (15.20 - 0) \times 10^3$$
$$= 5.10 \times 10^{-2} [\text{mol/(m}^2 \cdot \text{s)}] = 5.10 \times 10^{-5} [\text{kmol/(m}^2 \cdot \text{s)}]$$

(2)若吸收温度为 45℃,因 $D = D_0 \dfrac{p_0}{p} \left( \dfrac{T}{T_0} \right)^{3/2}$,$D \propto T^{1.5}$

而 $N_A = \dfrac{Dp}{RTz p_{Bm}} (p_{A1} - p_{A2})$,$N_A \propto T^{0.5}$

所以 $N_A' = N_A \times \left( \dfrac{T'}{T} \right)^{0.5} = 5.10 \times 10^{-5} \times \left( \dfrac{318}{298} \right)^{0.5} = 5.27 \times 10^{-5} [\text{kmol/(m}^2 \cdot \text{s)}]$

(3)气相主体中含甲醇蒸气为 0.01

$$p_{A1} = 0.01 \times 101.3 = 1.013 \text{(kPa)}$$
$$p_{B1} = p - p_{A1} = 101.3 - 1.013 = 100.3 \text{(kPa)}$$
$$p_{A2} = 0$$
$$p_{B2} = p - p_{A2} = 101.3 \text{ kPa}$$

漂流因子 $\dfrac{p}{p_{Bm}} = \dfrac{p}{\dfrac{p_{B2} - p_{B1}}{\ln \dfrac{p_{B2}}{p_{B1}}}} = \dfrac{101.3}{\dfrac{101.3 - 100.3}{\ln \dfrac{101.3}{100.3}}} = 1.005$

溶质在气相中浓度较低,漂流因子接近于 1,总体流动的影响可忽略不计。

$$N_A = \frac{Dp}{RTz p_{Bm}} (p_{A1} - p_{A2}) = \frac{1.54 \times 10^{-5}}{8.314 \times 298 \times 0.002} \times (1.013 - 0) \times 10^3$$
$$= 3.15 \times 10^{-3} [\text{mol/(m}^2 \cdot \text{s)}] = 3.15 \times 10^{-6} [\text{kmol/(m}^2 \cdot \text{s)}]$$

讨论:从本题计算结果可以看出,当气相浓度较高时,总体流动对吸收速率的影响不容忽视,当气相浓度较低,总体流动的影响可忽略不计。吸收温度的改变对吸收速率有影响,温度不但改变了平衡条件,对扩散系数也有影响。

**例 4-3 物料衡算**

填料吸收塔内,用气体吸收混合溶剂中的溶质 A,操作条件下体系的平衡常数 $m$ 为 3,进塔气体浓度为 0.05(摩尔分数),当操作液气比为 5 时:(1)计算逆流操作时气体出口与液体出口极限浓度;(2)并流操作时气体出口与液体出口极限浓度;(3)若相平衡常数 $m$ 为 5,操作液气比为 3 时,再分别计算逆流和并流操作时气体出口与液体出口的极限浓度。

**解:**(1)逆流操作时[见例 4-3 图(a)]

因平衡线斜率 $m$ 为 3,操作液气比 $L/G$ 为 5,$L/G > m$,故当填料层无限高时,平衡线与操作线相交于塔顶,通过平衡关系可求出气体出口极限浓度:

$$y_{2,\min} = mx_2 = 0$$

液体出口极限浓度可通过物料衡算求得:

$$x_{1,\max} = x_2 + \frac{G}{L}(y_1 - y_{2,\min}) = 0 + \frac{1}{5} \times (0.05 - 0) = 0.01$$

(2)并流操作时

当填料层为无限高时,气体和液体从塔顶进入,平衡线与操作线必相交于塔底,通过平衡线方程与并流操作线方程的交点求出气体和液体出口极限浓度:

并流操作线方程 $y = y_1 - \dfrac{L}{G}(x - x_2) = 0.05 - 5x$

平衡线方程 $y = mx = 3x$

两方程联立求解 $y_{2,\min} = 0.018\ 8$

$$x_{1,\max} = 0.006\ 25$$

(3)① 逆流操作时[见例 4-3 图(b)]

因平衡线斜率 $m$ 为 5,操作线液气比 $L/G$ 为 3,$L/G < m$,故当填料层无限高时,平衡线与操作线相交于塔底,通过平衡线关系可求出液体出口极限浓度:

$$x_{1,\max} = \frac{y_1}{m} = \frac{0.05}{5} = 0.01$$

气体出口极限浓度可通过物料衡算求得:

$$y_{2,\min} = y_1 - \frac{L}{G}(x_{1,\max} - x_2) = 0.05 - 3 \times 0.01 = 0.02$$

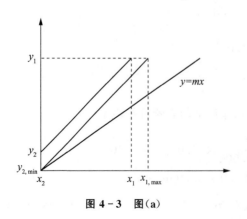

图 4-3 图(a)

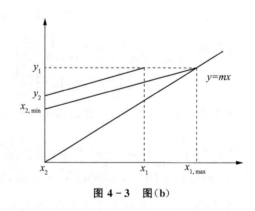

图 4-3 图(b)

② 并流操作时

当填料层为无限高时，气体和液体从塔顶进入，平衡线与操作线仍相交于塔底，通过平衡线方程与并流操作线方程的交点求出气体和液体出口极限浓度：

并流操作线方程：$y = y_1 - \dfrac{L}{G}(x - x_{2e}) = 0.05 - 3x$

平衡线方程：$y = mx = 5x$

两方程联立求解 $y_{2,\min} = 0.031\,25$

$$x_{1,\max} = 0.006\,25$$

讨论：从该题计算结果可以看出，吸收塔逆流操作，吸收过程达到的平衡点与操作线和平衡线的斜率密切相关，受相平衡的约束；而并流定会在塔底达到吸收平衡，且吸收条件相同时，逆流的气体吸收程度大于并流，逆流所得的吸收液极限浓度高于并流的吸收液极限浓度，故工业上大多数采用逆流操作。

**例 4-4** 传质推动力、阻力、传质速率及影响因素

填料吸收塔某截面上气液组成分别为 $y = 0.05$（摩尔分数，下同）、$x = 0.01$，气相和液相分体积传质系数分别为 $k_y a = 0.03\ \text{kmol}/(\text{m}^3 \cdot \text{s})$、$k_x a = 0.03\ \text{kmol}/(\text{m}^3 \cdot \text{s})$，相平衡关系为 $y = 4x$，试确定：(1) 该截面处气液两相传质总推动力、传质总阻力、传质速率及各相阻力的分配；(2) 降低吸收温度，若相平衡关系变为 $y = 0.1x$，两相组成和体积传质系数都不变，气液两相传质总推动力、总阻力、传质速率及各相阻力分配的变化；(3) 若已知气相传质系数 $k_y a \propto G^{0.7}$，相平衡关系仍为 $y = 4x$，当气体流量增加一倍时，总传质阻力变为多少？两种工况总传质阻力之比为多少？(4) 当相平衡关系变为 $y = 0.1x$，当气体流量增加一倍时，总传质阻力变为多少？两种工况总传质阻力之比为多少？

**解：**(1) 传质总推动力、传质总阻力、传质速率及各相阻力的分配

传质总推动力：

以气相摩尔比表示为

$$\Delta y = y - mx = 0.05 - 4 \times 0.01 = 0.01$$

以液相摩尔比表示为

$$\Delta x = \frac{y}{m} - x = 0.05/4 - 0.01 = 0.002\,5$$

传质总阻力：

与气相摩尔比推动力相对应的表示为

$$\frac{1}{K_y a} = \frac{m}{k_x a} + \frac{1}{k_y a} = \frac{4}{0.03} + \frac{1}{0.03} = 166.7\,(\text{m}^3 \cdot \text{s/kmol})$$

$$K_y a = 0.006\ \text{kmol}/(\text{m}^3 \cdot \text{s})$$

与液相摩尔比推动力相对应的表示为

$$\frac{1}{K_x a} = \frac{1}{k_x a} + \frac{1}{m k_y a} = \frac{1}{0.03} + \frac{1}{0.03 \times 4} = 41.7\,(\text{m}^3 \cdot \text{s/kmol})$$

$$K_x a = 0.024\ \text{kmol}/(\text{m}^3 \cdot \text{s})$$

或 $K_x a = m K_y a = 0.006 \times 4 = 0.024\,[\text{kmol}/(\text{m}^3 \cdot \text{s})]$

传质速率：

$$N_A = K_y a \Delta y = 0.006 \times 0.01 = 6 \times 10^{-5}\,[\text{kmol}/(\text{m}^3 \cdot \text{s})]$$

159

或 $N_A = K_x a \Delta x = 0.024 \times 0.002\ 5 = 6 \times 10^{-5} [\text{kmol}/(\text{m}^3 \cdot \text{s})]$

各相阻力的分配：

气相传质阻力占总阻力的分数 $\dfrac{\dfrac{1}{k_y a}}{\dfrac{1}{K_y a}} = \dfrac{\dfrac{1}{0.03}}{166.7} = 20\%$

液相传质阻力占总阻力的分数 $\dfrac{\dfrac{m}{k_x a}}{\dfrac{1}{K_y a}} = \dfrac{\dfrac{4}{0.03}}{166.7} = 80\%$

当相平衡常数 $m$ 为 4 时，气相传质阻力占总阻力的 20%，吸收过程为液膜控制。

(2) 降低吸收温度，相平衡关系变为 $y = 0.1x$。

传质总推动力：

以气相摩尔比表示为

$$\Delta y = y - m'x = 0.05 - 0.1 \times 0.01 = 0.049$$

以液相摩尔比表示为

$$\Delta x = \frac{y}{m'} - x = 0.05/0.1 - 0.01 = 0.49$$

传质总阻力：

与气相摩尔比推动力相对应的表示为

$$\frac{1}{K_y a} = \frac{m'}{k_x a} + \frac{1}{k_y a} = \frac{0.1}{0.03} + \frac{1}{0.03} = 36.7 (\text{m}^3 \cdot \text{s/kmol})$$
$$K_y a = 0.027 \ \text{kmol}/(\text{m}^3 \cdot \text{s})$$

与液相摩尔比推动力相对应的表示为

$$\frac{1}{K_x a} = \frac{1}{k_x a} + \frac{1}{m' k_y a} = \frac{1}{0.03} + \frac{1}{0.03 \times 0.1} = 366.7 (\text{m}^3 \cdot \text{s/kmol})$$
$$K_x a = 0.002\ 7 \ \text{kmol}/(\text{m}^3 \cdot \text{s})$$

或 $K_x a = m' K_y a = 0.027 \times 0.1 = 0.002\ 7 [\text{kmol}/(\text{m}^3 \cdot \text{s})]$

传质速率：

$$N_A = K_y a \Delta y = 0.027 \times 0.049 = 1.323 \times 10^{-3} [\text{kmol}/(\text{m}^3 \cdot \text{s})]$$

或 $N_A = K_x a \Delta x = 0.002\ 7 \times 0.49 = 1.323 \times 10^{-3} [\text{kmol}/(\text{m}^3 \cdot \text{s})]$

各相阻力的分配：

气相传质阻力占总阻力的分数 $\dfrac{\dfrac{1}{k_y a}}{\dfrac{1}{K_y a}} = \dfrac{\dfrac{1}{0.03}}{36.7} = 91\%$

液相传质阻力占总阻力的分数 $\dfrac{\dfrac{m'}{k_x a}}{\dfrac{1}{K_y a}} = \dfrac{\dfrac{0.1}{0.03}}{36.7} = 9\%$

（3）原工况下，当相平衡常数 $m$ 为 4 时，总传质阻力为

$$\frac{1}{K_y a}=166.7 \text{ m}^3 \cdot \text{s/kmol}$$

当气体流量增加一倍时，总传质阻力为

$$\frac{1}{K'_y a}=\frac{m}{k_x a}+\frac{1}{2^{0.7} k_y a}=\frac{4}{0.03}+\frac{1}{2^{0.7}\times 0.03}=154(\text{m}^3 \cdot \text{s/kmol})$$

或 $$\frac{1}{K'_x a}=\frac{1}{k_x a}+\frac{1}{m k'_y a}=\frac{1}{0.03}+\frac{1}{4\times 0.03\times 2^{0.7}}=38.5(\text{m}^3 \cdot \text{s/kmol})$$

两种工况总传质阻力之比为

$$\frac{\dfrac{1}{K'_y a}}{\dfrac{1}{K_y a}}=\frac{154}{166.7}=92\% \quad \text{或} \quad \frac{\dfrac{1}{K'_x a}}{\dfrac{1}{K_x a}}=\frac{38.5}{41.7}=92\%。$$

（4）当相平衡常数 $m$ 为 0.1 时，总传质阻力为

$$\frac{1}{K_y a}=36.7 \text{ m}^3 \cdot \text{s/kmol}$$

当气体流量增加一倍时，总传质阻力为

$$\frac{1}{K'_y a}=\frac{m}{k_x a}+\frac{1}{2^{0.7} k_y a}=\frac{0.1}{0.03}+\frac{1}{2^{0.7}\times 0.03}=23.85(\text{m}^3 \cdot \text{s/kmol})$$

或 $$\frac{1}{K'_x a}=\frac{1}{k_x a}+\frac{1}{m k'_y a}=\frac{1}{0.03}+\frac{1}{0.1\times 0.03\times 2^{0.7}}=238.5(\text{m}^3 \cdot \text{s/kmol})$$

两种工况总传质阻力之比为

$$\frac{\dfrac{1}{K'_y a}}{\dfrac{1}{K_y a}}=\frac{23.85}{36.7}=65\% \quad \text{或} \quad \frac{\dfrac{1}{K'_x a}}{\dfrac{1}{K_x a}}=\frac{238.5}{366.7}=65\%。$$

讨论：从（1）与（2）的计算结果比较看：当温度降低，相平衡常数 $m$ 由 4 变为 0.1，气相传质阻力占总阻力由 20% 提高到 91%，吸收过程由液膜控制转化为气膜控制。由此可见，相平衡关系对吸收推动力、总传质阻力及各相传质阻力的分配控制影响很大。

由（3）的计算结果可以看出，相平衡常数较大时，传质阻力主要集中在液膜一侧，虽然提高气体流量，气膜传质阻力降低，但传质总阻力降低幅度不大；而从（4）的计算结果看，相平衡常数小时，传质阻力主要集中在气膜一侧，故提高气体流量，总传质阻力降低幅度较大。

**例 4-5 吸收剂用量和填料层高度的设计计算**

在填料吸收塔内，用清水逆流吸收混合气体中的 $SO_2$，气体流量为 5 000 $\text{m}^3/\text{h}$（标准状态），其中含 $SO_2$ 的摩尔分数为 0.1，要求 $SO_2$ 的吸收率为 95%，水的用量是最小用量的 1.5 倍。在操作条件下，系统平衡关系为 $y=2.7x$，试求：（1）实际用水量；（2）吸收液出塔浓度；（3）当气相总体积传质系数为 0.2 $\text{kmol}/(\text{m}^3 \cdot \text{s})$，塔截面为 0.5 $\text{m}^2$ 时，所需填料层高度。

**解**：（1）因为 $SO_2$ 易溶解于水，可看成低浓度气体的吸收。

$$y_2=y_1(1-\eta)=0.1\times(1-0.95)=0.005$$

$$x_2 = 0$$

$$G = \frac{5\,000}{22.4} \times (1 - 0.1) = 200.9\,(\text{kmol/h})$$

$$L_{\min} = G\,\frac{y_1 - y_2}{x_{1e} - x_2} = \frac{200.9 \times (0.1 - 0.005)}{\dfrac{0.1}{2.7} - 0} = 515.3\,(\text{kmol/h})$$

实际用水量 $L = 1.5 L_{\min} = 1.5 \times 515.3 = 773\,(\text{kmol/h})$

（2）吸收液出塔浓度通过全塔物料衡算求得

$$x_1 = x_2 + \frac{G(y_1 - y_2)}{L} = 0 + \frac{200.9 \times (0.1 - 0.005)}{773} = 0.024\,7$$

（3）平均推动力法

$$y_{1e} = 2.7 x_1 = 2.7 \times 0.024\,7 = 0.066\,7$$

$$y_{2e} = 0$$

$$\Delta y_1 = y_1 - y_{1e} = 0.1 - 0.066\,7 = 0.033\,3$$

$$\Delta y_2 = y_2 - y_{2e} = 0.005 - 0 = 0.005$$

$$\Delta y_m = \frac{\Delta y_1 - \Delta y_2}{\ln \dfrac{\Delta y_1}{\Delta y_2}} = \frac{0.033\,3 - 0.005}{\ln \dfrac{0.033\,3}{0.005}} = 0.014\,9$$

$$N_{OG} = \frac{y_1 - y_2}{\Delta y_m} = \frac{0.1 - 0.005}{0.014\,9} = 6.38$$

$$H_{OG} = \frac{G}{K_y a \Omega} = \frac{200.9/3\,600}{0.2 \times 0.5} = 0.558\,(\text{m})$$

$$H = N_{OG} H_{OG} = 6.38 \times 0.558 = 3.56\,(\text{m})$$

解吸因数法：

$$N_{OG} = \frac{1}{1 - \dfrac{1}{A}} \ln \left[ \left(1 - \frac{1}{A}\right) \frac{y_1 - mx_2}{y_2 - mx_2} + \frac{1}{A} \right]$$

$$\frac{1}{A} = \frac{mG}{L} = \frac{2.7 \times 200.9}{773} = 0.702$$

$$N_{OG} = \frac{1}{1 - 0.702} \times \ln \left[ (1 - 0.702) \times \frac{1}{1 - 0.95} + 0.702 \right] = 6.37$$

$$H_{OG} = \frac{V}{K_y a \Omega} = \frac{200.9/3\,600}{0.2 \times 0.5} = 0.558\,(\text{m})$$

$$H = N_{OG} H_{OG} = 6.37 \times 0.558 = 3.55\,(\text{m})$$

讨论：该题是一个典型的吸收塔设计计算题，从解题过程中可以看出，求传质单元数采用平均推动力法和脱吸因数法结果是相同的，但平均推动力法必须已知气液两相进出口共4个浓度值，而脱吸因数法只需要3个浓度值即可。

**例4-6　填料塔的核算问题**

在一填料塔内用纯溶剂吸收气体混合物中的某溶质组分，进塔气体溶质浓度为0.01（摩尔分数，下同），混合气质量流量为1 400 kg/h，平均摩尔质量为29 g/mol，操作液气比为1.5，在操作条件下气液平衡关系为$y = 1.5x$，当两相逆流操作时，工艺要求气体吸收率为

95%,现有一填料层高度为 7 m、塔径为 0.8 m 的填料塔,气相总体积传质系数为 0.088 kmol/($m^3 \cdot$ s),试求:(1)操作液气比是最小液气比的多少倍?(2)出塔液体的浓度;(3)该塔是否合适?

**解**:(1) $y_2 = y_1(1-\eta) = 0.01 \times (1-0.95) = 0.000\,5$

$$\left(\frac{L}{G}\right)_{\min} = \frac{y_1 - y_2}{x_{1e} - x_2} = \frac{y_1 - y_2}{y_1/m} = m\eta = 1.5 \times 0.95 = 1.43$$

$$\frac{\dfrac{L}{G}}{\left(\dfrac{L}{G}\right)_{\min}} = \frac{1.5}{1.43} = 1.05$$

(2) $x_1 = x_2 + \dfrac{G}{L}(y_1 - y_2) = x_2 + \dfrac{G}{L}y_1\eta = 0.01 \times \dfrac{0.95}{1.5} = 6.33 \times 10^{-3}$

(3)平均推动力法求传质单元数:

$$y_{1e} = 1.5 x_1 = 1.5 \times 0.006\,33 = 0.009\,5$$
$$y_{2e} = 0$$
$$\Delta y_1 = y_1 - y_{1e} = 0.01 - 0.009\,5 = 0.000\,5$$
$$\Delta y_2 = y_2 - y_{2e} = 0.000\,5 - 0 = 0.000\,5$$
$$\Delta y_m = \frac{\Delta y_1 - \Delta y_2}{\ln \dfrac{\Delta y_1}{\Delta y_2}} = \frac{0.000\,5 - 0.000\,5}{\ln \dfrac{0.000\,5}{0.000\,5}} = 0$$

从平均推动力 $\Delta y_m$ 的物理意义上看,$\Delta y_m$ 为全塔的平均推动力,而吸收塔两端的推动力相等 $\Delta y_1 = \Delta y_2$,且操作线与平衡线斜率相等,$\dfrac{L}{G} = m = 1.5$,即两条线平行,故塔内各截面推动力均相等,$\Delta y_m = \Delta y_1 = \Delta y_2 = 0.000\,5$。

$$N_{OG} = \frac{y_1 - y_2}{\Delta y_m} = \frac{0.01 - 0.000\,5}{0.000\,5} = 19$$

脱吸因数法求传质单元数

脱吸因数 $\dfrac{1}{A} = \dfrac{mG}{L} = \dfrac{1.5}{1.5} = 1$

由于 $\dfrac{1}{A} = 1$,$N_{OG} = \dfrac{1}{1 - \dfrac{1}{A}} \ln\left[\left(1 - \dfrac{1}{A}\right)\dfrac{y_1 - mx_2}{y_2 - mx_2} + \dfrac{1}{A}\right]$ 的分母为零,不能直接采用该公式

计算传质单元数,可从传质单元数基本定义出发,而操作线与平衡线的斜率相等,即两条线平行,故塔内截面推动力均相等,$y - y_e = \Delta y = 0.000\,5$。

$$N_{OG} = \int_{y_2}^{y_1} \frac{\mathrm{d}y}{y - y_e} = \int_{y_2}^{y_1} \frac{\mathrm{d}y}{\Delta y} = \frac{\displaystyle\int_{y_2}^{y_1}\mathrm{d}y}{0.000\,5} = \frac{y_1 - y_2}{0.000\,5} = \frac{0.01 - 0.000\,5}{0.000\,5} = 19$$

传质单元高度:$G = \dfrac{1\,400}{29} \times (1 - 0.009\,9) = 47.8\,(\mathrm{kmol/h})$

$$\Omega = 0.785 \times 0.8^2 = 0.5\,(\mathrm{m^2})$$

$$H_{OG} = \frac{G}{K_y a\Omega} = \frac{47.8/3\,600}{0.088 \times 0.5} = 0.30\,(\mathrm{m})$$

$$H = N_{OG}H_{OG} = 19 \times 0.30 = 5.7 \text{(m)}$$

即所需填料层高度为 5.7 m,而实际填料层高度为 7 m,故该塔合适。

(1) 这是一道填料层高度核算题,解题目标是求出工艺所需填料层高度,然后与实际填料层高度比较,若所需填料层高度小于实际填料层高度,填料塔合适,否则不合适。此类问题仍属于填料塔设计计算问题。

(2) 计算传质单元数遇到操作线与平衡线平行时,采用上述办法,也可通过对原平均推动力公式 $\Delta y_m = \dfrac{\Delta y_1 - \Delta y_2}{\ln \dfrac{\Delta y_1}{\Delta y_2}}$ 和解吸因数公式 $N_{OG} = \dfrac{1}{1 - \dfrac{1}{A}} \ln \left[ \left(1 - \dfrac{1}{A}\right) \dfrac{y_1 - mx_2}{y_2 - mx_2} + \dfrac{1}{A} \right]$ 进行数学处理,采用洛必达法则进行计算,仍可得到相同结果。

**例 4-7 吸收剂进口浓度对填料层高度的影响**

在一填料吸收塔中用解吸塔再生得到的浓度为 0.001(摩尔分数,下同)的溶剂吸收混合气中的溶质,气体入塔组成为 0.02,操作在液气比为 1.5 的条件下进行,在操作条件下平衡关系为 $y = 1.2x$,出塔气体组成达到 0.002。现因解吸不良,吸收溶剂的入塔浓度变为 0.001 5。试求:(1)若维持原有的吸收率和吸收条件,所需填料层高度变为原来的多少倍? (2)若不增加填料层高度,可采取哪些措施?

**解**:(1) 原工况:$\dfrac{1}{A} = \dfrac{mG}{L} = \dfrac{1.2}{1.5} = 0.8$

$$N_{OG} = \dfrac{1}{1 - \dfrac{1}{A}} \ln \left[ \left(1 - \dfrac{1}{A}\right) \dfrac{y_1 - mx_2}{y_2 - mx_2} + \dfrac{1}{A} \right]$$

$$= \dfrac{1}{1 - 0.8} \times \ln \left[ (1 - 0.8) \times \dfrac{0.02 - 1.2 \times 0.001}{0.002 - 1.2 \times 0.001} + 0.8 \right] = 8.52$$

新工况:$N'_{OG} = \dfrac{1}{1 - \dfrac{1}{A}} \ln \left[ \left(1 - \dfrac{1}{A}\right) \dfrac{y_1 - mx'_2}{y_2 - mx'_2} + \dfrac{1}{A} \right]$

$$= \dfrac{1}{1 - 0.8} \times \ln \left[ (1 - 0.8) \times \dfrac{0.02 - 1.2 \times 0.001\,5}{0.002 - 1.2 \times 0.001\,5} + 0.8 \right] = 14.72$$

吸收剂进口浓度增加,传质单元高度不变,故 $\dfrac{H'}{H} = \dfrac{N'_{OG}}{N_{OG}} = \dfrac{14.72}{8.52} = 1.73$。

(2) 若不增加填料层高度而提高吸收压力(相平衡常数变小,平衡线变平,操作线不变,吸收推动力增大)、降低吸收温度(同增加压力的作用)、采用较大的操作液气比(增加吸收推动力)或采用高效填料(降低传质阻力,提高总体积传质系数)也可达到原来的吸收率。

讨论:从结果看,吸收剂进口浓度变化很小,而对填料层高度的影响却变大,故工业上对解吸的要求较高,但这是以高能耗为代价的。

**例 4-8 气体和液体流量对吸收塔所需填料层高度设计的影响**

在一填料塔内,用清水逆流吸收混合气中的溶质组分,混合气流量为 33.7 kmol/(m² · h),溶质组分的组成为 0.05(体积分数),清水流量为 24 kmol/(m² · h),操作液气比为最小液气比的 1.5 倍。吸收过程为气膜控制,气相总体积传质系数 $K_y a$ 与混合气流量的 0.7 次方成正比,要求溶质吸收率达到 95%,试计算下列情况下,所需填料层高度如何变化? (1)气体流量增加 20%;(2)液体流量增加 20%。

**解**:本题属于低浓度气体吸收类型。

$$y_1 = 0.05, G = 33.7 \text{ kmol/(m}^2 \cdot \text{h)}$$

原工况：$\dfrac{L}{G}=1.5\left(\dfrac{L}{G}\right)_{\min}=1.5\dfrac{y_1-y_2}{x_{1e}-x_2}=1.5\dfrac{y_1-y_2}{\dfrac{y_1}{m}}=1.5m\eta$

$$\dfrac{L}{G}=1.5m\times0.95=\dfrac{24}{33.7}$$

故 $m=0.50$。

$$\dfrac{1}{A}=\dfrac{mG}{L}=\dfrac{0.50\times33.7}{24}=0.7018$$

$$N_{OG}=\dfrac{1}{1-\dfrac{1}{A}}\ln\left[\left(1-\dfrac{1}{A}\right)\dfrac{y_1-mx_2}{y_2-mx_2}+\dfrac{1}{A}\right]=\dfrac{1}{1-\dfrac{1}{A}}\ln\left[\left(1-\dfrac{1}{A}\right)\dfrac{1}{1-\eta}+\dfrac{1}{A}\right]$$

$$=\dfrac{1}{1-0.7018}\times\ln\left[(1-0.7018)\times\dfrac{1}{1-0.95}+0.7018\right]=6.36$$

（1）混合气体流量增加，混合气体中溶质浓度不变，传质单元高度和传质单元数均变化。

因为 $K_ya\propto G^{0.7}$

所以 $K_y'a=1.2^{0.7}K_ya$

而 $G'=1.2G$

故 $\dfrac{H_{OG}'}{H_{OG}}=\dfrac{\dfrac{G'}{K_y'a}}{\dfrac{G}{K_ya}}=\dfrac{G'K_ya}{GK_y'a}=1.2\times\dfrac{1}{1.2^{0.7}}=1.056$

$$\left(\dfrac{1}{A}\right)'=\dfrac{mG'}{L}=\dfrac{0.50\times1.2\times33.7}{24}=0.8425$$

吸收率不变，故 $N_{OG}'=\dfrac{1}{1-\left(\dfrac{1}{A}\right)'}\ln\left[\left(1-\left(\dfrac{1}{A}\right)'\right)\dfrac{y_1-mx_2}{y_2-mx_2}+\left(\dfrac{1}{A}\right)'\right]$

$$=\dfrac{1}{1-\left(\dfrac{1}{A}\right)'}\ln\left[\left(1-\left(\dfrac{1}{A}\right)'\right)\dfrac{1}{1-\eta}+\left(\dfrac{1}{A}\right)'\right]$$

$$=\dfrac{1}{1-0.8425}\times\ln\left[(1-0.8425)\times\dfrac{1}{1-0.95}+0.8425\right]=8.79$$

因为 $H=N_{OG}H_{OG}$

所以 $\dfrac{H'}{H}=\dfrac{H_{OG}'}{H_{OG}}\cdot\dfrac{N_{OG}'}{N_{OG}}=1.056\times\dfrac{8.79}{6.36}=1.46$

（2）由于该吸收过程为气膜控制，故增加水流量，传质单元高度不变化，但传质单元数变化。

$$\left(\dfrac{1}{A}\right)''=\dfrac{mG}{L'}=\dfrac{0.50\times33.7}{24\times1.2}=0.5851$$

吸收率不变，故 $N_{OG}''=\dfrac{1}{1-\left(\dfrac{1}{A}\right)''}\ln\left[\left(1-\left(\dfrac{1}{A}\right)''\right)\dfrac{y_1-mx_2}{y_2-mx_2}+\left(\dfrac{1}{A}\right)''\right]$

$$=\dfrac{1}{1-\left(\dfrac{1}{A}\right)''}\ln\left[\left(1-\left(\dfrac{1}{A}\right)''\right)\dfrac{1}{1-\eta}+\left(\dfrac{1}{A}\right)''\right]$$

$$= \frac{1}{1-0.585\ 1} \times \ln\left[(1-0.585\ 1) \times \frac{1}{1-0.95} + 0.585\ 1\right] = 5.26$$

因为 $H = N_{OG}H_{OG}$

所以 $\dfrac{H'}{H} = \dfrac{N''_{OG}}{N_{OG}} = \dfrac{5.26}{6.36} = 0.827$

该题结果说明：在吸收率不变的条件下，增加混合气体流量，气相传质阻力减少，由于吸收过程为气膜控制，所以总传质阻力减少，即 $K_ya$ 增加；因气相总体积传质系数 $K_ya$ 与混合气流量的 0.7 次方成正比，故气相传质单元高度 $H_{OG} = \dfrac{G}{K_ya}$ 随混合气量增加而增加。同时气体流量增加，操作液气比减小，吸收操作线距平衡线的距离减小，吸收推动力减小，气相传质单元数增加。所以，混合气体流量增加导致填料层高度增加。而增加液体流量，传质单元高度不变，但吸收推动力提高，传质单元数下降，故填料层高度下降。

**例4-9** 混合气体进口浓度、吸收剂进口浓度对溶质收率的影响

在 101.3 kPa、25℃ 的条件下，采用填料塔以清水逆流吸收空气-氨气混合气中的氨气，混合气体体积流率为 200 m³/(m²·h)，混合气进口氨摩尔分数为 0.01，清水质量流率为 297 kg/(m²·h)，吸收率为 90%。操作条件下平衡关系为 $y = 1.5x$，若操作条件有下列变化，计算溶质氨气吸收率变为多少？并指出吸收操作线的变化。(1)混合气进口氨的摩尔分数增加到 0.02；(2)吸收剂采用解吸塔解吸后的溶剂，故进塔吸收剂浓度变为 0.001。

**解**：原工况

$$y_2 = y_1(1-\eta) = 0.01 \times (1-0.9) = 0.001$$

$$G = \frac{200}{22.4} \times \frac{273}{298} = 8.18[\text{kmol/(m}^2 \cdot \text{h})]$$

$$L = 297/18 = 16.5[\text{kmol/(m}^2 \cdot \text{h})]$$

$$\frac{L}{G} = \frac{16.5}{8.18} = 2.017$$

$$\frac{1}{A} = \frac{mG}{L} = \frac{1.5}{2.017} = 0.743\ 7$$

$$N_{OG} = \frac{1}{1-\dfrac{1}{A}} \ln\left[\left(1-\frac{1}{A}\right)\frac{y_1-mx_2}{y_2-mx_2} + \frac{1}{A}\right]$$

$$= \frac{1}{1-\dfrac{1}{A}} \ln\left[\left(1-\frac{1}{A}\right)\frac{1}{1-\eta} + \frac{1}{A}\right]$$

$$= \frac{1}{1-0.743\ 7} \times \ln\left[(1-0.743\ 7) \times \frac{1}{1-0.90} + 0.743\ 7\right] = 4.67$$

(1) 当操作液气比和填料层高度一定时，若采用纯溶剂进行吸收，由公式

$$N_{OG} = \frac{1}{1-\dfrac{1}{A}} \ln\left[\left(1-\frac{1}{A}\right)\frac{y_1-mx_2}{y_2-mx_2} + \frac{1}{A}\right] \text{简化为} \quad N_{OG} = \frac{1}{1-\dfrac{1}{A}} \ln\left[\left(1-\frac{1}{A}\right)\frac{1}{1-\eta} + \frac{1}{A}\right] \text{可}$$

知，混合气溶质初始浓度变化，传质单元高度不变，则传质单元数不变，所以溶质回收率与混合气溶质初始浓度无关，吸收率仍为 90%。操作线斜率不变，由于吸收率不变，$y'_1 > y_1$，所以 $y'_2 > y_2$。由 $x'_1 = \dfrac{G}{L}(y'_1 - y'_2) + x_2$，$x'_1 = \dfrac{G}{L}(y'_1\eta)$ 可知 $x'_1 > x_1$，故操作线变化如例 4-9 图(a)所示。$AB$ 为原操作线，$CD$ 为混合气溶质初始浓度增加后的操作线。

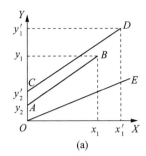 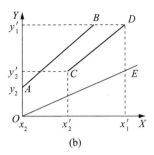

(a)                  (b)

例 4-9 图

（2）对溶质做物料衡算：

$$x_1' = \frac{G}{L}(y_1 - y_2') + x_2' = \frac{0.01 - y_2'}{2.017} + 0.001$$

解吸塔传质单元数可用公式计算：

$$N_{OG} = \frac{1}{1-\dfrac{1}{A}}\ln\frac{y_1 - mx_1'}{y_2' - mx_2'} = \frac{1}{1-0.743\,7} \times \ln\frac{0.01 - 1.5x_1'}{y_2' - 1.5 \times 0.001}$$

当吸收剂进口浓度变化,填料层高度不变,传质单元高度不变,传质单元数不变,故上式化为

$$4.67 = \frac{1}{1-0.743\,7} \times \ln\frac{0.01 - 1.5x_1'}{y_2' - 1.5 \times 0.001}$$

即 $3.31 = \dfrac{0.01 - 1.5x_1'}{y_2' - 1.5 \times 0.001}$

或 $3.31 \times (y_2' - 1.5 \times 0.001) = 0.01 - 1.5x_1'$

与方程 $x_1' = \dfrac{0.01 - y_2'}{2.017} + 0.001$ 联立求解得到

$$x_1' = 0.004\,79, \quad y_2' = 0.002\,35$$

$$\eta = \frac{y_1 - y_2'}{y_1} = \frac{0.01 - 0.002\,35}{0.01} \times 100\% = 76.5\%$$

吸收剂进口浓度增加,分离效果变差,混合气出口中溶质浓度增加,溶质吸收率大大降低。操作线斜率不变,但靠近平衡线,吸收推动力下降,$y_2' > y_2$,$x_1' > x_1$,故操作线变化如例 4-9 图(b)所示,$AB$ 为原操作线,$CD$ 为吸收剂溶质初始浓度增加后的操作线。

### 例 4-10 吸收温度对吸收效果的影响

在某填料吸收塔内,用纯溶剂逆流吸收混合气体中的溶质,可溶组分初始组成为 0.01（摩尔分数）,操作温度为 30℃,吸收率达到 90%。试求下列两种体系当其操作温度均降低到 10℃时吸收率和吸收推动力的变化,并分析其原因。（1）溶质为 $NH_3$（已知 10℃下,平衡关系为 $y = 0.5x$；30℃下,平衡关系为 $y = 1.2x$。温度对气相传质系数 $k_ya$ 的影响可忽略不计,吸收操作所用液气比为 5）,该吸收过程可认为是气膜控制；（2）溶质为 $SO_2$（已知 10℃下,平衡关系为 $y = 8x$；30℃下,平衡关系为 $y = 16x$。温度对液相传质系数 $k_xa$ 的影响可忽略不计,吸收操作所用液气比为 20）,该吸收过程可认为是液膜控制。

**解:**（1）原工况（30℃）

$$\frac{1}{A}=\frac{mG}{L}=\frac{1.2}{5}=0.24$$

$$N_{OG}=\frac{1}{1-\frac{1}{A}}\ln\left[\left(1-\frac{1}{A}\right)\frac{y_1-mx_2}{y_2-mx_2}+\frac{1}{A}\right]=\frac{1}{1-0.24}\times\ln\left[(1-0.24)\times\frac{1}{1-0.90}+0.24\right]=2.71$$

$$y_2=y_1(1-\eta)=0.01\times(1-0.9)=0.001$$

$$\Delta y_m=\frac{y_1-y_2}{N_{OG}}=\frac{0.01-0.001}{2.71}=0.003\,32$$

新工况（10℃）

因为温度对气相传质系数 $k_ya$ 的影响可忽略不计，所以对于气膜控制的吸收过程，其 $k_ya$ 不变，传质单元高度 $H_{OG}$ 不变。

又因为 $H=N_{OG}H_{OG}$，故传质单元数 $N_{OG}$ 可视为不变。

$$\left(\frac{1}{A}\right)'=\frac{m'G}{L}=\frac{0.5}{5}=0.1$$

$$N'_{OG}=\frac{1}{1-\left(\frac{1}{A}\right)'}\ln\left[\left(1-\left(\frac{1}{A}\right)'\right)\frac{1}{1-\eta'}+\left(\frac{1}{A}\right)'\right]$$

$$2.71=\frac{1}{1-0.1}\times\ln\left[(1-0.1)\times\frac{1}{1-\eta'}+0.1\right]$$

解得 $\eta'=0.921$

$$y'_2=y_1(1-\eta')=0.01\times(1-0.921)=0.000\,79$$

$$\Delta Y'_m=\frac{Y_1-Y'_2}{N_{OG}}=\frac{0.01-0.000\,8}{2.71}=0.003\,4$$

（2）原工况（30℃）

$$y_2=y_1(1-\eta)=0.01\times(1-0.9)=0.001$$

$$x_1=x_2+\frac{G(y_1-y_2)}{L}=0+\frac{0.01-0.001}{20}=0.000\,45$$

$$\Delta y_1=y_1-mx_1=0.01-16\times0.000\,45=0.002\,8$$

$$\Delta y_2=y_2-mx_2=0.001$$

$$\Delta y_m=\frac{\Delta y_1-\Delta y_2}{\ln\dfrac{\Delta y_1}{\Delta y_2}}=\frac{0.002\,8-0.001}{\ln\dfrac{0.002\,8}{0.001}}=0.001\,75$$

$$N_{OG}=\frac{y_1-y_2}{\Delta y_m}=\frac{0.01-0.001}{0.001\,75}=5.14$$

传质单元数也可通过解吸因数法求得。

新工况（10℃）

因为温度对液相传质系数 $k_xa$ 的影响可忽略不计，对于液膜控制的吸收过程，有 $\dfrac{1}{K_ya}\approx\dfrac{m}{k_xa}$。

又因为 $H_{OG}=\dfrac{G}{K_ya\Omega}$，$H=N'_{OG}H'_{OG}$，

所以 $\dfrac{N'_{OG}}{N_{OG}} = \dfrac{H_{OG}}{H'_{OG}} = \dfrac{\dfrac{G}{K_y a\Omega}}{\dfrac{G}{K'_y a\Omega}} = \dfrac{m}{m'}$

$$N'_{OG} = \frac{16}{8} \times 5.14 = 10.28$$

$$x'_1 = x_2 + \frac{G(y_1 - y'_2)}{L} = 0 + \frac{0.01 - y'_2}{20}$$

$$N'_{OG} = \frac{1}{1 - \left(\dfrac{1}{A}\right)'} \ln \frac{y_1 - mx'_1}{y'_2 - mx'_2} = \frac{1}{1 - \dfrac{8}{20}} \times \ln \frac{0.01 - 8x'_1}{y'_2} = 10.28$$

化简上式得 $y'_2 = 0.000\,021 - 0.016\,8 x'_1$

与 $x'_1 = \dfrac{0.01 - y'_2}{20}$ 联立求解得

$$y'_2 = 0.000\,012\,6, x'_1 = 0.000\,5$$

$$\eta' = \frac{y_1 - y'_2}{y_1} = \frac{0.01 - 0.000\,012\,6}{0.01} \times 100\% = 99.9\%$$

$$\Delta y'_m = \frac{y_1 - y'_2}{N'_{OG}} = \frac{0.01 - 0.000\,012\,6}{10.28} = 0.000\,97$$

讨论:由(1)中计算结果看,对于气膜控制的吸收过程,温度降低,总的吸收结果是吸收率提高。从推动力的变化看,推动力提高了,而吸收的传质阻力没有变化,所以吸收效果提高是由推动力增加所致的。

由(2)中计算结果看,对于液膜控制的吸收过程,温度降低,吸收率提高。从推动力的变化看,推动力降低了,但吸收的传质阻力 $\dfrac{1}{K_y a} \approx \dfrac{m}{k_x a}$ 随温度的降低而降低,所以吸收总的效果是吸收率提高。

从(1)和(2)的结果可以看出,吸收温度影响相平衡常数,进而影响吸收过程的推动力和阻力,总的结果是温度降低对吸收有利。

### 例 4－11　溶剂流量对吸收过程的影响

在一填料吸收塔内,用清水逆流吸收空气中的 $NH_3$,进入吸收塔的气体中 $NH_3$ 组成为 0.01(摩尔分数,下同),吸收在常压、温度为 10℃的条件下进行,吸收率达到 95%,吸收液出口含 $NH_3$ 组成为 0.01。操作条件下平衡关系为 $y = 0.5x$,试计算清水流量增加一倍时,吸收率、吸收推动力和阻力会如何变化?并定性画出吸收操作线的变化。(假设吸收过程被认为是气膜控制。)

**解:**原工况

$$\frac{L}{G} = \frac{y_1 - y_2}{x_1 - x_2} = \frac{0.01 \times 0.95}{0.01} = 0.95$$

$$\frac{1}{A} = \frac{mG}{L} = \frac{0.5}{0.95} = 0.526$$

$$N_{OG} = \frac{1}{1 - \dfrac{1}{A}} \ln\left[\left(1 - \frac{1}{A}\right)\frac{1}{1 - \eta} + \frac{1}{A}\right] = \frac{1}{1 - 0.526} \times \ln\left[(1 - 0.526) \times \frac{1}{1 - 0.95} + 0.526\right] = 4.86$$

$$\Delta y_m = \frac{y_1 - y_2}{N_{OG}} = \frac{0.01 \times 0.95}{4.86} = 0.001\ 95$$

新工况:清水流量增加,吸收过程为气膜控制,气相总体积传质系数(传质阻力不变)和传质单元高度不变,故气相传质单元数也不变。

$$\left(\frac{1}{A}\right)' = \frac{mG}{L'} = \frac{0.526}{2} = 0.263$$

$$N'_{OG} = \frac{1}{1-\left(\frac{1}{A}\right)'} \ln\left[\left(1-\left(\frac{1}{A}\right)'\right)\frac{1}{1-\eta'} + \left(\frac{1}{A}\right)'\right]$$

$$4.86 = \frac{1}{1-0.263} \times \ln\left[(1-0.263) \times \frac{1}{1-\eta'} + 0.263\right]$$

解得 $\eta' = 0.98$

$$y'_2 = y_1(1-\eta') = 0.01 \times (1-0.98) = 0.000\ 2$$

$$\Delta y'_m = \frac{y_1 - y'_2}{N_{OG}} = \frac{0.01 - 0.000\ 2}{4.86} = 0.002\ 02$$

由计算结果可见,对于气膜控制的吸收过程,增加液相流量,传质阻力不变,推动力增加,所以吸收效果提高,操作线变化如例 4-11 图所示,$AB$ 为原工况下的操作线,$CD$ 为新工况下的操作线。

问题:如果吸收过程为液膜控制过程或一般吸收过程,当提高气体流量时,吸收效果、传质阻力、推动力如何变化?

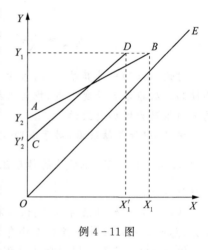

例 4-11 图

### 例 4-12  并流与逆流的比较

在一填料吸收塔内,用含溶质为 0.009 9(摩尔分数,下同)的吸收剂逆流吸收混合气中溶质的 85%,进塔气体中溶质浓度为 0.091,操作液气比为 0.9,已知操作条件下系统的平衡关系为 $y = 0.86x$,假设总体积传质系数与流动方式无关。试求:(1)逆流操作改为并流操作后所得吸收液的浓度;(2)逆流操作与并流操作平均推动力之比。

**解:**(1)逆流吸收时,已知 $y_1 = 0.091$,$x_2 = 0.009\ 9$

所以 $y_2 = y_1(1-\eta) = 0.091 \times (1-0.85) = 0.013\ 7$

$$x_1 = x_2 + \frac{G(y_1 - y_2)}{L} = 0.009\ 9 + \frac{0.091 - 0.013\ 7}{0.9} = 0.095\ 8$$

$$y_{1e} = 0.86x_1 = 0.86 \times 0.095\ 8 = 0.082\ 4$$

$$y_{2e} = 0.86x_2 = 0.86 \times 0.009\ 9 = 0.008\ 51$$

$$\Delta y_1 = y_1 - y_{1e} = 0.091 - 0.082\ 4 = 0.008\ 6$$

$$\Delta y_2 = y_2 - y_{2e} = 0.013\ 7 - 0.008\ 51 = 0.005\ 19$$

$$\Delta y_m = \frac{\Delta y_1 - \Delta y_2}{\ln\frac{\Delta y_1}{\Delta y_2}} = \frac{0.008\ 6 - 0.005\ 19}{\ln\frac{0.008\ 6}{0.005\ 19}} = 0.006\ 75$$

$$N_{OG} = \frac{y_1 - y_2}{\Delta y_m} = \frac{0.091 - 0.013\ 7}{0.006\ 75} = 11.45$$

改为并流吸收后,设出塔气、液相组成为 $y_1'$、$x_1'$,进塔气、液相组成为 $y_2$、$x_2$。

物料衡算:

$$(x_1'-x_2)L=G(y_2-y_1')$$

$$N_{OG}=\cfrac{y_2-y_1'}{\cfrac{(y_2-mx_2)-(y_1'-mx_1')}{\ln\cfrac{y_2-mx_2}{y_1'-mx_1'}}}=\cfrac{y_2-y_1'}{\cfrac{(y_2-y_1')+m(x_1'-x_2)}{\ln\cfrac{y_2-mx_2}{y_1'-mx_1'}}}$$

将物料衡算式代入 $N_{OG}$ 中整理得

$$N_{OG}=\cfrac{1}{1+\cfrac{m}{L/G}}\ln\cfrac{y_2-mx_2}{y_1'-mx_1'}$$

逆流改为并流后,因 $K_y a$ 不变,即传质单元高度 $H_{OG}$ 不变,故 $N_{OG}$ 不变。

所以 $11.45=\cfrac{1}{1+\cfrac{0.86}{0.9}}\times\ln\cfrac{0.091-0.86\times0.009\ 9}{y_1'-0.86x_1'}$

$$y_1'-0.86x_1'=1.38\times10^{-11}$$

由物料衡算式得

$$y_1'+0.9x_1'=0.099\ 9$$

将此两式联立解得

$$x_1'=0.056\ 8$$
$$y_1'=0.048\ 8$$

(2) $\Delta y_m'=\cfrac{y_2-y_1'}{N_{OG}}=\cfrac{0.091-0.048\ 8}{11.45}=0.003\ 69$

$\cfrac{\Delta y_m}{\Delta y_m'}=\cfrac{0.006\ 75}{0.003\ 69}=1.83$

讨论:由计算结果可以看出,在逆流与并流的气、液两相进口组成相等及操作条件相同的情况下,逆流操作可获得较大的吸收推动力及较高的吸收液浓度。

**例 4-13 综合题**

某逆流操作的填料吸收塔,塔截面积为 $1m^2$。用清水吸收混合气中的氨气,混合气量为 $0.06kmol/s$,其中氨的浓度为 $0.01$(摩尔分数),要求氨的回收率至少为 $95\%$。已知吸收剂用量为最小用量的 $1.5$ 倍,气相总体积传质系数 $K_y a$ 为 $0.06kmol/(m^3\cdot s)$,且 $K_y a\propto G^{0.8}$。操作压力为 $101.33kPa$,操作温度为 $30℃$,在此操作条件下,气液平衡关系为 $y=1.2x$,试求:(1)填料层高度(m);(2)若混合气量增大,则按比例增大吸收剂的流量,能否保证溶质吸收率不下降?简述其原因;(3)若混合气量增大,且保证溶质吸收率不下降,可采取哪些措施?

**解**:(1) $y_1=0.01$

$y_2=y_1(1-\eta)=0.01\times(1-0.95)=0.000\ 5$

$L_{min}=G\cfrac{y_1-y_2}{\cfrac{y_1}{m}-x_2}=0.06\times\cfrac{0.01-0.000\ 5}{\cfrac{0.01}{1.2}-0}=0.068\ 4(kmol/s)$

$L=1.5\times0.068\ 4=0.102\ 6(kmol/s)$

$$\frac{1}{A}=\frac{m}{L/G}=\frac{1.2}{\frac{0.102\,6}{0.06}}=0.701\,8$$

$$N_{OG}=\frac{1}{1-\frac{1}{A}}\ln\left[\left(1-\frac{1}{A}\right)\frac{1}{1-\eta}+\frac{1}{A}\right]$$

$$=\frac{1}{1-0.701\,8}\times\ln\left[\left(1-0.701\,8\right)\times\frac{1}{1-0.95}+0.701\,8\right]=6.36$$

$$H_{OG}=\frac{G}{K_y a\Omega}=\frac{0.06}{0.06\times1}=1(\mathrm{m})$$

$$H=N_{OG}H_{OG}=1\times6.36=6.36(\mathrm{m})$$

（2）因为 $H_{OG}=\dfrac{G}{K_y a\Omega}\propto G^{0.2}$，所以气体流量增加，$H_{OG}$ 增加。又因为 $H=N_{OG}H_{OG}$，填料层高度不变，所以传质单元数下降。由已知条件可知 $\dfrac{1}{A}=\dfrac{m}{L/G}$ 不变，根据 $N_{OG}$ 与 $\dfrac{y_1-mx_2}{y_2-mx_2}$、$\dfrac{1}{A}$ 关系可知 $\dfrac{y_1-mx_2}{y_2-mx_2}$ 下降，即 $\dfrac{y_1}{y_2}$ 下降或吸收率下降，所以按比例增大吸收剂的流量不能保证溶质吸收率不下降。

（3）可采取的措施有：提高压力，降低吸收温度，增加塔高，采用高效填料。

## 4.6 典型习题详解与讨论

**气液相平衡**

**4-1** 常压 25℃下，气相溶质 A 的分压为 5.4 kPa 的混合气体分别与下列三种溶液接触：（1）溶质 A 浓度为 0.002 kmol/m³ 的水溶液；（2）溶质 A 浓度为 0.001 kmol/m³ 的水溶液；（3）溶质 A 浓度为 0.003 kmol/m³ 的水溶液。工作条件下，体系符合亨利定律。亨利常数 $E=0.15\times10^6$ kPa。求以上三种情况下，溶质 A 在两相间的转移方向。（4）若将总压增大至 500 kPa，气相溶质的分压仍保持原来数值。与溶质 A 的浓度为 0.003 kmol/m³ 的水溶液接触，A 的传质方向又如何？

**解**：对于稀水溶液，有

$$c_M=1\,000/18=55.56\,(\mathrm{kmol/m^3})$$

根据亨利定律，有

$$H=\frac{E}{c_M}=\frac{0.15\times10^6}{55.6}=2.7\times10^3(\mathrm{kPa\cdot m^3/kmol})$$

（1）$p_{1e}=E\cdot\dfrac{c}{c_M}=0.15\times10^6\times\dfrac{2}{55.6}=5.4(\mathrm{kPa})=p$，故两相处于平衡状态。

（2）$p_{2e}=Hc_2=2.7\ \mathrm{kPa}<p$，故气相溶质 A 被水溶液吸收。

（3）$p_{3e}=Hc_3=8.1\ \mathrm{kPa}>p$，故溶质 A 被水溶液解吸。

（4）总压上升，$E$、$H$ 及分压不变，此时

$$m=\frac{E}{p}=300$$

$$y_A=\frac{5.4}{500}=0.010\,8$$

$$x_e = \frac{y_A}{m} = 3.6 \times 10^{-5}$$

$$x = \frac{c}{c_M} = \frac{0.003}{55.6} = 5.4 \times 10^{-5}$$

故 $x > x_e$，故溶质 A 被水溶液解吸。

本题为亨利定律的应用和传质方向判断而设计。亨利定律表示互成平衡的气液两相组成间的关系，因组成表示方法不同，故亨利定律具有不同的表达式，相应的亨利系数亦不同。依据亨利定律，可由平衡数据(或亨利系数)计算其他亨利系数，计算中应注意单位，有时需要换算。

**4-2** 在总压 $p = 500$ kPa、温度 $t = 27$ ℃ 下，使含 $CO_2$ 3.0%(体积分数)的气体与含 $CO_2$ 370 g/m$^3$ 的水相接触，试判断该过程是吸收还是解吸？并计算以 $CO_2$ 分压差表示的总传质推动力。已知在操作条件下，亨利系数 $E = 1.73 \times 10^5$ kPa，水溶液的密度可取 1 000 kg/m$^3$。

**解：** 由题意可知，$c_A = \frac{0.37}{44} = 8.409 \times 10^{-3}$(kmol/m$^3$)

对稀水溶液，$c_M = 1\,000/18 = 55.56$(kmol/m$^3$)

$$x_A = \frac{c_A}{c} = \frac{8.409 \times 10^{-3}}{55.56} = 1.514 \times 10^{-4}$$
$$p_e = E x_A = 1.73 \times 10^5 \times 1.514 \times 10^{-4} = 26.19\,(\text{kPa})$$

气相中二氧化碳分压为

$$p_{CO_2} = py = 500 \times 0.03 = 15\,(\text{kPa})$$

可见 $p_e > p_{CO_2}$，故将发生解吸。

以 $CO_2$ 分压差表示的总传质推动力为

$$\Delta p = p_e - p_{CO_2} = 26.19 - 15 = 11.19\,(\text{kPa})$$

本题为亨利定律应用和亨利系数影响因素而设计。亨利系数 $E$、$H$ 仅与温度有关，而相平衡常数 $m$ 不仅与温度有关，还与系统总压有关；同一温度下系统总压越高，相平衡常数 $m$ 越小，对吸收操作越有利；温度越低，$E$、$H$、$m$ 值越小，对吸收操作越有利。

作为相平衡关系的应用之一是判断传质过程进行的方向与极限。设气、液相组成分别为 $y$、$x$(摩尔分数)，与液相组成 $x$ 成平衡的气相组成为 $y_e$，与气相组成 $y$ 成平衡的液相组成为 $x_e$，则传质过程方向判断方法为：当 $y > y_e$(或 $x_e < x$)，则为吸收过程；$y_e = y$(或 $x_e = x$)，则处于平衡状态；$y < y_e$(或 $x_e > x$)，则为解吸过程。

**扩散和相际传质速率**

**4-3** 总压 100 Pa，30℃ 时用水吸收氨，已知 $k_G = 3.84 \times 10^{-6}$ kmol/(m$^2 \cdot$ s $\cdot$ kPa)，$k_L = 1.83 \times 10^{-4}$ m/s，且知 $x = 0.05$ 时与之平衡的 $p_e = 6.7$ kPa，求 $k_y$、$k_x$、$K_y$。(液相总浓度 $c$ 按纯水计为 55.6 kmol/m$^3$)

**解：** $k_y = p k_G = 100 \times 3.84 \times 10^{-6} = 3.84 \times 10^{-4}$ [kmol/(m$^2 \cdot$ s)]

$k_x = c k_G = 55.6 \times 1.83 \times 10^{-4} = 1.02 \times 10^{-2}$ [kmol/(m$^2 \cdot$ s)]

$$\frac{1}{K_y} = \frac{1}{k_y} + \frac{m}{k_x}, \quad m = \frac{E}{p}, \quad E = \frac{p_e}{x}$$

代入数据，计算得到

$$K_y = 3.656 \times 10^{-4}\ \text{kmol/(m}^2 \cdot \text{s)}$$

本题为传质系数计算而设计。吸收过程推动力因溶质组成含量表示方法不同而具有多种表达形式,同时吸收塔各截面处吸收推动力也不同。对应不同的推动力表示形式,吸收传质系数具有多种表达形式,各传质系数之间有相应的关系。对应多种传质系数的传质速率方程有多种形式,这些方程都是等价的,用任何传质速率方程均可表示吸收速率。

因吸收传质系数具有多种形式,各吸收传质系数的倒数即为吸收传质阻力,故吸收传质阻力亦具多种表达式。本题给出气、液相传质系数 $k_G$、$k_L$,利用 $k_G$、$k_L$ 与 $k_y$、$k_x$ 间的关系,计算出传质系数 $k_y$、$k_x$,并计算出总传质系数 $K_y$,也可计算 $K_x$。

### 吸收过程物料衡算

**4-4** 在逆流吸收塔中,用清水逆流吸收混合气体中的有害组分。进塔气中含溶质 4%(体积分数),要求溶质吸收率达到 95%。相平衡关系 $y=2x$,操作液气比为 3。试计算出塔吸收液的组成。

**解:** $y_1=0.04$,$\eta=0.95$,$x_2=0$

所以 $y_2=(1-\eta)y_1=0.002$

根据吸收塔物料衡算关系式得到

$$L(x_1-x_2)=G(y_1-y_2)$$

$$x_1=x_2+\frac{G}{L}(y_1-y_2)=0.012\,67$$

本题为操作线和相平衡线两者斜率关系而设计。本题中 $\dfrac{L}{G}=3>m=2$,出塔气体的极限组成(对应无穷塔高)取决于吸收剂进塔组成 $x_2$;对于 $\dfrac{L}{G}<m$ 的情形,出塔气体的极限组成随液气比 $\dfrac{L}{G}$ 的增大而减小,出塔液体的极限组成对应为 $x_{1e}=\dfrac{y_1}{m}$。

### 填料层高度计算

**4-5** 在常压逆流操作的填料吸收塔中用清水吸收空气中某溶质 A,进塔气体中溶质 A 的含量为 8%(体积分数),吸收率为 98%,操作条件下的平衡关系为 $y=2.5x$,取吸收剂用量为最小用量的 1.2 倍,试求:

(1) 水溶液的出塔浓度;

(2) 若气相总传质单元高度为 0.6 m,现有一填料层高度为 6 m 的塔,问该塔是否合用?

**解:**(1) 本题属于低浓度气体吸收情况。

$$y_2=y_1(1-\eta)=0.08\times(1-98\%)=0.001\,6$$

$$\left(\frac{L}{G}\right)_{\min}=\frac{y_1-y_2}{x_{1e}-x_2}=\frac{y_1-y_2}{\dfrac{y_1}{m}-x_2}=\frac{0.08-0.001\,6}{\dfrac{0.08}{2.5}-0}=2.45$$

$$\frac{L}{G}=1.2\left(\frac{L}{G}\right)_{\min}=1.2\times2.45=2.94$$

$$x_1=\frac{y_1-y_2}{L/G}+x_2=\frac{0.08-0.001\,6}{2.94}+0=0.026\,7$$

(2) $\dfrac{1}{A}=\dfrac{mG}{L}=\dfrac{2.5}{2.94}=0.85$

$$N_{OG}=\frac{1}{1-\dfrac{1}{A}}\ln\left[\left(1-\frac{1}{A}\right)\frac{y_1-mx_2}{y_2-mx_2}+\frac{1}{A}\right]$$

$$=\frac{1}{1-0.85}\times\ln\left[(1-0.85)\times\frac{0.08-0}{0.001\ 6-0}+0.85\right]=14.15$$

$$H=H_{OG}\cdot N_{OG}=0.6\times14.15=8.5(m)$$

即所需填料层高度应为 8.5 m，大于 6 m，故该塔不合用。

本题是判断一定高度的填料塔能否完成某吸收任务，似乎是操作性计算，但是从计算过程可见实际为设计型计算类问题。

**4-6** 拟用一塔径为 0.5 m 的填料吸收塔，逆流操作，用纯溶剂吸收混合气中的溶质。入塔气体量为 100 kmol/h，溶质浓度为 0.01（摩尔分数），要求回收率达到 90%，液气比为 1.5，平衡关系为 $y=x$。试求：(1)液体出塔浓度；(2)测得气相总体积传质系数 $K_ya=0.10$ kmol/(m³·s)，问该塔填料层高度为多少？

**解:**(1) 本题属于低浓度气体吸收情况。

$$y_2=y_1(1-\eta)=0.01\times(1-90\%)=0.001$$

$$x_1=\frac{y_1-y_2}{L/G}+x_2=\frac{0.01-0.001}{1.5}+0=0.006$$

(2) $G=\dfrac{100/3\ 600}{\dfrac{1}{4}\pi\times0.5^2}=0.142\ [kmol/(m^2\cdot s)]$

$$H_{OG}=\frac{G}{K_ya}=\frac{0.142}{0.10}=1.42(m)$$

$$\frac{1}{A}=\frac{mG}{L}=\frac{1}{1.5}=0.667$$

$$N_{OG}=\frac{1}{1-\dfrac{1}{A}}\ln\left[\left(1-\frac{1}{A}\right)\frac{y_2-mx_2}{y_2-mx_1}+\frac{1}{A}\right]$$

$$=\frac{1}{1-0.667}\times\ln\left[(1-0.667)\times\frac{0.01-0}{0.001-0}+0.667\right]=4.16$$

$$H=H_{OG}\cdot N_{OG}=1.42\times4.16=5.9\ (m)$$

本题解答过程涉及物料衡算方程、吸收基本方程和相平衡方程。该三大方程是解决吸收过程计算必需的基础。

**4-7** 拟在常压逆流操作的填料塔内，用纯溶剂吸收混合气体中的可溶组分 A。入塔气体中 A 的摩尔分数 $y_1=0.03$，要求其回收率 $\eta=95\%$。已知操作条件下解吸因数 $1/A=0.8$，平衡关系为 $y=x$，试计算：(1)操作液气比为最小液气比的倍数；(2)吸收液的浓度 $x_1$；(3)完成上述分离任务所需的气相总传质单元数 $N_{OG}$。

**解:**(1) 本题属于低浓度气体吸收情况。

$$y_2=y_1(1-\eta)=0.03\times(1-95\%)=0.001\ 5$$

$$\left(\frac{L}{G}\right)_{\min}=\frac{y_1-y_2}{\dfrac{y_1}{m}-x_2}=\frac{0.03-0.001\ 5}{\dfrac{0.03}{1}-0}=0.95$$

$$\frac{L}{G}=\frac{m}{\dfrac{1}{A}}=\frac{1}{0.8}=1.25$$

$$\frac{L/G}{(L/G)_{\min}}=\frac{1.25}{0.95}=1.32$$

(2) $x_1 = \dfrac{y_1 - y_2}{L/G} = \dfrac{0.03 - 0.0015}{1.25} = 0.0228$

(3) $N_{OG} = \dfrac{1}{1 - \dfrac{1}{A}} \ln \left[ \left(1 - \dfrac{1}{A}\right) \dfrac{y_1 - mx_2}{y_2 - mx_2} + \dfrac{1}{A} \right]$

$$= \dfrac{1}{1 - 0.8} \times \ln \left[ (1 - 0.8) \times \dfrac{0.03 - 0}{0.0015 - 0} + 0.8 \right] = 7.84$$

习题中多次出现求出塔液体浓度,这明显是通过物料守恒方程求解。但要注意如欲求出塔液最大浓度时,则是应用相平衡方程解决。这一点要看清题意,不能忽视。

**填料塔核算**

**4-8** 在填料塔中,用纯吸收剂逆流吸收某气体混合物中的可溶组分 A,已知气体混合物中溶质 A 的初始组成为 0.05,通过吸收,气体出口组成为 0.02,溶液出口组成为 0.098(均为摩尔分数),操作条件下的气液平衡关系为 $y = 0.5x$,并已知此吸收过程为气膜控制,试求:(1)气相总传质单元数 $N_{OG}$;(2)当液体流量增加一倍时,在气体流量和气液进口组成不变的情况下,溶质 A 被吸收的量变为原来的多少倍?

**解:**(1) 本题属低浓度气体吸收情况,且 $x_2 = 0$。

$$\dfrac{L}{G} = \dfrac{y_1 - y_2}{x_1} = \dfrac{0.05 - 0.02}{0.098 - 0} = 0.306$$

$$\dfrac{m}{L/G} = \dfrac{0.5}{0.306} = 1.63$$

$$N_{OG} = \dfrac{1}{1 - \dfrac{mG}{L}} \ln \left[ \left(1 - \dfrac{mG}{L}\right) \dfrac{y_1 - mx_2}{y_2 - mx_2} + \dfrac{mG}{L} \right]$$

$$= \dfrac{1}{1 - 1.63} \times \ln \left[ (1 - 1.63) \times \dfrac{0.05}{0.02} + 1.63 \right] = 4.6$$

(2) $L$ 增大一倍时,因吸收过程为气膜控制,故 $K_y a$ 不变,$H_{OG}$ 不变,所以 $N_{OG}$ 也不变。而 $\dfrac{1}{A'} = \dfrac{mG}{2L} = \dfrac{1.63}{2} = 0.815$,则

$$4.6 = \dfrac{1}{1 - \dfrac{1}{A'}} \ln \left[ \left(1 - \dfrac{1}{A'}\right) \dfrac{y_1}{y_2'} + \dfrac{1}{A'} \right] = \dfrac{1}{1 - 0.815} \times \ln \left[ (1 - 0.815) \times \dfrac{0.05}{y_2'} + 0.815 \right]$$

解得 $y_2' = 0.00606$。

$L$ 增大一倍后,溶质 A 被吸收的量等于 $G(y_1 - y_2')$;而原状况下溶质 A 被吸收的量等于 $G(y_1 - y_2)$,故

$$\dfrac{G(y_1 - y_2')}{G(y_1 - y_2)} = \dfrac{y_1 - y_2'}{y_1 - y_2} = \dfrac{0.05 - 0.00606}{0.05 - 0.02} = 1.46(倍)$$

溶质吸收量的增加是吸收剂用量增大而导致的,即增加吸收剂用量对溶质的吸收较为有利,但是吸收剂用量的增加无疑会增大解吸负担,由于吸收过程的经济性取决于解吸,因此工程上不能一味增加吸收剂用量。

**4-9** 某吸收塔用 25 mm×25 mm 的瓷环作填料,充填高度 5 m,塔径 1 m,用清水逆流吸收每小时 2 250 m³ 的混合气。混合气中含有丙酮 5%(体积分数),塔顶逸出废气含丙酮降为 0.26%(体积分数),塔底液体中每千克水带 60 g 丙酮。操作在 101.3 kPa、25℃下进

行,物系的平衡关系为 $y=2x$。试求:(1)该塔的传质单元高度 $H_{OG}$ 及容积传质系数 $K_ya$;(2)每小时回收的丙酮量。

**解:**(1) 丙酮相对分子质量为 58,则吸收液中含丙酮为

$$x_1 = \frac{60/58}{60/58 + 1\,000/18} = 0.018\,3$$

操作条件下混合气体的流量为

$$G' = \frac{q_V}{22.4} \frac{T_0}{T} = \frac{2\,250}{22.4} \times \frac{273}{298} = 92.0 \text{ (kmol/h)},\text{则}$$

$$G = \frac{G'}{A} = \frac{92.0}{0.785 \times 1^2} = 117.2 \text{ [kmol/(m}^2 \cdot \text{h)]}$$

$x_2 = 0, y_1 = 0.05, y_2 = 0.002\,6$,依据物料衡算关系式得到

$$\frac{L}{G} = \frac{y_1 - y_2}{x_1} = 2.59,\text{则} \frac{1}{A} = \frac{m}{L/G} = \frac{2}{2.59} = 0.772$$

$$N_{OG} = \frac{1}{1 - \frac{1}{A}} \ln\left[\left(1 - \frac{1}{A}\right)\frac{y_1 - mx_2}{y_2 - mx_2} + \frac{1}{A}\right] = 7.19$$

$$H_{OG} = \frac{H}{N_{OG}} = \frac{5}{7.19} = 0.695 \text{ (m)}$$

$$K_ya = \frac{G}{H_{OG}} = \frac{117.2}{0.695} = 168.6 \text{ [kmol/(m}^2 \cdot \text{h)]} = 0.046\,7 \text{ [kmol/(m}^2 \cdot \text{s)]}$$

(2) 每小时回收丙酮量 $W$ 为

$$W = G'(y_1 - y_2) = 92 \times (0.05 - 0.002\,6) = 4.36 \text{ (kmol/h)} = 253 \text{ (kg/h)}$$

**4-10** 某填料吸收塔高 2.7 m,在常压下用清水逆流吸收混合气中的氨。混合气入塔的摩尔流率为 0.03 kmol/(m²·s)。清水的喷淋密度为 0.018 kmol/(m²·s)。进口气体中含氨 2%(体积分数),已知气相总传质系数 $K_ya = 0.1$ kmol/(m²·s),操作条件下亨利系数为 60kPa。试求排出气体中氨的浓度。

**解:** $m = \frac{E}{p} = \frac{60}{101.3} = 0.6, \frac{L}{G} = \frac{0.018}{0.3} = 0.6 = m$,故操作线和相平衡线平行,此时有

$$\Delta y_m = \Delta y_1 = \Delta y_2 = y_2 - mx_2 = y_2$$

$$H_{OG} = \frac{G}{K_ya} = \frac{0.03}{0.1} = 0.3 \text{ (m)},\text{所以} N_{OG} = \frac{H}{H_{OG}} = \frac{2.7}{0.3} = 9。$$

$$N_{OG} = \frac{y_1 - y_2}{\Delta y_m} = \frac{y_1 - y_2}{y_2} = 9,\text{则} y_2 = 0.002。$$

本题是较为典型的操作型计算问题。

**4-11** 某填料吸收塔用含溶质 $x_2 = 0.000\,2$ 的溶剂逆流吸收混合气中的可溶组分,采用液气比 3,气体入口浓度 $y_1 = 0.01$,回收率可达 $\eta = 0.90$。已知物系的平衡关系为 $y = 2x$。今因解吸不良使吸收剂入口浓度 $x_2$ 升至 0.000 35,试求:(1)可溶组分的回收率下降至多少?(2)液相出塔浓度升高至多少?

**解:**(1) $y_2 = y_1(1 - \eta) = 0.01 \times (1 - 0.9) = 0.001, \frac{1}{A} = \frac{m}{L/G} = \frac{2}{3} = 0.667$

$$N_{OG} = \frac{1}{1-\dfrac{1}{A}} \ln\left[\left(1-\frac{1}{A}\right)\frac{y_1 - mx_2}{y_2 - mx_2} + \frac{1}{A}\right] = 5.38$$

吸收剂进口浓度上升,因塔高 $H$ 不变,传质单元高度不变,故传质单元数也不变,因此有

$$5.38 = \frac{1}{1-0.667} \ln\left[(1-0.667)\frac{0.01 - 2\times0.000\,35}{y_2' - 2\times0.000\,35} + 0.667\right]$$

解得 $y_2' = 0.001\,3$

故 $\eta' = \dfrac{y_1 - y_2'}{y_1} = 0.87$。

(2) 根据物料衡算关系式 $G(y_1 - y_2') = L(x_1' - x_2')$ 得到

$$x_1' = 0.003\,25$$

本题是典型的操作型计算问题。

# 4.7　习题精选

1. 当压力不变时,温度提高 1 倍,溶质在气相中的扩散系数提高_____倍;假设某液相黏度随温度变化很小,绝对温度降低 1 倍,则溶质在液相中的扩散系数降低_____倍。

2. 常压、25℃低浓度的氨水溶液,若氨水浓度和压力不变,而氨水温度提高,则亨利系数 $E$_____,溶解度系数 $H$_____,相平衡常数 $m$_____,对_____过程不利。

3. 常压、25℃低浓度的氨水溶液,若氨水上方总压增加,则亨利系数 $E$_____,溶解度系数 $H$_____,相平衡常数 $m$_____,对_____过程不利。

4. 常压、25℃密闭容器内装有低浓度的氨水溶液,若向其中通入氨气,则亨利系数 $E$_____,溶解度系数 $H$_____,相平衡常数 $m$_____,气相平衡分压_____。

5. 含 5%(体积分数)二氧化碳的空气-二氧化碳混合气,在压力为 101.3 kPa,温度为 25℃下,与浓度为 $1.1\times10^{-3}$ kmol/m³ 的二氧化碳水溶液接触,已知相平衡常数 $m$ 为 1 641,则 $CO_2$ 从_____相向_____相转移,以液相摩尔分数表示的传质总推动力为_____。

6. 填料吸收塔内,用清水逆流吸收混合气体中的溶质 A,在操作条件下体系的相平衡常数 $m$ 为 3,进塔气体浓度为 0.05(摩尔分数),当操作液气比为 4 时,出塔气体的极限浓度为_____;当操作液气比为 2 时,出塔液体的极限浓度为_____(摩尔分数)。

7. 难溶气体的吸收过程属于_____控制过程,传质总阻力主要集中在_____侧,提高吸收速率的有效措施是提高_____相流体的流速和湍动程度。

8. 在填料塔内用清水逆流吸收混合气体中的 $NH_3$,发现风机因故障输出混合气体的流量减少,这时气相总传质阻力将_____;若因清水泵送水量下降,则气相总传质单元数_____。

9. 低浓度逆流吸收塔中,若吸收过程为气膜控制过程,同比例增加液气量,其他条件不变,则 $H_{OG}$_____,$\Delta y_m$_____,出塔液体 $x_1$_____,出塔气体 $y_2$_____,吸收率_____。

10. 溶质 A 的摩尔比 $x_A = 0.2$ 的溶液与总压为 2 atm,$y_A = 0.15$(摩尔比)的气体接触,此条件下的平衡关系为 $p = 1.2x_A$(atm)。则此时将发生_____过程;用气相组成表示的总传质推动力 $\Delta y =$_____;若系统温度略有提高,则 $\Delta y$ 将_____;若系统总压略有增加,则 $\Delta y$ 将_____。

11. 在吸收塔设计中，_____的大小反映了吸收塔设备效能的高低；_____反映了吸收过程的难易程度。

12. 在一逆流吸收塔内，填料层高度无穷大，当操作液气比 $L/G > m$ 时，气液两相在_____达到平衡；当操作液气比 $L/G < m$ 时，气液两相在_____达到平衡；当操作液气比 $L/G = m$ 时，气液两相在_____达到平衡。

13. 用清水吸收空气-$NH_3$ 中的氨气通常被认为是_____控制的吸收过程，当其他条件不变，进入吸收塔清水流量增加，则出口气体中氨的浓度_____，出口液中氨的浓度_____，溶质回收率_____。

14. 在常压低浓度溶质的气液平衡体系中，当温度和压力不变时，液相中溶质浓度增加，溶解度系数 $H$_____，亨利系数 $E$_____。

15. 对于易溶气体的吸收过程，气相一侧的界面浓度 $y_i$ 接近于_____，而液相一侧的界面浓度 $x_i$ 接近于_____。

16. 吸收因数可表示为_____，它在 $x$-$y$ 图的几何意义是_____。

17. 一定操作条件下的填料吸收塔，若增加填料层高度，则传质单元高度 $H_{OG}$ 将_____，传质单元数 $N_{OG}$ 将_____。

18. 在填料吸收塔设计过程中，若操作液气比 $L/G = (L/G)_{min}$，则塔内必有一截面吸收推动力为_____，填料层高度_____。

19. 传质单元数与_____、_____、_____有关。

20. 吸收操作的基本依据是_____，吸收过程的经济性主要决定于_____。

21. 吸收、解吸操作时，低温对_____有利；高温对_____有利；高压对_____有利；低压对_____有利。

22. 亨利定律有_____种表达方式，在总压 $p < 5$ atm 下，若 $p$ 增大，则 $m$_____，$E$_____，$H$_____；若温度 $t$ 下降，则 $m$_____，$E$_____，$H$_____。（填增大，减少，不变，不确定）

23. 若 $1/K_y = 1/k_y + m/k_x$，当气膜控制时，$K_y \approx$_____；当液膜控制时，$K_y \approx$_____。

24. $N_{OG} = (y_1 - y_2)/\Delta y_m$ 的使用条件是_____。

25. 吸收塔实际操作时 $L/G < (L/G)_{min}$，则产生的结果是_____。

26. 设计时，用纯水逆流吸收有害气体，平衡关系为 $y = 2x$，入塔 $y_1 = 0.1$，液气比 $L/G = 3$，则出塔气体浓度最低可降至_____，若采用 $L/G = 1.5$，则出塔气体浓度最低可降至_____。

27. 用纯溶剂逆流吸收，已知 $L/G = m$，回收率为 0.9，则传质单元数为 $N_{OG} =$_____。

28. 在 25℃下，用 $CO_2$ 浓度为 0.01 kmol/m³ 和 0.05 kmol/m³ 的 $CO_2$ 水溶液分别与 $CO_2$ 分压为 50.65 kPa 的混合气接触，操作条件下相平衡关系 $p = 1.66 \times 10^5 x$（kPa），试说明上述两种情况下的传质方向，并用气相分压差和液相浓度差分别表示两种情况下的传质推动力。

29. 在一填料塔内用清水逆流吸收某二元混合气体中的溶质 A。已知进塔气体中溶质的浓度为 0.03（摩尔比，下同），出塔液体浓度为 0.000 3，总压为 101 kPa，温度为 40℃，试问：(1)压力不变，温度降为 20℃时，塔底推动力（$y - y_e$）变为原来的多少倍？(2)温度不变，压力达到 202 kPa，塔底推动力（$y - y_e$）变为原来的多少倍？已知：总压为 101 kPa，温度为 40℃时，物系气液相平衡关系为 $y = 50x$。总压为 101 kPa，温度为 20℃时，物系气液相平衡关系为 $y = 20x$。

30. 在一填料塔中进行吸收操作,原操作条件下,$k_y a = k_x a = 0.026 \text{kmol/(m}^3 \cdot \text{s})$,已知液相体积传质系数 $k_x a \propto L^{0.66}$。试分别对 $m = 0.1$ 及 $m = 5.0$ 两种情况,计算当液体流量增加一倍时,总传质阻力减小的百分数。

31. 在填料塔中用清水吸收混合气体中的溶质,混合气中溶质的初始组成为 0.05(摩尔分数),操作液气比为 3,在操作条件下,相平衡关系 $y = 5x$,通过计算比较逆流和并流吸收操作时溶质的最大吸收率。

32. 用纯溶剂逆流吸收低浓度气体中的溶质,溶质的回收率用 $\eta$ 表示,操作液气比为最小液气比的 $\beta$ 倍。相平衡关系为 $y = mx$,试以 $\eta$、$\beta$ 两个参数表达传质单元数 $N_{\text{OG}}$。

33. 在逆流操作的填料吸收塔中,用清水吸收低浓度气体混合物中的可溶组分。操作条件下,该系统的平衡线与操作线为平行的两条直线。已知气体混合物中惰性组分的摩尔流率为 90 kmol/(m$^2$·h),要求回收率达到 90%,气相总体积传质系数 $K_y a$ 为 0.02 kmol/(m$^3$·s),求填料层高度。

34. 直径为 800 mm 的填料吸收塔内装 6 m 高的填料,每小时处理 2 000 m$^3$(25℃,101.3 kPa)的混合气,混合气中含丙酮 5%,塔顶出口气体中含丙酮 0.263%(均为摩尔分数)。以清水为吸收剂,每千克塔底出口溶液中含丙酮 61.2g。在操作条件下的平衡关系为 $y = 2x$,试根据以上测得的数据计算气相总体积传质系数 $K_y a$。

35. 混合气中含 0.1(摩尔分数,下同)$CO_2$,其余为空气,于 20℃ 及 2 026 kPa 下在填料塔中清水逆流吸收,使 $CO_2$ 的浓度降到 0.5%。已知混合气(标准状态下)的处理量为 2 240 m$^3$/h,溶液出口浓度为 0.000 6,亨利系数 $E$ 为 200 MPa,液相总体积传质系数 $K_L a$ 为 50h$^{-1}$,塔径为 1.5 m。试求每小时的用水量(kg/h)及所需填料层的高度。

36. 在一常压吸收塔,塔截面为 0.5 m$^2$,填料层高为 3 m,用清水逆流吸收混合气中的丙酮(丙酮的摩尔质量为 58 kg/kmol)。丙酮含量为 0.05(摩尔分数,下同),混合气中惰性气体的流量为 1 120 m$^3$/h(标准状态)。已知在液气比为 3 的条件下,出塔气体中丙酮含量为 0.005,操作条件下的平衡关系为 $y = 2x$。试求:(1)出塔液中丙酮的质量分数;(2)气相总体积传质系数 $K_y a$ [kmol/(m$^3$·s)];(3)若填料塔填料层增高 3 m,其他操作条件不变,问此吸收塔的吸收率为多少?

37. 在逆流操作的吸收塔中,用清水吸收含氨 0.05(摩尔分数)的空气–氨混合气中的氨。已知混合气中空气的流量为 2 000 m$^3$/h(标准状态),气体空塔气速为 1 m/s(标准状态),操作条件下,平衡关系为 $y = 1.2x$,气相总体积传质系数 $K_y a = 180$ kmol/(m$^3$·h),采用吸收剂用量为最小用量的 1.5 倍,要求吸收率 98%。试求:(1)溶液出口浓度 $x_1$;(2)气相总传质单元高度 $H_{\text{OG}}$ 和气相总传质单元数 $N_{\text{OG}}$;(3)若吸收剂改为含氨 0.001 5(摩尔分数)的水溶液,问能否达到吸收率 98% 的要求?为什么?

38. 在常压逆流连续操作的吸收塔中用清水吸收混合气中的 A 组分。混合气中惰性气体的流率为 30 kmol/h,入塔时 A 组分的浓度为 0.08(摩尔比),要求吸收率为 87.5%,相平衡关系为 $y = 2x$,设计液气比为最小液气比的 1.43 倍,气相总体积传质系数 $K_y a = 0.018$ 6 kmol/(m$^3$·s),且 $K_y a \propto G^{0.8}$,取塔径为 1 m,试计算:(1)所需填料层高度为多少?(2)设计成的吸收塔用于实际操作时,采用 10% 吸收液再循环流程,即 $L_R = 0.1L$,新鲜吸收剂用量及其他入塔条件不变,问吸收率为多少?

39. 用一填料层高度为 3 m 的吸收塔,从含氨 6%(体积分数)的空气中回收 99% 的氨。混合气体的质量流率为 620 kg/(m$^2$·h),吸收剂为清水,其质量流率为 900 kg/(m$^2$·h)。在操作压力 101.3 kPa、温度 20℃ 下,相平衡关系为 $y = 0.9x$。体积传质系数 $K_y a$ 与气相质量流率的 0.7 次方成正比。吸收过程为气膜控制,气液逆流流动。试计算当操作条件分别做下列改变时,填料层高度应如何改变才能保持原来的吸收率。(1)操作压力增大一倍;(2)

液体流率增大一倍;(3)气体流率增大一倍。

40. 在填料层高度为 4 m 的常压填料塔中,用清水吸收混合气中的可溶组分。已测得如下数据:混合气可溶组分入塔组成为 0.02,排出吸收液的浓度为 0.008(以上均为摩尔分数),吸收率为 0.8,并已知此吸收过程为气膜控制,气液平衡关系为 $y=1.5x$。试求:(1)该塔的 $H_{OG}$ 和 $N_{OG}$;(2)操作液气比为最小液气比的倍数;(3)若法定的气体排放浓度不能大于 0.002,可采取哪些可行的措施? 并任选其中之一进行计算,求出需改变参数的具体数值;(4)定性画出改动前后的平衡线和操作线。

41. 用清水逆流吸收除去混合物中的有害气体,已知入塔气体组成,$y_1=0.1$,$\eta=0.9$,平衡关系:$y=0.4x$,液相传质单元高度 $H_{OL}=1.2$ m,操作液气比为最小液气比的 1.2 倍。试求:(1)塔高;(2)若塔高不受限制,$L/G$ 仍为原值,则 $\eta_{\max}$ 为多少?

42. 某逆流吸收塔,用含溶质为 $x_2=0.000\,2$(摩尔分数,下同)的溶剂吸收。已知混合气体入塔浓度 $y_1=0.01$,要求回收率 $\eta=0.9$,平衡关系:$y=2x$,已知 $L/G=1.2(L/G)_{\min}$,$H_{OG}=0.9$ m。试求:(1)塔的填料层高度;(2)若该塔操作时,因解吸不良导致入塔 $x_2'=0.000\,5$,其他入塔条件不变,则回收率 $\eta'=?$

# 4.8 习题精选参考答案

1. 2.83;1

2. 增大;增大;增大;吸收

3. 不变;不变;减小;解吸

4. 不变;不变;减小;不变

5. 气;液;$1.07\times10^{-5}$

6. 0;0.016 7

7. 液膜;液膜;液

8. 增加;不变

9. 增大;增加;下降;上升;降低

10. 吸收;0.03;降低;增加

11. 传质单元高度;传质单元数

12. 塔顶;塔釜;全塔各个截面

13. 气膜;减小;减小;增加

14. 不变;不变

15. 液相主体平衡浓度;液相主体浓度

16. $A=\dfrac{L}{mG}$;吸收操作线的斜率和相平衡线的斜率之比

17. 不变;增加

18. 0;无穷大

19. 分离要求;相平衡关系;操作液气比

20. 混合物各组分在溶剂中溶解度的差异;解吸

21. 吸收;解吸;解吸;吸收

22. 3;减小;不变;不变;减小;减小;减小

23. $k_y$;$\dfrac{k_x}{m}$

24. 在 $y$、$x$ 涉及的范围内相平衡关系是直线

25. 气体出口溶质浓度升高,吸收率下降,液体出口溶质浓度下降

26. 0;0.025

27. 9

28. $\Delta p_A = 20.84$ kPa;$\Delta c_A = 0.007$ kmol/m³;$\Delta p'_A = 98.8$k Pa;$\Delta c'_A = 0.033$ kmol/m³

29. (1)1.6;(2)1.5

30. 3.34%;30.6%

31. 逆流时溶质的最大吸收率为60%;并流时溶质的最大吸收率为37.5%

32. $N_{OG} = \dfrac{1}{1-\dfrac{1}{\beta\eta}}\ln\left[\left(1-\dfrac{1}{\beta}\right)\dfrac{1}{1-\eta}\right]$

33. 11.25 m

34. $K_y a = 206.05$ kmol/(m³·h)

35. 286 117.2 kg/h;9.56 m

36. (1)0.046 8;(2)$K_y a = 0.038$ 6 kmol/(m³·s);(3)97.8%

37. (1)0.027;(2)0.89 m;8.75;(3)不能

38. (1)2.5 m;(2)84%

39. (1)2.46 m;(2)2.46 m;(3)7.12 m

40. (1)1.442 m;2.773;(2)1.667;(3)略;(4)略

41. (1)7.67 m;(2)100%

42. (1)7.95 m;(2)84.4%

# 4.9　思考题参考答案

4-1　吸收的目的和基本依据是什么? 吸收的主要操作费用是什么?

吸收的目的是分离气体混合物;吸收的基本依据是气体混合物中各组分在溶剂中溶解度的差异;吸收的主要操作费用是溶剂的再生(即解吸)和溶剂损失。

4-2　选择吸收溶剂的主要依据是什么? 什么是溶剂的选择性?

选择溶剂的主要依据是溶解度大、选择性高、再生方便、蒸气压低、损失小等;所谓溶剂的选择性是指溶剂对溶质溶解度大,对其他组分溶解度小。

4-3　$E,m,H$ 三者各自与温度、总压有何关系?

$m$、$E$ 和 $H$ 三者之间的关系为 $m = \dfrac{E}{p} = \dfrac{Hc_M}{p}$,三者均随温度升高而增大,后两者基本与总压没有关系,而 $m$ 反比于总压 $p$。

4-4　工业吸收过程气液接触的方式有哪两种?

气液接触方式有级式接触和微分接触(连续接触)。

4-5　气体分子扩散系数与温度、压力有何关系? 液体分子扩散系数与温度、黏度有何关系?

气体分子的扩散系数 $D_g \propto \dfrac{T^{1.81}}{p}$;液体分子扩散系数 $D_l \propto \dfrac{T}{\mu}$。

4-6　传质理论中,有效膜理论与表面更新理论有何主要区别?

表面更新理论考虑到微元传质的非定态性,从 $k \propto D$ 推进到 $k \propto D^{0.5}$。

4-7　传质过程中,什么时候气相阻力控制? 什么时候液相阻力控制?

$mk_y \ll k_x$ 时,为气相阻力控制;$mk_y \gg k_x$ 时,为液相阻力控制。

4-8 低浓度气体吸收有哪些特点？数学描述中为什么没有总物料的衡算式？

低浓度吸收三个特点为：气液相流率 $G$、$L$ 为常量，视为等温吸收过程，传质系数沿塔高不变。

4-9 吸收塔高度计算中，将 $N_{OG}$ 与 $H_{OG}$ 分开，有什么优点？

将分离任务的难易程度和设备性能的高低相对分开，便于分析。

4-10 建立操作线方程的依据是什么？

建立操作线方程的依据是塔段的物料衡算。

4-11 何谓最小液气比？

通常，完成给定分离任务所需塔高为无穷大时的液气比即最小液气比 $\left(\dfrac{L}{G}\right)_{\min} = \dfrac{y_1 - y_2}{x_{1e} - x_2}$，其值大小取决于相平衡和物料衡算。

4-12 $N_{OG}$ 的计算方法有哪几种？用对数平均推动力法和吸收因数法求 $N_{OG}$ 的条件各是什么？

一般有三种计算方法：对数平均推动力法、吸收因数法和数值积分法。前两种方法的应用条件分别是相平衡线是直线或过原点的直线。

4-13 $H_{OG}$ 的物理含义是什么？常用吸收设备的 $H_{OG}$ 约为多少？

传质单元高度 $H_{OG}$ 反映出气体流经该 $H_{OG}$ 高度塔段的浓度变化数值上等于该高度内的平均推动力。常用设备的 $H_{OG}$ 为 $0.15 \sim 1.5$ m。

4-14 吸收剂的进塔条件有哪三个要素？操作中调节这三个要素，分别对吸收结果有何影响？

吸收剂进塔条件的三要素有 $L$、$t$ 和 $x_2$。$t$ 降低，$x_2$ 减少，$L$ 增加均有利于吸收。

4-15 填料的主要特性可用哪些特征数字来表示？有哪些常用填料？

填料的主要特性包括：比表面积 $a$、空隙率 $\varepsilon$、填料的几何形状，常用填料有：拉西环、鲍尔环、弧鞍形填料、矩鞍形填料、阶梯形填料、网体填料等。

4-16 何谓载点、泛点？

填料塔内随着气速逐渐由小到大，气液两相流动的交互影响开始变得比较显著时的操作状态称为载点；气速进一步增大至出现压降陡增的转折点即为泛点。

4-17 填料塔有哪些附件？各自有何作用？

填料塔各种附件及其作用分别是：支承板，主要作用是支承塔内填料；液体分布器，主要作用是均匀分布液流；液体再分布器，主要作用是改善液流向壁偏流所造成的分布不均匀状态；除沫器，主要作用是除去填料顶端逸出气相中的液滴。

# 第5章　精馏

## 5.1　学习目标

通过本章学习,掌握蒸馏方法、类型,精馏原理,精馏过程计算方法。主要包括以下主要内容。

（1）蒸馏分离液体混合物的基本原理、工业蒸馏过程、精馏操作经济性、精馏塔操作参数选择方法;

（2）双组分混合溶液的气液相平衡（自由度、泡点方程、露点方程、气液相组成-温度关系图、气液相组成关系图、相对挥发度、理想物系相平衡方程、操作压强对相对挥发度的影响）;

（3）精馏过程原理、回流比与能耗关系、精馏过程数学描述（物料衡算方法、热量衡算方法）、进料状态参数、塔内精馏段与提馏段物料流率、筛板塔板传质过程的理论板和板效率、理论板提浓程度、精馏段与提馏段操作线方程、$q$ 线方程;

（4）双组分精馏设计型（塔板数）计算（逐板计算、梯级作图法、最优料位置确定方法、回流比选择、全回流与最少理论板数、最小回流比与无穷多理论板数、加料热状态选择）;

（5）双组分精馏操作型计算（回流比对精馏结果影响、采出率对精馏结果影响、进料组成变化对精馏结果影响、灵敏板）;

（6）板式塔结构、设计意图、筛板塔构造、筛板塔气液相接触状态、筛板塔内气液相非理想流动、板式塔不正常操作现象、各种塔板及其工业应用。

## 5.2　主要学习内容

**1. 概述**

（1）蒸馏分离的依据

精馏是分离液体混合物的常用单元操作,是带回流的蒸馏过程。

蒸馏分离的依据是液体混合物中各组分相对挥发度的差异。混合物中易挥发组分称为轻组分,难挥发组分称为重组分。

液体混合物加热沸腾使之部分汽化,所得气相中轻组分含量较液相中轻组分的含量高,气相经冷凝得到轻组分含量较原料中轻组分含量高,得到部分增浓,此即为蒸馏操作。可见加热和冷却（凝）成为蒸馏的主要成本消耗。

（2）工业蒸馏过程

最简单的蒸馏过程是平衡蒸馏和简单蒸馏。

平衡蒸馏是连续定态过程,而简单蒸馏是非定态间歇操作过程。平衡蒸馏和简单蒸馏只是部分提浓,只能达到有限程度的提浓而不能满足高纯度的分离要求。

精馏过程采用回流技术手段,为气、液两相接触传质提供了必要条件,可以达到混合物组分间高纯度的分离。

（3）精馏分类

根据分离组分的多少分为双组分精馏和多组分精馏;

根据精馏分离的操作压强分为加压精馏、常压精馏和减压精馏；

根据操作方式分为连续精馏和间歇精馏；

此外还有多种特殊精馏如恒沸精馏、萃取精馏、加盐精馏等。

教材以双组分理想物系连续精馏过程讨论精馏过程的一般原理。

（4）精馏操作费用和操作压强

加热和冷却费用是精馏的主要操作费用。

对相同加热量和冷却量而言，所需费用与加热温度和冷却温度有关。加热过程温位越高，价值越大，而冷却过程温位越低，价值越大。选择合适的加热剂和冷却剂对精馏过程的节能至关重要。

精馏过程液体沸腾温度和蒸气冷凝温度都与操作压强有关。对纯组分，系统压强越高，液体沸腾温度和蒸气冷凝温度都越高。

**2. 双组分溶液的气液相平衡**

精馏过程与相平衡有关，精馏过程涉及气液两相共存区域的物系，两相共存物系中气液两相组成关系是相平衡讨论的主要内容。

（1）气液两相共存时的自由度

由相律知：平衡物系的自由度 $F$ 为

$$F = 组分数\ N - 相数\ \Phi + 2 \qquad (5-1)$$

对双组分物系，有 $F = 2$。

平衡物系涉及的参数有温度、压强及气液两相的组成。

对气相、液相有组成归一化方程。

温度、压强与组成三者之间任意规定 2 个，则物系状态唯一确定，余下的参数不能任意选择，例如规定压强下，物系仅有一个自由度，当指定液相组成，两相平衡时的温度和气相组成亦确定，即恒压下双组分平衡物系存在气相（或液相）组成与温度之间的一一对应关系、气液相组成之间的一一对应关系。

（2）双组分理想物系液相组成-温度关系式（泡点方程）

理想物系是指相同或相异分子间的作用力相同，液相为理想溶液，遵循拉乌尔定律，气相为理想气体，遵循道尔顿分压定律。利用拉乌尔定律和道尔顿分压定律，结合沸腾条件可得到泡点方程。

（3）气相组成与温度关系式（露点方程）

根据道尔顿分压定律和拉乌尔定律，再结合泡点方程可得露点方程。

总压恒定的条件下，由泡点方程和露点方程可得到双组分溶液的温度-组成图，也可以得到恒定总压下不同温度下互成平衡的气液两相组成 $y$ 与 $x$ 的关系（简称正方图），对 $y-x$ 曲线上各点，所对应的温度是不同的。

（4）相对挥发度 $\alpha$

$$\alpha = \frac{\nu_A}{\nu_B} = \frac{p_A/x_A}{p_B/x_B}$$

相对挥发度 $\alpha = 1$ 时可得 $y = x$，即两相共存时，气液相组成相同，两组分得不到提浓。$\alpha$ 值越大，同一液相组成 $x$ 对应的气相组成越大，可获得的提浓程度越大。因此，$\alpha$ 的大小可作为蒸馏分离物系的难易程度的标志。

结合道尔顿分压定律和归一化方程易得相平衡方程。

$$y = \frac{\alpha x}{1 + (\alpha - 1)x} \qquad (5-2)$$

185

（5）总压对相对挥发度的影响

系统压强增加，物系各组分的挥发性降低，泡点升高，相对挥发度减小，两相区缩小，分离变得困难。

**3. 精馏**

1）精馏过程原理和两组分连续精馏的一般流程

图 5-1 是两组分连续精馏的一般流程。原料液由塔中部某适当位置连续地加入塔内，塔体内安装有多层塔板，塔顶设有冷凝器将塔顶蒸气冷凝为液体，塔釜设有再沸器（蒸馏釜）加热液体产生蒸气。

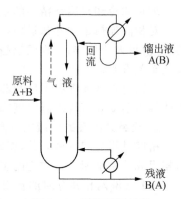

图 5-1　连续精馏过程

加料口以上为精馏段，加料口以下为提馏段，加料板属于提馏段。

精馏段上升的蒸气中含有重组分，遇到低温的液体时，重组分先冷凝为液体，即重组分向液相传递，类似于吸收，上升蒸气逐级上升的过程中，轻组分的浓度逐渐上升，得到高纯度的轻组分。因此，精馏段完成上升蒸气的精制，即除去其中的重组分。

提馏段下降液体遇到高温液体时，其中的轻组分向气相传递，类似于吸收。下降液体逐级下降的过程中，重组分得到提浓，可以得到高含量的重组分。因此，提馏段完成下降液体中重组分的提浓，即提出了轻组分。

精馏之区别于蒸馏就在于"回流"，包括塔顶的液相回流和塔釜部分汽化造成的气相回流。回流是构成气液两相接触传质的必要条件。塔顶的液相回流和上升蒸气逆流接触，塔釜的气相回流和下降液体逆流接触，构成两相接触传质。

另外，组分挥发度差异造成了有利的相平衡条件（$y > x$），使上升蒸气在与冷凝回流液接触的过程中，重组分向液相传递（吸收），轻组分向气相传递（解吸）。相平衡条件使回流液的量小于塔顶冷凝液的总量，即只需部分回流而无需全回流，因此精馏是有质有量的分离过程。

回流比 $R$ 为回流液量与塔顶馏出液量的比值。在塔的处理量 $F$ 已定的条件下，若规定了塔顶、塔釜产品组成 $x_D$、$x_W$ 的前提下，塔顶产品量 $D$、塔釜产品量 $W$ 都已确定（见后面讲述的"物料衡算"）。因此增加回流比 $R$ 并不会使塔顶产品量 $D$ 减少，而是意味着上升蒸气量的增加。增大回流比 $R$ 是增大塔釜加热速率和塔顶冷凝量。增加回流比 $R$ 的代价是能耗的增大。

2）精馏过程的数学描述和工程简化处理

（1）全塔物料衡算

总物料衡算

$$F = D + W \tag{5-3}$$

轻组分物料衡算

$$F x_F = D x_D + W x_W \tag{5-4}$$

重组分物料衡算

$$F(1 - x_F) = D(1 - x_D) + W(1 - x_W) \tag{5-5}$$

由前两式可得：

$$\frac{D}{x_F - x_W} = \frac{F}{x_D - x_W} - \frac{W}{x_D - x_F} \qquad (5-6)$$

即

$$\frac{D}{F} = \frac{x_F - x_W}{x_D - x_W} \qquad (5-7)$$

$$\frac{W}{F} = 1 - \frac{D}{F} \qquad (5-8)$$

$\frac{D}{F}$、$\frac{W}{F}$ 分别称为塔顶采出率和塔釜采出率。

规定产品质量 $x_D$、$x_W$ 时，因 $F$ 确定，$\frac{D}{F}$、$\frac{W}{F}$ 亦随之确定，不能自由选择（物料衡算的约束）。同样，规定 $D$、$x_D$ 后，则 $x_W$、$W$ 也随之确定。

（2）精馏段物料衡算

包括总物料衡算、轻组分物料衡算和重组分物料衡算。

（3）提馏段物料衡算

包括总物料衡算、轻组分物料衡算和重组分物料衡算。

（4）无加料单块塔板物料衡算

包括总物料衡算、轻组分物料衡算。

在物料衡算基础上对其进行热量衡算

$$V_{n+1} I_{n+1} + L_{n-1} i_{n-1} = V_n I_n + L_n i_n \qquad (5-9)$$

利用饱和蒸气的焓 $I$ 为泡点液体的焓 $i$ 与汽化潜热 $r$ 之和，代入上式得到

$$V_{n+1}(r_{n+1} + i_{n+1}) + L_{n-1} i_{n-1} = V_n (r_n + i_n) + L_n i_n \qquad (5-10)$$

假设

$$i_{n+1} = i_n = i_{n-1} = i \quad r_{n+1} = r_n = r$$

代入热量衡算式得到

$$(V_{n+1} - V_n) r = (L_n + V_n - L_{n-1} - V_{n+1}) i \qquad (5-11)$$

结合物料衡算得

$$V_{n+1} = V_n , L_n = L_{n-1} \qquad (5-12)$$

由上述可见，无加料塔板时，上升蒸气量相等，下降液体量相等。上述简化过程称为恒摩尔流假定。

根据上述处理过程，可以得出恒摩尔流假定成立的前提是混合物中各组分的摩尔汽化潜热相同，同时忽略气液两相接触因温度差异而产生的显热。

对于上述单块塔板，气、液两相接触后，塔板各处温度均匀，无传热阻力，也无传质阻力，即离开塔板的气液两相达到相平衡，满足上述条件的塔板称为理论板。理论板是一块气、液两相皆充分混合且传热过程阻力为零的理想化塔板。

（5）加料板

总物料衡算

$$F + \overline{V} + L = V + \overline{L} \qquad (5-13)$$

187

轻组分物料衡算

$$Fx_F + \overline{V}y_{m+1} + Lx_{m-1} = Vy_m + \overline{L}x_m \qquad (5-14)$$

加料板因加料显示出与普通板的不同,表现在:①加料的热状态,即代入热量的多少;②不同加热状态引起精馏段与提馏段两相流率的差异也不同。因此对加料板引入理论加料板,即不论加料各股物流的组成、热状态及接触方式如何,离开加料板气液两相温度均相同,组成互相平衡。

对加料板进行热量衡算

$$Fi_F + \overline{V}I + Li = VI + \overline{L}i \qquad (5-15)$$

上式与加料板总物料衡算式联立得

$$\frac{\overline{L} - L}{F} = \frac{I - i_F}{I - i} \qquad (5-16)$$

若定义

$$q = \frac{I - i_F}{I - i} = \frac{1\,\text{kmol 原料变成饱和蒸气所需的热}}{原料的摩尔汽化热} \qquad (5-17)$$

可得

$$\overline{L} = L + qF \qquad (5-18)$$

进而

$$\overline{V} = V - (1 - q)F \qquad (5-19)$$

$q$ 称为加料热状态参数,$q$ 值的大小反映了加料的状态和温度的高低。

$q = 0$,即 $i_F = I$,为饱和蒸气进料;

$0 < q < 1$,即 $i < i_F < I$,为气液混合物进料;

$q = 1$,即 $i_F = i$,为饱和液体(泡点)进料;

$q > 1$,即 $i_F < i$,为冷液进料;

$q < 0$,即 $i_F > I$,为过热蒸气进料;

对于 $0 < q < 1$ 时,$q$ 值实为进料中液体占总进料量的百分比。

3)精馏塔内的气、液相流率

精馏段

液相 $\qquad\qquad\qquad\qquad L = RD \qquad\qquad\qquad\qquad (5-20)$

气相 $\qquad\qquad\qquad V = L + D = (R+1)D \qquad\qquad (5-21)$

提馏段

液相 $\qquad\qquad\qquad\qquad \overline{L} = L + qF \qquad\qquad\qquad (5-22)$

气相 $\qquad\qquad\qquad \overline{V} = V - (1-q)F \qquad\qquad (5-23)$

定义提馏段上升蒸气量 $\overline{V}$ 与釜液 $W$ 的比值为塔釜的气相回流比 $\overline{R}$,即

$$\overline{R} = \frac{\overline{V}}{W} \qquad (5-24)$$

4）实际塔板传质过程的简化

实际精馏塔板并非理论板，即实际板上两相传质、传热既取决于物系特性、塔板自身操作条件，又与塔板结构相关，难以用简单方程描述。为克服此难处，引入理论板。由前述知识可知：对理论板，离开塔板的气液两相传质与传热皆达平衡。两相温度相同，组成互相平衡。唯其如此，表达塔板上传递过程的特征方程式可简化为

泡点方程 $$t_n = \Phi(x_n) \tag{5-25}$$

相平衡方程 $$y_n = f(x_n) \tag{5-26}$$

实际塔板不同于理论板，为描述实际塔板与理论板的差异，还需引入板效率的概念。对气相板效率定义如下：

$$E_{\mathrm{mV}} = \frac{y_n - y_{n+1}}{y_n^* - y_{n+1}} \tag{5-27}$$

式中，分子是实际板的增浓程度，分母是理论板的增浓程度；$y_n^*$ 与离开第 $n$ 块板液相组成 $x_n$ 成平衡的气相组成。要计算出板效率，必须知道理论板的增浓程度。

5）精馏塔操作线方程

精馏段操作线方程

$$y_{n+1} = \frac{R}{R+1} x_n + \frac{x_{\mathrm{D}}}{R+1} \tag{5-28}$$

经过点 $a(x_{\mathrm{D}}, x_{\mathrm{D}})$，且直线方程斜率小于 1，即 $\frac{L}{V}$，故 $L < V$。

提馏段操作线方程

$$y_{n+1} = \frac{RD + qF}{(R+1)D - (1-q)F} x_n - \frac{W_{x_{\mathrm{W}}}}{(R+1)D - (1-q)F} \tag{5-29}$$

经过点 $c(x_{\mathrm{N}}, x_{\mathrm{W}})$，且直线方程斜率大于 1，即 $\frac{\overline{L}}{\overline{V}} > 1$，故 $\overline{L} > \overline{V}$

引入气相回流比 $\overline{R}$，提馏段操作线方程也可表示为

$$y_{n+1} = \frac{\left(\dfrac{\overline{V}}{W} + 1\right)}{\dfrac{\overline{V}}{W}} x_n - \frac{x_{\mathrm{W}}}{\dfrac{\overline{V}}{W}} = \frac{\overline{R} + 1}{\overline{R}} x_n - \frac{x_{\mathrm{W}}}{\overline{R}} \tag{5-30}$$

$q$ 线方程

$$y_q = \frac{q}{q-1} x_q - \frac{x_{\mathrm{F}}}{q-1} \tag{5-31}$$

$q$ 线方程经过点 $b(x_{\mathrm{F}}, x_{\mathrm{F}})$，是精馏段操作线与提馏段操作线交点的轨迹方程。

各操作线可在正方图作出。过点 $a(x_{\mathrm{D}}, x_{\mathrm{D}})$ 以 $\frac{x_{\mathrm{D}}}{R+1}$ 为截距画出精馏段操作线，过点 $c(x_{\mathrm{W}}, x_{\mathrm{W}})$ 以 $\frac{\overline{L}}{\overline{V}} = \frac{RD + qF}{(R+1)D - (1-q)F}$ 为斜率画出提馏段操作线，两者交点为 $d(x_q, y_q)$，连接 $d$ 点和 $b$ 点 $(x_{\mathrm{F}}, x_{\mathrm{F}})$ 得 $q$ 线。正方图上可画出相平衡线、精馏段操作线、提馏段操作线、

对角线(四线),三点 $a$、$c$、$f$,截距,简述成"四点三线一截距"。

6) 理论板的增浓

前述可知,对理论板 $y_n = f(x_n)$,即离开理论板的气液相浓度互相平衡,显然 $B$ 点 $(x_n, y_n)$ 应在相平衡线上,板上气液相组成为 $y_n$ 和 $x_{n-1}$,板下气液相组成为 $y_{n+1}$ 和 $x_n$,以 $A$ 点$(x_{n-1}, y_n)$ 和 $C$ 点$(x_n, y_{n+1})$ 表示于正方图上。$A$ 点和 $C$ 点各满足操作线方程,因此 $A$、$B$、$C$ 三点构成直角三角形,$AB$ 边表示液相经理论板的增浓程度,$BC$ 边表示气相经理论板的增浓程度。

**4. 双组分精馏的设计型计算**

已知条件:$F$、$x_F$ 规定分离要求 $x_D$、$x_W$。

选择精馏操作条件:操作压强、回流比、进料热状态。

求:完成规定分离要求所需理论板数。

1) 操作条件的选择

(1) 操作压强的选择

操作压强影响气液相平衡,塔顶冷凝、塔釜加热的温度。塔顶冷凝涉及冷却介质温位的选择,塔釜加热涉及加热剂温位的选择。一般而言,操作压强根据常压常温下物质相态加以选择。常温常压下物料相态为液态,通常选择常压精馏。常压精馏操作流程简单、设备要求低、易于控制,故工业上常用。如果操作可能引起物料分解、聚合、氧化等现象,可采用减压精馏。当常压下物料沸点低于常温时,则采用加压精馏,如空气中分离氮气和氧气等。

(2) 回流比的选择

回流是精馏塔连续稳定操作的必要条件。回流比影响精馏分离装置的设备投资和操作费用。增加回流比,精馏段操作线斜率和提馏段操作线斜率皆增大,均有利于精馏过程的传质。

回流比的变化从定义来看可在零和无穷大之间变化。前者对应无回流,后者对应全回流。实际而言,规定分离要求的前提下,回流比不能小于某一下限,否则即使无穷多理论板数也无法达到设计要求。回流比的下限称为最小回流比,从经济和技术上加以适当选择。

① 全回流与最少理论板数

全回流即 $R = \infty$ 时,精馏塔无加料、出料,也无精馏段和提馏段的区别。$y$-$x$ 图上,两操作线和对角线重合,此时两板之间任一截面上,上升蒸气的组成和下降液体的组成相同$(y_{n+1} = x_n)$,达到指定分离要求(即设计要求)所需理论板数最少。全回流多用于精馏塔开停工阶段或精馏小试研究。最少理论板数可根据芬斯克方程求出:

$$N_{min} = \frac{\lg\left[\left(\dfrac{x_D}{1-x_D}\right)\left(\dfrac{1-x_W}{x_W}\right)\right]}{\lg \alpha} \qquad (5-32)$$

在塔顶、塔底相对挥发度差异不太大时,式中相对挥发度 $\alpha$ 取塔顶、塔底相对挥发度的几何平均值。

② 最小回流比和无穷多理论板数

最小回流比是指达到规定分离要求所需理论板数为无穷多时的回流比,用 $R_{min}$ 表示。对于正常的相平衡曲线,$R_{min}$ 由下式计算:

$$R_{min} = \frac{x_D - y_q}{y_q - x_q} \qquad (5-33)$$

正方图中,$(x_q, y_q)$ 是 $q$ 线和相平衡线的交点坐标。

对于不正常的相平衡曲线,由精馏段操作线最小斜率$\dfrac{R_{\min}}{R_{\min}+1}$求出$R_{\min}$。

③ 最适宜回流比的选择

设备费和操作费两者之和最小时的回流比称为最适宜回流比,一般地

$$R_{\text{opt}}=(1.2\sim2)R_{\min} \tag{5-34}$$

（3）进料热状态的选择

给定回流比的条件下,$q$ 值不影响精馏段操作线的位置,但明显改变了提馏段操作线的位置。

由全塔热量衡算可知,塔底加热量、原料带入热量与塔顶冷凝量三者之间有一定关系。固定塔顶冷凝量(即回流比一定)的情形下,原料带入热量越多,塔釜加热量越少,塔釜上升蒸气量亦越少。塔釜上升蒸气量的减少,使提馏段操作线斜率增大,其位置向相平衡线移近,所需理论板数增多。

塔釜加热量不变,进料带入热量越多,则塔顶冷凝量必增加,回流比相应增大,所需塔板数减少,这是以增加热耗为代价的。

因此,工程上在热耗不变的前提下。热量应尽可能在塔底输入,使产生的气相回流能在全塔中发挥作用,而冷却量应尽可能施加于塔顶,使产生的液体回流能流经全塔而发挥最大的效能。

2）理论塔板数的计算方法

给定分离要求 $x_{\text{D}}$、$x_{\text{W}}$,选定操作压强、回流比和进料热状态的前提下,理论塔板数的计算有三种方法:逐板计算法、梯级作图法和捷算法。

（1）逐板计算法

计算过程中交替使用相平衡方程和操作线方程。

塔顶全凝器、泡点回流、塔釜间接蒸气加热时,$y_1=x_{\text{D}}$

$$y_1=x_{\text{D}} \xrightarrow{\text{相平衡方程}} x_1=\dfrac{y_2}{\alpha-(\alpha-1)y_2} \xrightarrow{\text{操作线方程}} y_2=\dfrac{R}{R+1}x_1+\dfrac{x_{\text{D}}}{R+1} \xrightarrow{\text{相平衡方程}}$$

$$x_2=\dfrac{y_2}{\alpha-(\alpha-1)y_2} \xrightarrow{\text{操作线方程}} y_3=\dfrac{R}{R+1}x_2+\dfrac{x_{\text{D}}}{R+1}\cdots x_n$$

当 $x_n\leqslant x_q$（$x_q$ 为 $q$ 线与操作线交点的横坐标）时,精馏段理论板数为$(n-1)$,第 $n$ 块板为进料板,也是提馏段的第一块板。再交替使用相平衡方程和提馏段操作线方程,直至 $x_m\leqslant x_{\text{W}}$ 为止,提馏段所需理论板数为$(m-1)$,再沸器为第 $m$ 块板,这样全塔理论板数 $N_{\text{T}}=n+m-2$。

（2）梯级作图法

梯级作图法实为逐板计算法在图 $x$-$y$ 上的图解过程。解题过程简洁明了,但准确性稍差。

图解过程为:在正方图上作出相平衡线和操作线,由塔顶 $x_{\text{D}}$ 开始在平衡线和操作线之间画阶梯,跨过 $q$ 线与操作线交点的阶梯为适宜进料板,并更换操作线,直至跨过 $x_{\text{W}}$ 点后得到全塔理论板数 $N_{\text{T}}$。

由作图法与逐板计算法可以看出,直接影响理论板数 $N_{\text{T}}$ 的因素有 $\alpha$、$x_{\text{F}}$、$q$、$R$、$x_{\text{D}}$ 和 $x_{\text{W}}$,而与进料量 $F$ 无关。

（3）捷算法

捷算法最常用吉利兰关联图解法,准确性较差,适用于初步设计中估算理论板数。

将 $R_{\min}$、$R$、$N_{\min}$ 和 $N$ 四个变量关联起来,绘制吉利兰关联图,即 $\dfrac{N-N_{\min}}{N+1}$-$\dfrac{R-R_{\min}}{R+1}$ 关系图。

### 5. 双组分精馏的操作型计算

精馏操作型计算特点是精馏塔板数 $N$ 和精馏段板数 $N_R$ 已定,由指定的操作条件预计精馏操作的结果。

精馏计算过程涉及变量包括:$F$、$D$、$W$、$x_F$、$x_D$、$x_W$、$N_T$、$N_R$、$q$、$R$、$\alpha$,共计 11 个变量,计算有较多类型,通常要求计算的是 $x_D$、$x_W$ 及逐板组成分布。

因变量多、影响因素复杂,变量间多为非线性关系,操作型计算一般是试差迭代,而且加料位置一般不是最优加料位置。

(1) 回流比改变对精馏结果的影响

精馏段理论板数为 $(m-1)$ 块,提馏段板数为 $(N-m+1)$,回流比由 $R$ 变为 $R'$ 时,塔顶、塔釜组成 $x'_D$、$x'_W$ 如何变化?

定量计算过程

$$设\ x_W \xrightarrow{物料衡算} x_D = \frac{x_F - x_W\left(1-\dfrac{D}{E}\right)}{\dfrac{D}{F}} = y_1 \xrightarrow{相平衡方程} x_1 = \frac{y_2}{\alpha-(\alpha-1)y_2} \xrightarrow{操作线方程}$$

$$y_2 = \frac{R}{R+1}x_1 + \frac{x_D}{R+1}\cdots x_m \xrightarrow{操作线方程} \cdots x_N\ 是否等于\ x_W$$

精馏段进行 $m$ 次逐板计算,算出离开第一至第 $m$ 块板的气液相组成,直至算出离开加料板的液相组成 $x_m$,跨过加料板后,改用提馏段操作线和相平衡方程,再进行 $(N-m)$ 次逐板计算,算出最后一块理论板的液相组成 $x_N$,对比 $x_N$ 值和所假设的 $x_W$ 值,两者一致则计算有效,否则重新试差。

(2) 进料组成变化的影响

精馏塔在相同回流比、塔板数的情况下,进料组成下降时,操作结果如何变化?

实际定量计算过程和前述改变回流比时试差过程相同。当然,拟保持塔顶采出液组成 $x_D$ 不变,必须加大回流比或减少塔顶采出率 $\dfrac{D}{F}$。

(3) 精馏塔温度分布和灵敏板

物系的泡点与系统总压及组成密切相关。精馏塔内各块塔板上物料的组成和总压并不相同。因此,从塔顶至塔底形成某种度分布和温度分布。

精馏塔正常操作时受到某一外界因素的干扰(如回流比、进料组成等),全塔各板的组成将发生变动,全塔的温度分布也将发生相应的变化。某些塔板的温度对外界干扰因素的反应最为灵敏,故将这些塔板称为灵敏板。灵敏板可以用来指导操作调整。

### 6. 板式塔

板式塔是一种典型的级式接触精馏分离设备,就其结构、流体力学特性等作一简介。

(1) 板式塔的设计意图和评价指标

工程上板式塔的设计意图是力图在塔内造成一个对传质过程最有利的理想流动条件,即在总体上使两相呈逆流流动,而单块塔板上两相呈均匀的错流接触。

为保证上述设计意图,评价其性能主要有三个方面:塔的处理能力、塔板效率、操作弹性。塔的处理能力是指单位塔截面上的生产能力,工程上常以通量表征塔的生产能力和极限空塔气速。塔板效率是单位压降下的分离效果,以塔板效率表示塔板的性能和传质速率。操作弹性是塔的适应性能,包括对物料和处理量波动下的适应情况。

(2) 板式塔的基本结构和各种塔板类型

板式塔的基本结构由圆柱形壳体、塔板、溢流堰、降液管、进出料管、塔顶冷凝器、塔釜再沸器等组成。

板式塔塔板有多种,较早期的有泡罩塔板。目前常用的有筛孔塔板和浮阀塔板。此外还有舌形塔板、网孔塔板、垂直筛板、多降液管塔板、林德筛板等各具特色的塔板。

（3）板式塔内两相非理想流动和不正常操作现象

塔设计不完善或操作不当可能引起塔内两相非理想流动。

空间上的反向流动:包括液沫夹带和气泡夹带。

空间上的不均匀流动:气体沿塔板的不均匀流动和液体沿塔板的不均匀流动。

各种两相非理想流动影响传质效果。

塔的不正常操作现象包括:夹带液泛、溢流液泛、漏液等。

（4）塔板效率

塔板效率和塔板的结构密切相关,影响塔板效率的结构参数包括塔径、板间距、堰高、堰长、降液管尺寸等。对筛板塔,开孔率和孔径也影响板效率。

塔板效率有多种表示方法,主要有全塔效率、点效率、默弗里板效率等。

全塔效率反映精馏塔中各塔板的平均效率,是理论板与实际板换算的纽带,其值恒小于1。

点效率是塔板上某点的局部效率,其值可能大于1。

默弗里板效率可以分别用气、液相表示,且两者之值并不相同,其值恒小于1。

影响塔板效率除塔板的结构参数外,物系性质和操作条件也是影响板效率的主要因素。物系性质包括密度、黏度、挥发性、界面张力、扩散系数等影响传质系数的所有物质性质。操作条件包括操作温度和压强、空塔气速、液气比等操作参数,其中空塔气速影响最大。

（5）板式塔流体力学性能和负荷性能图

塔板上气液两相的接触状态:包括鼓泡接触状态、泡沫接触状态和喷射接触状态。

塔板压降:包括干板压降和气流穿过液层的阻力损失,两者反映出气体通过塔板的阻力损失。

塔板负荷性能图:负荷性能图能够用于判断塔板设计是否合理,指明可允许的气液流量范围、3种塔的操作状态和弹性及扩产改造生产处理量变化的可能性,这是对一定物系和一定塔板结构设计情况的综合反映。

负荷性能图中包括过量液沫夹带线、漏液线、溢流液泛线、液量下限线和液量上限线,各线围成的区域为所设计塔板的正常操作范围。

# 5.3　概念关联图表

## 5.3.1　二元理想物系气液相平衡关系

| 理想溶液 | 温度-组成关系 | 泡点方程 | $x_A = \dfrac{p-p_B^o}{p_A^o-p_B^o} = \dfrac{p-f_B(t)}{f_A(t)-f_B(t)}$ | 溶液泡点计算 |
|---|---|---|---|---|
| | | 露点方程 | $y_A = \dfrac{p_A^o}{p} \cdot \dfrac{p-p_B^o}{p_A^o-p_B^o} = \dfrac{f_A(t)}{p} \cdot \dfrac{p-f_B(t)}{f_A(t)-f_B(t)}$ | 溶液露点计算 |
| | 压强-组成关系 | $p-x$ | $p_A = p_A^o \cdot x_A, p_B = p_B^o \cdot x_B$ | 计算组分分压 |
| | 气-液相组成关系 | $y-x$ | $y = \dfrac{\alpha x}{1+(\alpha-1)x}$ | 气液两相组成互算 |
| | 挥发度 | | $\nu_A = \dfrac{p_A}{x_A}, \nu_B = \dfrac{p_B}{x_B}$ | 区别轻重组分 |
| | 相对挥发度 | | $\alpha = \dfrac{y_A/y_B}{x_A/x_B} = \dfrac{y}{1-y} \cdot \dfrac{1-x}{x}$ | 区别分离的难易程度 |

### 5.3.2 精馏过程

| 精馏原理 | 多次汽化、多次液化＋气液相回流 | | |
|---|---|---|---|
| 全塔物料衡算 | $\begin{cases} F=D+W \\ Fx_F=Dx_D+Wx_W \end{cases}$ | 塔顶和塔底采出率 $\dfrac{D}{F}=\dfrac{x_F-x_W}{x_D-x_W}$，$\dfrac{W}{F}=\dfrac{x_D-x_F}{x_D-x_W}$<br><br>塔顶轻组分回收率 $\eta_A=\dfrac{Dx_D}{Fx_F}$<br><br>塔底重组分回收率 $\eta_B=\dfrac{W(1-x_W)}{F(1-x_F)}$ | | 计算产品产量、质量、组分回收率 |
| 热量衡算 | 塔顶冷凝器 $Q_C$ | 确定冷却介质的用量 | |
| | 塔釜再沸器 $Q_B$ | 计算加热介质的用量 | |
| 恒摩尔流假定 | 精馏段物料衡算<br>$\left. \begin{array}{l} L=RD \\ V=L+D=(R+1)D \end{array} \right\}$ | 精馏段操作线方程 $y_{n+1}=\dfrac{R}{R+1}x_n+\dfrac{x_D}{R+1}$ | | 计算两块板之间的气液相组成 |
| | 提馏段物料衡算<br>$\left. \begin{array}{l} \overline{L}=L+qF \\ \overline{V}=V-(1-q)F \end{array} \right\}$ | 提馏段操作线方程<br>$y_{n+1}=\dfrac{RD+qF}{(R+1)D-(1-q)F}x_n+\dfrac{Dx_D-Fx_F}{(R+1)D-(1-q)F}$ | | |
| 进料板物料衡算和热量衡算 | $\dfrac{\overline{L}-L}{F}=\dfrac{I-i_F}{I-i}=q=\dfrac{\text{1kmol 原料变成和蒸气所需的量}}{\text{原料的摩汽化}}$<br>五种进料热状态：冷液 $q<1$，饱和液体 $q=1$，气液混合物 $0<q<1$，饱和蒸气 $q=0$，过热蒸气 $q<0$ | | | |
| | $q$ 线方程 $y_q=\dfrac{q}{q-1}x_q-\dfrac{x_F}{q-1}$ | | "精"线、"提"线两方程交点轨迹 | |
| 回流比 | 最小回流比 $R_{min}=\dfrac{x_D-y_e}{y_e-x_e}$ | | 实际回流比 $R=(1.2\sim 2)R_{min}$ | |

### 5.3.3 理论塔板数的确定方法和精馏塔核算过程

| 计算方法 | 逐板计算法 | 梯级作图法 | 捷算法 |
|---|---|---|---|
| 计算条件和过程 | 相平衡关系 $y-x$ | 相平衡关系 | 芬斯克方程计算 $N_{min}$ |
| | 精馏段操作线方程 | 精馏段操作线方程 | $\dfrac{R-R_{min}}{R+1}$ |
| | 提馏段操作线方程 | 提馏段操作线方程 | 吉利兰关联图 |
| | 交替使用相平衡方程和操作线方程计算各板两相浓度 | 操作线和平衡线间作梯级 | $\dfrac{N-N_{min}}{N+1}$ |
| 精馏塔核算过程 | 设 $x_D \to x_D=y_1 \to x_1 \to y_2 \to x_2 \to \cdots x_m \leqslant x_q \to y_{m+1} \to x_{m+1} \cdots x_N=x_W$？如不符合，则重新假设，重复上述过程 | | |

194

## 5.3.4 板式塔

| 塔板结构和类型 | 气相通道 | | 泡罩塔 |
|---|---|---|---|
| | | | 普通筛板 |
| | | | 垂直筛板 |
| | | | 导向筛板 |
| | | | 浮阀塔板 |
| | | | 舌形塔板 |
| | 液相通道 | 降液管 | 弓形 |
| | | | 圆形 |
| | 溢流堰 | | 平直堰 |
| | | | 齿形堰 |
| 塔板流体力学状态 | 塔板气液两相接触状态 | | 鼓泡 |
| | | | 泡沫 |
| | | | 喷射 |
| | 塔板上两相非理想流动 | | 液沫夹带 |
| | | | 气泡夹带 |
| | | | 液流不均匀 |
| | | | 气流不均匀 |
| | 非正常操作状态 | | 溢流液泛 |
| | | | 夹带液泛 |
| | | | 严重漏液 |
| 塔板效率 | 全塔效率<br>单板效率 | $E_\mathrm{T}=\dfrac{N_\mathrm{T}}{N}$ | 实际板数 $N$ |
| | | 气相效率 $E_\mathrm{mV}=\dfrac{y_n-y_{n+1}}{y_n^*-y_{n+1}}$ | |
| | | 液相效率 $E_\mathrm{mL}=\dfrac{x_{n-1}-x_n}{x_{n-1}-x_n^*}$ | |

## 5.3.5 负荷性能图

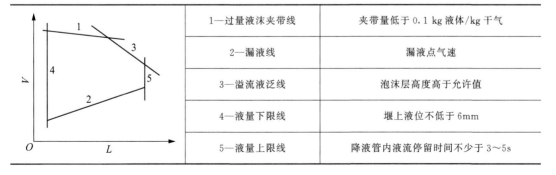

| 1—过量液沫夹带线 | 夹带量低于 0.1 kg 液体/kg 干气 |
|---|---|
| 2—漏液线 | 漏液点气速 |
| 3—溢流液泛线 | 泡沫层高度高于允许值 |
| 4—液量下限线 | 堰上液位不低于 6mm |
| 5—液量上限线 | 降液管内液流停留时间不少于 3～5s |

### 1. 相平衡关系如何表达?

对于二元物系气液平衡,表征其状态的变量有如下四个:温度 $t$、压强 $p$、液相组成 $x$ 和气相组成 $y$。根据相律确定体系自由度个数 $F=$ 组分数 $N-$ 相数 $\Phi+2=2-2+2=2$,意指上述四个变量中任意指定两个变量作为自变量,另两个变量为指定自变量的函数,如指定体系温度 $t$,总压 $p$ 和液相组成 $x$ 的关系可用函数 $p=f(x)$ 表达;指定总压 $p$,气相组成 $y$ 和液相组成 $x$ 的关系可用函数 $y=f(x)$ 表达。表 5-1 表示二元理想物系之间的函数关系。

**表 5-1　二元理想物系函数对应关系**

| 条件 | 对应函数 | 遵循规律 | 函数式 | 关系图 |
|---|---|---|---|---|
| 指定温度 $t$ | $p=f(x)$ | 拉乌尔定律 | $p_A=p_A^o \cdot x_A, p_B=p_B^o(1-x_A)$ | $p-x$ 图 |
| 指定总压 | $x=f(t), y=f(t)$ | 泡、露点方程 | $x_A=\dfrac{p-p_B^o}{p_A^o-p_B^o}, y_A=\dfrac{p_A^o}{p} \cdot \dfrac{p-p_B^o}{p_A^o-p_B^o}$ | $t-x-y$ 图 |
| | $y=f(x)$ | 相平衡方程 | $y=\dfrac{\alpha x}{1+(\alpha-1)x}$ | $y-x$ 图 |

上述函数关系可用于二元理想物系气液平衡的计算,是二元物系蒸馏的基础方程。

**道尔顿小传**

道尔顿(1766—1844 年),英国化学家、近代化学之父。1766 年 9 月 6 日生于坎伯雷,1844 年卒于曼彻斯特。道尔顿的父亲是一位农民兼手工业者,他幼年时家贫,无钱上学,加上又是一个色盲者,但他以惊人的毅力,自学成才。1778 年在乡村小学任教;1781 年应其表兄之邀到肯德尔镇任中学教师,在哲学家高夫的帮助下自修拉丁文、法文、数学和自然哲学等并开始对自然观察,记录气象数据,从此学问大有长进;1793 年任曼彻斯特新学院数学和自然哲学教授;1796 年任曼彻斯特文学和哲学学会会员;1800 年担任该会的秘书;1817 年升为该会会长;1816 年被选为法国科学院通信院士;1822 年被选为英国皇家学会会员。1826 年,英国政府将英国皇家学会的第一枚金质奖章授予了道尔顿。道尔顿最先提出原子论:化学中的新时代是随着原子论开始的;1803 年继承古希腊朴素原子论和牛顿微粒说,提出原子学说,其要点有:①化学元素由不可分割的微粒——原子构成,它在一切化学变化中是不可再分的最小单位。②同种元素的原子的性质和质量都相同,不同元素原子的性质和质量各不相同,原子质量是元素的基本特征之一。③不同元素化合时,原子以简单整数比结合。推导并用实验证明倍比定律。如果一种元素的质量固定时,那么另一元素在各种化合物中的质量一定成简单整数比。

道尔顿最先从事测定原子量工作,提出用相对比较的办法求取各元素的原子量,并发表第一张原子量表,为后来测定元素原子量工作开辟了光辉前景。他在气象学、物理学上的贡献也十分突出。自 1787 年道尔顿在担任初中物理教员时开始连续观测气象,从不间断地坚持了 56 年,一直到临终前几小时为止,他的全部记录超过 20 多万条。27 岁时他出版了《气象观测与研究》一书。书中描绘了气压计、温度计、湿度计等装置,巧妙地分析了降雨和云的形成过程、水蒸发过程、大气层降水量的分布等现象,深受读者喜爱。1801 年他提出气体分压定律,即混合气体的总压力等于各组分气体的分压之和。他还测定水的密度和温度变化关系和气体热膨胀系数等。

为了把自己毕生的精力献给科学事业，道尔顿终生未婚，而且在生活穷困的条件下，仍旧坚持从事科学研究，英国政府只是在欧洲著名科学家的呼吁下，才给予其养老金，但是道尔顿仍把它攒起来，奉献给曼彻斯特大学用作学生的奖学金。

人们为了纪念道尔顿，以他的名字作为原子质量单位，在生物化学、分子生物学和蛋白组学中经常用 Da 或 kDa，定义为 C12 原子质量的 1/12，即 $1Da = 1/Ng$，$N$ 为阿伏伽德罗常数。

**2. 如何理解精馏过程中回流的作用？**

蒸馏过程处理对象是分离液体混合物，混合液体中各组分挥发性的差异造成有利于分离的基础条件，但是通过简单蒸馏和平衡蒸馏过程的分析表明简单的气液一次接触不可能获得高纯度的产品。精馏操作是以多次气液接触方式而获得高纯度产品的，实现多次气液接触的有效工程手段正是回流。在精馏塔任意一块塔板上，上升的蒸气流与上一块塔板下降的液流相互之间逆向流经该塔板，完成一次有效的气液接触。

精馏塔塔顶设有冷凝器，将塔顶蒸气冷凝为液体。冷凝液的一部分流回入塔顶，称为回流液，其余作为塔顶产品（馏出液）连续排出。在塔内上半部（加料位置以上）上升蒸气和回流液体之间进行着逆流接触和物质传递。塔底部装有再沸器（蒸馏釜）以加热液体产生蒸气，蒸气沿塔上升，与下降的液体逆流接触并进行物质传递，塔底连续排出部分液体作为塔底产品。

精馏段内，上升蒸气中所含的重组分向液相传递，而回流液中的轻组分向气相传递。其物质交换的结果，使上升蒸气中轻组分的浓度逐渐升高。只要有足够的相际接触表面和足够的液体回流量，到达塔顶的蒸气将成为高纯度的轻组分。塔的上半部完成了上升蒸气的精制，即除去其中的重组分。

提馏段内，下降液体（包括回流液和加料中的液体）中的轻组分向气相传递，上升蒸气中的重组分向液相传递。这样，只要两相接触面和上升蒸气量足够，到达塔底的液体中所含的轻组分可降至很低，从而获得高纯度的重组分。塔的下半部完成了下降液体中重组分的提浓即提出了轻组分。

可见，精馏之区别于蒸馏就在于"回流"，包括塔顶的液相回流与塔釜部分汽化造成的气相回流。回流是构成气、液两相接触传质的必要条件，没有气液两相的接触也就无从进行物质交换。另一方面，组分挥发度的差异造成了有利的相平衡条件（$y > x$）。这使上升蒸气在与自身冷凝回流液之间的接触过程中，重组分向液相传递，轻组分向气相传递。相平衡条件 $y > x$ 使必需的回流液的数量小于塔顶冷凝液量的总量，即只需要部分回流而无需全部回流。唯其如此，才有可能从塔顶抽出部分凝液作为产品。

**3. 如何理解理论板作用？**

任一块板的浓度特征可由离开该板的蒸气组成 $y_n$ 和液相组成 $x_n$ 表示，对一理论板 $y_n$ 与 $x_n$ 必须满足相平衡方程 $y_n = f(x_n)$。

这样，在 $y$ - $x$ 图上表征某一块理论板的点必落在平衡线上，如图 5 - 2 中的点 $B$。

塔中某一截面的浓度特征可用通过该截面的上升蒸气和下降液体的组成表示，该气液组成必须服从操作线方程。这样，在 $y$ - $x$ 图上表征某一截面的点必落在操作线上，如表征截面 $A$ - $A'$ 的点 $A$ 与表征截面 $C$ - $C'$ 的点 $C$。

$A$、$B$、$C$ 三点组成一个 $\triangle ABC$，此三角形充分表达了某一理论板的工作状态。顶点 $A$、$C$ 分别表示板上及板下的两相组成状态，而点 $B$ 表示离开板的气液两相组成状态，边 $AB$ 表示液体经过该理论板的提纯或增浓程度，边 $BC$ 表示气相经过该理论板后的提纯或增浓程度。

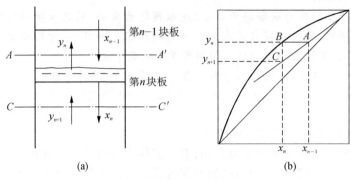

图 5-2 塔板组成的表示

对于二元物系连续精馏塔,完成给定分离任务所需要的理论板数可用作图法求出,作图过程是确定上述直角三角形,即在操作线与平衡线之间作阶梯,每一阶梯对应一块理论板,所得阶梯的数目即理论板数。

**4. 精馏塔有哪些影响因素?**

影响精馏塔的因素比较多,主要包括:物料平衡、操作压强、回流比、进料热状态等。

(1) 物料平衡的影响

连续精馏过程的塔顶和塔底产物的流率和组成与加料的流率和组成有关。无论设备内气液两相的接触情况如何,这些流率与组成之间的关系均受全塔物料衡算的约束。

对定态的连续过程做总物料衡算可得 $F=D+W$

对轻组分做物料衡算可得 $Fx_F=Dx_D+Wx_W$

进料组成 $x_F$ 通常是给定的,则当塔顶、塔底产品组成 $x_D$、$x_W$ 即产品质量已规定,产品的采出率 $D/F$ 和 $W/F$ 亦随之确定而不能再自由选择;当规定塔顶产品的产率和质量 $x_D$,则塔底产品的质量 $x_W$ 及产率亦随之确定而不能自由选择(当然也可以规定塔底产品的产率和质量)。

在规定分离要求时,应使 $Dx_D \leqslant Fx_F$ 或 $D/F \leqslant x_F/x_D$,这是塔顶产品量的上限。如果塔顶产出率 $D/F$ 取得过大,即使精馏塔有足够的分离能力,塔顶仍不可能获得高纯度的产品,因其组成必须满足:$x_D \leqslant \dfrac{Fx_F}{D}$,这是塔顶产品组成的上限。

(2) 操作压强的影响

压强对精馏塔的影响实际上是压强对所给物料体系气液相平衡关系的影响。压强越高,泡点越高,相对挥发度越小,达到规定的塔顶产品质量所要求塔的分离能力越高(塔板数越多)。根据物系特性,可分别选择常压精馏、减压精馏和加压精馏。

(3) 回流比的影响

回流比 $R$ 是影响精馏塔的主要因素。增大回流比,既加大了精馏段的液气比 $L/V$,也加大了提馏段的气液比 $\overline{V}/\overline{L}$,两者均有利于精馏过程中的传质。

应该注意,规定塔顶采出率 $D/F$ 时,增大回流比 $R$ 来提高塔顶产品浓度的方法并非总是有效。这是因为:①$x_D$ 的提高受精馏段塔板数即精馏塔分离能力的限制。对一定塔板数,即使回流比增至无穷大(全回流)时,$x_D$ 也有确定的最高极限值;在实际操作的回流比下不可能超过此极限值。②$x_D$ 的提高受全塔物料衡算的限制。加大回流比可提高 $x_D$,但其极限值为 $x_D=Fx_F/D$。此外,加大操作回流比意味着加大蒸发量与冷凝量,这些数值还将受到塔釜及冷凝器的传热面的限制。

（4）进料热状态的影响

加料热状态可由 $q$ 值表征，$q$ 值表示加料中饱和液体所占的分数。若原料经预热或部分汽化，则 $q$ 值较小。在给定的回流比 $R$ 下，$q$ 值的变化不影响精馏段操作线的位置，但明显改变了提馏段操作线的位置。$q$ 值越小，即进料前经预热或部分汽化，所需理论板数反而越多。

以上对不同 $q$ 值进料所作的比较是以固定回流比 $R$ 即以固定的冷却量为基准的。由全塔热量衡算可知，塔底加热量、进料带入热量与塔顶冷凝量三者之间有一定关系。这样，为保持塔顶冷却量不变，进料带热越多，塔底供热则越少，塔釜上升的蒸汽量亦越少；塔釜上升蒸气量减少，使提馏段的操作线斜率增大，其位置向平衡线移近，所需理论板数必增多。

如果塔釜热量不变，进料带热增多，则塔顶冷却量必增大，回流比相应增大，所需的塔板数将减少。但必须注意，这是以增加热耗为代价的。

所以一般而言，在热耗不变的情况下，热量应尽可能在塔底输入，使所产生的气相回流能在全塔中发挥作用（"热在塔釜"）；而冷却量应尽可能施加于塔顶，使所产生的液体回流能经过全塔而发挥最大的效能（"冷在塔顶"）。

工业上有时采用热态甚至气态进料，其目的不是为了减少塔板数，而是为了减少塔釜的加热量。尤其当塔釜温度过高、物料易产生聚合或结焦时，这样做更为有利。

**5. 如何理解最小回流比和全回流？**

确定理论板数时，如选用较小的回流比，两操作线向平衡线移动，达到指定分离程度（$x_D$、$x_W$）所需的理论板数增多。当回流比减至某一数值时，两操作线的交点 $e$ 落在平衡线上，由图 5-3 可见，此时即使理论板数无穷多，板上流体组成也不能跨越 $e$ 点，此即指定分离程度时的最小回流比。

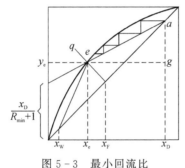

图 5-3　最小回流比

设交点 $e$ 的坐标（$x_e$、$y_e$），则最小回流比的数值可按 $ae$ 线的斜率 $\dfrac{R_{min}}{R_{min}+1}=\dfrac{x_D-y_e}{x_D-x_e}$ 求出。

应当注意：最小回流比 $R_{min}$ 值还与平衡线的形状有关，点 $e$ 常可用于确定最小回流比。当回流比为最小值时，用逐板计算法自上而下计算各板组成，将出现一恒浓区，即当组成趋近于上述切点或交点 $e$ 时，两板之间的浓度差极小，$x_{n+1} \approx x_n$，每一块板的提浓作用极微。

最小回流比一方面与物系的相平衡性质有关，另一方面也与规定的塔顶、塔底浓度有关。对于指定物系，最小回流比只取决于混合物的分离要求，故最小回流比是确定理论板数所遇到的特有的问题。离开了指定的分离要求，也就不存在最小回流比的问题了。

全回流时精馏塔不加料也不出料，自然也无精馏段与提馏段之分。在 $y-x$ 图上，精馏段与提馏段操作线都与对角线重合。从物料衡算或者从操作线的位置都可以看出全回流的特点是：两板之间任一截面上，上升蒸气的组成与下降液体的组成相等，而且为达到指定的分离程度$(x_D, x_W)$所需的理论板数最少。

芬斯克方程简略地表明在全回流条件下分离程度与总理论板数($N_{min}$中包括了塔釜)之间的关系。

全回流是操作回流比的极限,它只是在设备开工、调试及实验研究时采用。

**拉乌尔小传**

法国化学家拉乌尔(1830—1901 年)于 1882 年发表了凝固点降低的研究报告,其中他指出:在 100g 水中溶解了 $W$ g 的相对分子质量为 $M$ 的有机化合物,测得溶液的凝固点降低值为 $\Delta T$:$\Delta T = KW/M$。对于绝大多数的有机化合物来说,$K = 18.5$。但对于强酸与强碱化合生成的盐,其水溶液的 $K$ 值约等于 37,大约是有机物水溶液的 $K$ 值的两倍。他还指出:盐溶液的凝固点降低值比相同分子浓度的有机物溶液高,似乎可以解释为酸、碱、盐溶液中的溶质分子数比相同分子浓度的有机物溶液多。拉乌尔还注意到,盐类水溶液表现出来的渗透压比范特霍夫的理论计算值高,所以他认为溶液中的盐类可能像气体的离解一样,也有某种程度的离解。显然,拉乌尔的观点已经比较接近阿伦尼乌斯即将创立的电离理论了。

**6. 试比较板式塔和填料塔的区别。**

对于许多逆流气液接触过程,填料塔和板式塔都是可以适用的,设计者必须根据具体情况进行选用。填料塔和板式塔有许多不同点,了解这些不同点对于合理选用塔设备是有帮助的。

(1)填料塔操作范围较小,特别是对于液体负荷的变化更为敏感。当液体负荷较小时,填料表面不能很好地被润湿,传质效果急剧下降;当液体负荷过大时,则容易产生液泛。设计良好的板式塔,应具有较大的操作范围。

(2)填料塔不适合处理易聚合或含有固体悬浮物的物料,而某些类型的板式塔(如大孔径筛板、泡罩塔等)则可以有效地处理这种物系。另外,板式塔的清洗亦比填料塔方便。

(3)当气液接触过程中需要冷却以移除反应热或溶解热时,填料塔因涉及液体均布问题而使结构复杂化,板式塔可方便地在塔板上安装冷却盘管。同理,当有侧线出料时,填料塔也不如板式塔方便。

(4)以前乱堆填料塔的直径很少大于 0.5m,后来又认为不宜超过 1.5m,根据近十年来填料塔的发展状况,这一限制似乎不再成立。板式塔直径一般不小于 0.6m。

(5)关于板式塔的设计资料更容易得到而且更为可靠,因此板式塔的设计比较准确,安全系数可取得更小。

(6)当塔径不是很大时,填料塔因结构简单而造价便宜。

(7)对于易起泡物系,填料塔更适合,因填料对泡沫有限制和破碎的作用。

(8)对于腐蚀性物系,填料塔更适合,因此可采用瓷质填料。

(9)对热敏性物系宜采用填料塔,因为填料塔内的滞液量比板式塔的少,物料在塔内的停留时间短。

(10)填料塔的压降比板式塔的小,因而采用真空操作更为适宜。

# 5.5　典型例题解析

**例 5-1　总压对气液平衡关系的影响**

苯-甲苯混合液(理想溶液)中,苯的质量分数 $W_A = 0.3$。求体系总分压分别为 109.86kPa 和 5.332kPa 时的泡点温度和相对挥发度,并预测相应的气相组成。已知苯和甲苯的蒸气压方程分别如下:$\lg p°_A = 6.031 - \dfrac{1\,211}{t+220.8}$,$\lg p°_B = 6.080 - \dfrac{1\,345}{t+219.5}$。其中压强的单位为 kPa,温度的单位为℃。

**解**:将苯的质量分数转化为摩尔分数:

$$x = \frac{W_A/M_A}{W_A/M_A + (1-w_A)/M_B} = \frac{0.3/78}{0.3/78 + 0.7/92} = 0.336$$

(1) 总压为 109.86kPa 时

试差:设泡点为 100℃,由蒸气压方程求得:

$$\lg p°_A = 6.031 - \frac{1\ 211}{100 + 220.8} = 2.256 \Rightarrow p°_A = 180.3kPa$$

$$\lg p°_B = 6.080 - \frac{1\ 345}{100 + 219.5} = 1.87 \Rightarrow p°_B = 74.2kPa$$

由泡点方程计算苯的摩尔分数:$x = \dfrac{p - p°_B}{p°_A - p°_B} = \dfrac{109.86 - 74.2}{180.3 - 74.2} = 0.336$

计算值与假定值足够接近,以上计算有效,溶液泡点为 100℃。

相对挥发度:    $\alpha = \dfrac{p_A}{x_A} \Big/ \dfrac{p_B}{x_B} = \dfrac{p°_A}{p°_B} = \dfrac{180.3}{74.2} = 2.43$

由相平衡方程预测气相组成:$y = \dfrac{\alpha x}{1 + (\alpha - 1)x} = \dfrac{2.43 \times 0.336}{1 + (2.43 - 1) \times 0.336} = 0.551$

(2) 总压为 5.332kPa 时

同理,可以试差求得体系的泡点为 20℃。

在试差过程中已求得 20℃苯的饱和蒸气压为 $p°_A = 10.04kPa$。

由露点方程求气相组成:$y = \dfrac{p°_A}{p}x = \dfrac{10.04}{5.332} \times 0.336 = 0.633$

相对挥发度:$\alpha = \dfrac{y(1-x)}{x(1-y)} = \dfrac{0.633 \times (1 - 0.336)}{0.336 \times (1 - 0.633)} = 3.41$

讨论:温度与液相组成之间为非线性关系,本题已知液相组成求气液平衡体系的温度,需要试差。对于理想体系而言,预测气相组成既可采用相平衡方程,也可采用露点方程。本题计算结果显示,总压对气液平衡关系有重要的影响,在液相组成相同的情况下,总压降低时,体系平衡温度明显降低,相对挥发度明显增加。在工业生产中,采用减压蒸馏可以降低体系的平衡温度,因而适用于如下三种情况:一是体系中含有热敏性成分;二是体系的相对挥发度很小;三是体系的常压沸点很高。

**例 5 - 2  简单蒸馏与平衡蒸馏的比较**

将轻组分摩尔分数为 0.38 的某二元混合液 150kmol 进行简单蒸馏或平衡蒸馏。已知体系的相对挥发度为 3.0,试求:(1) 如残液中轻组分摩尔分数为 0.28,求简单蒸馏所得馏出液的物质的量和平均组成;(2) 若改为平衡蒸馏,液相产品浓度为 0.28,求所得气相产品的数量和组成;(3) 如原料中的 45%(摩尔分数)被馏出,求简单蒸馏所得馏出液的平均组成;(4) 如汽化率为 45%(摩尔分数),求平衡蒸馏所得气相产品的组成。

**解**:(1) 简单蒸馏

初始料液量 $W_1$ 和残液量 $W_2$ 之间满足

$$\ln\frac{W_1}{W_2}=\frac{1}{\alpha-1}\ln\frac{x_1(1-x_2)}{x_2(1-x_1)}+\ln\frac{1-x_2}{1-x_1}$$

$$=\frac{1}{3-1}\times\ln\frac{0.38\times(1-0.28)}{0.28\times(1-0.38)}+\ln\frac{1-0.28}{1-0.38}$$

$$=0.377 \tag{a}$$

$$\frac{W_1}{W_2}=1.458,W_2=\frac{W_1}{1.458}=102.88(\text{kmol})$$

$$W_D=W_1-W_2=150-102.88=47.12(\text{kmol})$$

馏出液平均浓度:$x_D=\dfrac{W_1x_1-W_2x_2}{W_D}=\dfrac{150\times0.38-102.88\times0.28}{47.12}=0.598$

(2) 平衡蒸馏

$x_F=0.38,x_W=0.28,F=150(\text{kmol})$

$$x_D=y_D=\frac{\alpha x_W}{1+(\alpha-1)x_W}=\frac{3\times0.28}{1+2\times0.28}=0.538$$

$$\frac{W_D}{F}=\frac{x_F-x_W}{y_D-x_W}=\frac{0.38-0.28}{0.538-0.28}=0.388\Rightarrow W_D=150\times0.388=58.2(\text{kmol})$$

(3) 简单蒸馏 $W_1/W_2=1/(1-0.45)=1.82$,将此结果代入式(a):

$$\ln1.82=\frac{1}{3-1}\ln\frac{0.38(1-x_2)}{x_2(1-0.38)}+\ln\frac{1-x_2}{1-0.38}$$

可试差解出 $x_2=0.2245$

馏出液平均浓度:$x_D=\dfrac{W_1x_1-W_2x_2}{W_D}=\dfrac{1\times0.38-0.55\times0.2245}{0.45}=0.57$

(4) 平衡蒸馏的产品浓度满足杠杆定律:$\dfrac{W_F}{F}=\dfrac{x_F-x_W}{y_D-x_W}=\dfrac{0.38-x_W}{y_D-x_W}=0.45$

同时,$y_D$ 和 $x_W$ 满足相平衡方程:$y_D=\dfrac{\alpha x_W}{1+(\alpha-1)x_W}=\dfrac{3x_W}{1+2x_W}$

以上两式联立求解可得:$y_D=0.520,x_W=0.265$

讨论:在液相产品浓度相同的情况下,简单蒸馏能够比平衡蒸馏获得更高的馏出液浓度;在汽化率相同的条件下,简单蒸馏同样能够获得较高浓度的馏出液。这些结果产生的原因是:平衡蒸馏所得到的馏出物与液相产品浓度成平衡,而简单蒸馏馏出物浓度是过程中气相组成的平均值,这些气相是与停工前浓度较高的液相成平衡的,因而具有较高的轻组分含量。

**例5-3 回流比对塔内气-液流率的影响**

某混合液含易挥发组分0.30(摩尔分数,下同),以饱和液体状态连续送入精馏塔,塔顶馏出液组成为0.93,釜液组成为0.05。气、液相在塔内满足恒摩尔流假定。试求:(1)回流比为2.3时精馏段的液气比和提馏段的气液比及这两段的操作线方程;(2)回流比为4.0时精馏段的液气比和提馏段的气液比。

**解**:塔顶产品的采出率:$\dfrac{D}{F}=\dfrac{x_F-x_W}{x_D-x_W}=\dfrac{0.3-0.05}{0.93-0.05}=0.284$

(1) $R=2.3$ 时,精馏段液气比:$\dfrac{L}{V}=\dfrac{R}{R+1}=\dfrac{2.3}{2.3+1}=0.697$

精馏段操作线方程:$y=\dfrac{R}{R+1}x+\dfrac{x_D}{R+1}$

将 $R=2.3$，$x_D=0.93$ 代入得：$y=0.697x+0.282$

泡点进料，$q=1$

提馏段气液比：

$$\frac{\overline{V}}{\overline{L}}=\frac{V-(1-q)F}{L+qF}=\frac{(R+1)D}{RD+F}=\frac{(R+1)D/F}{RD/F+1}=\frac{3.3\times0.284}{2.3\times0.284+1}=0.567$$

提馏段操作线方程：

$$y=\frac{\overline{L}}{\overline{V}}x-\frac{Wx_W}{\overline{V}}=\frac{\overline{L}}{\overline{V}}x-\frac{Fx_F-Dx_D}{(R+1)D-(1-q)F}=\frac{\overline{L}}{\overline{V}}x-\frac{x_F-x_DD/F}{(R+1)D/F-(1-q)}$$

将 $D/F=0.284$、$R=2.3$ 及 $V'/L'=0.567$ 代入上式可得

$$y=1.764x-0.038$$

（2）$R=4$ 时，精馏段液气比：$\dfrac{L}{V}=\dfrac{R}{R+1}=\dfrac{4}{5}=0.8$

提馏段的气液比：

$$\frac{\overline{V}}{\overline{L}}=\frac{V-(1-q)F}{L+qF}=\frac{(R+1)D}{RD+F}=\frac{(R+1)D/F}{RD/F+1}=\frac{5\times0.284}{4\times0.284+1}=0.665$$

讨论：对一个常规精馏塔而言，精馏段依靠液相回流来完成其中上升蒸气的精制。显然，液气比越大，这种精制效果越好，塔顶产品纯度越高；提馏段是依靠气相回流来完成其中下降液体的提浓，气液比越大，提浓效果越好，塔釜产品纯度越高。本题计算结果揭示，回流比对精馏过程的影响直接体现在它对塔内液、气流量相对大小的影响上：回流比越大，精馏段液气比越大，提馏段气液比越大，对整个精馏过程就越有利。

**例 5-4　进料热状况对塔釜蒸发量的影响**

某二元混合物以 10kmol/h 的流量连续加入某精馏塔，塔内气、液两相满足恒摩尔流假定。原料液、塔顶馏出液和釜液中轻组分的摩尔分数分别为 0.3、0.95 和 0.03。操作时采用的回流比为 3.0。试求进料热状况参数分别为 1.3、1.0、0.5、0、−0.1 时塔釜的蒸发量和提馏段的气液比分别为多少？

**解**：由全塔质量衡算式可得：$D=F\dfrac{x_F-x_W}{x_D-x_W}=10\times\dfrac{0.3-0.03}{0.95-0.03}=2.93(\text{kmol/h})$。

由恒摩尔流假定可知，塔釜蒸发量就是提馏段内上升蒸气量 $\overline{V}$。当 $q=1.3$ 时，

$$\overline{V}=V-(1-q)F=(R+1)D-(1-q)F=4\times2.93+(1.3-1)\times10=14.72(\text{kmol/h})$$

$$\overline{L}=L+qF=RD+qF=3\times2.93+1.3\times10=21.79(\text{kmol/h})$$

于是　　　　　　　$$\frac{\overline{V}}{\overline{L}}=\frac{14.72}{21.79}=0.676$$

同理，可求得其他热进料状况时的塔釜蒸发量及提馏段气液比，结果如例 5-4 表所示。

例 5-4 表　各种进料热状况下的塔釜蒸发量和提馏段气液比

| 进料热状况 | $q$ 值 | $V'/(\text{kmol/h})$ | $V'/L'$ | 进料热状况 | $q$ 值 | $V'/(\text{kmol/h})$ | $V'/L'$ |
|---|---|---|---|---|---|---|---|
| 过冷液体 | 1.3 | 14.72 | 0.676 | 饱和蒸气 | 0 | 1.72 | 0.196 |
| 饱和液体 | 1.0 | 11.72 | 0.624 | 过热蒸气 | −0.1 | 0.72 | 0.092 |
| 气-液混合物 | 0.5 | 6.72 | 0.487 | | | | |

讨论：在回流比一定的情况下，进料的焓值越高，塔釜蒸发量越小。这看上去是减少了

加热介质的用量,可以节能。但是,事实上热能可能已经消耗在进料的预热上。另外一个不容忽视的结果是随着进料焓值的升高,提馏段的气液比下降,这导致提馏段操作线情况变差,使塔底产品纯度受到影响。这里存在一个精馏塔如何回收工业废热的问题:生产中如需要用精馏塔回收其他装置产生的废热,则此热源应该从精馏塔塔底加入(如输入再沸器),以尽可能产生较大的塔釜汽化量,提高提馏段的气液比。而用废热将原料预热后再送入塔中则不是一个合理的热回收方案。

**例 5-5　精馏塔内物料循环量**

用一连续精馏塔分离 A-B 混合液,原料中轻组分 A 含量为 0.44(摩尔分数,下同)。要求塔顶馏出液中含 A 为 0.97;釜液中含 A 为 0.02。进料温度为 25℃,进料量为 100 kmol/h,回流比为 2.7。求精馏段、提馏段上升蒸气和下降液体的流量,并确定塔内物料的循环量为多少?已知进料组成下溶液的泡点为 $t_b = 93.5℃$,在此温度下两组分的相变焓均为31 018.3 kJ/kmol;进料温度与原料泡点温度之平均温度下两组分的比定压热容分别为:$c_{pA} = 143.7$ kJ/(kmol·K);$c_{pB} = 169.5$ kJ/(kmol·K)。

**解**:平均相变焓:

$$r_m = x_F r_A + (1 - x_F) r_B = 0.44 \times 31\ 018.3 + (1 - 0.44) \times 31\ 018.3$$
$$= 31\ 018.3 (kJ/kmol)$$

平均比热容:

$$c_{pm} = x_F c_{pA} + (1 - x_F) c_{pB} = 0.44 \times 143.7 + (1 - 0.44) \times 169.5$$
$$= 158.15 [kJ/(kmol·K)]$$

$$q = 1 + \frac{c_{pm}(t_b - t_F)}{r_m} = 1 + \frac{158.15 \times (93.5 - 25)}{31\ 018.3} = 1.35$$

$$D = F\frac{x_F - x_W}{x_D - x_W} = 100 \times \frac{0.44 - 0.02}{0.97 - 0.02} = 44.21 (kmol/h)$$

$$L = RD = 2.7 \times 44.21 = 119.37 (kmol/h)$$

$$V = (R + 1)D = 3.7 \times 44.21 = 163.58 (kmol/h)$$

$$\overline{L} = L + qF = 119.37 + 1.35 \times 100 = 254.37 (kmol/h)$$

$$\overline{V} = V - (1 - q)F = 163.58 - (1 - 1.35) \times 100 = 198.58 (kmol/h)$$

$$W = \overline{L} - \overline{V} = 254.37 - 198.58 = 55.79 (kmol/h)$$

精馏段上升蒸气量为 $V = L + D$,下降液体量为 $L$;提馏段上升蒸气量为 $\overline{V} = \overline{L} - W = L + qF - W$,下降液体量为 $\overline{L} = L + qF$。其中 $qF$ 是加料带入塔的量,$W$ 和 $D$ 是作为产品排出塔的量。因此,全塔物料循环量为 $L = 119.37$ kmol/h。

讨论:可以看出,为将 $F = 100$ kmol/h 的原料加工成 $D = 44.21$ kmol/h 和 $W = 58.18$ kmol/h 的产品,需要 $L = 119.37$ kmol/h 物料在塔内循环。这些物料以液态形式由塔顶流至塔底,又从塔底以气态形式返回塔顶。精馏过程正是利用塔内物料的循环实现了气液两相的多级接触,使混合物分离得以完成。当塔板数一定时,塔内物料循环量越大,塔的分离效果越好。但物料循环是以消耗能量来发生相变为代价的,这也正是精馏操作的根本所在。

**例 5-6　解决精馏塔设计型问题的逐板计算法**

在某板式精馏塔中分离 A、B 两组分构成的混合液,两组分相对挥发度为 2.50,进料量为 150 kmol/h,进料组成为 $x_F = 0.48$(轻组分摩尔分数),饱和液体进料。塔顶馏出液中苯的回收率为 97.5%,塔釜采出液中甲苯的回收率为 95%,提馏段液气比为 5/4。(1)求该塔的操作回流比；(2)若该塔再沸器可看作是一块理论板，求进入再沸器的液体的组成；(3)用逐板计算法确定该塔的理论板数。

**解**：(1) 由题意得

$$\frac{Dx_D}{Fx_F}=0.975$$

$$Dx_D=0.975Fx_F=0.975\times150\times0.48=70.2(\text{kmol/h})$$

$$Wx_W=Fx_F-Dx_D=150\times0.48-70.2=1.8(\text{kmol/h})$$

由题意得

$$\frac{W(1-x_W)}{F(1-x_F)}=0.95$$

$$W=0.95F(1-x_F)+Wx_W=0.95\times150\times(1-0.48)+1.8=75.9(\text{kmol/h})$$

$$D=F-W=150-75.9=74.1(\text{kmol/h})$$

$$x_D=\frac{Dx_D}{D}=\frac{70.2}{74.1}=0.947, x_W=\frac{Wx_W}{W}=\frac{1.8}{75.9}=0.0237$$

$$\frac{\overline{L}}{\overline{V}}=\frac{L+qF}{V-(1-q)F}=\frac{RD+F}{(R+1)D}=\frac{5}{4}\Rightarrow R=\frac{4F-5D}{D}=\frac{4\times150-5\times74.1}{74.1}=3.1$$

$$y=\frac{R}{R+1}x+\frac{x_D}{R+1}=\frac{3.1}{3.1+1}x+\frac{0.947}{3.1+1}$$

精馏段操作线方程： $y=0.756x+0.231$         (a)

(2) $\overline{V}=V-(1-q)F=(R+1)D-(1-q)F=(3.1+1)\times74.1-0=303.8(\text{kmol/h})$

$$y=\frac{\overline{L}}{\overline{V}}x-\frac{Wx_W}{\overline{V}}=\frac{5}{4}x-\frac{1.8}{303.8}$$

提馏段操作线方程： $y=1.25x-0.0059$         (b)

由相平衡方程 $\quad y=\dfrac{\alpha x}{1+(\alpha-1)x}$         (c)

可得离开再沸器的上升蒸气组成：

$$y_W=\frac{\alpha x_W}{1+(\alpha-1)x_W}=\frac{2.5\times0.0237}{1+(2.5-1)\times0.0237}=0.0572$$

该浓度与进入再沸器的液相浓度 $x_{W-1}$ 满足提馏段操作线方程：

$$y_W=1.25x_{W-1}-0.0059$$

解得： $\quad x_{W-1}=\dfrac{y_W+0.0059}{1.25}=\dfrac{0.0572+0.0059}{1.25}=0.0505$

(3) 利用前面已导出的操作线方程和相平衡方程，按如下步骤进行逐板计算：

$$x_D=y_1\xrightarrow{\text{式(c)}}x_1\xrightarrow{\text{式(a)}}y_2\xrightarrow{\text{式(c)}}x_2\cdots y_m\xrightarrow{\text{式(c)}}x_m$$

可得一组 $(x_i,y_i)$，它们为离开各层塔板的气、液相组成。每计算一次，将所得的 $(x_i,y_i)$ 与进料浓度进行比较，当满足 $x_m\leqslant x_F$ 或 $y_m\leqslant x_F$ 时，更换为提馏段操作线继续计算

$$x_m\xrightarrow{\text{式(b)}}y_{m+1}\xrightarrow{\text{式(c)}}x_{m+1}\xrightarrow{\text{式(b)}}y_{m+2}\cdots y_N\xrightarrow{\text{式(c)}}x_N$$

又可以得到一组 $(x_i,y_i)$，当算出的 $x_N\leqslant x_W$ 时，计算结束。

按照上述步骤的计算结果如例5-6表所示，由表可见完成分离任务需要理论板11块（包括塔釜），精馏段4块，在第5块板进料。

| 塔板序号 | $x$ | $y$ | 塔板序号 | $x$ | $y$ |
|---|---|---|---|---|---|
| 01 | 0.877 3 | 0.947 0 | 07 | 0.175 0 | 0.346 6 |
| 02 | 0.771 7 | 0.894 2 | 08 | 0.103 9 | 0.224 7 |
| 03 | 0.637 0 | 0.814 4 | 09 | 0.059 1 | 0.135 8 |
| 04 | 0.497 9 | 0.712 6 | 10 | 0.033 5 | 0.079 8 |
| 05 | 0.382 3 | 0.607 4 | 11 | 0.019 7 | 0.047 8 |
| 06 | 0.272 6 | 0.483 7 | | | |

讨论:精馏塔设计型问题就是在给定生产任务的情况下确定塔板数或填料层高度。本题演示了用逐板计算法确定理论板数的过程,尚需给出定板效率或等板高度方能确定实际塔板数。

**例 5-7　回流热状况对理论塔板数的影响**

苯和甲苯的混合液中含苯 0.4,拟采用精馏塔进行分离,要求苯的回收率为 90%,操作回流比取为 1.875,泡点进料,精馏塔塔顶设置全凝器。要求塔顶馏出液中含苯不低于 0.9(以上浓度均指苯的摩尔分数)。问采用如下两种回流方案,完成分离任务所需要的理论塔板数分别为多少?(1)泡点回流;(2)回流液温度为 20℃。已知回流液的泡点为 83℃,汽化相变焓为 $3.2 \times 10^4$ kJ/mol,比热容为 140kJ/(kmol·K)。

**解**:取进料量 $F = 1$ kmol/s 为基准,由 $\eta = 0.9$,$x_D = 0.9$,$x_F = 0.4$ 可得:

$$D = \frac{\eta F x_F}{x_D} = \frac{0.9 \times 0.4 \times 1}{0.9} = 0.4 \text{(kmol/s)}$$

$$x_W = \frac{F x_F - D x_D}{x_D} = \frac{1 \times 0.4 - 0.4 \times 0.9}{1 - 0.4} = 0.066 7$$

因回流比 $R = 1.875$,故回流液量:$L_0 = RD = 1.875 \times 0.4 = 0.75$(kmol/s)。

(1)泡点回流时,回流液量与精馏段内下降液体流量相同,

即 $L = L_0 = 0.75$ (kmol/s)

$V = L + D = 0.75 + 0.4 = 1.15$(kmol/s)

精馏段操作线:$y = \dfrac{L}{V}x + \dfrac{D}{V}x_D = \dfrac{0.75}{1.15}x + \dfrac{0.4 \times 0.9}{1.15} = 0.652x + 0.313$

在 $y$-$x$ 图中作平衡线、精馏段操作线、$q$ 线和提馏段操作线,作梯级如例 5-7 图(a)所示,可得完成指定分离任务所需要的理论板数为 10.7,其中提馏段需要 4.8 块。

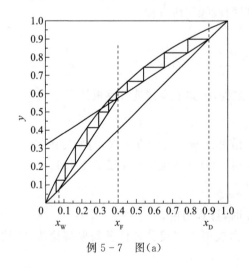

例 5-7　图(a)

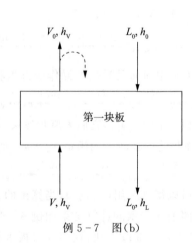

例 5-7　图(b)

（2）当回流液为 20℃时，是过冷液体，它流入第一块板时将使板上蒸气发生冷凝，因此 $L\neq L_0$，$V\neq V_0$，如例 5-7 图（b）所示。

对塔顶第一块板进行质量衡算：$L_0+V=V_0+L$

热量衡算：$L_0h_0+Vh_V=V_0h_V+Lh_L$；$h_V(V-V_0)=Lh_L-L_0h_0$

$h_L$ 与 $h_0$ 的关系：$h_L=h_0+c_p(t_b-t)$

$h_L$ 与 $h_V$ 的关系：$h_V=h_L+r$

由质量衡算关系可得：$V-V_0=L-L_0$

所以 $h_V(L-L_0)=L(h_V-r)-L_0[h_V-r-c_p(t_b-t)]$

$(L-L_0)r=L_0c_p(t_b-t)$

$$\frac{L}{L_0}=\frac{r+c_p(t_b-t)}{r}=q_R$$

其中，$q_R$ 为回流液热状况参数。

$$q_R=\frac{r+c_p(t_b-t)}{r}=\frac{3.2\times10^4+140\times(83-20)}{3.2\times10^4}=1.276$$

离开第一块板的液体量：$L=q_RL_0=1.276\times0.75=0.957$（kmol/s）

进入第一块板的气体量：$V=L+D=0.957+0.4=1.357$（kmol/s）

精馏段操作线方程：$y=\dfrac{L}{V}x+\dfrac{D}{V}x_D=\dfrac{0.957}{1.357}x+\dfrac{0.4\times0.9}{1.357}=0.705x+0.265$

在 $y-x$ 图中作平衡线，精馏段操作线、$q$ 线和提馏段操作线，作梯级（例 5-7 图（a）），可得完成指定分离任务所需的理论板数为 9.2，其中精馏段需要 4.2 块。

讨论：过冷回流液流入第一层塔板时造成穿过该板的蒸气冷凝，这使精馏段下降液体量较泡点回流时大，对分离过程是有利的。这在设计型问题中表现为完成指定分离任务所需要的理论板数较少。当然，为此付出的代价是塔顶冷凝器和塔底再沸器的热负荷都要增加。

**例 5-8　物料平衡关系对精馏产品纯度的制约**

在精馏塔内分离苯-甲苯的混合液，其进料组成为 0.5（苯的摩尔分数），泡点进料，回流比为 3，体系相对挥发度为 2.5。当所需理论板数为无穷多时，试求：（1）若采出率 $D/F=0.6$，塔顶馏出液浓度最高可达多少？（2）若采出率 $D/F=0.4$，其他条件相同时，塔底采出液轻组分浓度最低为多少？（3）若采出率 $D/F=0.5$，其他条件相同时，塔底采出液轻组分浓度最低为多少？

**解**：理论板数为无穷多时，可能是精馏段和提馏段操作线的交点 $d$ 落在了平衡线上。假设出现了此情况，并考虑到泡点进料时，$x_d=x_F$，于是

$$y_d=\frac{\alpha x_d}{1+(\alpha-1)x_d}=\frac{2.5\times0.5}{1+1.5\times0.5}=0.714$$

由操作线斜率的表达式：$\dfrac{R}{R+1}=\dfrac{x_D-y_d}{x_D-x_d}$

可求得 $x_D=1.356>1$，这说明 $d$ 点不可能落在平衡线上。

另外的可能性有：①精馏段操作线与平衡线交于点（1,1）；②提馏段操作线与平衡线交于点（0,0）。

（1）当 $D/F=0.6$ 时，考察可能性①，即 $x_D=1$。

由 $\dfrac{D}{F}=\dfrac{x_F-x_w}{x_D-x_w}=0.6$，可求得 $x_w=-0.25<0$，可能性①不成立。

207

考察可能性②，即 $x_W = 0$，代入上式求得 $x_D = 0.83$，可能性②成立，即 $D/F = 0.6$ 时塔顶馏出液的最高浓度为 0.83。

（2）当 $D/F = 0.4$ 时，考察可能性②，即 $x_W = 0$。

由 $\dfrac{D}{F} = \dfrac{x_F - x_W}{x_D - x_W} = 0.4$，可求得 $x_D = 1.25 > 1$，可能性②不成立。

考察可能性①，即 $x_D = 1$，代入上式求得 $x_W = 0.167$，可能性①成立，即 $D/F = 0.4$ 时塔底采出液轻组分最低浓度为 $x_W = 0.167$。

（3）当 $D/F = 0.5$ 时，考察可能性①，即 $x_D = 1$。

由 $\dfrac{D}{F} = \dfrac{x_F - x_W}{x_D - x_W} = 0.5$，可求得 $x_W = 0$，可能性①成立。

考察可能性②，即 $x_W = 0$，由 $\dfrac{D}{F} = \dfrac{x_F - x_W}{x_D - x_W} = 0.5$，可求得 $x_D = 1$，可能性②成立。

综合上述，即 $D/F = 0.5$ 时塔底采出液轻组分最低浓度为 $x_W = 0$。

讨论：一个精馏塔能获得高纯度的产品，不仅与该塔的塔板数有关，同时还要受到质量衡算关系的制约。有时，即使理论板数为无穷多，也不一定能得到纯产品，操作结果与塔顶和塔底的采出率有关。

**例 5-9**　不同组成的物料进料方式对分离过程的影响

有两股混合物料液，都含有 A 组分和 B 组分。其中轻组分 A 的摩尔分数分别为 0.5 和 0.2，两股料摩尔流量之比为 1∶3，拟在同一精馏塔中进行分离，要求 $x_D = 0.90$，$x_W = 0.05$。两股料液皆预热至泡点进料，操作条件下体系平均相对挥发度为 2.5。操作回流比为 2.5。求按以下两种方式进料时为达到分离要求所需理论板数：（1）两股物料从各自的最优位置入塔；（2）两股物料在塔外混合后从最优位置进料。

**解**：对两种加料方式均可进行如下的全塔质量衡算式：

$$F_1 + F_2 = D + W \qquad\qquad F_1 x_{F1} + F_2 x_{F2} = D x_D + W x_W$$

考虑到 $F_2 = 3F_1$，由以上两式可解得：$D/F_1 = 1.06$。

（1）分别进料时，塔的进、出料情况如例 5-9 图所示，两股进料将塔分为三段。第一段塔操作线方程与普通塔的精馏段相同：

$$y = \frac{R}{R+1}x + \frac{x_D}{R+1} = 0.714x + 0.257$$

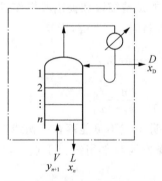

例 5-9 图　精馏段的物料衡算

第二段塔操作线方程：对虚线划定的范围（见例 5-9 图）进行质量衡算：

$$F_1 + V'' = L'' + D \qquad V''y + F_1 x_{F1} = L''x + Dx_D$$

可得

$$y = \frac{L''}{V''}x - \frac{F_1 x_{F1} - Dx_D}{V''}$$

其中

$$L'' = L + q_1 F_1 = RD + F_1, V'' = V - (1-q_1)F_1 = V$$

$$\frac{L''}{V''} = \frac{RD + q_1 F_1}{(R+1)D - (1-q_1)F_1} = \frac{RD/F_1 + 1}{(R+1)D/F_1} = \frac{2.5 \times 1.06 + 1}{(2.5+1) \times 1.06} = 0.984$$

$$\frac{F_1 x_{F1} - Dx_D}{V''} = \frac{F_1 x_{F1} - Dx_D}{(R+1)D} = \frac{x_{F1} - x_D D/F_1}{(R+1)D/F_1} = \frac{0.5 - 0.9 \times 1.06}{(2.5+1) \times 1.06} = -0.122$$

于是,第二段操作线方程为 $y = 0.984x + 0.122$。

第三段操作线方程的求法与普通塔提馏段相同:

$$L' = L'' + q_2 F_2 = RD + F_1 + F_2, V' = V'' - (1-q_2)F = (R+1)D$$

考虑到:$Wx_W = F_1 x_{F1} + F_2 x_{F2} - Dx_D$;$F_2 = 3F_1$;$D/F_1 = 1.06$

将上述五项关系代入第三段操作线表达式 $y = \dfrac{L'}{V'}x - \dfrac{Wx_W}{V'}$,再将分子分母同除以 $F_1$,并代入相关数据,可得第三段操作线方程:$y = 1.792x - 0.039\,4$。

有了三段操作线方程,可用逐板计算法求理论板数,结果见例 5-9 表 1。

例 5-9 表 1　例 5-9 的计算结果(1)

| 塔板序号 | $x$ | $y$ | 塔板序号 | $x$ | $y$ |
|---|---|---|---|---|---|
| 01 | 0.782 6 | 0.900 0 | 06 | 0.214 7 | 0.406 0 |
| 02 | 0.639 2 | 0.815 8 | 07 | 0.166 7 | 0.333 3 |
| 03 | 0.498 9 | 0.713 4 | 08 | 0.122 8 | 0.259 2 |
| 04 | 0.387 8 | 0.612 9 | 09 | 0.081 0 | 0.180 6 |
| 05 | 0.288 7 | 0.503 6 | 10 | 0.045 2 | 0.105 8 |

由该表可知,完成指定分离任务所需要的理论板数为 10;第一股料在第 3 块板处加;第二股料在第 7 块板处加。

(2)当两股液体混合进料时,原料液入塔浓度为

$$x_F = \frac{F_1 x_{F1} + F_2 x_{F2}}{F_1 + F_2} = \frac{0.5F_1 + 3 \times 0.2F_1}{F_1 + 3F_1} = 0.275$$

精馏段操作线与两股进料时第一段塔相同:$y = 0.714x + 0.257$

提馏段操作线与两股进料时第三段塔相同:$y = 1.792x - 0.039\,4$

逐板计算结果见例 5-9 表 2。

例 5-9 表 2　例 5-9 的计算结果(2)

| 塔板序号 | $x$ | $y$ | 塔板序号 | $x$ | $y$ |
|---|---|---|---|---|---|
| 01 | 0.782 6 | 0.900 0 | 07 | 0.243 5 | 0.445 9 |
| 02 | 0.639 2 | 0.815 8 | 08 | 0.208 5 | 0.397 0 |
| 03 | 0.498 9 | 0.713 4 | 09 | 0.167 2 | 0.334 1 |
| 04 | 0.388 1 | 0.613 2 | 10 | 0.123 3 | 0.260 1 |
| 05 | 0.314 4 | 0.534 1 | 11 | 0.081 5 | 0.181 5 |
| 06 | 0.270 8 | 0.481 5 | 12 | 0.045 6 | 0.106 6 |

由该表可知,完成指定分离任务所需要的理论板数为 12;两股物料在第 6 块板处进料。

讨论:在分离要求和能量消耗(回流比)相同的情况下,与单独进料相比,将组成不同的物料混合后进料需要更多的理论板数,导致设备费用增加。此例题说明预先的混合是与分离这一目标背道而驰的,对分离过程是不利的。

**例 5 - 10 最小回流比的影响因素**

用连续精馏塔分离苯-甲苯混合液,原料中含苯 0.4,要求塔顶馏出液中含苯 0.97,釜液中含苯 0.02(以上均为摩尔分数)。苯-甲苯体系在操作条件下的相对挥发度为 2.5。求下面四种进料热状况下达到分离要求的最小回流比 $R_{min}$。(1)原料液温度为 25℃;(2)原料液为气液混合物,气液比为 3∶4;(3)原料液温度为 25℃,塔顶馏出液含苯要求达到 0.99,其他条件不变;(4)原料液温度为 25℃,原料液中苯的含量为 0.35,其他条件不变。

**解**:$x_F = 0.4$,查苯-甲苯的 $t-x-y$ 图,得泡点 $t_b = 95℃$,查得泡点下,$r_苯 = r_{甲苯} = 31\ 018.3\ \text{kJ/kmol}$。

(1) 25℃,为过冷液进料,定性温度 $\bar{t} = \dfrac{1}{2} \times (25+95) = 60(℃)$,查得相关物性如下:

$c_{p,苯} = 143.7\ \text{kJ/(kmol · K)}$,$c_{p,甲苯} = 169.5\ \text{kJ/(kmol · K)}$

$c_p = x_F c_{p,苯} + (1-x_F) c_{p,甲苯} = 0.4 \times 143.7 + 0.6 \times 169.5 = 159.18[\text{kJ/(kmol · K)}]$

$$q = \frac{r + c_p(t_b - t)}{r} = \frac{31\ 018.3 + 159.18 \times (95-25)}{31\ 018.3} = 1.36$$

$q$ 线方程:$y = \dfrac{q}{q-1}x - \dfrac{x_F}{q-1} = \dfrac{1.36}{1.36-1}x - \dfrac{0.4}{1.36-1} = 3.78x - 1.111$

气液平衡方程:$y = \dfrac{\alpha x}{1+(\alpha-1)x} = \dfrac{2.5x}{1+1.5x}$

$q$ 线方程与气液平衡方程联立求解,可得:$x_q = 0.478$,$y_q = 0.696$。

最小回流比:$R_{min} = \dfrac{x_D - y_q}{y_q - x_q} = \dfrac{0.97-0.696}{0.696-0.478} = 1.257$

(2) 气液比为 3∶4,则 $q = 4/7$。

$q$ 线方程:$3y = -4x + 2.8$

与相平衡方程联立求解,可得:$x_q = 0.307$,$y_q = 0.524$。

最小回流比:$R_{min} = \dfrac{x_D - y_q}{y_q - x_q} = \dfrac{0.97-0.524}{0.524-0.307} = 2.055$

(3) 要求 $x_D$ 达到 0.99 时而其他条件不变,则 $(x_q, y_q)$ 不变,所以

$$R_{min} = \frac{x_D - y_q}{y_q - x_q} = \frac{0.99-0.696}{0.696-0.478} = 1.349$$

(4) $c_p = x_F c_{p苯} + (1-x_F) c_{p甲苯} = 0.35 \times 143.7 + 0.65 \times 169.5 = 160.47[\text{kJ/(kmol · K)}]$

$$q = \frac{r + c_p(t_b - t)}{r} = \frac{31\ 018.3 + 160.47 \times (95-25)}{31\ 018.3} = 1.36$$

$q$ 线方程:$y = \dfrac{q}{q-1}x - \dfrac{x_F}{q-1} = \dfrac{1.36}{1.36-1}x - \dfrac{0.35}{1.36-1} = 3.78x - 0.972$

与相平衡方程联立求解,可得:$x_q = 0.430$,$y_q = 0.653$。

$$R_{min} = \frac{x_D - y_q}{y_q - x_q} = \frac{0.97-0.653}{0.653-0.43} = 1.42$$

讨论:完成指定分离任务存在一个最小回流比,它对应着所需理论塔板数为无穷多。最小回流比数值的大小可以代表分离任务的难易程度,其值主要取决于体系的相平衡关系、进料状况、分离要求等因素。本题计算结果显示:进料焓值越高,则最小回流比越高;产品纯度

要求越高,则最小回流比越高;进料中轻组分含量越低,则最小回流比越高。

**例 5−11 精馏塔的操作型计算**

某精馏塔共有 7 块理论塔板(包括塔釜),用于分离某二元混合物。已知进料浓度为 0.47(轻组分的摩尔分数),泡点进料,进料连续加入第 4 块理论板上。操作回流比为 2.8,操作条件下体系的平均相对挥发度为 2.5。塔顶产品的采出率为 0.45。(1)求塔顶、塔底产品的浓度;(2)其他条件不变,将进料位置由第 4 块板改为第 6 块板,求塔顶、塔底产品的浓度;(3)其他条件不变,改为饱和蒸气进料,求塔顶、塔底产品的浓度;(4)其他条件不变,进料浓度由 0.47 降为 0.42,求塔顶、塔底产品的浓度。

**解:**(1) 设塔底产品浓度 $x_W = 0.12$,通过逐板计算可得 $x_W = 0.062\ 5$。计算值明显低于假定值,说明 $x_W$ 值假定过高。需要降低假定值,重设 $x_W = 0.101\ 4$,通过逐板计算可得 $x_W$ 的计算值为 $0.101\ 6$。现假定值与计算值足够接近,说明该值可被认为是该操作条件下的真值。这一步的逐板计算过程如下:

设 $x_W = 0.101\ 4$,$\dfrac{D}{F} = 0.45 = \dfrac{x_F - x_W}{x_D - x_W} = \dfrac{0.47 - 0.101\ 4}{x_D - 0.101\ 4}$

由此解得,$x_D = 0.920\ 5$。

精馏段操作线方程:$y = \dfrac{R}{R+1}x + \dfrac{x_D}{R+1} = \dfrac{2.8}{3.8}x + \dfrac{0.920\ 5}{3.8} = 0.737x + 0.242\ 2$

$L' = L + qF = RD + qF$;$V' = V = (R+1)D$

$y = \dfrac{\overline{L}}{L-W}x - \dfrac{Wx_W}{L-W} = \dfrac{RD+qF}{RD+qF-(F-D)}x - \dfrac{(F-D)x_W}{RD+qF-(F-D)}$

$= \dfrac{RD+qF}{(R+1)D+(q-1)F}x - \dfrac{(F-D)x_W}{(R+1)D+(q-1)F}$

分子、分母同除以 $F$,其中 $q=1$,有

$y = \dfrac{RD/F+q}{(R+1)(D/F)+(q-1)}x - \dfrac{(1-D/F)x_W}{(R+1)(D/F)+(q-1)}$

$= \dfrac{2.8\times0.45+1}{(2.8+1)\times0.45}x - \dfrac{(1-0.45)\times0.101\ 4}{(2.8+1)\times0.45}$

可得提馏段操作线方程:$y = 1.322x - 0.032\ 6$。

逐板计算结果如下:

| 塔板序号 | $x$ | $y$ | 塔板序号 | $x$ | $y$ |
|---|---|---|---|---|---|
| 01 | 0.822 5 | 0.920 5 | 05 | 0.306 0 | 0.524 4 |
| 02 | 0.691 0 | 0.848 3 | 06 | 0.191 4 | 0.371 8 |
| 03 | 0.547 3 | 0.751 4 | 07 | 0.101 6 | 0.220 4 |
| 04 | 0.421 4 | 0.645 5 | | | |

从表中可以看出,$x_W = 0.101\ 6$,$x_D = 0.920\ 5$,这就是该塔在现操作条件下的操作结果。

(2) 改为第 6 块板进料,逐板计算结果如下:

| 塔板序号 | $x$ | $y$ | 塔板序号 | $x$ | $y$ |
|---|---|---|---|---|---|
| 01 | 0.757 6 | 0.886 5 | 05 | 0.276 4 | 0.488 5 |
| 02 | 0.602 9 | 0.791 5 | 06 | 0.236 9 | 0.436 9 |
| 03 | 0.456 7 | 0.677 5 | 07 | 0.129 7 | 0.271 5 |
| 04 | 0.346 3 | 0.569 8 | | | |

从表中可以看出,$x_W = 0.129\ 7$,$x_D = 0.886\ 5$。

（3）其他条件不变，改为饱和蒸气进料，计算结果如下：

| 塔板序号 | $x$ | $y$ | 塔板序号 | $x$ | $y$ |
|---|---|---|---|---|---|
| 01 | 0.750 4 | 0.882 6 | 05 | 0.285 7 | 0.500 0 |
| 02 | 0.593 9 | 0.785 2 | 06 | 0.213 6 | 0.404 5 |
| 03 | 0.448 0 | 0.669 9 | 07 | 0.132 7 | 0.276 6 |
| 04 | 0.339 5 | 0.562 4 | | | |

从表中可以看出，$x_W = 0.132\ 7$，$x_D = 0.882\ 6$。

（4）其他条件不变，进料浓度降为 $x_F = 0.42$，计算结果如下：

| 塔板序号 | $x$ | $y$ | 塔板序号 | $x$ | $y$ |
|---|---|---|---|---|---|
| 01 | 0.712 8 | 0.861 2 | 05 | 0.201 4 | 0.386 7 |
| 02 | 0.547 9 | 0.751 8 | 06 | 0.116 1 | 0.247 2 |
| 03 | 0.405 5 | 0.630 4 | 07 | 0.058 5 | 0.134 5 |
| 04 | 0.306 9 | 0.525 4 | | | |

从表中可以看出，$x_W = 0.058\ 5$，$x_D = 0.861\ 2$。

讨论：本题已知理论塔板数，求塔顶和塔底产品浓度，属操作型计算题，采用逐板计算法求解。但由于 $x_W$ 和 $x_D$ 均未知，逐板计算也是在试差过程中反复多次进行。计算结果表明，塔的进料情况对精馏产品品质有重要影响，进料中轻组分含量下降会造成塔顶轻组分产品纯度下降；不适当的进料位置会使塔顶和塔底产品纯度下降；在回流比一定的情况下提高进料的焓值也会影响精馏产品的纯度。

# 5.6 典型习题详解与讨论

**相平衡**

**5-1** 乙苯（A）、苯乙烯（B）混合物是理想物系，纯组分的蒸气压为

乙苯 $$\lg p_A^\circ = 6.082\ 40 - \frac{1\ 424.225}{213.206 + t}$$

苯乙烯 $$\lg p_B^\circ = 6.082\ 32 - \frac{1\ 445.58}{209.43 + t}$$

式中，$p^\circ$ 的单位是 kPa，$t$ 的单位是℃。试求：（1）塔顶总压为 8kPa 时，组成为 0.595（乙苯的摩尔分数）的蒸气的温度。（2）与上述气相成平衡的液相组成。

**解：**（1）$y_A = \dfrac{p_A^\circ}{p} \cdot \dfrac{p - p_B^\circ}{p_A^\circ - p_B^\circ}$

假设蒸气温度为 65.33℃，由安托因方程计算乙苯的饱和蒸气压为

$$\lg p_A^\circ = 6.082\ 40 - \frac{1\ 424.255}{213.206 + 65.33} = 0.969，则$$

$p_A^\circ = 9.314$kPa，苯乙烯的饱和蒸气压为

$$\lg p_B^\circ = 6.082\ 32 - \frac{1\ 445.58}{209.43 + 65.33} = 0.821，则$$

$p_B^\circ = 6.623$kPa。

根据所求出的饱和蒸气压数值及总压代入上述气相组成关系式，得气相组成为

$y_A = \dfrac{p_A^\circ}{p} \cdot \dfrac{p - p_B^\circ}{p_A^\circ - p_B^\circ} = \dfrac{9.314}{8} \times \dfrac{8 - 6.623}{9.314 - 6.623} = 0.595$，和题中所给组成一致，所假设的温

度正确,故蒸气温度为 65.33℃。

（2）$x_A = \dfrac{p - p_B^\circ}{p_A^\circ - p_B^\circ} = \dfrac{8 - 6.623}{9.314 - 6.623} = 0.512$

本题为相平衡应用而设计。乙苯—苯乙烯体系是理想溶液,其相对挥发度可用同一温度下两组分的饱和蒸气压求出。但因平衡温度和蒸气压关系是非线性函数关系,故采用试差方法。在假设温度初值时,参考各自沸点和混合液的组成,可适当减少试差次数。

**5-2** 乙苯、苯乙烯精馏塔中部某一块塔板上总压为 13.6kPa,液体组成为 0.144（乙苯的摩尔分数）,安托因方程见上题。试求:（1）塔板上液体的温度;（2）与此液体成平衡的气相组成。

**解:**（1）假设液体温度为 81.36℃,由安托因方程计算乙苯的饱和蒸气压为

$\lg p_A^\circ = 6.082\,40 - \dfrac{1\,424.255}{213.206 + 81.36} = 1.247$,则

$p_A^\circ = 17.673\text{kPa}$,苯乙烯的饱和蒸气压为

$\lg p_B^\circ = 6.082\,32 - \dfrac{1\,445.58}{209.43 + 81.36} = 1.111$,则

$p_B^\circ = 12.915\text{kPa}$。

故 $x_A = \dfrac{p - p_B^\circ}{p_A^\circ - p_B^\circ} = \dfrac{13.6 - 12.915}{17.673 - 12.915} = 0.144$,和题中所给液相组成一致,故假设正确,所以板上液体温度为 81.36℃。

（2）$y_A = \dfrac{p_A^\circ x_A}{p} = \dfrac{17.673 \times 0.144}{13.6} = 0.187$

本题和上题类似。对比两题的计算结果可以看出,同一物系,若总压越高,混合物的泡点及各组分的饱和蒸气压越高,而相对挥发度越小。可见,高压对分离不利,因此某些挥发度小的混合物系较难分离,工程上可采用真空精馏。

**物料衡算、热量衡算及操作线方程**

**5-3** 在由一块理论板和塔釜组成的精馏塔中,每小时向塔釜加入苯-甲苯混合液 100kmol,苯含量为 50%（摩尔分数,下同）,泡点进料,要求塔顶馏出液中苯含量为 80%,塔顶采用全凝器,回流液为饱和液体,回流比为 3,塔釜采用间接蒸汽加热,相对挥发度为 2.5,求每小时获得的顶馏出液量 $D$、釜排出液量 $W$ 及浓度 $x_W$。

**解:** $y_1 = x_D = 0.8$

$$x_1 = \frac{y_1}{\alpha - (\alpha - 1)y_1} = \frac{0.8}{2.5 - 1.5 \times 0.8} = 0.615$$

$$y_2 = \frac{R}{R+1}x_1 + \frac{x_D}{R+1} = \frac{3}{4} \times 0.615 + \frac{0.8}{4} = 0.661$$

$$x_W = \frac{y_2}{\alpha - (\alpha - 1)y_2} = \frac{0.661}{2.5 - 1.5 \times 0.661} = 0.438$$

$$D = \frac{F(x_F - x_W)}{x_D - x_W} = \frac{100 \times (0.5 - 0.438)}{0.8 - 0.438} = 17.1(\text{kmol/h})$$

$$W = F - D = 100 - 17.1 = 82.9(\text{kmol/h})$$

精馏塔操作中,再沸器和冷凝器均能满足操作要求时,影响其操作的因素较多,包括进料量及组成、塔顶产品量及组成、塔釜产品量及组成、相对挥发度、回流比、进料位置及状态、理论板数和全塔效率（共计 11 个变量）。前六个变量反映物料平衡关系;相对挥发度反映气液相平衡关系;回流比和进料状态与操作经济性相关;全塔理论板数和效率反映设备分离能

力。可见欲使精馏塔连续稳定操作,必须同时满足物料平衡、相平衡和塔的分离能力。这些说明精馏操作过程影响因素十分复杂。

**5-4** 每小时分离乙醇-水混合液2 360 kg的常压连续精馏塔,塔顶采用全凝器,进料组成 $x_F=0.2$。现测得馏出液组成 $x_D=0.8$,釜液组成 $x_W=0.05$,精馏段某一块板上的气相组成为0.6,由其上一板流下的液相组成为0.5(以上均为摩尔分数),试求:(1)塔顶馏出液量及釜液排出量;(2)回流比。

**解**:(1) 设料液的平均相对分子质量为 $\overline{M_F}$,则

$$\overline{M_F}=46\times0.2+18\times0.8=23.6$$

料液的摩尔流率 $\quad F=\dfrac{2\ 360}{\overline{M_F}}=\dfrac{2\ 360}{23.6}=100(\text{kmol/h})$

根据物料衡算,有

$$\begin{cases}F=D+W\\Fx_F=Dx_D+Wx_W\end{cases}$$

即

$$\begin{cases}100=D+W\\100\times0.2=D\times0.8+W\times0.05\end{cases}$$

解得 $\quad D=20\ \text{kmol/h}$

$\qquad\qquad W=80\ \text{kmol/h}$

(2) $0.6=\dfrac{R}{R+1}\times0.5+\dfrac{0.8}{R+1}$

解得 $\quad R=2$

本题为物料衡算和操作线方程而设计。通过该题练习应该掌握操作线各项的意义及其关系。

**5-5** 用连续精馏塔每小时处理100kmol含苯40%和甲苯60%的混合液,要求馏出液中含苯90%,残液中含苯1%(组成均以摩尔分数计)。试求:(1)馏出液和残液量(kmol/h);(2)饱和液体进料时,已估算塔釜每小时汽化量为132kmol,问回流比为多少?

**解**:(1) 由物料衡算

$$\begin{cases}Fx_F=Dx_D+Wx_W\\F=D+W\end{cases}$$

即 $\begin{cases}100\times0.4=D\times0.9+W\times0.01\\100=D+W\end{cases}$

解得 $\begin{cases}D=43.8\ \text{kmol/h}\\W=56.2\ \text{kmol/h}\end{cases}$

(2) $\overline{V}=(R+1)D+(q-1)F$ (a)

将 $\overline{V}=132(\text{kmol/h})$,$D=43.8(\text{kmol/h})$,$q=1$,$F=100(\text{kmol/h})$代入式(a)得:

$R=2.01$

本题为物料衡算和塔内气液相流率而设计。提馏段气液相流率和加料热状态有关。之所以反复应用物料平衡方程,为的是强调说明物料衡算在精馏操作中的重要性。

**5-6** 在常压连续精馏塔中分离理想二元混合物,进料为饱和蒸气,其中易挥发组分的含量为0.54(摩尔分数),回流比 $R=3.6$,提馏段操作线的斜率为1.25,截距为 $-0.018\ 7$,求馏出液组成 $x_D$。

**解**:因为饱和蒸气进料,所以 $q=0$,$q$ 线方程为

$$y=x_F=0.54 \tag{a}$$

精馏方程为

$$y = \frac{R}{R+1}x + \frac{x_D}{R+1} = 0.782\ 6x + 0.217\ 4x_D \tag{b}$$

式(a)与式(b)联立得两操作线交点坐标为

$$x = \frac{0.54 - 0.217\ 4x_D}{0.782\ 6}, y = 0.54$$

提馏段操作线方程为

$$y = 1.25x - 0.018\ 7 \tag{c}$$

此交点必在提馏段操作线上,故将交点坐标代入式(c)得

$$0.54 = 1.25 \times \frac{0.54 - 0.217\ 4x_D}{0.782\ 6} - 0.187$$

计算得到 $x_D = 0.875$。

本题为精馏塔操作线方程而设计。通过本题练习,应该掌握操作线、$q$ 线、对角线等之间的关系。

**5-7** 用常压精馏塔分离双组分理想混合物,泡点进料,进料量 100 kmol/h,加料组成为 50%,塔顶产品组成 $x_D = 95\%$,产量 $D = 50$ kmol/h,回流比 $R = 2R_{min}$,设全塔均为理论板,以上组成均为摩尔分数。相对挥发度 $\alpha = 3$。求:(1)$R_{min}$(最小回流比);(2)精馏段和提馏段上升蒸气量;(3)列出该情况下的精馏段操作线方程。

**解:**(1)相平衡方程为

$$y = \frac{\alpha x}{1 + (\alpha-1)x} = \frac{3x}{1+2x},泡点进料,所以 q=1,则 q 线方程为$$

$x = x_F = 0.5$,$q$ 线和相平衡线的交点为

$$x_e = 0.5, y_e = \frac{3x_e}{1+2x_e} = 0.75,则最小回流比为$$

$$R_{min} = \frac{x_D - y_e}{y_e - x_e} = \frac{0.95 - 0.75}{0.75 - 0.5} = 0.8$$

(2)$R = 2R_{min} = 1.6$

$$V = \overline{V} = (R+1)D = 2.6 \times 50 = 130(\text{kmol/h})$$

(3)精馏段操作线方程为

$$y = \frac{R}{R+1}x + \frac{x_D}{R+1} = 0.615\ 4x + 0.365\ 4$$

本题为相平衡、最小回流比等而设计。操作线方程中各项含义是应该熟练掌握的。

**5-8** 在连续精馏塔中,精馏段操作线方程 $y = 0.75x + 0.207\ 5$,$q$ 线方程为 $y = -0.5x + 1.5x_F$,$x_W = 0.05$,试求:(1)回流比 $R$、馏出液组成 $x_D$;(2)进料液的 $q$ 值;(3)当进料组成 $x_F = 0.44$,塔釜间接蒸汽加热时,提馏段操作线方程。

**解:**(1)由精馏段操作线方程可知:

$$\frac{R}{R+1} = 0.75 \Rightarrow R = 3$$

$$\frac{x_D}{R+1} = 0.207\ 5 \Rightarrow x_D = 0.83$$

(2)由 $q$ 线方程可知:

$$\frac{q}{q-1} = -0.5 \Rightarrow q = \frac{1}{3}$$

（3）当 $x_F = 0.44$，联立求解精馏段操作线方程和 $q$ 线方程，即下列方程组：

$$\begin{cases} y = 0.75x + 0.207\ 5 \\ y = -0.5x + 1.5 \times 0.44 \end{cases}$$

得交点：
$$\begin{cases} x_q = 0.362 \\ y_q = 0.479 \end{cases}$$

提馏段操作线过点 $(x_q, y_q)$ 和点 $(x_W, x_W)$，故其方程为

$$\frac{y - x_W}{x - x_W} = \frac{y_q - x_W}{x_q - x_W}$$

即
$$\frac{y - 0.05}{x - 0.05} = \frac{0.479 - 0.05}{0.362 - 0.05}$$

整理得
$$y = 1.375x - 0.018\ 75$$

本题为操作线方程而设计。正方图上四线、三点、一截距是课堂教学中强调应掌握的精馏知识关键内容，通过本题练习，应该理解正方图反映的各知识内容。

**5-9** 在一连续常压精馏塔中分离某理想混合液，$x_D = 0.94$，$x_W = 0.04$。已知此塔进料 $q$ 线方程为 $y = 6x - 1.5$，采用回流比为最小回流比的 1.2 倍，塔釜为间接蒸汽加热，混合液在本题条件下的相对挥发度为 2，求：（1）精馏段操作线方程；（2）提馏段操作线方程。

**解**：（1）联立 $q$ 线方程与相平衡关系方程，即

$$\begin{cases} y = 6x - 1.5 \\ y = \dfrac{2x}{1+x} \end{cases}$$

解得交点坐标为
$$\begin{cases} x_e = 0.333 \\ y_e = 0.498 \end{cases}$$

$$R_{min} = \frac{x_D - y_e}{y_e - x_e} = \frac{0.94 - 0.498}{0.498 - 0.333} = 2.68$$

$$R = 1.2R_{min} = 1.2 \times 2.68 = 3.22$$

精馏段操作线方程为

$$y_{n+1} = \frac{R}{R+1}x_n + \frac{x_D}{R+1} = \frac{3.22}{4.22}x_n + \frac{0.94}{4.22} = 0.76x_n + 0.22$$

（2）联立精馏段操作线与 $q$ 线方程，即

$$\begin{cases} y = 0.76x + 0.22 \\ y = 6x - 1.5 \end{cases}$$

得交点
$$\begin{cases} x_q = 0.33 \\ y_q = 0.48 \end{cases}$$

提馏段操作线过点 $(x_q, y_q)$ 和点 $(x_W, x_W)$，提馏段操作线方程为

$$\frac{y - x_W}{x - x_W} = \frac{y_q - x_W}{x_q - x_W}$$

即
$$\frac{y - 0.04}{x - 0.04} = \frac{0.48 - 0.04}{0.33 - 0.04}$$

$$y = 1.52x - 0.021$$

**理论板数计算**

**5-10** 欲设计一连续精馏塔以分离含苯与甲苯各 50% 的料液，要求馏出液中含苯 96%，残液中含苯不高于 5%（以上均为摩尔分数）。泡点进料，选用的回流比是最小回流比的 1.2 倍，物系的相对挥发度为 2.5。试用逐板计算法求取所需的理论板数及加料板位置。

**解:**由 $q=1$ 得 $x_q=x_F=0.5$,则

$$y_q=\frac{\alpha x_q}{1+(\alpha-1)x_q}=\frac{2.5\times0.5}{1+(2.5-1)\times0.5}=0.714$$

$$\frac{R_{min}}{R_{min}+1}=\frac{x_D-y_q}{x_D-x_q}=\frac{0.96-0.714}{0.96-0.5}$$

解得 $R_{min}=1.15$

故得 $R=1.2R_{min}=1.2\times1.15=1.38$。

精馏段操作线方程为

$$y_{n+1}=\frac{R}{R+1}x_n+\frac{x_D}{R+1}=0.58x_n+0.403$$

由 $q=1$ 得 $\overline{V}=V=(R+1)D$,$\overline{L}=L+qF=RD+qF$。

由物料衡算

$$\begin{cases}D+W=F\\Dx_D+Wx_W=Fx_F\end{cases},即\begin{cases}D+W=F\\0.96D+0.05W=0.5F\end{cases},计算得到\frac{D}{F}=0.495,\frac{W}{F}=0.505。$$

则提馏段操作线方程

$$y_{m+1}=\frac{\overline{L}}{\overline{V}}x_m-\frac{Wx_W}{\overline{V}}=\frac{RD/F+q}{(R+1)D/F}x_m-\frac{W/F}{(R+1)D/F}x_W=1.43x_m-0.021\,4$$

相平衡方程为 $y=\dfrac{\alpha x}{1+(\alpha-1)x}=\dfrac{2.5x}{1+1.5x}$,即 $x=\dfrac{y}{2.5-1.5y}$

自塔顶往下计算,$y_1=x_D=0.96$,$x_1=\dfrac{y_1}{2.5-1.5y_1}=0.906$,

$$y_2=\frac{R}{R+1}x_1+\frac{x_D}{R+1}=0.58x_1+0.403=0.928,x_2=\frac{y_2}{2.5-1.5y_2}=0.838。$$

依次反复计算,可得

| 塔板数 | 01 | 02 | 03 | 04 | 05 | 06 | 07 | 08 |
|---|---|---|---|---|---|---|---|---|
| $y$ | 0.96 | 0.928 | 0.889 | 0.845 | 0.801 | 0.761 | 0.728 | 0.703 |
| $x$ | 0.906 | 0.838 | 0.762 | 0.686 | 0.617 | 0.560 | 0.517 | 0.486 |

| 塔板数 | 09 | 10 | 11 | 12 | 13 | 14 | 15 | 16 |
|---|---|---|---|---|---|---|---|---|
| $y$ | 0.674 | 0.625 | 0.550 | 0.451 | 0.330 | 0.215 | 0.120 | 0.051\,8 |
| $x$ | 0.453 | 0.400 | 0.329 | 0.246 | 0.164 | 0.098\,1 | 0.051\,2 | 0.021\,4 |

由上述计算可得,第16块理论板上液相组成低于塔釜组成要求,所以全塔需要16块理论板(含塔釜)。

以上计算中,从第8块板开始液相组成低于 $x_q=0.5$,所以从第9块板起,操作线方程采用提馏段方程,加料板为第8块理论板。

本题为逐板计算理论板数而设计。逐板计算是理论板数计算较为基础的计算方法,通过本题练习,可以熟练掌握精馏段操作线方程、提馏段操作线方程、加料位置确定及相平衡各知识点内容。

**5-11** 已知:$x_D=0.98$,$x_F=0.60$,$x_W=0.05$(以上均为以环氧乙烷表示的摩尔分数)。取回流比为最小回流比的1.5倍。常压下系统的相对挥发度为2.47,饱和液体进料。试用捷算法计算环氧乙烷和环氧丙烷系统的连续精馏塔理论板数。

**解:**由 $q=1$ 得 $x_q=x_F=0.5$,则

$$y_q = \frac{\alpha x_q}{1+(\alpha-1)x_q} = \frac{2.47 \times 0.6}{1+(2.47-1)\times 0.6} = 0.787$$

$$\frac{R_{min}}{R_{min}+1} = \frac{x_D - y_q}{x_D - x_q} = \frac{0.98-0.787}{0.98-0.6}$$

解得 $R_{min} = 1.03$

故得 $R = 1.5 R_{min} = 1.5 \times 1.03 = 1.55$。

$\frac{R-R_{min}}{R+1} = \frac{1.55-1.03}{1.55+1} = 0.204$，从吉利兰经验关联图查得 $\frac{N-N_{min}}{N+1} = 0.44$。

由芬斯克方程可得 $N_{min} = \dfrac{\lg\left[\left(\dfrac{x_D}{1-x_D}\right)\left(\dfrac{1-x_W}{x_W}\right)\right]}{\lg\alpha} = 7.56$，因此 $\dfrac{N-7.56}{N+1} = 0.44$，可得

$N = 14.3$，故理论塔板数 $N_T = 15$（含塔釜）。

本题为应用吉利兰经验关联图求理论板数而设计。求出的理论板数包括塔釜,需要说明的是,此方法求理论板数是近似的,工程设计上,多用此方法初步估算理论板数。

**精馏塔核算**

**5-12** 一精馏塔有五块理论板(包括塔釜),含苯 50%(摩尔分数)的苯-甲苯混合液预热至泡点,连续加入塔的第三块板上。采用回流比 $R=3$,塔顶产品的采出率 $D/F=0.44$。物系的相对挥发度 $\alpha=2.47$。求操作可得的塔顶、塔底产品组成 $x_D$、$x_W$。(提示:可设 $x_W = 0.194$ 作为试差初值。)

**解**: $\dfrac{D}{F} = \dfrac{x_F - x_W}{x_D - x_W} \Rightarrow x_D = \dfrac{x_F - x_W}{D/F} + x_W$

设 $x_W = 0.194$,则 $x_D = \dfrac{0.5-0.194}{0.44} + 0.194 = 0.889$。

精馏段操作线方程为

$$y_e = \frac{R}{R+1}x + \frac{x_D}{R+1} = 0.75x + 0.222$$

由 $q=1$ 得 $\overline{V} = V = (R+1)D$，$\overline{L} = L + qF = RD + qF$

提馏段操作线方程为

$$y_{m+1} = \frac{RD+qF}{(R+1)D+(q-1)F}x_m - \frac{(F-D)x_W}{(R+1)D+(q-1)F}$$

$$= \frac{R\dfrac{D}{F}+q}{(R+1)\dfrac{D}{F}+(q-1)}x_m - \frac{\left(1-\dfrac{D}{F}\right)x_W}{(R+1)\dfrac{D}{F}+(q-1)}$$

$$= \frac{3+1/0.44}{3+1}x_m - \frac{1/0.44-1}{3+1}$$

$$= 1.32x_m - 0.016\,7$$

相平衡方程为 $y = \dfrac{\alpha x}{1+(\alpha-1)x} = \dfrac{2.47x}{1+1.47x}$，即 $x = \dfrac{y}{2.47-1.47y}$。

自塔顶逐板计算,

$y_1 = x_D = 0.889$

$x_1 = \dfrac{y_1}{2.47-1.47y_1} = \dfrac{0.889}{2.47-1.47\times 0.889} = 0.764$，$y_2 = 0.75\times 0.764 + 0.222 = 0.795$，

$$x_2 = \frac{0.795}{2.47 - 1.47 \times 0.795} = 0.611, y_3 = 0.75 \times 0.611 + 0.222 = 0.680,$$

$$x_3 = \frac{0.68}{2.47 - 1.47 \times 0.68} = 0.462, m = 3, y_4 = 1.32 \times 0.462 - 0.061\ 7 = 0.548,$$

$$x_4 = \frac{0.548}{2.47 - 1.47 \times 0.548} = 0.329, y_5 = 1.32 \times 0.329 - 0.061\ 7 = 0.373,$$

$$x_5 = \frac{0.373}{2.47 - 1.47 \times 0.373} = 0.194,$$ 从计算结果可知: $x_W = x_5 = 0.194$, 原假设正确。

因此 $x_D = 0.889, x_W = 0.194$。

本题为操作型计算而设计。对于精馏塔的操作型计算,一般采用试差计算。根据已知的理论塔板数和加料位置,推知精馏段理论板数和提馏段理论板数。计算步骤为先设塔釜残液组成,由物料平衡方程计算出塔顶馏出液组成,根据回流比可得出精馏段操作线方程和提馏段操作线方程;再由塔顶馏出液组成自塔顶逐板计算各板上气液相组成,最后计算出塔釜残液组成,比较此计算值和假设值,两者一致则假设正确。若两者不符,应重新假设计算,直至两者一致,可得到计算结果。题中的塔顶采出率不能任意规定,必须符合物料平衡关系。

## 5.7  习题精选

1. 蒸馏分离液体混合物的依据是 _____。

2. 某双组分理想体系,在一定温度下其中的 A 组分作为纯组分时的蒸气压为体系总压的 1.5 倍,且此时 A 组分在液相中的摩尔分数为 0.3,则其在气相中的摩尔分数为 _____。

3. 总压为 101.3kPa、95℃温度下苯与甲苯的饱和蒸气压分别为 155.7kPa 和 63.3kPa,则平衡时气相中苯的摩尔分数为 _____,液相中苯的摩尔分数为 _____,苯与甲苯的相对挥发度为 _____。

4. 某二元混合物,其中 A 为易挥发组分,液相组成 $x_A = 0.4$ 时,相应的泡点为 $t_1$;气相组成 $y_A = 0.4$ 时,相应的露点为 $t_2$,则 $t_1$ 与 $t_2$ 的大小关系为 _____。

5. 简单蒸馏中,随着时间的推移,釜液中易挥发组分浓度 _____,其泡点 _____,气相中易挥发组分浓度 _____。

6. 已知 75℃时甲醇(A)和水(B)的饱和蒸气压分别为 $p_A^\circ = 149.6\ kPa, p_B^\circ = 38.5\ kPa$,该体系在该温度和常压下平衡时气、液两相的浓度分别为: $y = 0.729, x = 0.4$,则其相对挥发度 $\alpha_{AB} = $ _____。

7. 精馏作为一种分离单元操作的主要操作费用是用于 _____ 和 _____。

8. 设计二元连续精馏塔时,可指定采用常压或加压操作。与常压操作相比,加压操作时体系平均相对挥发度较 _____,塔顶温度较 _____,塔釜温度较 _____。

9. 某精馏塔精馏段内相邻两层理论板,离开上层板的气相露点为 $t_1$,液相泡点为 $t_2$;离开下层板的气相露点为 $t_3$,液相的泡点为 $t_4$。按从大到小的顺序将以上 4 个温度排列:_____。

10. 操作中的精馏塔,保持进料量、进料组成、进料热状况参数和塔釜加热量不变,减少塔顶馏出液量,则塔顶易挥发组分回收率 _____。

11. 当进料为气液混合物,且气液物质的量之比为 2:3 时,则混合物进料热状况参数 $q$ 值为 _____。

12. 当精馏操作的 $q$ 线方程为 $x = x_F$ 时，则进料热状态为_____，此时 $q =$ _____。

13. 精馏塔设计中，当回流比增大时，达到要求所需的理论板数_____，同时塔釜中所需的加热蒸汽消耗量_____，塔顶冷凝器中冷却剂消耗量_____，所需塔径_____。

14. 精馏塔操作中，正常情况下塔顶温度总_____于塔底温度，其原因是_____。

15. 在精馏塔的设计中，最小回流比与下列因素有关：_____、_____、_____。

16. 某二元物系的相对挥发度 $\alpha = 3$，在具有理论板的精馏塔内作全回流精馏操作，已知 $x_2 = 0.3$，则 $y_1 =$ _____。（塔板序号由塔顶往下数）

17. 设计二元理想溶液精馏塔时，若 $F$、$x_F$、$x_D$、$x_W$ 不变，在相同回流比下随加料 $q$ 值的增加，塔顶冷凝器负荷_____；塔釜热负荷_____。

18. 试给出精馏塔在全回流操作时的特征：_____＝_____，_____＝_____，_____与_____重合，_____为最少，_____为无穷大。

19. 简单蒸馏与平衡蒸馏的主要区别是_____，简单蒸馏与间歇精馏的主要区别是_____。

20. 已知 $q = 1.1$，则加料中液体量与总加料量的比是_____。

21. 理想物系的 $\alpha = 2$，在全回流下操作。已知某理论版上 $y_n = 0.5$，则 $y_{n+1} =$ _____。

22. 操作的精馏塔中，若 $V$ 下降，而回流量和进料状态 $(F, x_F, q)$ 保持不变，则 $R$ _____，$x_D$ _____，$x_W$ _____，$\overline{L}/\overline{V}$ _____。

23. 芬斯克方程的应用条件是什么？_____。若 $x_W = 0.01$，已知 $x_{D1} = 0.9$ 时为 $N_{T,min1}$，$x_{D2} = 0.99$ 时为 $N_{T,min2}$，则 $N_{T,min2}$ 与 $N_{T,min1}$ 的比值为_____。

24. 操作中精馏塔若采用 $R < R_m$，其他条件不变，则 $x_D$ _____，$x_W$ _____。

25. 操作时，若 $F$、$D$、$x_F$、$q$、加料板位置、$R$ 不变，而操作时的总压减小，则 $x_D$ _____，$x_W$ _____。

26. 某塔操作时，进料由饱和液体改为过冷液体，且保持 $F$、$x_F$、$R$、$V'$ 不变，则此时以下各物理量将怎样变化？$D$ _____、$x_D$ _____、$W$ _____、$x_W$ _____。

27. 在设计连续操作的精馏塔时，如保持 $x_F$、$D/F$、$x_D$、$R$ 一定，进料热状态、空塔气速也一定，则增大进料量将使塔径_____，所需的理论板数_____。

28. 在精馏塔的操作中，若 $F$ 和 $V$ 保持不变，而 $x_F$ 由于某种原因下降了，问可采取哪些措施使 $x_D$ 维持不变？_____、_____。

29. 在连续精馏塔中，进行全回流操作，已测得相邻实际塔板上液相组成分别为 $x_{n-1} = 0.7$、$x_n = 0.5$（均为易挥发组分的摩尔分数）。已知操作条件下相对挥发度为 3，则 $y_n =$ _____，以液相组成表示的 $n$ 块板的单板效率 $E_{ML} =$ _____。

30. 精馏塔板负荷性能图包含的 5 条线是_____、_____、_____、_____和_____。

31. 塔板上的气液接触状态有_____、_____和_____三种，其中工业操作中常采用的是_____和_____。

32. 从塔板水力学性能的角度看，引起塔板效率不高的原因可能是_____、_____、_____、_____。

33. 在板式塔结构设计中，由_____、_____、_____、_____结构尺寸确定不当易引起降液管液泛。

34. 某二元混合物蒸气，其中轻、重组分的摩尔分数分别为 0.75 和 0.25，在总压为

300kPa 条件下被冷凝至 40℃，所得的气、液两相达到平衡。已知轻、重组分在 40℃时的蒸气压分别为 370kPa 和 120kPa。求其气相和液相物质的量之比。

35. 苯和甲苯组成的理想溶液送入精馏塔中进行分离，进料热状态为气液共存，其两相组成分别如下：$x_F = 0.5077$，$y_F = 0.7201$。用于计算苯和甲苯的蒸气压方程如下：

$$\lg p_A^\circ = 6.031 - \frac{1\ 211}{t + 220.8} \qquad \lg p_B^\circ = 6.080 - \frac{1\ 345}{t + 219.5}$$

其中压强的单位为 kPa，温度的单位为℃。试求：(1)该进料中两组分的相对挥发度为多少？(2)进料的压强和温度各是多少？（提示：设进料温度为 92℃。）

36. 一连续精馏塔分离二元理想混合溶液，已知某层塔板上的气、液相组成分别为 0.83 和 0.70，与之相邻的上层塔板的液相组成为 0.77，而与之相邻的下层塔板的气相组成为 0.78（以上均为轻组分 A 的摩尔分数，下同）。塔顶为泡点回流。进料为饱和液体，其组成为 0.46，塔顶与塔底产量之比为 2/3。试求：(1)精馏段操作线方程；(2)提馏段操作线方程。

37. 某二元连续精馏塔，操作回流比为 2.8，操作条件下体系平均相对挥发度为 2.45。原料为泡点进料，塔顶采用全凝器，泡点回流，塔釜采用间接蒸汽加热。原料液、塔顶馏出液、塔底采出液浓度分别为 0.5、0.95、0.05（均为易挥发组分的摩尔分数）。试求：(1)精馏段操作线方程；(2)由塔顶向下数第二块板和第三块板之间的气、液相组成；(3)提馏段操作线方程；(4)由塔底向上数第二和第三块板之间的气、液相组成。

38. 用常压连续操作的精馏塔分离苯和甲苯溶液，已知进料含苯 0.6（摩尔分数），进料状态是气液各占一半（物质的量），从塔顶全凝器中送出的馏出液组成为含苯 0.98（摩尔分数），已知苯-甲苯系统在常压下的相对挥发度为 2.5。试求：(1)进料的气、液相组成；(2)最小回流比。

39. 在常压连续精馏塔中分离二元理想混合物。塔顶蒸气通过分凝器后，3/5 的蒸气冷凝成液体作为回流液，其浓度为 0.86。其余未冷凝的蒸气经全凝器后全部冷凝，并作为塔顶产品送出，其浓度为 0.9（以上均为轻组分的摩尔分数）。若已知操作回流比为最小回流比的 1.2 倍，泡点进料，试求：(1)从塔顶开始计，第一块板下降的液体组成；(2)原料液的组成。

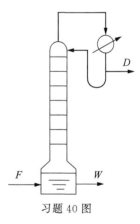

40. 某二元混合物含易挥发组分为 0.15（摩尔分数，下同），以饱和蒸气状态加入精馏塔的底部（如图所示），加料量为 100 kmol/h，塔顶产品组成为 0.95，塔底产品组成为 0.05。已知操作条件下体系平均相对挥发度为 2.5。试求：(1)该塔的操作回流比；(2)由塔顶向下数第二块理论板上的液相浓度。

41. 某二元理想溶液，其组成为 $x_F = 0.3$（易挥发组分摩尔分数，下同），流量为 $F = 100$ kmol/h，以泡点状态进入连续精馏塔，回流比为 2.7。要求塔顶产品纯度 $x_D = 0.9$，塔釜产品浓度 $x_W = 0.1$。操作条件下体系的平均相对挥发度为 2.47，塔顶采用全凝器，泡点回流。用逐板计算法确定完成分离任务所需的理论板数。

习题 40 图

42. 设计一分离苯-甲苯溶液的连续精馏塔，料液含苯 0.5，要求馏出液中含苯 0.97，釜残液中含苯低于 0.04（均为摩尔分数），泡点加料，回流比取最小回流比的 1.5 倍，苯与甲苯的相对挥发度平均值取为 2.5，试用逐板计算法求所需理论板数和加料位置。

43. 苯和甲苯的混合物组成为 50%，送入精馏塔内分离，要求塔顶苯的含量不低于 96%，塔底甲苯含量不低于 98%（以上均为质量分数）。苯和甲苯的相对挥发度可取为 2.5，操作回流比取为最小回流比的 1.5 倍。试求：(1)若处理 20 kmol/h 的原料，塔顶馏出液和塔底采出液各为多少(kg/h)？(2)分别求泡点进料和饱和蒸气进料情况下的最小回流比；

(3)饱和蒸气进料时进料板上一层塔板上升蒸气的组成(假定进料组成与进料板上升的蒸气组成相同);(4)若泡点进料,假定料液加到塔板上后,液体完全混合,组成为 50%(质量分数),问上升到加料板的蒸气组成是多少?

44. 某一连续精馏塔分离一种二元理想溶液,饱和蒸气进料,进料量 $F=10\ \text{kmol/s}$,进料浓度 $x_F=0.5$(轻组分摩尔分数,下同),塔顶产品纯度 $x_D=0.95$,塔底产品纯度 $x_W=0.1$,系统的平均相对挥发度 $\alpha=2$。塔顶采用全凝器,泡点回流,塔釜间接蒸汽加热,且塔釜的汽化量为最小汽化量的 1.5 倍。试求:(1)塔顶易挥发组分的回收率;(2)塔釜的汽化量;(3)流出第二块理论板的液体组成(塔板序号由塔顶算起)。

45. 在一连续精馏塔中分离苯-甲苯溶液。塔釜为间接蒸汽加热,塔顶采用全凝器,泡点回流。进料中含苯 35%(摩尔分数,下同),进料量为 100 kmol/h,以饱和蒸气状态进入塔中部。塔顶馏出液量为 40 kmol/h,要求塔釜残液含苯量不高于 5%,采用的回流比 $R=1.54R_{\min}$,系统的相对挥发度为 2.5。(1)分别写出此塔精馏段和提馏段的操作线方程;(2)已知塔顶第一块板以液相组成表示的默弗里效率为 0.54,求:离开塔顶第二块板升入第一块板的气相组成;(3)当塔釜停止供应蒸汽,保持前面计算所用的回流比不变,若塔板数为无限多,问釜残液的浓度为多大?

# 5.8 习题精选参考答案

1. 各组分挥发度的差异

2. 0.45

3. 0.632;0.411;2.46

4. $t_1 < t_2$

5. 不断降低;不断升高;不断降低

6. 4.04

7. 塔釜加热;塔顶冷凝

8. 小;高;高

9. $t_3 = t_4 > t_1 = t_2$

10. 下降

11. 0.6

12. 饱和液体;1

13. 减少;增大;增大;增大

14. 低;塔顶压强低于塔底的,塔顶轻组分浓度高于塔底的

15. 相平衡关系;进料状态;分离要求

16. 0.794

17. 不变;增加

18. 塔内液相摩尔流量=气相摩尔流量;两板之间的气相浓度=液相浓度;操作线;对角线;完成指定分离要求所需的塔板数;回流比

19. 简单蒸馏是非定态间歇操作;简单蒸馏无回流

20. 1:1

21. 0.333

22. 增大;升高;升高;增大

23. 全回流下采用全凝器时的最少理论板数;1.35

24. 下降;增大

25. 增大；下降

26. 减小；增大；增大；增大

27. 增大；不变

28. 增大回流比；降低进料位置至适当位置

29. 0.7；76.2%

30. 液相上限线；液相下限线；严重漏液线；液泛线；过量雾沫夹带线

31. 鼓泡；泡沫；喷射；泡沫；喷射

32. 漏液；雾沫夹带；气泡夹带；气（液）不均匀流动

33. 降液管底隙太小；板间距太小；降液管截面积太小；塔板开孔率太低

34. 0.217

35. (1)2.49；(2)101.77 kPa；92℃

36. (1)$y=0.714x+0.28$；(2)$y=1.429x-0.048$

37. (1)$y=0.737x+0.25$；(2)0.834；(3)$y=1.263x-0.013\,2$；(4)0.181

38. (1)0.71；(2)1.227

39. (1)0.828；(2)$x_F=0.758$

40. (1)8.0；(2)0.768

41. 9 块理论板（含塔釜）

42. 13 块理论板（含塔釜）；第七块板加料

43. (1)$D=864$ kg/h；$W=828.2$ kg/h；(2)泡点进料 1.067；饱和蒸气 1.927；(3)0.619；(4)0.705

44. (1)89.5%；(2)11.07 kmol/s；(3)0.843

45. (1)$y=0.8x+0.16$；$y=1.6x-0.03$；(2)0.72；(3)0.187\,5

# 5.9 思考题参考答案

5-1 蒸馏的目的是什么？蒸馏操作的基本依据是什么？

蒸馏的目的是分离液体混合物；其基本依据是液体中各组分挥发度的差异。

5-2 蒸馏的主要操作费用花费在何处？

蒸馏的主要操作费用花费在加热和冷却。

5-3 双组分气液两相平衡共存时自由度为多少？

依据相律，双组分气液两相平衡共存时自由度为 $F=2$（压强 $p$ 一定，温度 $t$ 与气相组成 $y$ 或液相组成 $x$ 呈一一对应关系；$t$ 一定，压强 $p$ 与气相组成 $y$ 或液相组成 $x$ 呈一一对应关系）；压强 $p$ 一定，$F=1$。

5-4 总压对相对挥发度有何影响？

总压增加，相对挥发度下降，分离变得困难。

5-5 为什么 $\alpha=1$ 时不能用普通精馏的方法分离混合物？

相对挥发度 $\alpha=1$ 时，$x=y$，普通精馏无法实现相对分离。

5-6 为什么说回流液的逐板下降和蒸气逐板上升是实现精馏的必要条件？

两相接触是实现分离的必要条件，只有回流液的逐板下降和蒸气逐板上升才能实现两相充分接触、传质，实现高纯度分离；否则，仅为一级平衡（平衡蒸馏）。

5-7 什么是理论板？

所谓理论板是指离开该板的气液两相达到相平衡的理想化塔板。

5-8 恒摩尔流假设指什么？其成立的主要条件是什么？

在没有加料、出料情况下,塔段内的气相或液相摩尔流量各自不变;成立的主要条件是组分的摩尔汽化潜热相近,不计热损失和显热差。

5-9  $q$ 值的含义是什么?根据 $q$ 的取值范围,有哪几种加料热状态?

$q$ 为 1mol 加料加热至饱和气体所需热量与摩尔汽化潜热之比;其值表明加料热状态,故称为加料热状态参数。加料热状态有五种:过热蒸气、饱和蒸气、气液混合物、饱和液体、冷液。

5-10  建立操作线的依据是什么?操作线为直线的条件是什么?

建立操作线的依据是塔段的物料衡算;操作线为直线的条件是恒摩尔流(液气比为常数)。

5-11  用芬斯克方程所求出的 $N$ 是什么条件下的理论板数?

全回流条件下,塔顶、塔底浓度达到分离要求时的最少理论板数。

5-12  何谓最小回流比?

达到指定分离要求时所需理论板数为无穷多时的回流比,是确定理论板数时特有的问题。

5-13  最适宜回流比的选取需考虑哪些因素?

确定最适宜回流比需考虑使设备费和操作费之和最低。

5-14  精馏过程能否在填料塔内进行?

能。

5-15  何谓灵敏板?

塔板温度对外界干扰反映最为灵敏的塔板。

5-16  板式塔的设计意图是什么?对传质过程最有利的理想流动条件是什么?

板式塔的设计意图是:气液两相在塔板上充分接触;总体上气液两相逆流流动,提供最大的传质推动力。理想流动条件总体两相逆流,塔板上均匀错流。

5-17  鼓泡、泡沫、喷射这三种气液接触状态各有什么特点?

鼓泡接触状态:气量低,气泡数量少,液层清晰;泡沫状态:气量较大,液体大部分是以液膜形式存在于气泡之间,但液体仍然为连续相;喷射状态:气量很大,液体以液滴形式存在,气相为连续相。

5-18  板式塔内有哪些主要的非理想流动?

板式塔的主要非理想流动包括:液沫夹带、气泡夹带、气体的不均匀流动、液体的不均匀流动。

5-19  夹带液泛与溢流液泛有何区别?

过量液沫夹带引起夹带液泛,溢流管降液困难引起溢流液泛。

5-20  板式塔的不正常操作现象有哪几种?

板式塔不正常操作现象有:夹带液泛、溢流液泛和漏液。

5-21  筛板塔负荷性能图受哪几个条件约束?何谓操作弹性?

筛板塔的负荷性能图受过量液沫夹带、漏液、溢流液泛、液量下限($h_{ow} \geqslant 6mm$)和液量上限($\frac{H_T A_f}{L_{max}} \geqslant 3 \sim 5s$)五个条件约束。所谓操作弹性是指上、下操作极限的气体流量之比。

5-22  评价塔板优劣的标准有哪些?

评价塔板优劣的标准主要有:通过能力、板效率、板压降、操作弹性、结构简单、成本低。

# 第6章　其他传质分离方法

## 6.1　学习目标

通过本章学习,了解液液萃取、溶液结晶、吸附分离和膜分离的基本原理,利用各原理分析上述分离过程的基本工业技术问题。主要包括以下内容。

(1) 液液萃取过程原理、溶剂选择原则和萃取过程经济性、两相接触方式、液液平衡三角形相图、杠杆定律、液液部分互溶物系相平衡、平衡联结线、分配曲线、级式萃取过程图示方法、溶剂选择性系数、单级萃取过程计算、萃取理论板和级效率、单级萃取过程图解计算、萃取设备(种类、设备特点、萃取设备选用);

(2) 结晶过程原理和分类、溶解度和结晶条件、过饱和度形成和表示方法、结晶机理与动力学、影响结晶的因素、结晶过程物料衡算与热量衡算、结晶设备;

(3) 吸附过程原理与吸附分类、常见吸附剂及吸附剂基本特性、吸附平衡曲线、吸附传质机理与吸附速率、固定床吸附过程与负荷曲线和透过曲线、固定床吸附过程计算、吸附设备;

(4) 膜分离分类和各自原理与特点、反渗透原理和浓差极化、超滤过程原理与应用、电渗析原理与应用、各种膜分离设备;

(5) 分离方法选择与应用。

## 6.2　主要学习内容

**1. 液液萃取**

1) 液液萃取原理和过程

液液萃取是分离液体混合物的常用方法,其原理是利用液体混合物各组分在溶剂中溶解度的差异而实现分离。

液体混合物(原料 A+B 两组分)中加入一种与其不相混溶的溶剂 S,原料液中的各组分在溶剂中分散形成两相,溶剂 S 中出现 A 和少量 B 的一相称为萃取相,被分离混合液中出现少量溶剂 S 的一相称为萃余相。设 A 为易溶组分,称为溶质,B 为难溶组分,称为稀释剂。溶剂 S 称为萃取剂。作为萃取剂必须满足两个基本要求:①溶剂不能与被分离混合物完全互溶,只能部分互溶;②溶剂对溶质和稀释剂应有不同的溶解能力,即溶剂应有选择性。

2) 两相接触方式

与吸收类似,萃取设备按两相接触方式分为两类:微分接触和级式接触。

3) 液液相平衡

萃取过程的极限是相间平衡。因液液萃取两相常为三组分混合物溶液,常用等腰直角三角形相图表示两相组成。

(1) 三角形相图

如图 6-1 所示,三角形的三个顶点分别表示三个纯组分;三角形三条边上的任一点表示相应的双组分溶液组成,第3组分为零;三角形内的任一点表示一个三元混合组分,相组成可从图上读出;总组成满足归一化方程。

三角形相图是一定温度下物系 A、B、S 的溶解平衡相图,包括溶解度曲线、两共轭相组成联结而得到的平衡联结线等。溶解度曲线将三角形相图分为两个区域,即两相区和均相区。萃取只能在两相区操作。

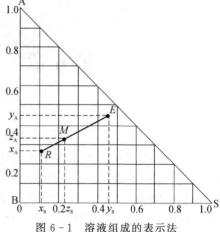

图 6-1　溶液组成的表示法

(2) 物料衡算和杠杆定律

设有组成为 $x_A$、$x_B$、$x_S$($R$ 点)溶液 $R$ kg 及组成为 $y_A$、$y_B$、$y_S$($E$ 点)溶液 $E$ kg。若将两者相混,混合物总质量为 $M$ kg,组成为 $z_A$、$z_B$、$z_S$($M$ 点)。参见图 6-1。

总物料衡算

$$M = R + E \qquad (6-1)$$

溶质物料衡算

$$Mz_A = Rx_A + Ey_A \qquad (6-2)$$

溶剂物料衡算

$$Mz_S = Rx_S + Ey_S \qquad (6-3)$$

因此有

$$\frac{E}{M} = \frac{z_A - x_A}{y_A - z_A} = \frac{z_S - x_S}{y_S - z_S} \qquad (6-4)$$

式(6-4)表示混合液组成的 $M$ 点必在 $RE$ 连线上,且有

$$\frac{E}{R} = \frac{\overline{RM}}{\overline{EM}} \qquad (6-5)$$

称此式为杠杆定律。称 $M$ 为 $R$、$E$ 两溶液的和点。

同样:

$$\frac{E}{M} = \frac{\overline{MR}}{\overline{RE}} \qquad (6-6)$$

称 $R$ 为 $M$ 与 $E$ 的差点。

讨论较多的是第 Ⅰ 类物系:即溶质 A 可完全溶解于 B 和 S 中,而 B、S 为一对部分互溶的组分。

(3) 相平衡关系的数学描述

① 分配曲线

平衡联结线的两端点表示液液平衡两相之间的组成关系。溶质 A 在两相的平衡组成表示为

$$k_A = \frac{\text{萃取相中组分 A 的质量分数}}{\text{萃余相中组分 A 的质量分数}} = \frac{y_A}{x_A} \qquad (6-7)$$

称 $k_A$ 为组分 A 的分配系数。

对 B 组分,同样有

$$k_B = \frac{y_B}{x_B} \qquad (6-8)$$

一般情况下分配系数不是常数,其值随温度和组成而变化。

将组分 A 在液液平衡两相中的组成 $y_A$、$x_A$ 之间的关系在直角坐标中曲线表示,称此曲线为分配曲线。分配曲线表示组分 A 的相平衡方程 $y_A = f(x_A)$。

（4）级式萃取过程

双组分 A、B 溶液,其组成如图 6-2(b)中的 $F$ 点表示。加入纯溶剂 S 后,混合液总组成进入 $FS$ 连线上的 $M$ 点,两相接触达平衡后静置分层得萃取相 $E$、萃余相 $R$,各自脱溶剂后分别得萃取液 $E°$、萃余液 $R°$,这样将组成为 $F$ 点的 A、B 混合物分离成含 A 较多的萃取液 $E°$ 和含 A 较少的萃余液 $R°$。

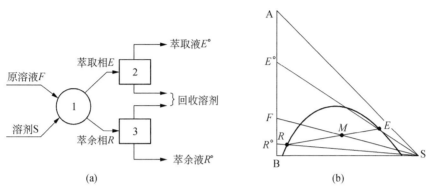

图 6-2　单级萃取
1—萃取器;2,3—溶剂回收装置

上述单级萃取过程,萃取液和萃余液中 A 的组成差别越大,效果越好。溶质 A 在萃取液和萃余液中的差异可用选择性系数 $\beta$ 表示,定义为

$$\beta = \frac{y_A / y_B}{x_A / x_B} = \frac{k_A}{k_B} \tag{6-9}$$

$$\frac{y_A}{y_B} = \frac{y_A°}{y_B°}, \frac{x_A}{x_B} = \frac{x_A°}{x_B°}$$

$$y_B° = 1 - y_A° \qquad x_B° = 1 - x_A°$$

故有

$$y_A° = \frac{\beta x_A°}{1 + (\beta - 1) x_A°} \tag{6-10}$$

$\beta = 1$ 时不能用萃取方法进行分离,故萃取剂的选择在操作范围内应使 $\beta > 1$。当 B 组分不溶于溶剂时,$\beta$ 为无穷大。

4）萃取过程计算

假设萃取过程是等温过程,对单一萃取级进行数学描述。

（1）物料衡算

总物料衡算

$$F + S = R + E \tag{6-11}$$

对溶质 A

$$F x_{FA} + S z_A = R x_A + E y_A \tag{6-12}$$

对溶剂 S

227

$$0+Sz_s=Rx_s+Ey_s \qquad (6-13)$$

（2）单级萃取图解计算

总物料组成点 $M$ 必同时位于 $\overline{FS}$ 和 $\overline{RE}$ 两条连线上，即两连线的交点。根据杠杆定律有：

$$\frac{S}{F}=\frac{\overline{FM}}{\overline{SM}}$$

称 $\dfrac{S}{F}$ 为溶剂比。

根据溶剂比，由已知物料流量 $F$ 求出溶剂量 $S$

总物料衡算

$$M=F+S$$

萃取相流量

$$E=M\frac{\overline{MR}}{\overline{RE}}$$

萃余相流量

$$R=M-E$$

5）萃取设备

根据两相接触方式，萃取设备分为级式接触和微分接触两类，每一类又可分为外加能量和无外加能量。

（1）级式接触萃取设备

多级混合澄清槽、筛板塔。

（2）微分接触式萃取设备

喷洒塔、填料塔、脉冲填料塔和筛板塔、振动筛板塔、转盘塔。

**2. 结晶**

（1）结晶的概念、类型、原理、特性

由蒸气、溶液或熔融物中析出固体的操作称为结晶。

通常包括溶液结晶、熔融结晶、升华结晶、反应结晶、盐析等。

较多讨论的是溶液结晶，其原理是利用物质在不同温度下溶解度的差异来分离得到高纯度产品。

溶液结晶过程是放热过程，因此需要用冷量移走结晶热。

结晶要求过程低能耗，同时产品高纯度、适当的粒度与粒径分布、外观、流动性等应用目的也是要考虑的要素。

（2）晶体基本概念

构成晶体的微观粒子以一定的几何规则排列，形成晶体的最小单元，称为晶格。

晶体按晶格空间结构的区别形成不同的晶系，如长方晶系、斜棱晶系等。

晶体中微观粒子的排列规则按不同方向发展，即各晶面以不同的生长速率生长，形成不同外形的晶体，这种习性及最终形成晶体外形的现象称为晶习。同一晶系的晶体在不同结晶条件下的晶习各异。结晶温度、溶剂类别、pH 值、杂质或添加剂的存在等皆可改变晶习而得到不同外形的晶体。显然，控制结晶条件以改善晶习，获得理想外形晶体，是结晶操作区别其他单元操作的显著特点。

（3）溶液结晶基础

溶质在溶剂中的溶解度随温度变化,可以用溶解度曲线表示此变化。单位质量溶剂溶解溶质的量称为溶解度。多数物质溶解度随温度升高而增大,少数物质则相反,也可能在不同的温区有不同的变化趋势。

溶质溶解于溶剂形成溶液,溶液中溶质浓度等于溶解度的溶液称为饱和溶液;当溶液浓度低于溶解度时,溶液为不饱和溶液;溶液浓度大于溶解度时,称为过饱和溶液。过饱和溶液的浓度和溶液的饱和浓度之差称为过饱和度。

完全纯净的溶液缓慢冷却,达到一定程度的过饱和度时,澄清的过饱和溶液开始析出晶核。表示溶液开始产生晶核的极限浓度曲线称为超溶解度曲线。超溶解度曲线受多种结晶条件影响,如搅拌强度、冷却速率等。

溶液中溶质浓度低于溶解度时,不可能发生结晶,溶液处于稳定区;浓度大于超溶解度曲线值时,会立即自发地发生结晶作用,溶液处于不稳区;溶解度曲线与超溶解度曲线之间的区域称为介稳区。介稳区分为第一介稳区和第二介稳区,第一介稳区溶液不能自发成核,加入晶种后晶核上才有晶体生长;第二介稳区溶液会自发成核,经一定时间间隔后析出结晶,这一时间间隔称为延滞期。过饱和度越大,延滞期越短。

过饱和度是指过饱和溶液的浓度超过该条件下饱和浓度的程度,是结晶过程的推动力,可以用过饱和度 $\Delta c$、过饱和度比 $S$ 或相对过饱和度 $\delta$ 表示。

$$\Delta c = c - c^* \tag{6-14}$$

$$S = \frac{c}{c^*} \tag{6-15}$$

$$\delta = \frac{\Delta c}{c^*} \tag{6-16}$$

形成溶液过饱和状态有两种基础方法:溶液降温、蒸除溶剂,前者对溶解度对温度敏感的物质较为有效,后者对溶解度与温度关系不大的物质普遍适用。

（4）结晶机理和动力学

结晶过程形成晶体要经历成核和生长两个阶段。

成核机理有三种:初级成核、初级非均相成核和二次成核。

溶液在较高过饱和度下自发生成晶核的过程称为初级成核。

溶液在外加物诱导下形成晶核的过程称为非均相成核。

含有晶体的溶液在晶体互相碰撞或晶体与桨、壁等碰撞、摩擦等时所产生的微小晶体诱导下形成晶核的过程。

晶核形成后,溶质微粒在晶核上继续一层层排列而形成晶体,晶粒不断长大,这个过程称为晶体的生长。晶体生长的传质过程有两步,即:①溶质由溶液主体向晶核(体)表面扩散传递,显然浓度差是推动力;②溶质在晶体表面迁移到合适的位置,按某几何排列构成晶格,并放出结晶热。

从上述结晶过程机理可见,结晶速率应包括成核速率和晶体生长速率。

单位时间、单位体积溶液中产生晶核的数目称为成核速率。

单位时间内晶体平均粒度的增加量称为晶体生长速率。

由以上讨论可知,影响结晶的因素主要有:过饱和度、黏度、密度、几何位置及搅拌等。

（5）结晶过程物料和热量衡算

图 6-3 表示出了结晶器的进出各股物流,易得物料衡算关系式

$$Fw_1 = mw_2 + (F - w - m)w_3 \tag{6-17}$$

229

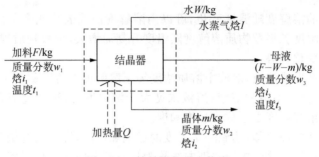

图 6-3　结晶器的进出物流

在物料衡算的基础上可得热量衡算关系式为

$$Fi_1 + Q = WI + mi_2 + (F-W-m)i_3 \qquad (6-18)$$

整理得

$$W(I-i_3) = m(i_3-i_2) + F(i_1-i_3) + Q$$

即

$$Wr = mr_{结晶} + Fc_p(t_1-t_3) + Q \qquad (6-19)$$

（6）结晶设备

结晶设备种类较多,按结晶方法可以分为冷却结晶器、蒸发结晶器和真空结晶器;按操作方式分为间歇式和连续式;按流动方式可分为混合型和分级型、母液循环型和晶浆循环型。

常用结晶器:搅拌式冷却结晶器、奥斯陆蒸发结晶器、多级真空结晶器等。

**3. 吸附分离**

（1）吸附概念、吸附流程和吸附原理

利用多孔性固体颗粒选择性吸附流体中的一个或几个组分,使流体混合物得到分离的方法称为吸附。被吸附的物质称为吸附质,用于吸附的多孔性固体颗粒称为吸附剂。

吸附作用起因于多孔性固体颗粒与吸附质分子间的作用力,当此作用力是范德瓦尔斯力,吸附质单层或多层覆盖于吸附剂表面,这种吸附属于物理吸附。当吸附质与吸附剂表面原子间是化学键合作用而发生的吸附称为化学吸附。

吸附过程放出或吸收的热量称为吸附热,物理吸附的吸附热比化学吸附的吸附热低。

与吸附相反,组分脱离吸附剂表面的现象称为脱附。与吸收-解吸过程类似,一个完整的工业吸附过程通常由吸附-脱附循环构成。脱附有较多方法,升温、降压等是常用方法。工业上根据不同脱附方法,用不同的名称直接表示吸附-脱附过程的操作特征,常见的有:变温吸附、变压吸附、变浓度吸附、置换吸附。

常见吸附剂分为天然和人工两大类。天然矿物吸附剂有白土、硅藻土、天然沸石等。人工吸附剂有活性炭、硅酸、活性氧化铝、合成沸石、吸附树脂等。

吸附剂的基本特点包括:比表面积(单位体积吸附剂所具有的吸附表面积)、吸附容量、密度(装填密度与空隙率、真密度、表观密度)。

（2）吸附平衡

吸附等温线:一定条件下,吸附剂和吸附质接触达到平衡时,吸附量与吸附质组分分压之间的关系曲线称为吸附等温线。

常见吸附模型与吸附平衡关系:

低浓度吸附——气相吸附质浓度 $x$ 与吸附剂固相中吸附质浓度 $c$ 呈线性关系：

$$x = Hc$$

单分子层吸附——气相浓度较高,表面吸附质遮盖率 $\theta$ 与吸附质气相分压 $p$ 满足朗格缪尔方程,即

$$\theta = \frac{k_L p}{1 + k_L p} \tag{6-20}$$

多分子层吸附满足 BET 方程,即

$$x = x_m \frac{b \cdot \dfrac{p}{p^\circ}}{\left(1 - \dfrac{p}{p^\circ}\right)\left[1 + (b-1)\dfrac{p}{p^\circ}\right]} \tag{6-21}$$

（3）吸附传质机理与吸附速率

组分吸附传质分外扩散、内扩散和吸附三个步骤。

多数吸附过程为内扩散控制,内扩散有四种类型,即分子扩散、努森扩散、表面扩散、固体（晶体）扩散。

吸附速率是指单位时间、单位吸附剂外表面所传递吸附质的质量,分别用外扩散、内扩散传质速率表示。

对外扩散有

$$N_A = k_f(c - c_i) \tag{6-22}$$

对内扩散有

$$N_A = k_s(x_i - x) \tag{6-23}$$

和吸收类似,用总传质系数表示传质速率,有

$$N_A = K_f(c - c_e) = K_s(x_e - x) \tag{6-24}$$

（4）固定床吸附过程分析

讨论固定床理想吸附过程即单组分吸附,床层各向同性,定态吸附,等温过程。床层中吸附相浓度沿流体流动方向的变化曲线称为负荷曲线。床层出口处流体中吸附质浓度随时间的变化称为透过曲线。

固定床吸附物料衡算微分方程：

对流体

$$(u_0 - u_c)A\varepsilon_B dc = N_A a_B A\, dz \tag{6-25}$$

对吸附相

$$u_c A\rho_B dx = N_A a_B A\, dz \tag{6-26}$$

固定床吸附速率方程

$$N_A = K_f(c - c_e) = K_s(x_e - x)$$

上述两方程联立可得床层高度计算关系式,类似于吸收过程,借助于物料衡算可得操作线方程,分离变量得传质单元数和传质单元高度。

（5）吸附分离工艺和设备

工业吸附器有固定床吸附器、釜式吸附器及流化床吸附器等多种，操作方式因设备不同而异。

**4. 膜分离**

（1）定义、类型、膜及其要求

利用固体膜对流体混合物中各组分选择性渗透而分离各个组分的方法统称为膜分离。不同膜分离过程的特点各异。总的来说，膜分离过程有以下特点：无相变、能耗低、常温进行、分离适用面广、常以压差或电位差为推动力、装置简单等。一般讨论较多的是固膜分离过程。

膜分离类型主要有微孔过滤、超滤、反渗透、电渗析等。

膜分离过程对膜提出了相应的要求：具有较好的分离透过特性、足够的机械强度和化学稳定性等。

分离透过特性常用膜的截留率、透过当量、截留相对分子质量等参数表示，不同的膜用不同参数表示其分离透过特性。

（2）反渗透

反渗透是利用反渗透膜只能透过溶剂（常为水）的性质，对溶液施加一定压差，克服溶剂的渗透压，使溶剂透过反渗透膜而从溶液中分离出来的单元操作。

渗透压是溶液性质，与溶质浓度有关。反渗透用的反渗透膜常用醋酸纤维、聚酰胺等材料制成。反渗透传质过程大致可分为三步：水从溶液主体向膜表面传递；水透过膜；从膜的活性层进入支撑层孔道，并流出膜。上述反渗透过程中，大部分溶质在膜表面截留，在膜的一侧形成溶质高浓度区，过程达到定态时，料液侧膜表面溶液的浓度 $x_2$ 显著高于溶液主体浓度 $x_1$，这一现象称为浓差极化。

当膜两侧溶液的渗透压之差为 $\Delta\pi$ 时，反渗透推动力为 $(\Delta p - \Delta\pi)$，透过速率为

$$J_V = A(\Delta p - \Delta\pi) \tag{6-27}$$

（3）超滤

超滤是以压差为推动力，用固体多孔膜截留混合物中的微粒和大分子溶质而使溶剂透过膜孔的分离操作。显然，超滤中多孔膜表面具有良好的筛分作用。

与反渗透类似，超滤也会发生浓差极化现象。

忽略大分子渗透压，超滤的透过速率和操作压差成正比，即

$$J_V = A\Delta p \tag{6-28}$$

（4）电渗析

电渗析是以电位差为推动力，借离子交换膜的选择性使溶液中的离子做定向迁移以达到脱除或富集电解质的膜分离单元操作。

离子交换膜有阳膜和阴膜两种。前者只允许阳离子透过，后者只允许阴离子透过。与膜所带电荷相反的离子穿过膜的现象称为反离子透过，这是电渗析过程起分离作用的主因，但也存在同性离子透过和浓差扩散等不利于分离的非理想传递现象。

（5）气体分离

压差作用下，不同种类气体分子通过膜时有不同的传递速率，使主体分子混合物中各组分得以分离或富集。

（6）膜分离设备

膜分离的基本组件有板式、管式、螺旋卷式和中空纤维式四类。

# 6.3 概念关联图表

## 6.3.1 液液萃取

### 6.3.1.1 萃取相平衡

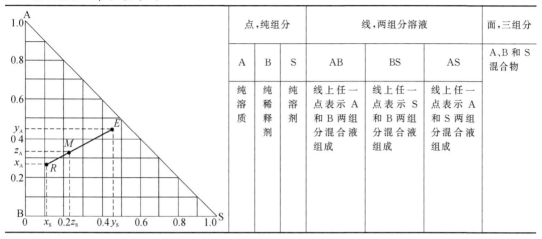

| 点,纯组分 | | | 线,两组分溶液 | | | 面,三组分 |
|---|---|---|---|---|---|---|
| A | B | S | AB | BS | AS | A、B 和 S 混合物 |
| 纯溶质 | 纯稀释剂 | 纯溶剂 | 线上任一点表示 A 和 B 两组分混合液组成 | 线上任一点表示 S 和 B 两组分混合液组成 | 线上任一点表示 A 和 S 两组分混合液组成 | |

部分互溶系统(第 I 类)

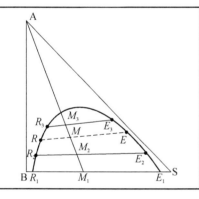

| | |
|---|---|
| | 曲线 $R_1R_2RR_3E_3EE_2E_1$ 表示溶解度曲线 |
| | 线 $RE$ 表示平衡联结线 |
| | 溶解度曲线和边 $BS$ 围成区域表示两相区 |
| | 溶解度曲线外围区域表示单相区 |

### 6.3.1.2 萃取物料平衡(杠杆定律)

| | |
|---|---|
| $M,M_1,\cdots$ 为和点,$R,R_1,\cdots$ 和 $E,E_1,\cdots$ 为差点,且 $M,\cdots R,\cdots E\cdots$ 处于同一直线上 | $M=R+E$ <br> $Mz_A=Rx_A+Ey_A,Mz_S=Rx_S+Ey_S$ |
| $E$ 相和 $R$ 相的质量比与线段 $\overline{RM}$ 和 $\overline{EM}$ 的长度比成正比 | $\dfrac{E}{R}=\dfrac{\overline{RM}}{\overline{EM}}$,$\dfrac{E}{R}=\dfrac{z_A-x_A}{y_A-z_A}=\dfrac{z_S-x_S}{y_S-z_S}$ |

### 6.3.1.3 萃取基本概念

| | |
|---|---|
| 分配系数 $k$ | $k_A=\dfrac{\text{萃取相中 A 的质量分数}}{\text{萃余相中 A 的质量分数}}=\dfrac{y_A}{x_A}$,$k_B=\dfrac{y_B}{x_B}$,分别表示萃取平衡时溶质 A、稀释剂 B 在萃取相和萃余相的分配比例 |
| 选择性系数 $\beta$ | $\beta=\dfrac{y_A/y_B}{x_A/x_B}=\dfrac{k_A}{k_B}$、$\beta=\dfrac{y_A^\circ/y_B^\circ}{x_A^\circ/x_B^\circ}$,萃取剂的选择性系数定量表示萃取剂的分离效果,表明 A、B 在溶剂 S 中的溶解度差异,差异越大,越容易分离,所需理论级数越少 |

| 萃取液的最大浓度 | |
|---|---|
| 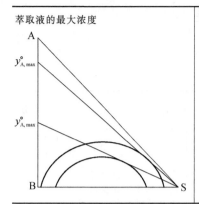 | 过 S 点作溶解度曲线的切线,与 AB 边的交点表示含 A 浓度最高的萃取液 |

### 6.3.1.4　萃取设备

| 逐级接触式 | 多级混合-澄清槽 | 典型液液逐级接触传质设备,操作方便,传质效率高,能处理悬浮液 |
|---|---|---|
| | 筛板塔 | 两相错流接触,类似于气液传质设备,能有效抑制轴向返混 |
| 微分接触式 | 喷洒塔 | 结构最为简单的液液传质设备,传质效果差 |
| | 填料塔 | 类似于气液传质设备,减少两相的轴向混合;结构简单,操作方便,适用于腐蚀性原料,萃取效率比较低 |
| | 脉冲塔 | 提供外加机械能,造成脉动,改善两相的接触状态,传质效率得到提高 |
| | 振动筛板塔 | 操作方便,结构可靠,传质效率高 |
| | 转盘塔 | 传质效率高,应用广泛 |

## 6.3.2　结晶

### 6.3.2.1　溶液状态的表示

| | |
|---|---|
| 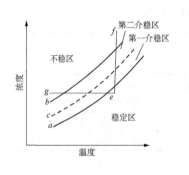 | 曲线 $a$ 是溶解度曲线,浓度等于溶解度的溶液称为饱和溶液 |
| | 曲线 $b$ 为超溶解度曲线,表示溶液开始产生晶核的极限浓度 |
| | 当浓度低于溶解度时,不可能发生结晶,处于稳定区;在溶解度曲线与超溶解度曲线之间的区域称为介稳区,介稳区又分为第一介稳区和第二介稳区。在第一介稳区内,溶液不会自发成核,加入晶种,会使晶体在晶核上生长;在第二介稳区内,溶液可自发成核,但又不像不稳区那样立刻析出结晶,需要一定的时间间隔,这一间隔称为延滞期,过饱和度越大,延滞期越短 |

### 6.3.2.2　过饱和度的表示和过饱和度的形成方法

| 过饱和度表示法 | 过饱和度 $\Delta c$,$\Delta c = c - c^*$ |
|---|---|
| | 过饱和度比 $S$,$S = c/c^*$ |
| | 相对过饱和度 $\delta$,$\delta = \Delta c / c^*$ |
| 过饱和度形成方法 | 冷却法:直接将溶液降低温度,达到过饱和状态,溶质结晶 |
| | 浓缩法:蒸发以除去部分溶剂,造成过饱和度 |

#### 6.3.2.3　结晶速率及其影响因素

| 结晶速率 | 成核速率 | 成长速率 | |
|---|---|---|---|
| | 单位时间、单位体积溶液中产生的晶核数目称为成核速率。$r_{核}=\dfrac{dN}{dt}=K_{核}\ \Delta c^{m}$ | 单位时间内晶体平均粒度 $L$ 的增加量称为成长速率 $r_{长}=\dfrac{dL}{dt}=K_{长}\ \Delta c^{n}$ | $\dfrac{r_{核}}{r_{长}}=\dfrac{K_{核}}{K_{长}}\Delta c^{m-n}$ |

| 影响结晶速率的因素 | |
|---|---|
| | 过饱和度:既影响成长速率,又影响晶体晶习、粒度和粒度分布 |
| | 黏度:影响结晶过程溶质传递 |
| | 密度:结晶热产生密度差,造成涡流,影响溶质传递不均匀 |
| | 几何位置:影响晶体外形 |
| | 搅拌:影响晶粒大小和分布 |

#### 6.3.2.4　典型结晶设备

| 设备名称 | 搅拌式冷却结晶器 | 奥斯陆蒸发结晶器 | 多级真空结晶器 |
|---|---|---|---|
| 特点 | 借搅拌促进传热、传质,温度、浓度均匀,均匀成长 | 结晶颗粒均匀,但操作弹性小 | 借真空蒸发降温形成过饱和度并结晶 |
| 可操作方式 | 连续或间歇,可母液循环 | 连续,母液循环 | 连续 |

### 6.3.3　吸附分离

#### 6.3.3.1　吸附剂的基本特性

| 吸附剂比表面积 | 单位质量吸附剂具有的可发生吸附面积 | |
|---|---|---|
| 吸附容量 | 反映吸附剂的吸附能力 | |
| 吸附剂密度 | 装填密度 | |
| | 表观密度 | |
| | 真密度 | |

#### 6.3.3.2　吸附平衡
**气固吸附等温线**

| 类型 | Ⅰ型 | Ⅱ型 | Ⅲ型 |
|---|---|---|---|
| | 表示平衡吸附量随气相浓度上升,先增加较快,后来较慢,曲线呈向上凸出。气相吸附质浓度很低时,仍有相当高的平衡吸附量,为有利的吸附等温线 | 表示平衡吸附量随气相浓度上升,先增加较慢,后来较快,曲线呈向下凹状形,为不利的吸附等温线 | 平衡吸附量与气相浓度呈线性关系 |

气固吸附平衡

<table>
<tr><td rowspan="4">单组分<br>吸附</td><td>低浓度下线性平衡关系</td><td>$x=Hc$ 或 $x=H'p$</td></tr>
<tr><td>单分子层吸附</td><td>$\theta=\dfrac{x}{x_m}=\dfrac{k_L p}{1+k_L p}$</td></tr>
<tr><td rowspan="2">多分子层吸附</td><td>$x=x_m\dfrac{b\cdot p/p^\circ}{(1-p/p^\circ)[1+(b-1)p/p^\circ]}$<br><br>$\dfrac{p/p^\circ}{x(1-p/p^\circ)}=\dfrac{1}{x_m b}+\dfrac{b-1}{x_m b}\left(\dfrac{p}{p^\circ}\right)=A+B\left(\dfrac{p}{p^\circ}\right)$</td></tr>
<tr><td>$x_m=\dfrac{1}{A+B}$,$a=N_0 A_0 x_m/M$</td></tr>
<tr><td>双组分<br>吸附</td><td colspan="2">$\alpha_{AB}=\dfrac{x_A/x_B}{c_A/c_B}$,分离系数 $\alpha$ 反映吸附分离混合气体的难易程度</td></tr>
</table>

**6.3.3.3 吸附传质机理及吸附速率**

<table>
<tr><td rowspan="2">吸附传质机理</td><td>分子扩散</td><td>努森扩散</td><td>表面扩散</td><td>固体（晶体）扩散</td></tr>
<tr><td>吸附孔道直径≫分子自由程</td><td>吸附孔道直径＜分子自由程</td><td>吸附质沿孔道壁面移动</td><td>吸附质在固体（晶体）内扩散</td></tr>
<tr><td>吸附速率</td><td colspan="4">$N_A=k_f(c-c_i)$,$N_A=k_s(x_i-x)$,$N_A=K_f(c-c_e)=K_s(x_e-x)$</td></tr>
</table>

**6.3.3.4 吸附过程数学描述**

<table>
<tr><td rowspan="2">物料平衡微分方程</td><td>流体相</td><td>吸附相</td></tr>
<tr><td>$(u_0-u_c)A\varepsilon_B dc=N_A a_B A dz$</td><td>$u_c A\rho_B dx=N_A a_B A dz$</td></tr>
<tr><td>总物料平衡</td><td colspan="2">$\tau_B q_V(c_1-c_2)=(L-0.5L_0)A\rho_B(x_1-x_2)$</td></tr>
</table>

**6.3.3.5 固定床吸附过程计算**

<table>
<tr><td>吸附过程积分式</td><td>$\int dz=\dfrac{(u_0-u_c)\varepsilon_B}{K_f a_B}\int\dfrac{dc}{c-c_e}=\dfrac{u-u_c\varepsilon_B}{K_f a_B}\int\dfrac{dc}{c-c_e}$<br><br>$L_0=\dfrac{u}{K_f a_B}\int_{c_B}^{c_S}\dfrac{dc}{c-c_e}=H_{of}N_{of}$</td></tr>
<tr><td>浓度波的移动速度</td><td>$u_c=\dfrac{u}{\varepsilon_B+\rho_B(x_1-x_2)/(c_1-c_2)}$</td></tr>
<tr><td>吸附相、流体相浓度关系（操作线方程）</td><td>$x=x_2+\dfrac{x_1-x_2}{c_1-c_2}(c-c_2)$</td></tr>
<tr><td>相平衡关系</td><td>$c_e=f(x)$ 或 $x=F(c_e)$</td></tr>
</table>

## 6.3.4 膜分离

<table>
<tr><td>过程</td><td>膜及膜内孔径</td><td>推动力</td><td>传递机理</td><td>透过物</td><td>截留物</td></tr>
<tr><td>微孔过滤</td><td>多孔膜<br>（0.02~10 μm）</td><td>压差<br>约 0.1 MPa</td><td>颗粒尺度的筛分</td><td>水、溶剂溶解物</td><td>悬浮物颗粒</td></tr>
<tr><td>超滤</td><td>非对称性膜<br>（1~20 nm）</td><td>压差<br>0.1~1 MPa</td><td>微粒及大分子尺度形状的筛分</td><td>水、溶剂、小分子溶解物</td><td>胶体大分子、细菌等</td></tr>
</table>

| 过程 | 膜及膜内孔径 | 推动力 | 传递机理 | 透过物 | 截留物 |
|------|------------|--------|---------|--------|--------|
| 反渗透 | 非对称性膜或复合膜（0.1～1 nm） | 压力差 1～10 MPa | 溶剂和溶质的选择性扩散 | 水、溶剂 | 溶质、盐(悬浮物、大分子、离子) |
| 电渗析 | 离子交换膜（1～10 nm） | 电位差 | 电解质离子在电场下的选择传递 | 电解质离子 | 非电解质溶剂 |
| 混合气体的分离 | 均质膜(孔径<50 nm)、多孔膜非对称性膜 | 压差 1～10 MPa 浓度差 | 气体的选择性扩散渗透 | 易渗透的气体 | 难渗透的气体 |
| 渗透汽化 | 均质膜(孔径<1 nm)、复合膜、非对称性膜(孔径0.3～0.5 $\mu m$) | 分压差 | 气体的选择性扩散渗透 | 溶液中的易透过组分(蒸气) | 溶液中的难透过组分(液体) |

# 6.4 难点分析

**1. 如何选择萃取操作的合适溶剂（萃取剂）？**

选择合适的萃取剂是保证萃取操作正常进行和经济合算的关键，选择萃取剂首先应重视萃取剂的优劣性能即其对溶质应有较强的溶解能力，以便减少萃取剂的用量；萃取剂对溶质和稀释剂应该具有明显的选择性，以便获得高纯度的产品；萃取剂与溶质之间应该有较高的相对挥发性，以便于后续分离。除上述溶剂性能外还要考虑以下因素：萃取剂的物理、化学性质；萃取剂来源应较容易，价格便宜。

**2. 影响部分互溶物系互溶度的因素有哪些？**

萃取剂（溶剂）种类的影响：对于同一部分互溶物系，采用不同的溶剂进行萃取操作，互溶度各异，分层区不同；

温度影响：同种萃取剂用于同一部分互溶物系的萃取分离操作时，操作温度不同，分层区不同。温度升高，两相区范围缩小。达到某一温度时，两相区面积过小或两相区消失时，萃取操作无法进行；同时，温度不仅影响两相区的范围大小，还影响溶解度曲线的形状，有时因温度的影响，部分互溶体系可能由一对部分互溶变成两对部分互溶。

**3. 影响分配系数的因素有哪些？**

影响分配系数的因素主要包括：物质性质、温度、溶质溶度等；

物质性质的影响：不同物系，分配系数不同；

温度影响：同一物系，分配系数和温度有关，温度变化，分配系数不同；

溶质溶度的影响：同一部分互溶物系，萃取操作温度一定时，分配系数和溶质浓度有关。

**4. 选择性系数 $\beta$ 对指导萃取操作有何意义？**

选择性系数 $\beta$ 反映出所用萃取剂经过萃取分离后，在萃取液与萃余液中溶质浓度差异，此差异越大，萃取效果越好。选择性系数 $\beta$ 相当于精馏操作中的相对挥发度 $\alpha$，其值大小和平衡联结线的斜率有关。当某一平衡联结线的延长线恰好通过 S 点时，此时 $\beta = 1$，这一对共轭相不能用萃取的方法进行，这时发生的情况恰似精馏中的恒沸物。因此，选择萃取剂应在操作范围内使选择性系数 $\beta > 1$。若稀释剂不溶解于萃取剂，则此时选择性系数 $\beta$ 为无穷大。

**5. 结晶过程中，成核的机理有哪些？**

结晶过程中，成核的机理有三种：初级均相成核、初级非均相成核和二次成核。

溶液在较高的过饱和度时，溶液内的溶质自发形成晶核并结晶的过程称为初级均相成核；若过饱和溶液在外来诱导物作用下生成晶核并结晶的过程，则是初级非均相成核。对于已经含有结晶晶体的溶液,在晶体互相碰撞或晶体粒子与搅拌桨、容器器壁等碰撞,产生微小晶体,在此微小晶体粒子的诱导下,再一次形成晶核,进一步发生结晶,这种成核过程称为二次成核。

由于初级均相成核速率对溶液过饱和度的影响异常敏感,结晶操作过饱和度要求严格控制,故一般不宜采用初级均相成核。对于初级非均相成核,需要引入诱导物来诱发结晶,从而增加结晶的步骤,操作麻烦,故初级非均相成核也不常采用。工业上的结晶大多采用二次成核。

**6. 熔融结晶、反应沉淀、盐析和升华结晶各自适用情况如何?**

熔融结晶是在接近析出物的熔点温度下,从熔融液体中析出组成不同于原混合物晶体的结晶操作过程。其产物是液体或整体固相,不是晶体颗粒。

利用化学反应的生成物,以结晶或无定形物析出的结晶操作过程称为反应沉淀。沉淀过程首先反应形成一定过饱和度,再成核、生长。即反应沉淀必须是反应产物在液相中的浓度超过反应产物在液相中的溶解度为前提,过饱和度决定于反应速率,故反应条件对产物晶粒的粒度和晶形都有影响。

在混合溶液中加入其他物质如盐等,降低了溶质在液相中的溶解度,从而使溶质以晶体形式析出的过程称为盐析。盐析操作是直接改变固液相平衡,加入第三组分,降低了溶质的溶解度,溶质回收率得以提高。盐析操作无需加热浓缩,可避免热敏性物质的破坏。

物质的蒸气骤冷形成固态晶体物的过程称为升华结晶。

# 6.5  典型例题解析

**例6-1**  A、B、S 三元物系的相平衡关系如例 6-1 图所示,现将 50 kg 的 S 与 50 kg 的 B 相混,试求:

(1) 该混合物是否分成两相?两相的组成及质量各为多少?

(2) 在混合物中加入多少 A,才能使混合物变成均相?

(3) 从此均相混合物中除去 30 kg 的 S,剩余液体的质量及组成各为多少?

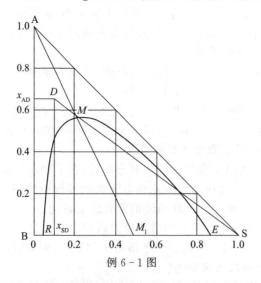

例 6-1 图

**解**:(1) 从相图可知,表征原混合物组成的点 $M_1$ 位于两相区,故混合物组成分为两相 $R$ 和 $E$,$R$ 中含组分 S 为 4%,含组分 B 为 96%;$E$ 中含组分 S 为 85%,含组分 B 为 15%。根据杠杆定律得

$$\frac{E}{M_1} = \frac{\overline{M_1R}}{RE} = \frac{0.5 - 0.04}{0.85 - 0.04} = 0.568$$

$$E = 0.56M_1 = 0.568 \times (50 + 50) = 56.8(\text{kg})$$

$$R = M_1 - E = 43.2 \text{ kg}$$

（2）根据杠杆定律，在原混合物 $M_1$ 中加入组分 A，其组成沿直线 $\overline{AM_1}$ 变化。溶解度曲线是单相区与两相区的分界线，根据直线 $\overline{AM_1}$ 与溶解度曲线的交点 M 可求出组分 A 的最小加入量。由例6-1图可知，混合物 M 含 S 为 21%，故

$$\frac{A}{M_1} = \frac{\overline{M_1M}}{AM} = \frac{0.5 - 0.21}{0.21 - 0} = 1.38$$

$$A = 1.38M_1 = 1.38 \times 100 = 138(\text{kg})$$

（3）从混合物 M 中除去 30 kg 的 S，其差点 D 必在 $\overline{SM}$ 的延长线上，根据杠杆定律

$$\frac{S}{M} = \frac{\overline{DM}}{DS} = \frac{0.21 - x_{SD}}{1 - x_{SD}} = \frac{30}{100 + 138}$$

$$\text{解得 } x_{SD} = 0.0961$$

直线 $\overline{SM}$ 与垂线 $x_{SD} = 0.0961$ 的交点即为差点 D，由 D 点坐标读得 $x_{AD} = 0.66$。剩余液体的数量

$$D = M - S = 238 - 30 = 208(\text{kg})$$

杠杆定律的本质是物料衡算，在萃取过程中不论采取何种形式的设备，也不论达到何种程度的分离，物料衡算关系是必须满足的。

**例6-2**　某混合物含溶质 A 为 30%，稀释剂 B 为 70%，拟用单级萃取加以分离，要求萃余相中 A 的浓度 $x_{AR}$ 不超过 10%。在操作条件下，物系的溶解度曲线如例6-2图所示，试求：

（1）当 $x_{AR} = 0.1$ 时，溶质 A 的分配系数 $k_A = 1$，所需溶剂 $S/F$ 为多少？所得萃取液的浓度为多少？

（2）当 $x_{AR} = 0.1$ 时，溶质 A 的分配系数 $k_A = 2.0$，所需溶剂比、所得萃取液的浓度及过程的选择性有何变化？

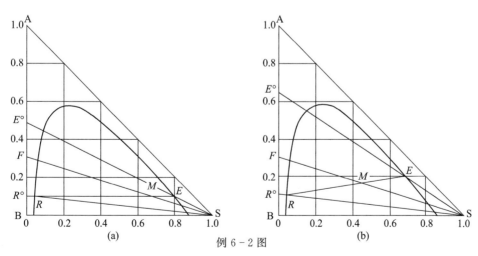

例6-2图

**解**：（1）首先根据已知条件，在相图上确定表示原料及萃余相组成的点 F 及点 R。因 $k_A = 1$，从点 R 作水平线与溶解度曲线相交得萃取相 E，与连线 $\overline{FS}$ 相交得和点 M。由杠杆定

律求得[参见例 6-2 图(a)]

$$\frac{S}{F}=\frac{\overline{FM}}{\overline{MS}}=\frac{0.67-0}{1-0.67}=2.03$$

将连线 $SE$ 延长与纵坐标相交得萃取液 $E°$,读得 $y°_{AE}=0.48$。连线 $SR$ 延长与纵坐标相交得萃余相 $R°$,读得 $x°_{AR}=0.11$。选择性系数为

$$\beta=\frac{\dfrac{y°_{AE}}{1-y°_{AE}}}{\dfrac{x°_{AR}}{1-x°_{AR}}}=\frac{\dfrac{0.48}{1-0.48}}{\dfrac{0.11}{1-0.11}}=7.5$$

(2) 首先在相图上确定点 $F$ 及点 $R$,再根据 $y_{AE}=k_A x_{AR}=0.2$ 在溶解度曲线上确定点 $E$,连线 $\overline{RE}$ 与连线 $\overline{FS}$ 的交点即为和点 $M$。由杠杆定律可得[参见例 6-2 图(b)]

$$\frac{S}{F}=\frac{\overline{FM}}{\overline{MS}}=\frac{0.47-0}{1-0.47}=0.887$$

将连线 $SE$ 延长与纵坐标相交得萃取液 $E°$,读得 $y°_{AE}=0.63$,相应的选择性系数为

$$\beta=\frac{\dfrac{y°_{AE}}{1-y°_{AE}}}{\dfrac{x°_{AR}}{1-x°_{AR}}}=\frac{\dfrac{0.63}{1-0.63}}{\dfrac{0.11}{1-0.11}}=13.8$$

比较以上计算结果可知,当萃余液浓度一定时,溶质的分配系数对所需要的溶剂比有重要影响,分配系数 $k_A$ 越大,所需溶剂比越小。

**例 6-3** 某液体混合物含溶质 A 为 40%,稀释剂为 60%,用循环萃取剂进行单级萃取,该萃取剂含纯溶剂 S 为 90%,溶质 A 为 5%,稀释剂 B 为 5%(皆为质量分数),物系的溶解度曲线及平衡联结线的内插辅助线如例 6-3 图所示,试求:

(1) 可能操作的最大溶剂比为多大?相应的溶质 A 萃余率为多大?所得到的萃取液与萃余液浓度(即将循环萃取剂完全脱除后的浓度)为多大?

(2) 可能操作的最小溶剂比为多大?相应的溶质 A 萃取率为多大?所得到的萃余液浓度为多大?

(3) 要使萃余液浓度为最大应在多大溶剂比下操作?此时溶质 A 萃取率为多大?

**解**:(1) 根据已知的原料液组成及溶剂组成,分别在相图上定出点 $F$ 及点 $S'$,原料液 $F$ 与溶剂 $S$ 按任何比例掺和所得到的混合物皆在连线 $\overline{FS'}$ 上。在萃取器内混合物形成两相是萃取过程得以进行的必要条件。因此,由连线 $\overline{FS'}$ 与溶解度曲线的交点 $M_1$ 的位置,利用杠杆定律可求出可能操作的最大溶剂比(参见例 6-3 图)为

$$\left(\frac{S}{F}\right)_{max}=\frac{\overline{FM_1}}{\overline{S'M_1}}=\frac{42}{6.5}=6.5$$

在最大溶剂比下操作,萃取器内实际上只有一萃取相,点 $E_1$ 和点 $M_1$ 重合,$R_1=0$,故溶质 A 的萃余率为

$$\eta=\frac{R_1 x_{AR}}{F x_{AF}}=0$$

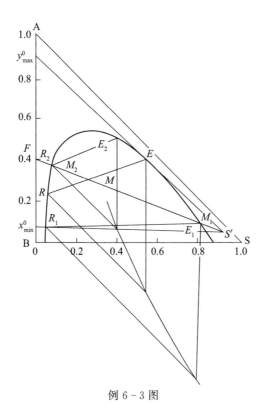

例 6 - 3 图

从萃取相 $E_1$ 中脱除全部 $S'$，所得到的萃取液浓度 $y_A^\circ$ 与原料液浓度 $x_{AF}$ 相等，表示在 $\left(\dfrac{S}{F}\right)_{max}$ 下操作，没有起到任何分离作用。利用辅助曲线作出通过点 $M_1$ 的平衡联结线与溶解度曲线相交，可求出萃取相 $R_1$。从 $R_1$ 中脱除 $S'$，可得萃余液浓度 $x_{min}^\circ = 0.8$。

（2）同样，由连线 $\overline{FS'}$ 与溶解度曲线的交点 $M_2$ 的位置，利用杠杆定律可求出可能操作的最小溶剂比为

$$\left(\frac{S}{F}\right)_{min} = \frac{\overline{FM_2}}{\overline{S'M_2}} = \frac{4}{50} = 0.08$$

在最小溶剂比下操作，萃取器内实际上只有一个萃余相，点 $R_2$ 和点 $M_2$ 重合，$E_2 = 0$，故溶质 A 的萃余率为

$$\eta = \frac{R_2 x_{AR}}{F x_{AF}} = \frac{R_2 x_{AR}}{R_2 x_{AR} + E_2 y_{AE}} = 1$$

此时，若从 $R_2$ 中脱除 $S'$，所得萃余液浓度 $x_A^\circ$ 与原料液浓度 $x_{AF}$ 相等，同样没有起到任何分离作用。

（3）从点 $S'$ 作溶解度曲线的切线，求出切点 $E$，利用辅助曲线作出通过点 $E$ 的平衡联结线 $\overline{ER}$，与连线 $\overline{FS'}$ 相交于点 $M$。利用杠杆定律可求出此时的溶剂比（参见例 6 - 3 图）为

$$\frac{S}{F} = \frac{\overline{FM}}{\overline{S'M}} = \frac{13}{35} = 0.37$$

$$\frac{R}{E} = \frac{\overline{EM}}{\overline{RM}} = \frac{15}{10} = 1.5$$

241

从萃取相中脱除全部 $S'$，可求得最大萃取液浓度 $y^\circ_{\max}=0.91$。此时溶质 A 的萃余率(参见例 6-3 图)为

$$\eta=\frac{Rx_{\mathrm{AR}}}{Rx_{\mathrm{AR}}+Ey_{\mathrm{AE}}}=\frac{\dfrac{R}{E}x_{\mathrm{AR}}}{\dfrac{R}{E}x_{\mathrm{AR}}+y_{\mathrm{AE}}}=\frac{1.5\times0.23}{1.5\times0.23+0.41}=0.46$$

从本例计算结果可知，在单级萃取中，由于萃取相与萃余相处于平衡状态，不可能同时得到较高的萃取液浓度及较低的萃余率。因此，为实现较完全的分离，必须采用多级萃取。

从以上萃取计算过程可见：应熟练掌握三角形相图、杠杆定律及分配系数和选择性系数的定义。杠杆定律是物料衡算过程的图解表示，萃取过程在三角形相图上的表示和计算，关键在于熟练运用杠杆定律。

**朗格缪尔小传**

朗格缪尔(Langmuir，1881—1957)，1881 年 1 月 31 日出生于纽约的一个贫民家庭，1903 年毕业于哥伦比亚大学矿业学院。1906 年在德国格廷根(Gottingen)大学获化学博士学位。1909 年起在纽约的通用电气(GE)实验室工作。1912 年研制成功高真空电子管，使电子管进入实用阶段。1913 年研制出充氮、充氩白炽灯，随后发明氢原子焊枪和其他声学器件。他在电子发射、空间电荷现象、气体放电、原子结构及表面化学等科学研究方面也做出了很大贡献。因在原子结构和表面化学方面取得的成果，他荣获 1932 年度诺贝尔化学奖。1940 年起对气象物理学、人工降雨试验开展了许多重要的研究工作。1957 年 8 月 16 日朗格缪尔在马萨诸塞州的法尔默斯逝世。

朗格缪尔有广泛的爱好，他不仅是一位卓越的科学家，还是出色的登山运动员和飞机驾驶员。他常常利用工作之余登山远眺，饱览大自然的景色，探索自然现象的奥秘。1932 年 8 月，他还兴致勃勃地驾驶飞机飞上九千米高空观测日食。

# 6.6 典型习题详解与讨论

**萃取计算**

**6-1** 现有含 15%(质量分数)醋酸的水溶液 30 kg，用 60 kg 纯乙醚在 25℃下做单级萃取，试求：(1)萃取相、萃余相的量及组成；(2)平衡两相中醋酸的分配系数，溶剂的选择性系数。在 25℃下，水(B)–醋酸(A)–乙醚(S)系统的平衡数据见下表(均以质量分数表示)。

| 水层 | | | 乙醚层 | | |
|---|---|---|---|---|---|
| 水 | 醋酸 | 乙醚 | 水 | 醋酸 | 乙醚 |
| 93.3 | 0 | 6.7 | 2.3 | 0 | 97.7 |
| 88.0 | 5.1 | 6.9 | 3.6 | 3.8 | 92.6 |
| 84.0 | 8.8 | 7.2 | 5.0 | 7.3 | 87.7 |
| 78.2 | 13.8 | 8.0 | 7.2 | 12.5 | 80.3 |
| 72.1 | 18.4 | 9.5 | 10.4 | 18.1 | 71.5 |
| 65.0 | 23.1 | 11.9 | 15.1 | 23.6 | 61.3 |
| 55.7 | 27.9 | 16.4 | 23.6 | 28.7 | 47.7 |

**解：** 作图略。

(1) $\dfrac{\overline{MS}}{\overline{FS}}=\dfrac{F}{M}=\dfrac{F}{F+S}=\dfrac{30}{30+60}=\dfrac{1}{3}$，得到 $M$ 点。用内插法过 $M$ 点作一条平衡联结

线,得到平衡时的 $R$、$E$ 相,由图中读出 $x_A=0.06$,$y_A=0.046$。

量出 $\overline{RE}=8.35$ cm,$\overline{RM}=5.95$ cm,根据杠杆定律得

$$E=M\times\frac{\overline{RM}}{\overline{RE}}=90\times\frac{5.95}{8.35}=64.1\text{(kg)}$$

$$R=M-E=90-64.1=25.9\text{(kg)}$$

(2) $k_A=\dfrac{y_A}{x_A}=\dfrac{0.046}{0.06}=0.767$

由图中读出 $y_A^\circ=0.50$,$x_A^\circ=0.064$,故

$$\beta=\frac{\dfrac{y_A^\circ}{1-y_A^\circ}}{\dfrac{x_A^\circ}{1-x_A^\circ}}=14.6$$

本题为相图、杠杆定律等而设计。相图上能够进行萃取分离的范围必须在两相区,这与萃取剂用量密切相关且受此条件约束。本题要点是熟练掌握杠杆定律、分配系数和溶剂的选择性系数。选择性系数相当于精馏过程的相对挥发度。

**6-2** 如 6-2 图所示为溶质($A$)、稀释剂($B$)、溶剂($S$)的液液相平衡关系,今有组成为 $x_f$ 的混合液 100 kg,用 80 kg 纯溶剂做单级萃取,试求:(1)萃取相、萃余相的量及组成;(2)完全脱除溶剂之后的萃取液 $E^\circ$、萃余液 $R^\circ$ 的量及组成。

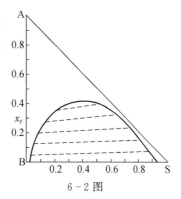

6-2 图

**解:**(1) $\dfrac{\overline{FM}}{\overline{FS}}=\dfrac{S}{M}=\dfrac{80}{100+80}=0.44$

量出 $\overline{FS}=4.6$ cm,则 $\overline{FM}=4.6\times0.44=2.04$(cm),得到 $M$ 点。用内插法过 $M$ 点作一条平衡联结线,得到平衡时的 $R$、$E$ 相,由图读出 $x_A=0.15$,$y_A=0.18$。

$$E=M\times\frac{\overline{RM}}{\overline{RE}}=180\times\frac{1.66}{3.24}=92.2\text{(kg)}$$

$$R=M-E=180-92.2=87.8\text{(kg)}$$

(2) 由图中读出 $x_F=0.29$,$y_A^\circ=0.77$,$x_A^\circ=0.16$,故列物料衡算式

$$\begin{cases}F=E^\circ+R^\circ\\Fx_F=E^\circ y_A^\circ+R^\circ x_A^\circ\end{cases}\Rightarrow\begin{cases}100=E^\circ+R^\circ\\100\times0.29=E^\circ\times0.77+R^\circ\times0.16\end{cases}$$

解得 $\begin{cases}E^\circ=21.31\text{ kg}\\R^\circ=78.69\text{ kg}\end{cases}$

本题为单机萃取计算而设计。杠杆定律的实质是物料衡算。

**6-3** 醋酸水溶液 100 kg,在 25℃下用纯乙醚为溶剂做单级萃取。原料液含醋酸 $x_f=0.20$,欲使萃余相中含醋酸 $x_A=0.1$(均为质量分数)。试求:(1)萃余相、萃取相的量及组成;(2)溶剂用量 $S$。

已知 25℃下物系的平衡关系为

$$y_A=1.356\,x_A^{1.201}$$

$$y_S=1.618-0.639\,9\exp(1.96y_A)$$

$$x_S=0.067+1.43x_A^{2.273}$$

式中　$y_A$——与萃余相醋酸浓度 $x_A$ 成平衡的萃取相醋酸浓度；

　　　$y_S$——萃取相中溶剂的浓度；

　　　$x_S$——萃余相中溶剂的浓度；

　　　$y_A$、$y_S$、$x_S$ 均为质量分数。

**解**:(1) $x_A=0.1$

$$y_A=1.356x_A^{1.201}=1.356\times0.1^{1.201}=0.085\,4$$
$$y_S=1.618-0.639\,9e^{1.96y_A}=0.862$$
$$y_B=1-y_A-y_S=0.052\,6$$
$$x_S=0.067+1.430x_A^{2.273}=0.074\,6$$
$$x_B=1-x_A-x_S=0.825$$

列物料衡算式

$$\begin{cases}S+F=R+E\\Fx_F=Rx_A+Ey_A,即\\S=Rx_S+Ey_S\end{cases}\begin{cases}S+100=R+E\\100\times0.2=0.1R+0.085\,4E\\S=0.074\,6R+0.862E\end{cases}$$

解得:$R=88.6$ kg,$E=130.5$ kg。

(2) $S=E+R-F=88.6+130.5-100=119.1$(kg)

本题为萃取过程的物料衡算而设计。

**6-4**　由溶质 A、原溶剂 B、萃取剂 S 构成的三元系统的溶解度曲线如 6-4 图(a)所示。原溶液含 A35%、B65%(质量分数,下同),采用单级萃取。所用萃取剂为含 A5%、S95%的回收溶剂。求:(1)当萃取相中 A 的浓度为 30% 时,每处理 100 kg 原料液需用多少千克回收溶剂?(2)在此原料条件下,单级萃取能达到的萃余相中 A 的最低浓度为多少?

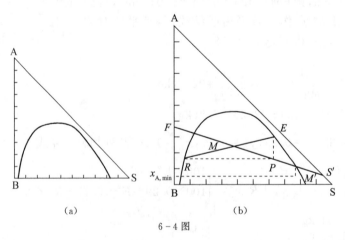

6-4 图

**解**:(1) 由含 A5%、S95%条件可在 AS 边上定出点 S';由 $y_A=0.3$ 得点 E,用内插法过 E 作一平衡联结线 $\overline{ER}$,与联结线 $\overline{FS}$ 相交于点 M,由图可读得:

$$\frac{S'}{F}=\frac{\overline{FM}}{\overline{MS'}}=0.59$$
$$S'=0.59\times100=59(\text{kg})$$

(2) $FS'$ 与溶解度曲线的右交点为 $M'$,过 $M'$ 作平衡联结线,由 6-4 图(b)读得:

$x_{A,\min}=0.06$。

**结晶计算**

**6-5** 100 kg 含 29.9%(质量分数)$Na_2SO_4$ 的水溶液在结晶器中冷却到 20 ℃,结晶盐含 10 个结晶水,即 $Na_2SO_4 \cdot 10H_2O$。已知 20 ℃下 $Na_2SO_4$ 的溶解度为 17.6%(质量分数)。溶液在结晶器中自蒸发 2 kg 溶剂,试求结晶产量 $m$ 为多少(kg)?

**解**:硫酸钠的相对分子质量为 $M_{Na_2SO_4} = 142$

十水硫酸钠的相对分子质量为 $M_{Na_2SO_4 \cdot 10H_2O} = 322$

$w_2 = \dfrac{142}{322} = 0.441$,由结晶物料衡算关系

$Fw_1 = mw_2 + (F - W - m)w_3$,即 $100 \times 0.299 = m \times 0.441 + (100 - 2 - m) \times 0.176$

解得 $m = 47.7$ kg

本题为结晶过程物料衡算而设计。

**6-6** 100 kg 含 37.7%(质量分数)$KNO_3$ 的水溶液在真空结晶器中绝热自蒸发 3.5 kg 水蒸气,溶液温度降低到 20 ℃析出结晶,结晶盐不含结晶水。已知 20 ℃下 $KNO_3$ 的溶解度为 23.3%(质量分数)。试求加料的温度应该为多少?已知该物系的溶液结晶热为 68 kJ/kg 晶体,溶液的平均比热容为 2.9 kJ/kg 溶液,水的汽化潜热为 2 446 kJ/kg。

**解**:绝热蒸发,即 $Q = 0$;无结晶水即 $w_2 = 1$。由结晶物料衡算关系得

$Fw_1 = mw_2 + (F - W - m)w_3$,即 $100 \times 0.377 = m \times 1.0 + (100 - 3.5 - m) \times 0.233$

解得 $m = 19.8$ kg

由热量衡算式 $Wr_{水} = mr_{结晶} + Fc_p(t_1 - t_3)$

即 $3.5 \times 2\,446 = 19.8 \times 68 + 100 \times 2.9 \times (t_1 - 20)$

解得 $t_1 = 44.9$℃

本题为结晶过程的热量衡算而设计。

**吸附计算**

**6-7** 用 BET 法测量某种硅胶的比表面积。在 $-195$℃、不同 $N_2$ 分压下,硅胶的 $N_2$ 平衡吸附量如下:

| $p$/kPa | 9.13 | 11.59 | 17.07 | 23.89 | 26.71 |
|---|---|---|---|---|---|
| $q$/(mg/g) | 40.14 | 43.60 | 47.20 | 51.96 | 52.76 |

已知 $-195$℃时 $N_2$ 的饱和蒸气压为 111.0 kPa,每个氮分子的截面积 $A_0$ 为 15.4 Å$^2$,试求这种硅胶的比表面积。

**解**:以 BET 方程求解

以 $\dfrac{p/p^\circ}{x(1 - p/p^\circ)}$ 对 $p/p^\circ$ 作图,相应数据见下表。

| $p/p^\circ$ | 0.082 25 | 0.104 4 | 0.153 8 | 0.215 2 | 0.240 6 |
|---|---|---|---|---|---|
| $\dfrac{p/p^\circ}{x(1 - p/p^\circ)}$ | 0.002 233 | 0.002 674 | 0.003 851 | 0.005 277 | 0.006 005 |

以上数据作图得到斜率为 $B = 0.023\,73$ g/mg,截距为 $A = 2.284 \times 10^{-4}$ g/mg。因此有

$x_m = \dfrac{1}{A + B} = 41.74$ mg/g,则比表面积为

$$a=\frac{N_0A_0x_m}{M}=\frac{6.023\times10^{23}\times15.4\times10^{-20}\times41.74\times10^{-3}}{28}=138.3(\text{m}^2/\text{g})$$

本题为吸附过程应用于测定粉体颗粒比表面积而设计。

**6-8** 将含有微量丙酮蒸气的气体恒温下通入纯净活性炭固定床,床层直径为 0.2 m,床层高度为 0.6 m。吸附温度为 20℃。吸附等温线为 $x=104c/(1+417c)$,式中 $x$ 的单位为 kg 丙酮/kg 活性炭,$c$ 的单位为 kg 丙酮/m³ 气体。气体密度为 1.2 kg/m³,进塔气体浓度为 0.01 kg 丙酮/m³,活性炭装填密度为 600 kg/m³,容积总传质系数 $K_fa_B=10\ \text{s}^{-1}$,气体处理量为 30 m³/h。试求透过时间为多少小时?

**解**:$x_1=\dfrac{104c_1}{1+417c_1}=\dfrac{104\times0.01}{1+417\times0.01}=0.20(\text{kg 丙酮/kg 活性炭})$

因 $x_2=0$ 得 $c_2=0$。

操作线方程为 $x=x_2+\dfrac{x_1-x_2}{c_1-c_2}(c-c_2)=\dfrac{0.2}{0.01}c=20c$

$$c_B=0.05c_1=0.05\times0.01=0.000\ 5(\text{kg/m}^3)$$
$$c_s=0.95c_1=0.95\times0.01=0.009\ 5(\text{kg/m}^3)$$

由 $x=\dfrac{104c_e}{1+417c_e}=20c$ 得 $c-c_e=c-\dfrac{20c}{104-8\ 340c}$

$$N_{of}=\int_{c_B}^{c_s}\frac{\mathrm{d}c}{c-c_e}=\int_{0.000\ 5}^{0.009\ 5}\frac{\mathrm{d}c}{c-\dfrac{20c}{104-8\ 340c}}$$

$$=\left[\ln(104-20-8\ 340c)-\frac{104}{104-20}\ln\frac{104-20-8\ 340c}{c}\right]\Bigg|_{0.000\ 5}^{0.009\ 5}$$

$$=4.32$$

$$u=\frac{q_V}{\dfrac{\pi}{4}D^2}=\frac{30}{0.785\times0.2^2\times3\ 600}=0.265(\text{m/s})$$

$$H_{of}=\frac{u}{K_fa_B}=\frac{0.265}{10}=0.026\ 5(\text{m})$$
$$L_0=H_{of}N_{of}=0.114(\text{m})$$
$$\tau_B=\frac{(x_1-x_2)\rho_B}{(c_1-c_2)u}(L-0.5L_0)=\frac{0.2\times600}{0.01\times0.265}\times(0.6-0.5\times0.114)$$
$$=2.46\times10^4(\text{s})=6.83(\text{h})$$

**膜分离计算**

**6-9** 用醋酸纤维膜连续地对盐水做反渗透脱盐处理,见 6-9 图。操作在温度 25℃、压差 10 MPa 下进行,处理量为 10 m³/h。盐水密度为 1 022 kg/m³,含氯化钠 3.5%。经处理后,淡水含盐量为 0.05%,水的回收率为 60%(以上浓度及回收率均以质量分数计)。膜的纯水透过系数 $A=9.7\times10^{-5}$ kmol/(m²·s·MPa)。试求淡水量、浓盐水的浓度及纯水在进、出膜分离器两端的透过速率。

**解**:对盐做物料衡算:$q_{m1}w_1=q_{m2}w_2+q_{m3}w_3$     (a)

对水做物料衡算:$\eta_水=\dfrac{q_{m2}(1-w_2)}{q_{m1}(1-w_1)}$     (b)

总的物料衡算:$q_{m1}=q_{m2}+q_{m3}$     (c)

盐水 $q_{m1}, w_1$ → 浓盐水 $q_{m3}, w_3$

淡水 $q_{m2}, w_2$

6-9 图

其中：$q_{m1}=q_{V1}\rho=10\times1\,022=10\,220(\text{kg/h})$，联立式(a)(b)(c)解得

$$q_{m2}=\frac{q_{m1}(1-w_1)\eta_{水}}{1-w_2}=\frac{10\,220\times(1-0.035)\times60\%}{1-0.000\,5}=5\,920.3(\text{kg/h})$$

$$w_3=\frac{q_{m1}w_1-q_{m2}w_2}{q_{m1}-q_{m2}}=\frac{10\,220\times0.035-5\,920.3\times0.000\,5}{10\,220-5\,920.3}=0.082\,5$$

由教材中表 6-7 查得不同浓度下盐水的渗透压，采用内插法得到各浓度下的渗透压各为

原料：$w_1=0.035, \varPi_1=2.84\ \text{MPa}$

淡水：$w_2=0.000\,5, \varPi_2=0\ \text{MPa}$

浓盐水：$w_3=0.082\,6, \varPi_3=7.51\ \text{MPa}$

进口端：

$$J_{V1}=A(\Delta p-\Delta\varPi_1)=9.7\times10^{-5}\times(10-2.84)$$
$$=6.95\times10^{-4}[\text{kmol}/(\text{m}^2\cdot\text{s})]=0.012\,5[\text{kg}/(\text{m}^2\cdot\text{s})]$$

出口端：

$$J_{V2}=A(\Delta p-\Delta\varPi_3)=9.7\times10^{-5}\times(10-7.51)$$
$$=2.42\times10^{-4}[\text{kmol}/(\text{m}^2\cdot\text{s})]=0.004\,36[\text{kg}/(\text{m}^2\cdot\text{s})]$$

# 6.7　习题精选

1. 萃取是利用原料液中各组分_____的差异而实现分离的单元操作。

2. 在三角相图上，三角形的顶点表示_____物系；三条边上的点表示_____物系；三角形内的点表示_____物系。

3. 分配系数是指_____，分配系数越大，萃取分离效果_____。

4. 溶解度曲线将三角相图分为两个区域，曲线内为_____区，曲线外为_____区，萃取操作只能在_____区进行。

5. 一般地，物系温度越高，稀释剂与萃取剂的互溶度_____，分层区面积_____，越不利于萃取操作。

6. 选择性系数的定义式为_____。

7. 结晶单元操作的基本原理是_____。

8. 固体膜分离的基本原理是_____。膜分离过程的推动力是膜两侧的_____差、_____差_____差和_____差等。

9. 吸附单元操作的基本原理是_____。吸附剂的性能要求包括_____、_____、_____、_____等。

10. 吸附过程的步骤包括_____、_____和_____。

11. 一定温度下测得 A、B、S 三组分物系两液相的平衡数据如下表所示。表中的数据为质量分数。现欲将1 000 kg 含溶质 A 30%（质量分数）的原料液萃取分离。试求：

247

（1）最大与最小溶剂 S 的用量；

（2）经单级萃取后欲得到 36%A 的 $E$ 相组成，求得到相应的 $R$ 相组成，并计算操作条件下的选择性系数 $\beta$；

（3）将 $E$ 相和 $R$ 相中的溶剂完全脱除后的萃取液和萃余液的组成和流量；

（4）若组分 B，S 视为完全不互溶，且操作条件下以质量比表示相组成的分配系数 $k=2.5$，要求原料液中的溶质 A 有 90% 进入萃取相，则每千克原溶剂 B 需要消耗多少千克的溶剂 S？

习题 11 表　　A、B、S 三元物系平衡数据（质量分数）

|  |  | 1 | 2 | 3 | 4 | 5 | 6 | 7 | 8 | 9 | 10 | 11 | 12 | 13 | 14 |
|---|---|---|---|---|---|---|---|---|---|---|---|---|---|---|---|
| $E$ | $y_A$ | 0 | 7.9 | 15 | 21 | 26.2 | 30 | 33.8 | 36.5 | 39 | 42.5 | 44.5 | 45 | 43 | 41.6 |
|  | $y_S$ | 90 | 82 | 74.2 | 67.5 | 61.1 | 55.8 | 50.3 | 45.7 | 41.4 | 33.9 | 27.5 | 21.7 | 16.5 | 15 |
| $R$ | $x_A$ | 0 | 2.5 | 5 | 7.5 | 10 | 12.5 | 15 | 17.5 | 20 | 25 | 30 | 35 | 40 | 41.6 |
|  | $x_S$ | 5 | 5.05 | 5.1 | 5.2 | 5.4 | 5.6 | 5.9 | 6.2 | 6.6 | 7.5 | 8.9 | 10.5 | 13.5 | 15 |

12. 用 400 kg 溶剂 S 从 4 000 kg 发酵液 B 中萃取某药物成分 A。操作条件下，B、S 完全不互溶，用质量比表示相组成的分配系数为常数，且 $k=30$。试计算单级平衡萃取时的萃取率。

13. 已知硫酸铜 10℃ 下在水中的溶解度为 174 g/kg 水，80℃ 下在水中的溶解度为 230.5 g/kg 水。试计算 180 kg 硫酸铜饱和水溶液从 80℃ 冷却至 10℃ 时，析出硫酸铜的量为多少？

# 6.8　习题精选参考答案

1. 在溶剂中溶解度

2. 纯物质；二元；三元

3. 一定温度下，溶质 A 在平衡时的萃取相与萃余相中的组成之比；越好

4. 两相；单相；两相

5. 越大；越小

6. $\beta = \dfrac{k_A}{k_B} = \dfrac{\dfrac{y_A}{y_B}}{\dfrac{x_A}{x_B}} = \dfrac{\dfrac{y_A}{x_A}}{\dfrac{y_B}{x_B}}$

7. 借助于物质在溶剂中不同温度下的溶解度差异，固体物质以晶体的形态从溶液中析出的单元操作过程称为溶液结晶。结晶过程是传热、传质同时进行的过程。结晶过程的推动力是溶液的过饱和度

8. 以选择性透过膜为分离介质，在膜的两侧一定推动力的作用下，使得原料中的某组分选择性地透过膜，从而使得混合物得以分离，达到提纯、浓缩等目的的分离过程；压力；浓度；电位；温度

9. 利用某些固体物质从流体混合物中选择性地凝聚一定组分在其表面上的能力，使得混合物中的组分彼此分离的单元操作过程；比表面积；对吸附质的高吸附能力和高选择性；机械强度和耐磨性；颗粒大小均匀；良好的化学稳定性和热稳定性；易于再生

10. 外扩散；内扩散；吸附

11. (1)88.9 kg;7 167 kg;(2)$E$ 相 $y_A = 36\%$, $y_B = 15.0\%$; $R$ 相 $x_A = 17.0\%$, $x_B = 77.0\%$; $x_S = 6.0\%$; $\beta = 10.87$; (3)$x_R^0 = 18\%$, $y_E^0 = 68\%$; $E^0 = 240$ kg/h; $R^0 = 760$ kg/h; (4)3.6 千克

12.75%

13.8.27 kg

# 6.9　思考题参考答案

6-1　萃取的目的是什么？原理是什么？

目的是分离液体混合物。其原理是混合液体各组分在溶剂中溶解度的差异。

6-2　溶剂的必要条件是什么？

溶剂的必要条件:①与混合液体中的稀释剂不完全互溶,②对溶质组分具有选择性溶解度。

6-3　萃取过程与吸收过程的主要差别有哪些？

萃取和吸收的差别:①萃取中稀释剂往往部分互溶,平衡线为曲线,使得萃取过程较吸收过程复杂;②萃取过程中若分相中的密度差过小、界面张力小时,会造成分相困难,设备变得复杂。

6-4　什么情况下选择萃取分离而不选择精馏分离？

下列三种情况下考虑萃取分离:①对于混合液体中的组分出现共沸时或相对挥发度值小于 1.06 时;②稀溶液(低浓度);③热敏性物料。

6-5　什么是临界混溶点？是否在溶解度曲线的最高点？

相平衡的两相无限趋近变成一相时的组成所对应的点即为临界混溶点。它不一定是溶解度曲线的最高点。

6-6　分配系数等于 1 能否进行萃取分离操作？萃取液、萃余液各指什么？

分配系数等于 1 时能够进行萃取分离操作。萃取相、萃余相各自脱除溶剂后得到萃取液、萃余液。

6-7　何谓选择性系数？$\beta = 1$ 意味着什么？$\beta = \infty$ 意味着什么？

选择性系数 $\beta = \dfrac{y_A/y_B}{x_A/x_B}$。$\beta = 1$ 时不可用萃取方法分离液体混合物;$\beta = \infty$ 意味着稀释剂和溶剂完全不互溶。

6-8　萃取操作温度选高些好还是低些好？

温度低时,稀释剂与溶剂互溶度小,相平衡对萃取操作较为有利,萃取操作范围大,但是黏度大对萃取操作不利,故要适当选择。

6-9　液液传质设备的主要技术性能有哪些？它们与设备尺寸有何关系？

轻相和重相的极限通过能力;传质系数 $K_y a$ 或 $HETP$。前者决定设备的直径 $D$,后者决定塔高。

6-10　分散相的选择应考虑哪些因素？

分散相的选择应该考虑 $\dfrac{\mathrm{d}\sigma}{\mathrm{d}x}$ 的正负、两相流量比、黏度大小、润湿性能、安全性等。

6-11　结晶有哪几种基本方法？溶液结晶操作的基本原理是什么？

结晶的基本方法包括:溶液结晶、熔融结晶、升华结晶、反应沉淀;溶液结晶操作的基本原理是溶液的过饱和。

6-12　溶液结晶操作有哪几种方法造成过饱和度？

冷却、蒸发浓缩。

6-13　与精馏操作相比,结晶操作有哪些特点?

和精馏相比较,结晶操作的分离纯度高、操作温度低、相变热小。

6-14　什么是晶格、晶系、晶习?

晶格是指晶体微观粒子几何排列的最小单元。晶系是指按照晶格结构的晶体分类。晶习是指晶格形成不同晶体外形的习性。

6-15　超溶解度曲线与溶解度曲线有什么关系? 溶液有哪几种状态? 什么是稳定区、介稳区、不稳区?

在一定温度下,开始析出结晶的溶液浓度高于溶解度,故超溶解度曲线在溶解度曲线的上面。溶液有三种状态:饱和、不饱和、过饱和。当溶液浓度处于不饱和状态时,属于稳定区。当溶液浓度介于超溶解度曲线和溶解度曲线之间时,属于介稳区。当溶液浓度大于超溶解度曲线浓度时,属于不稳区。

6-16　溶液结晶要经历哪两个阶段?

晶核生成和晶体成长。

6-17　晶核的生成有哪几种方式?

初级均相成核、初级非均相成核和二次成核。

6-18　什么是再结晶现象?

小晶体的溶解和大晶体的生长同时发生,产生再结晶现象。

6-19　过饱和度对晶核生成速率与晶体成长速率各自有何影响?

过饱和度越大,越有利于成核;过饱和度越小,越有利于晶体的生长。

6-20　选择结晶设备时要考虑哪些因素?

要考虑:物系性能、溶解度曲线的斜率、能耗、产品粒度、处理量等。

6-21　什么是吸附现象? 吸附分离的基本原理是什么?

流体中的吸附质借分子间范德瓦尔斯力而富集于吸附剂固体表面的现象称为吸附。吸附分离的基本原理是吸附剂对流体中各组分的选择性吸附。

6-22　有哪几种常用的吸附解吸循环操作?

变温、变压、变浓度、置换。

6-23　有哪几种常用的吸附剂? 各有什么特点? 什么是分子筛?

常用吸附剂有:活性炭、硅胶、活性氧化铝、活性白土、沸石分子筛、吸附树脂等。活性炭亲有机物;硅胶是极性的,亲水;活性氧化铝是极性的,亲水;活性白土也是极性的,亲水;沸石分子筛的极性是可以改变的,可筛选分子,选择性较强;吸附树脂可以引进不同的官能团,改变树脂本身的极性及其强弱。所谓分子筛是指晶格结构一定,微孔的大小均一,能起到筛选分子作用的吸附剂。

6-24　工业吸附对吸附剂有哪些基本要求?

工业吸附剂的要求是内表面大,活性高,选择性高,有一定的机械强度和粒度,化学稳定性好。

6-25　有利的吸附等温线有什么特点?

有利的吸附等温线随着流体相浓度的增高,吸附等温线的斜率降低。

6-26　如何用实验确定朗格缪尔模型参数?

先将朗格缪尔模型线性化$\frac{1}{x} = \frac{1}{x_m k_L} \cdot \frac{1}{p} + \frac{1}{x_m}$,然后实验测定$p$、$x$,确定参数$x_m$、$k_L$。

6-27　吸附床中的传质扩散可分为哪几种方式?

分为:分子扩散、努森扩散、表面扩散和固体(晶体)扩散四种形式。

6-28 吸附过程有哪几个传质步骤？

有外扩散、内扩散和吸附三个吸附步骤。

6-29 何谓负荷曲线、透过曲线？什么是透过点、饱和点？

固定床吸附器中，固体相浓度随距离的变化曲线称为负荷曲线。出口浓度随时间的变化称为透过曲线。透过曲线中，出口浓度达到进口浓度的 5% 时，对应的点称为透过点。出口浓度达到进口浓度的 95% 时，对应的点称为饱和点。

6-30 固定床吸附塔中吸附剂利用率与哪些因素有关？

与传质速率、流体流速、相平衡有关。

6-31 常用的吸附分离设备有哪几种类型？

有固定床、搅拌釜、流化床。

6-32 什么是膜分离？有哪几种常用的膜分离过程？

利用固体膜对流体混合物各组分的选择性渗透，实现混合物的分离，这种操作称为膜分离。常见的膜分离过程有：反渗透、超滤、电渗析、气体渗透分离。

6-33 膜分离有哪些特点？分离过程对膜有哪些基本要求？

膜分离操作的特点：不发生相变化，能耗低，常温操作，适用范围广，装置简单。膜分离过程对膜的基本要求有：截留率、透过速度、截留相对分子质量。

6-34 常用的膜分离器有哪些类型？

平板式、管式、螺旋卷式、中空纤维式。

6-35 反渗透的基本原理是什么？

反渗透的基本原理是外加压差大于溶液的渗透压差。

6-36 什么是浓差极化？

溶质在膜表面被截留，形成高浓度区的现象称为浓差极化。

6-37 超滤的分离机理是什么？

超滤的分离机理是膜孔的筛分作用，或各组分通过的速率不同。

6-38 电渗析的分离机理是什么？阴膜、阳膜各有什么特点？

电渗析的分离机理是离子交换膜使电解质离子选择性透过。阴膜带正电，只让阴离子通过；阳膜带负电，只让阳离子通过。

6-39 气体混合物膜分离的机理是什么？

气体混合物膜分离的机理是努森流的分离作用或均质膜的溶解、扩散、解吸。

# 第7章　固体干燥

## 7.1　学习目标

干燥过程是利用热能将物料中的湿分除去的单元操作,其显著特点是一种热质同时传递的过程。通过本章学习,能够掌握干燥过程的物料衡算、热量衡算、干燥速率和干燥时间的计算,并了解工业生产上常用干燥设备的类型及其适用场合。主要内容包括:干燥过程去湿方法和特点、对流干燥过程特点、干燥静力学、湿空气状态参数及其计算与测定方法、湿空气状态变化和混合过程、焓-湿度图、水分平衡和蒸气压曲线、结合水和非结合水、自由水与平衡水、干燥速率、恒速干燥、降速干燥、间歇干燥过程干燥时间计算、连续干燥过程物料衡算和热量衡算、预热器热量衡算、理想干燥过程物料和热量衡算、干燥过程热效率、干燥设备。

## 7.2　主要学习内容

**1. 概述**

(1) 常用物料去湿方法

去除物料湿分的方法较多,常用去湿方法包括机械去湿、吸附去湿、供热干燥等。多数情况讨论以空气为干燥介质、湿分为水的对流干燥过程。

(2) 干燥分类

按操作压强分为常压干燥和减压(真空)干燥;

按操作方式分为连续干燥和间歇干燥;

按传热方式分为对流干燥、辐射干燥等。

(3) 干燥过程及其特点、经济性

温度较高、湿度较低的气流与湿物料直接接触时,气固两相间发生热质同时传递过程,热空气将热量传递给物料,物料中的湿分汽化,进入气流带出。可见热量由气流向物料传递,湿分由物料向气流传递,即对流干燥过程是热质同时反向传递过程,气流既是载热体又是载湿体。

干燥过程的经济性主要取决于能耗和热量利用率。

**2. 湿空气的性质与焓-湿度图**

1) 湿空气的参数

(1) 空气中水分含量表示方法

① 水汽分压 $p_{水汽}$ 和露点 $t_d$

水汽分压越高,空气中水汽含量越高。

② 空气的湿度

$$H = \frac{M_水}{M_气} \cdot \frac{p_{水汽}}{p - p_{水汽}} = 0.622 \frac{p_{水汽}}{p - p_{水汽}} \tag{7-1}$$

表示每千克干空气所带有的水蒸气量,单位为 kg/kg 干气。

③ 相对湿度 $\varphi$

空气中水汽分压与一定总压、温度下空气中水汽分压所能达到的最大值之比定义为相对湿度。常压,空气温度低 100℃ 时,有

$$\varphi = \frac{p_{水汽}}{p_s} \qquad (7-2)$$

如空气湿度高,$p_s$ 可能大于总压,此时 $\varphi = \dfrac{p_{水汽}}{p}$

相对湿度 $\varphi$ 表示空气中水分含量的相对大小。$\varphi = 1$,空气达到饱和状态,宏观上不能接纳任何水分,$\varphi$ 值越大,表明空气可接纳的水分越多。

(2) 湿空气的焓 $I$ 和比热容

定义湿空气的焓 $I$ 为每千克干气及其所带 $H$ kg 水汽所具有的焓,以 0℃ 为基准,$t℃$ 下湿空气焓 $I$ 为

$$I = (c_{pg} + c_{pv}H)t + r_0 H \qquad (7-3)$$

式中,$c_{pg}$ 为干气比热容,其值为 1.01 kJ/(kg·℃);$c_{pv}$ 为水汽比热容,其值为 1.88 kJ/(kg·℃);$r_0$ 为 0℃ 时水的汽化潜热,其值取 2 500 kJ/kg。

湿空气的比热容 $c_{pH}$

$$c_{pH} = c_{pg} + c_{pv}H$$

对水–空气系统,$I = (1.01 + 1.88H)t + 2\,500H \qquad (7-4)$

(3) 湿空气的比体积(比容)$v_H$

1 kg 干气及其所带的 $H$ kg 水汽所占体积称为湿空气的比体积 $v_H$,单位为 m³/kg 干气。常压下温度为 $t℃$、湿度为 $H$ 的湿空气比体积为

$$v_H = (2.83 \times 10^{-3} + 4.56 \times 10^{-3}H)(t+273) \qquad (7-5)$$

(4) 湿空气的温度

① 干球温度 $t$:温度计测出的湿空气的真实温度即湿空气的干球温度。

② 湿球温度 $t_w$:大量空气与少量水长时间接触后水面的温度即湿球温度,是空气湿度和干球温度的函数。

$$t_w = t - \frac{k_H}{\alpha}r_w(H_w - H) \qquad (7-6)$$

③ 绝热饱和温度 $t_{as}$:湿空气在绝热条件下增湿直至饱和的温度,也是干球温度和空气湿度的函数。

$$t_{as} = t - \frac{r_{as}}{c_{pH}}(H_{as} - H) \qquad (7-7)$$

④ 露点 $t_d$:不饱和湿空气等温度下冷却至饱和状态时的温度。

2) 湿空气湿度图

空气-水系统在 100 kPa 下湿空气各参数关系图,包括如下。

等湿度图(等 $H$ 线):0~0.15 kg/kg 干气

等焓图(等 $I$ 线):0~480 kJ/kg 干气

等干球湿度线(等 $t$ 线):0~185℃

等湿度相对线(等 $\varphi$ 线):5%~10%

水蒸气分压线:0～19 kPa

总压一定,湿空气各参数($t$、$p_{水汽}$、$\varphi$、$H$、$I$、$t_w$、$t_d$ 等)中,仅有两个参数是独立的,即规定两个互相独立的参数,湿空气的状态被唯一确定。工程常规的有 $I-H$ 图、$H-t$ 图。

湿空气状态变化可从 $I-H$ 图上查出相应参数,典型过程有加热与冷却、绝热增湿、两股气流混合。

(1) 湿空气加热与冷却

加热过程为等压过程,$I-H$ 图上是等湿度过程,温度升高,空气的 $\varphi$ 减小,接纳水汽的能力增大。

冷却过程也为等压过程,$I-H$ 图上是等湿度过程,当降温至 $\varphi=1$ 时,有水蒸气冷凝,空气湿度降低,此时降温到湿空气露点以下。

(2) 绝热增湿过程

视绝热增湿过程为等焓过程,状态沿等焓线变化至 $\varphi=1$。

(3) 两股气流混合

气流量 $V_1$、$H_1$、$I_1$,气流量 $V_2$、$H_2$、$I_2$,混合后气流量 $V_3$、$H_3$、$I_3$

对混合气进行物料衡算、热量衡算

$$V_1+V_2=V_3 \tag{7-8}$$
$$V_1H_1+V_2H_2=V_3H_3 \tag{7-9}$$
$$V_1I_1+V_2I_2=V_3I_3 \tag{7-10}$$

从 $I-H$ 图上可确定混合气体状态,位置可由杠杆规则确定。

3) 水分在气固两相间的平衡

(1) 结合水与非结合水

借化学力或物理化学力与固体相结合的水统称为结合水;机械附着在固体表面或颗粒堆积层中的大空隙(非毛细管力)内的水统称为非结合水。

非结合水的性质和纯水的性质相同,如饱和蒸气压等,但结合水的性质和纯水的性质迥异,测定平衡蒸气压曲线可以得到固体物中结合水和非结合水的多少。

(2) 平衡水与自由水

指定空气条件下的被干燥物料的极限含水量称为该空气状态下的平衡含水量,相应地能被指定空气状态带走的水分称为自由水。自由含水量是干燥过程推动力。结合水与非结合水、平衡水与自由水是两种不同的区分,水的结合与否与固体性质有关,与空气状态无关。平衡水与自由水的区分则与空气状态有关。

**3. 干燥速率与干燥过程计算**

1) 干燥速率

单位时间、单位面积(气固接触界面)被汽化的湿分量称为干燥速率 $N_A$。

$$N_A=-\frac{G_c\mathrm{d}X}{A\mathrm{d}\tau} \tag{7-11}$$

$N_A$ 可由干燥动力学实验测得的干燥速率曲线得到。

从干燥速率曲线可见:整个干燥过程可分为恒速干燥和降速干燥两个阶段。两个阶段传热、传质各有特点。恒速干燥阶段除去的是物料表面的非结合水,物料表面温度为空气的湿球温度 $t_w$。降速干燥阶段,干燥速率的变化规律和物料性质及其内部结构相关。引起干燥速率下降的原因主要有:湿分实际汽化表面减小、汽化表面内移、平衡蒸气压下降和固体内部水分扩散减慢。

固体物料恒速干燥终了时的含水量称为临界含水量,扣除平衡含水量后称为临界自由含水量 $X_c$,其大小和物料本身的结构、分散程度有关,也和干燥介质条件(流速、温度、湿度)的影响有关。

2)间歇干燥的计算

(1)湿物料的性质

湿基含水量 $w$:湿物料中水分的质量分数,单位为 kg 水/kg 湿物料。

干基含水量 $X$:湿物料中的水分与绝干物料的质量比,单位为 kg 水/kg 绝干物料。

$$w = \frac{X}{1+X} \tag{7-12}$$

$$X = \frac{w}{1-w} \tag{7-13}$$

(2)干燥时间 $\tau$

恒速干燥时间 $\tau_1$

$$\int_0^{\tau_1} \mathrm{d}\tau = -\frac{G_c}{A} \int_{X_1}^{X_c} \frac{\mathrm{d}X}{N_A} \tag{7-14}$$

$N_A$ 是常数,故

$$\tau_1 = \frac{G_c}{A} \cdot \frac{X_1 - X_c}{N_A} \tag{7-15}$$

降速干燥时间 $\tau_2$

$$\int_0^{\tau_2} \mathrm{d}\tau = -\frac{G_c}{A} \int_{X_c}^{X_2} \frac{\mathrm{d}X}{N_A}$$

此时 $N_A$ 和自由含水量 $X$ 有关,$N_A = f(X)$。

故

$$\tau_2 = \frac{G_c}{A} \int_{X_2}^{X_c} \frac{\mathrm{d}X}{f(X)} \tag{7-16}$$

$$N_A = K_X \cdot X$$

$$K_X = \frac{(N_A)_{\text{恒}}}{X_c}$$

$$\tau_2 = \frac{G_c}{AK_X} \cdot \ln \frac{X_c}{X_2} \tag{7-17}$$

总干燥时间 $\tau = \tau_1 + \tau_2$。

3)连续干燥过程计算

(1)连续干燥过程特点

物料经预热、表面汽化、升温阶段。

气流因水汽化,湿度增加,温度降低。

物料预热阶段温度上升,表面汽化阶段绝热增湿,保持气流的湿球温度,类似恒速干燥阶段。表面水分汽化完毕,干燥速率下降,物料温度逐渐上升。

整个过程与物料接触的空气状态不断变化。

(2)数学描述

干燥过程涉及物料衡算、热量衡算、热效率分析和干燥器容积计算。

① 物料衡算

对水分物料衡算

$$W=G_c(X_1-X_2)=V(H_2-H_1) \tag{7-18}$$

干物料量和湿物料量关系

$$G_c=G_1(1-w_1)=G_2(1-w_2) \tag{7-19}$$

干燥器中失去的水分 $W$

$$W=G_1-G_2=G_1\frac{w_1-w_2}{1-w_2} \tag{7-20}$$

② 热量衡算

预热器热量衡算

$$Q=V(I_1-I_0)=Vc_{pH}(t_1-t_0)=V(c_{pg}+c_{pv}H_1)(t_1-t_0) \tag{7-21}$$

干燥器热量衡算

$$VI_1+G_cc_{pm1}\theta_1+Q_{补}=VI_2+G_cc_{pm2}\theta_2+Q_{损} \tag{7-22}$$
$$c_{pm}=c_{ps}+c_{pl}X_t$$

两式联立求解过程计算比较复杂,可适当简化,以便于计算,如理想干燥过程。

③ 理想干燥过程

设干燥过程物料汽化的水分都在表面汽化阶段除去,设备无热交换,物料温度不变且未向干燥器补充热量,这样干燥器内气体传递给固体的热量全部用于汽化水分所需的潜热,水分进入气相。由式(7-22)可知,气体在干燥过程中状态变化为等焓过程,称这种简化的干燥过程是理想干燥过程。

理想干燥过程可方便求出气体出口的状态和空气用量,如图 7-1 所示。

④ 实际干燥过程

实际干燥过程中,如不向干燥器补充热量或虽补充热量但不足以补偿物料带走的热量 $G_c(c_{pm2}\theta_2-c_{pm1}\theta_1)$ 与热损失之和,则出口气体的焓将低于进口气体的焓。若规定气体出口温度 $t_2$ 相同,则出口气体温度较等焓干燥过程(理想干燥过程)的出口温度低,根据物料衡算求出的空气用量较多。反之,如向干燥器补充加热量较多,出口气体焓高于进口气体焓,则空气用量便少。

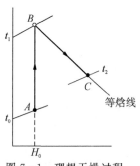

图 7-1 理想干燥过程

实际干燥过程气体出口干燥器的状态由物料衡算和热量衡算联立求解确定。

4) 干燥过程热效率

空气在干燥器中放出热量的有效利用程度称为干燥过程的热效率。

干燥器热量衡算式(7-22)中的焓 $I_1$、$I_2$、湿物料比热容 $c_{pm1}$ 按定义代入整理得

$$Vc_{pH1}(t_1-t_2)=Q_1+Q_2+Q_{损}-Q_{补} \tag{7-23}$$
$$Q_1=W(r_0+c_{pv}t_2-c_{pl}\theta_1) \tag{7-24}$$

$Q_1$ 为水分汽化需热、进口处液态水变为出口处水蒸气时升温需热两部分热量之和。

$$Q_2=G_cc_{pm2}(\theta_2-\theta_1) \tag{7-25}$$

$Q_2$ 为物料升温带走的热量。

预热器内空气获得热量

$$Q = Vc_{pH1}(t_1 - t_2) + Vc_{pH1}(t_2 - t_0) \qquad (7-26a)$$

或

$$Q = Vc_{pH1}(t_1 - t_2) + Q_3 \qquad (7-26b)$$

$$Q_3 = Vc_{pH1}(t_2 - t_0) \qquad (7-26c)$$

$Q_3$ 为尾气带走的热量。

$$Q + Q_补 = Q_1 + Q_2 + Q_3 + Q_损$$

$$\eta = \frac{Q_1 + Q_2}{Q + Q_补} \qquad (7-27)$$

不补充热量、不考虑热损失,即 $Q_补 = 0, Q_损 = 0$ 时,有

$$\eta = \frac{t_1 - t_2}{t_1 - t_0} \qquad (7-28)$$

**4. 干燥设备**

干燥器基本要求包括:对被干燥物的适应性、较高的生产能力和良好的经济性。适应性自不必讨论,生产能力和经济性方面,前者指定干燥程度所需时间(干燥存在降速阶段)较关键;后者热效率和干燥介质利用率又十分重要。

(1) 常见对流式干燥器

厢式干燥器、喷雾干燥器、气流干燥器、流化床干燥器、转筒干燥器。

(2) 非对流式干燥器

耙式真空干燥器、红外线干燥器、冷冻干燥器。

# 7.3　概念关联图表

## 7.3.1　湿空气的性质

| 湿空气的状态参数 | 函数关系式 |
|---|---|
| 露点 | 水蒸气分压 $p_{水汽}$ 与露点 $t_d$,在总压 $P$ 一定时,露点与水汽分压之间有单一函数关系:$t_d = f(p_{水汽})$ |
| 湿度 | $H = \dfrac{M_水}{M_气} \cdot \dfrac{p}{P-p} = 0.622 \dfrac{p}{P-p}$ |
| 相对湿度 | $\varphi = \dfrac{p}{p_s}$(当 $p_s \leqslant P$);$\varphi = \dfrac{p}{P}(p_s > P)$ |
| 湿球温度 | $t_w = t - \dfrac{k_H}{a} r_w (H_w - H)$,空气-水系统:$t_w = t - \dfrac{r_w}{1.09}(H_w - H)$ |
| 干球温度 | $t$ |
| 绝热饱和温度 | $t_{as} = t - \dfrac{r_{as}}{c_{pH}}(H_{as} - H)$ |
| 湿空气的比热容 | $c_{pH} = c_{pg} + c_{pv} H$ |
| 湿空气的焓 | $I = (c_{pg} + c_{pv} H)t + r_0 H$,空气-水系统:$I = (1.01 + 1.88H)t + 2\,500H$ |
| 常压湿空气的比体积 | $v_H = (2.83 \times 10^{-3} + 4.56 \times 10^{-3} H)(t + 273)$ |

### 7.3.2 干燥静力学

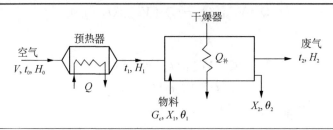

| 连续干燥过程物料衡算 | |
|---|---|
| 湿物料量与绝干物料量 | $G_c=G_1(1-w_1)=G_2(1-w_2)$ |
| 干燥时水分蒸发量 | $W=G_c(X_1-X_2)=V(H_2-H_1)$，$W=G_1-G_2=G_1\dfrac{x_1-x_2}{1-x_2}$ |
| 干空气消耗量 | $V=\dfrac{W}{H_2-H_1}$ |
| 连续干燥过程热量衡算 | |
| 预热器的热量衡算 | 预热器空气得到的热量 $Q=V(I_1-I_0)=Vc_{pH1}(t_1-t_0)$ |
| 干燥器的热量衡算 | $VI_1+G_cc_{pm1}\theta_1+Q_补=VI_2+G_cc_{pm2}\theta_2+Q_损$ |

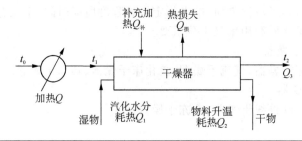

| 热效率 | |
|---|---|
| 总热量衡算 | $Vc_{pH1}(t_1-t_2)=Q_1+Q_2+Q_损-Q_补$ |
| $Q_1$ | $Q_1=W(r_0+c_vt_2-C_{pL}\theta_1)$ |
| $Q_2$ | $Q_2=G_cC_{m2}(\theta_2-\theta_1)$ |
| 热效率 | $\eta=\dfrac{Q_1+Q_2}{Q+Q_补}$，$\eta=\dfrac{t_1-t_2}{t_1-t_0}$ |

### 7.3.3 干燥动力学

| 物料含水性质 | | |
|---|---|---|
| 按照干燥难易程度(和空气状态无关) | 非结合水 | 结合水 |
| 按干燥过程的极限(和空气状态有关) | 自由水 | 平衡水 |
| 干燥速率：$N_A=-\dfrac{G_c\mathrm{d}X}{A\mathrm{d}\tau}$，$N_A=k_H(H_w-H)=\dfrac{a}{r_w}(t-t_w)$ | | |
| 干燥时间 | | |
| 恒速干燥时间 | $\tau_1=\dfrac{G_c}{A}\cdot\dfrac{(X_1-X_c)}{N_A}$ | |
| 降速干燥时间 | $\displaystyle\int_0^{\tau_2}\mathrm{d}\tau=-\dfrac{G_c}{A}\int_{X_c}^{X_2}\dfrac{\mathrm{d}X}{N_A}$，$\tau_2=\dfrac{G_c}{A}\int_{X_2}^{X_c}\dfrac{\mathrm{d}X}{f(X)}$，$\tau_2=\dfrac{G_c}{AK_X}\cdot\ln\dfrac{X_c}{X_2}$ | |

# 7.4 难点分析

**1. 如何正确理解湿空气各种温度及其相互之间的关系？**

描述湿空气性质的四个温度是：干球温度 $t$、湿球温度 $t_w$、露点 $t_d$ 和绝热饱和温度 $t_{as}$。

干球温度 $t$：用普通温度计测得的湿空气温度即干球温度 $t$。

湿球温度 $t_w$：湿球温度计置于一定温度和湿度的空气流中，达到稳定时的温度是湿空气的湿球温度。湿球温度不是湿空气的真实温度，而是湿纱布表面的水汽温度。湿球温度的数值和湿空气的温度和湿度有关，温度越高或湿度越大，则湿球温度越高。

露点 $t_d$：在一定压强下，将不饱和湿空气等湿度降温到饱和状态时的温度即湿空气的露点。露点的数值和湿空气的湿度和压强有关，湿度越大或压强越高，则露点越高。

绝热饱和温度 $t_{as}$：将一定量的不饱和湿空气绝热增湿到饱和状态时的温度即绝热饱和温度。绝热饱和温度的数值与湿空气的温度和湿度有关，温度越高，湿度越大，则绝热饱和温度越高。

对于空气-水系统，绝热饱和温度和湿球温度数值近似相等，但是两者的物理意义完全不同。

湿球温度 $t_w$ 和干球温度 $t$ 之间的关系为 $t_w = t - \dfrac{k_H}{a} r_w (H_w - H)$。对于空气-水系统，两者之间的关系是 $t_w = t - \dfrac{r_w}{1.09} (H_w - H)$。

绝热饱和温度 $t_{as}$ 和干球温度 $t$ 之间的关系为 $t_{as} = t - \dfrac{r_{as}}{c_{pH}} (H_{as} - H)$。

**2. 如何确定湿空气的状态？**

物料干燥时，通常采用空气作为干燥介质，湿空气的各种性质对干燥过程的影响很大。湿空气的性质除可以通过各种计算式计算，还可以通过 $I$-$H$ 图查得。若采用计算式进行计算时，需注意计算的基准，一般情况下，其计算基准取 1 kg 的干气体，而非湿空气的总量。采用 $I$-$H$ 图查取各种湿空气的性质时，必须确定其状态点。通常，查取湿空气性质时需要确定湿空气状态的两个独立参数，才能从 $I$-$H$ 图上确定出湿空气状态点。一般选择湿空气的两个独立参数为干球温度 $t$ 和相对湿度 $\varphi$，或干球温度 $t$ 和湿度 $H$，或干球温度 $t$ 和露点 $t_d$，或干球温度 $t$ 和湿球温度 $t_w$ 等。

当给定湿空气的性质参数是露点 $t_d$-湿度 $H$，或水气分压 $p_s$-$H$、湿球温度 $t_w$-焓 $I$ 时，$I$-$H$ 图上无法确定湿空气的状态点，因为这些参数彼此之间不独立，它们有时落在同一条等湿度 $H$ 线上，有时落在同一条等焓 $I$ 线上。

**3. 被干燥物料中各种水分之间的关系如何？**

被干燥物料中的水分依据不同的分类方法有平衡水与自由水、结合水与非结合水。前者是依据物料在一定干燥条件下，其水分是否能够用干燥方法除去而划分的，自由水在一定干燥条件下能够除去的，而平衡水是在干燥条件下不能除去的水分，自由水和平衡水相对量的大小既和物料的种类有关，还和干燥介质空气的状态有关。对于结合水与非结合水，是依据物料和水分的结合方式（物料中水分去除的难易程度）来划分的，非结合水是机械附着在物料的表面或空隙中，较容易用干燥的方法除去，而结合水是借化学力或物理化学力与物料结合，即和物料间存在化学键或范德瓦尔斯力作用，比较难以除去，两者相对量的大小仅和物料的性质有关，与空气的状态无关。

**4. 干燥速率的影响因素有哪些？**

恒定干燥条件下，干燥过程分为恒速阶段和降速阶段。

恒速干燥阶段时，物料内部的水分向物料表面的扩散速率大于或等于物料表面水分的汽化速率，此时，物料表面被水分覆盖。处于该阶段时，物料表面的温度等于干燥条件下的湿球温度并维持不变，此时除去的水分是非结合水。恒速阶段干燥速率的大小取决于物料表面水分的汽化速率，即取决于物料的干燥条件。故恒速阶段的干燥速率是表面汽化控制阶段。

恒速干燥阶段的干燥速率按传质速率计算即 $N_A = k_H(H_w - H) = \dfrac{a}{r_w}(t - t_w)$。

固体物料在恒速干燥终了时的含水量称为临界含水量，而从中扣除平衡含水量后则称为临界自由含水量 $X_c$。临界含水量不但与物料本身的结构、分散程度有关，也受干燥介质条件（流速、温度、湿度）的影响。物料分散越细，临界含水量越低。恒速阶段的干燥速率越大，临界含水量越高，即降速阶段较早地开始。

降速干燥阶段，干燥速率的变化规律与物料性质及其内部结构有关。造成干燥速率下降的原因主要有：①实际汽化表面减小。随着干燥的进行，由于多孔物质外表面水分的不均匀分布，局部表面的非结合水已先除去而成为"干区"。此时尽管物料表面的平衡蒸气压未变，式 $N_A = k_H(H_w - H) = \dfrac{a}{r_w}(t - t_w)$ 中的推动力 $(H_w - H)$ 未变，$k_H$ 也未变，但实际汽化面积减小，以物料全部外表面计算的干燥速率将下降。多孔性物料表面，孔径大小不等，在干燥过程中水分会发生迁移。小孔借毛细管力自大孔中"吸取"水分，因而首先在大孔处出现干区。由局部干区而引起的干燥速率下降，成为第一降速阶段。②汽化面的内移。当多孔物料全部表面都成为干区后，水分的汽化面逐渐向物料内部移动。此时固体内部的热质传递途径加长，造成干燥速率下降。此为第二降速阶段。③平衡蒸气压下降。当物料中非结合水已被除尽，所汽化的已是各种形式的结合水时，平衡蒸气压将逐渐下降，使传质推动力减小，干燥速率也随之降低。④固体内部水分的扩散极慢。对非多孔性物料，如肥皂、木材、皮革等，汽化表面只能是物料的外表面，汽化面不可能内移。当表面水分去除后，干燥速率取决于固体内部水分的扩散。内扩散是个速率极慢的过程，且扩散速率随含水量的减少而不断下降。此时干燥速率将与气速无关，与表面气-固两相的传质系数 $k_H$ 无关。

固体内水分扩散的理论推导表明，扩散速率与物料厚度的平方成反比。因此，减薄物料厚度将能有效地提高干燥速率。

降速干燥阶段，空气传递给物料的热量高于物料中水分汽化所需要的热量，伴随着干燥等进行，物料的温度升高即物料的表面温度大于空气的湿球温度，因而降速阶段除去余下的非结合水与部分结合水。

# 7.5  典型例题解析

**例 7 - 1  湿空气性质的计算**

已知在总压 101.3 kPa 下，湿空气的温度为 50℃，相对湿度为 25%，试计算该湿空气的其他性质参数：(1)湿度；(2)露点；(3)湿球温度；(4)焓；(5)湿比容。

**解**：(1) 湿度 $H$

由饱和蒸气压表，查得在 $t = 50℃$ 时，水的饱和蒸气压 $p_s = 12.34$ kPa，由湿度定义

$$H = 0.622 \frac{p_v}{p - p_v} = 0.622 \frac{\varphi p_s}{p - \varphi p_s} = 0.622 \times \frac{0.25 \times 12.34}{101.3 - 0.25 \times 12.34}$$

$$=0.019\ 5(\text{kg 水汽/kg 干气})$$

（2）露点

湿空气中水汽分压

$$p_v = \varphi p_s = 0.25 \times 12.34 = 3.085(\text{kPa})$$

露点是湿空气在湿度或水汽分压不变的情况下，冷却达到饱和状态时的温度，故空气中的水汽分压 $p_v = 3.085$ kPa 即为露点下的饱和蒸气压。由饱和水蒸气表，查得露点 $t_d = 24.5℃$。

（3）湿球温度（利用试差法计算）

假设 $t_w = 30.6℃$，查得水的饱和蒸气压 $p_s$ 为 4.396 kPa，相变焓为 2 423 kJ/kg。$t_w$ 下湿空气的饱和湿度

$$H_w = 0.622\frac{p_s}{p-p_s} = 0.622 \times \frac{4.396}{101.3-4.396} = 0.028\ 2(\text{kg 水汽/kg 干气})$$

所以湿球温度

$$t_w = t - \frac{r_w}{1.09}(H_w - H) = 50 - \frac{2\ 423}{1.09} \times (0.028\ 2 - 0.019\ 5) = 30.66(℃)$$

计算结果与所设的 $t_w$ 接近，故湿球温度为 30.6℃。

（4）焓

$$\begin{aligned}I &= (1.01+1.88H)t + 2\ 492H\\ &= (1.01+1.88\times0.019\ 5)\times50 + 2\ 492\times0.019\ 5 = 100.9(\text{kJ/kg 干气})\end{aligned}$$

（5）湿比容

$$\begin{aligned}v_H &= (0.773+1.244H)\times\frac{273+t}{273}\times\frac{1.013\times10^5}{p}\\ &= (0.773+1.244\times0.019\ 5)\times\frac{273+50}{273}\\ &= 0.943(\text{m}^3\text{湿气/kg 干气})\end{aligned}$$

讨论：在系统总压一定时，只要规定了湿空气性质的两个独立参数，则湿空气的状态被唯一确定，其他性质也随之确定。通常，可确定湿空气状态的两个独立性质参数：干球温度 $t$ 与相对湿度 $\varphi$、干球温度 $t$ 与湿度 $H$、干球温度 $t$ 与露点 $t_d$、干球温度 $t$ 与湿球温度 $t_w$（或绝热饱和温度 $t_{as}$）。

**例 7-2 温度、压力对湿空气干燥能力的影响**

湿空气在总压 101.3 kPa、温度 60℃下，湿度为 0.03 kg 水汽/kg 干气。试计算：(1) 该湿空气的相对湿度及容纳水分的最大能力；(2) 若总压不变，而将空气冷却至 40℃，则相对湿度及容纳水分的最大能力有何变化？(3) 若总压不变，而将空气冷却至 20℃，计算每千克干空气所析出水分的量；(4) 若温度仍为 60℃，而将系统总压提高到 150 kPa，则相对湿度及容纳水分的最大能力又有何变化？(5) 若温度仍为 60℃，而将系统总压提高到 600 kPa，计算每千克干空气所析出的水分量。

**解：**(1) 湿空气中水汽分压

$$p_v = \frac{pH}{0.622+H} = \frac{101.3\times0.03}{0.622+0.03} = 4.66(\text{kPa})$$

查得 60℃下水的饱和蒸气压 $p_s = 19.92$ kPa,则相对湿度

$$\varphi = \frac{p_v}{p_s} \times 100\% = \frac{4.66}{19.22} \times 100\% = 23.4\%$$

空气容纳水分的最大能力为其饱和湿度

$$H_s = 0.622 \frac{p_s}{p - p_s} = 0.622 \times \frac{19.92}{101.3 - 19.92} = 0.152(\text{kg 水汽/kg 干气})$$

(2) 当空气温度为 40℃时,水的饱和蒸气压 $p_s = 7.377$ kPa。空气被冷却时,其中水汽分压不变,仍为 4.66 kPa,故相对湿度为

$$\varphi = \frac{p_v}{p_s} \times 100\% = \frac{4.66}{7.377} \times 100\% = 63.2\%$$

此时空气容纳水分的最大能力为

$$H_s = 0.622 \frac{p_s}{p - p_s} = 0.622 \times \frac{7.377}{101.3 - 7.377} = 0.048\ 9(\text{kg 水汽/kg 干气})$$

(3) 当空气温度为 20℃时,水的饱和蒸气压 $p_s = 2.335$ kPa,小于原空气中的水汽分压 $p_v = 4.66$ kPa,说明此时空气已饱和,必有水分析出。此时空气中容纳水分的最大能力为

$$H_s = 0.622 \frac{p_s}{p - p_s} = 0.622 \times \frac{2.335}{101.3 - 2.335} = 0.014\ 7(\text{kg 水汽/kg 干气})$$

故每千克干空气所析出水分的量为

$$H - H_s = 0.03 - 0.014\ 7 = 0.015\ 3(\text{kg 水汽/kg 干气})$$

(4) 当系统总压提高到 150 kPa 时,湿空气中水汽分压为

$$p_v = \frac{pH}{0.622 + H} = \frac{150 \times 0.03}{0.622 + 0.03} = 6.90(\text{kPa})$$

则相对湿度 $\quad \varphi = \frac{p_v}{p_s} \times 100\% = \frac{6.90}{19.92} \times 100\% = 34.6\%$

空气容纳水分的最大能力为

$$H_s = 0.622 \frac{p_s}{p - p_s} = 0.622 \times \frac{19.92}{101.3 - 19.92} = 0.095\ 3(\text{kg 水汽/kg 干气})$$

(5) 当系统总压提高到 600 kPa 时,假设没有水分析出,则湿空气中水汽分压应为

$$p_v = \frac{pH}{0.622 + H} = \frac{600 \times 0.03}{0.622 + 0.03} = 27.61(\text{kPa})$$

已超过 60℃下水的饱和蒸气压,故湿空气在压缩过程中有水分析出。

此时空气容纳水分的最大能力为

$$H_s = 0.622 \frac{p_s}{p - p_s} = 0.622 \times \frac{19.92}{600 - 19.92} = 0.021\ 4(\text{kg 水汽/kg 干气})$$

故每千克干空气所析出水分量为

$$H - H_s = 0.03 - 0.021\ 4 = 0.008\ 6(\text{kg 水汽/kg 干气})$$

讨论:湿空气的温度及压力影响其干燥能力。当系统压力一定时,温度降低,则相对湿度增大,空气容纳水分的最大能力降低,说明高温对干燥操作有利,既提高湿空气的焓值,使其作为载热体,同时又降低相对湿度,使其作为载湿体;当温度一定时,压力增大,则相对湿度增大,空气容纳水分的最大能力降低,说明低压对于干燥过程有利,因此干燥操作多在常压或真空条件下进行。

**例7－3** 平衡曲线的应用

例7－3图为某物料在25℃时的平衡曲线。试判断以下几种情况下水分传递的方向和过程进行的极限,并计算物料的平衡水分和自由水分含量,结合水分和非结合水分含量。(1)将含水量为0.35 kg 水/kg 干料的此种物料与$\varphi=50\%$的湿空气接触;(2)将含水量为0.095 kg 水/kg 干料的此种物料与$\varphi=50\%$的湿空气接触;(3)将含水量为0.35 kg 水/kg 干料的此种物料与$\varphi=70\%$的湿空气接触。

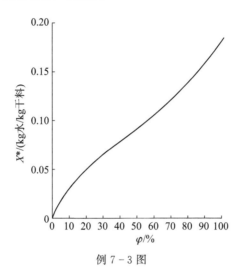

例7－3图

**解**:(1)由图查得,当$\varphi=50\%$时,平衡含水量$X^*=0.095$ kg 水/kg 干料,物料的含水量$X=0.35$ kg 水/kg 干料$>X^*$。

故物料将被干燥,水分由物料(固相)传递到空气(气相)中。

平衡含水量是物料在一定空气条件下被干燥的极限。因此,干燥终了时,物料中的含水量等于平衡含水量$X^*$,则自由水含量$X-X^*=0.35-0.095=0.255$(kg 水/kg 干料)。

当$\varphi=100\%$时,平衡含水量$X^*=0.185$ kg 水/kg 干料,而结合水分含量为物料与$\varphi=100\%$饱和空气接触时的平衡含水量,故结合水分含量$X^*_{\varphi=100\%}=0.185$ kg 水/kg 干料,则非结合水分含量$X-X^*_{\varphi=100\%}=0.35-0.185=0.165$(kg 水/kg 干料)。

(2)此时平衡含水量仍为$X^*=0.095$ kg 水/kg 干料,与物料的含水量相同,故物料与空气呈平衡状态,宏观上为水分传递。

(3)由图查得,当$\varphi=70\%$时,平衡含水量$X^*=0.125$ kg 水/kg 干料,物料的含水量$X=0.35$ kg 水/kg 干料$>X^*$。故物料仍被干燥,水分由物料(固相)传递到空气(气相)中。

物料被干燥的极限为平衡含水量,则自由水含量

$$X-X^*=0.35-0.125=0.225(\text{kg 水/kg 干料})$$

结合水分含量$X^*_{\varphi=100\%}=0.185$ kg 水/kg 干料,则非结合水分含量

$$X-X^*_{\varphi=100\%}=0.35-0.185=0.165(\text{kg 水/kg 干料})$$

讨论：上述分析过程表明，利用平衡曲线可以解决以下几点。

①判断过程进行的方向，若物料含水量 $X$ 高于平衡含水量 $X^*$，则物料脱水而被干燥；反之，物料将吸水而增湿。

②确定过程进行的极限，湿空气与物料达平衡，此时物料中的含水量即为平衡含水量。

③确定各种水分含量，从而判断水分能否去除及去除的难易程度。

### 例7-4 湿空气状态的确定

常压下操作的干燥流程如例7-4图(a)所示，两个干燥器均为理想干燥器。已知水的温度与饱和蒸气压的关系如下。

| $t/℃$ | 15 | 60 | 85 |
|---|---|---|---|
| $p_s/kPa$ | 1.707 | 19.92 | 57.88 |

(1)试在 $I-H$ 图上表示出上述流程中空气状态的变化过程；(2)计算第一加热器为每千克干气所提供的热量。

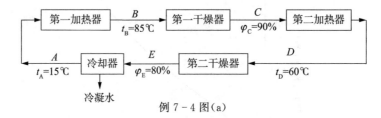

例7-4图(a)

**解**：(1) 上述干燥流程的空气状态变化如例7-4图(b)中 $ABCDEFA$ 所示。

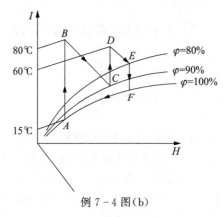

例7-4图(b)

(a) 湿空气经冷却器析出水分后应为饱和湿空气，因此由 $t=15℃$，$\varphi=100\%$ 可确定状态点 $A$；

(b) 空气加热过程中，其湿度不变，故由 $A$ 点沿等 $H$ 线与 $t=85℃$ 相交，可确定状态点 $B$；

(c) 因为是理想干燥器，所以干燥过程为等焓，故由 $B$ 点沿等 $I$ 线 $\varphi=90\%$ 相交，可确定状态点 $C$；

(d) 同理，由 $C$ 点沿等 $H$ 线与 $t=60℃$ 相交，可确定状态点 $D$；

(e) 由 $D$ 点沿等 $I$ 线与 $\varphi=80\%$ 相交，可确定状态点 $E$；

(f) 状态点 $E$ 的湿空气进入冷却器后，先冷却至饱和，即由 $E$ 点沿等 $H$ 线与 $\varphi=100\%$ 相交，得状态点 $F$，再冷凝析出水分，此过程湿空气一直处于饱和状态，故由 $F$ 点沿 $\varphi=100\%$ 线变化至 $A$ 点，空气如此循环。

（2）$A$ 为饱和湿空气，其饱和湿度为

$$H_s=0.622\frac{p_s}{p-p_s}=0.622\times\frac{1.707}{101.3-1.707}=0.010\ 7(\text{kg 水汽/kg 干气})$$

湿比热容

$$c_H=1.01+1.88H_s=1.01+1.88\times0.010\ 7=1.03(\text{kg 水汽/kg 干气})$$

故第一加热器提供的热量

$$Q_{P1}=Lc_H(t_B-t_A)=1\times1.03\times(85-15)=72.10(\text{kJ/kg 干气})$$

讨论：湿空气状态的变化与过程密切相关。湿空气在加热或冷却时，其状态沿等 $H$ 线变化；理想干燥过程，其状态沿等 $I$ 线变化；冷凝过程，其状态沿饱和空气 $\varphi=100\%$ 线变化。

**例 7-5　干燥器空气出口温度对干燥过程的影响**

在气流干燥器内将一定量的物料自某一含水量干燥至一定含水量，以获得合格产品。操作压力为 101.3 kPa，空气初始温度为20℃，湿度为 0.008 kg 水汽/kg 干气，经预热器后温度为 130℃。假定该干燥器为理想干燥器，并忽略湿物料中水分带入的焓及热损失，试求：（1）当干燥器空气出口温度分别选为65℃及 40℃时，干燥系统的热效率；（2）若气体离开干燥器后，因在管道及旋风分离器中散热，温度下降了 10℃，试判断以上两种情况是否会发生物料返潮现象。

**解：**（1）因是理想干燥器，故空气经历等焓干燥过程。

$$\begin{aligned}I_1&=(1.01+1.88H_1)t_1+2\ 492H_1\\&=(1.01+1.88\times0.008)\times130+2\ 492\times0.008=153.2(\text{kJ/kg 干气})\end{aligned}$$

当干燥器空气出口温度 65℃时，

$$\begin{aligned}I_2&=(1.01+1.88H_2)t_2+2\ 492H_2\\&=(1.01+1.88H_2)\times65+2\ 492H_2\end{aligned}$$

由 $I_1=I_2$，得空气出口湿度

$$H_2=0.033\ 5\text{kg 水汽/kg 干气}$$

设干燥过程中物料去除的水分量为 $W$，则干空气的用量为

$$L=\frac{W}{H_2-H_1}=\frac{W}{0.033\ 5-0.008}=39.2W$$

干燥系统补充的热量

$$\begin{aligned}Q&=Q_P=Lc_H(t_1-t_0)=L(1.01+1.88H_0)(t_1-t_0)\\&=39.2W\times(1.01+1.88\times0.008)\times(130-20)\\&=4\ 420W\end{aligned}$$

则干燥系统的热效率

$$\eta=\frac{W(2\ 492+1.88t_2)}{Q}\times100\%=\frac{W(2\ 492+1.88\times65)}{4\ 420W}\times100\%=59.1\%$$

当干燥器空气出口温度为 40℃时，

$$I_2=(1.01+1.88H_2)t_2+2\ 492H_2$$

$$= (1.01 + 1.88H_2) \times 40 + 2\,492H_2$$

由 $I_1 = I_2$,得空气出口湿度

$$H_2 = 0.043\,9 \text{ kg 水汽/kg 干气}$$

则此时干空气的含水量为

$$L = \frac{W}{H_2 - H_1} = \frac{W}{0.043\,9 - 0.008} = 27.86W$$

干燥系统补充的热量

$$\begin{aligned} Q &= Q_P = Lc_H(t_1 - t_0) = L(1.01 + 1.88H_0)(t_1 - t_0) \\ &= 27.86W \times (1.01 + 1.88 \times 0.008) \times (130 - 20) \\ &= 3\,141W \end{aligned}$$

则干燥系统的热效率

$$\eta = \frac{W(2\,492 + 1.88t_2)}{Q} \times 100\% = \frac{W(2\,492 + 1.88 \times 40)}{3\,141W} \times 100\% = 81.7\%$$

(2) 当干燥空气出口温度为 65℃时,其中的水汽分压

$$p_v = \frac{pH}{0.622 + H} = \frac{101.3 \times 0.033\,5}{0.622 + 0.033\,5} = 5.18\,(\text{kPa})$$

空气经管道及旋风分离器后,温度降至 55℃,在该温度下水的饱和蒸气压 $p_s = 15.74 \text{ kPa}$, $p_s > p_v$,即此时空气的温度尚未降至露点,不会有水分析出,物料不会返潮。

当干燥器空气出口温度为 40℃时,假设没有水析出,则其中的水汽分压

$$p_v = \frac{pH}{0.622 + H} = \frac{101.3 \times 0.043\,9}{0.622 + 0.043\,9} = 6.68\,(\text{kPa})$$

空气经管道及旋风分离器后,温度降至 30℃,在该温度下水的饱和蒸气压 $p_s = 4.25 \text{ kPa}$, $p_s < p_v$,即此时空气的温度低于露点,必有水分析出,物料将返潮。

讨论:由本题计算结果可以看出,设计时干燥器空气出口温度的选取,对于干燥系统的热效率有直接影响。空气初始状态及预热温度一定时,空气出口温度越低,干燥系统的热效率越高。同时注意到,空气出口温度过低,会因流经后续管路及设备时散热而使其温度降至露点以下,使物料返潮。因此,应合理选取空气出口温度,其值一般比进干燥器湿空气的绝热饱和温度高 20～50℃为宜。

**例 7 - 6 空气的状态与流速对恒速阶段干燥速率的影响**

现将某固体颗粒物料平铺于盘中,在常压恒定干燥条件下进行干燥实验。温度为 50℃,湿度为 0.02 kg 水汽/kg 干气的空气,以 4 m/s 的流速平行吹过物料表面。设对流传热系数可用 $\alpha = 14.3G^{0.8} \text{ W/(m}^2 \cdot \text{℃)}$[$G$ 为质量流速,单位为 kg/(m² · s)]计算,试求恒速阶段的干燥速率及当空气条件发生下列改变时该值的变化。(1)空气的湿度、流速不变,而温度升高至 80℃;(2)空气的温度、流速不变,而湿度变为 0.03 kg 水汽/kg 干气;(3)空气的温度、湿度不变,而将流速提高至 6 m/s。

**解**:原工况:

湿空气 $t = 50℃$、$H = 0.02 \text{ kg 水汽/kg 干气}$,可在湿度图中查得其湿球温度 $t_w = 31℃$,该温度下水的相变焓 $r_w = 2\,422 \text{ kJ/kg}$。

干燥器内湿空气的比容:

266

$$v_H = (0.773 + 1.244H) \times \frac{273 + t}{273} = (0.773 + 1.244 \times 0.02) \times \frac{273 + 50}{273}$$
$$= 0.944 (\text{m}^3/\text{kg 干气})$$

则湿空气的密度 $\qquad \rho = \frac{1 + H}{v_H} = \frac{1 + 0.02}{0.944} = 1.081 (\text{kg/m}^3)$

湿空气的质量流速 $\quad G = u\rho = 4 \times 1.081 = 4.32 [\text{kg/(m}^2 \cdot \text{s)}]$

对流传热系数

$$\alpha = 14.3 G^{0.8} = 14.3 \times 4.32^{0.8} = 46.10 [\text{W/(m}^2 \cdot \text{℃)}]$$

则恒速阶段的干燥速率

$$U_C = \frac{\alpha}{r_w}(t - t_w) = \frac{46.10}{2\,422 \times 1\,000} \times (50 - 31) = 3.62 \times 10^{-4} [\text{kg/(m}^2 \cdot \text{s)}]$$

新工况：

(1) 当空气的湿度、流速不变,而温度升高为80℃时,其湿球温度 $t_w = 36$℃,该温度下水的相变焓 $r_w = 2\,410$ kJ/kg。

湿空气的比容：

$$v_H = (0.773 + 1.244H) \times \frac{273 + t}{273} = (0.773 + 1.244 \times 0.02) \times \frac{273 + 80}{273}$$
$$= 1.032 (\text{m}^3/\text{kg 干气})$$

则湿空气的密度 $\qquad \rho = \frac{1 + H}{v_H} = \frac{1 + 0.02}{1.032} = 0.988 (\text{kg/m}^3)$

湿空气的质量流速 $\quad G = u\rho = 4 \times 0.988 = 3.95 [\text{kg/(m}^2 \cdot \text{s)}]$

对流传热系数

$$\alpha = 14.3 G^{0.8} = 14.3 \times 3.95^{0.8} = 42.92 [\text{W/(m}^2 \cdot \text{℃)}]$$

则干燥速率

$$U_C = \frac{\alpha}{r_w}(t - t_w) = \frac{42.92}{2\,410 \times 1\,000} \times (80 - 36) = 7.84 \times 10^{-4} [\text{kg/(m}^2 \cdot \text{s)}]$$

(2) 当空气的温度、流速不变,而湿度变为0.03 kg 水汽/kg 干气时,查得其湿球温度 $t_w = 35$℃,该温度下水的相变焓 $r_w = 2\,412$ kJ/kg。

湿空气的比容：

$$v_H = (0.773 + 1.244H) \times \frac{273 + t}{273} = (0.773 + 1.244 \times 0.03) \times \frac{273 + 50}{273}$$
$$= 0.959 (\text{m}^3/\text{kg 干气})$$

则湿空气的密度 $\qquad \rho = \frac{1 + H}{v_H} = \frac{1 + 0.03}{0.959} = 1.074 (\text{kg/m}^3)$

湿空气的质量流速 $\quad G = u\rho = 4 \times 1.074 = 4.30 [\text{kg/(m}^2 \cdot \text{s)}]$

对流传热系数

$$\alpha = 14.3 G^{0.8} = 14.3 \times 4.30^{0.8} = 45.93 [\text{W/(m}^2 \cdot \text{℃)}]$$

则干燥速率

$$U_c = \frac{\alpha}{r_w}(t - t_w) = \frac{45.93}{2\,412 \times 1\,000} \times (50 - 35) = 2.86 \times 10^{-4} [\text{kg/(m}^2 \cdot \text{s})]$$

（3）空气的温度、湿度不变，而将流速提高至 6 m/s 时，

对流传热系数 $\quad \dfrac{\alpha'}{\alpha} = \left(\dfrac{G'}{G}\right)^{0.8} = \left(\dfrac{u'}{u}\right)^{0.8} = \left(\dfrac{6}{4}\right)^{0.8} = 1.383$

因空气的状态不变，则干燥速率

$$\frac{U'_c}{U_c} = \frac{\alpha'}{\alpha} = 1.383$$

故 $U'_c = 1.383 U_c = 1.383 \times 3.62 \times 10^{-4} = 5.01 \times 10^{-4} [\text{kg/(m}^2 \cdot \text{s})]$

讨论：恒速干燥阶段为表面汽化控制阶段，其干燥速率主要取决于空气的条件。空气的温度越高、湿度越低或流速越大，则其干燥速率越大。

**例 7-7　干燥条件对干燥速率曲线的影响**

温度为 $t$、湿度为 $H$ 的空气以一定的流速 $u$ 在湿物料表面掠过，测得其干燥速率曲线如例 7-7 图所示，试定性绘出改动下列条件后的干燥速率曲线。（1）空气的温度与湿度不变，流速增加；（2）空气的温度与流速不变，湿度增加；（3）空气的温度、湿度与流速不变，湿物料厚度减薄。

**解：**（1）由例 7-6 分析可知，当空气的流速增加时，恒速阶段的干燥速率 $U_c$ 增加，相应临界含水量 $X_c$ 增大。因空气的状态不变，故平衡含水量 $X^*$ 不变，此种情况的干燥速率曲线如例 7-7 图（b）所示。

（2）当空气的湿度增加时，恒速阶段的干燥速率 $U_c$ 减小，相应的临界含水量 $X_c$ 减小，平衡含水量 $X^*$ 增大，此种情况的干燥速率曲线如例 7-7 图（c）所示。

（3）当空气的温度、湿度与流速不变，而湿物料厚度减薄时，恒速阶段的干燥速率 $U_c$ 不变，临界含水量 $X_c$ 减少，而平衡含水量 $X^*$ 不变，此种情况的干燥速率曲线如例 7-7 图（d）所示。

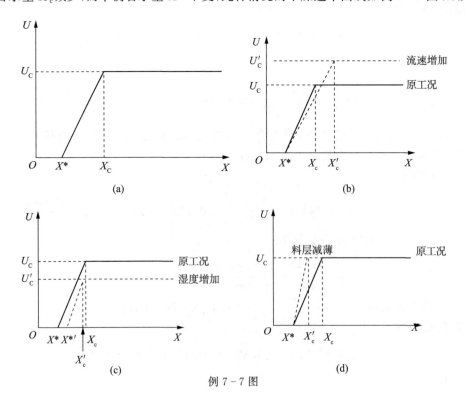

例 7-7 图

讨论:干燥速率曲线通常是在恒定干燥条件下获得的,当干燥条件发生变化时,干燥速率曲线也相应变化,需注意三个特征值(恒速阶段的干燥速率、临界含水量、平衡含水量)的影响因素及其变化规律。

## 7.6　习题详解与讨论

**湿空气的性质**

**7-1**　将干球温度 27℃、露点为 22℃ 的空气加热至 80℃,试求加热前后空气相对湿度的变化。

**解:**查得水的饱和蒸气压:22℃ 时为 2.668 kPa,27℃ 时为 3.6 kPa,80℃ 时为 47.38 kPa,则加热前的相对湿度为 $\varphi_1 = \dfrac{p_d}{p_{s1}} = \dfrac{2.668}{3.6} = 74.1\%$,加热后的相对湿度为 $\varphi_2 = \dfrac{p_d}{p_{s2}} = \dfrac{2.668}{47.38} = 5.6\%$。因此相对湿度变化为

$$\frac{\varphi_1 - \varphi_2}{\varphi_1} = \frac{74.1 - 5.6}{74.1} = 0.924$$

本题为湿空气加热状态变化而设计。利用空气湿度和相对湿度定义计算式解决问题。

**7-2**　在常压下将干球温度 65℃、湿球温度 40℃ 的空气冷却至 25℃,计算每千克干空气中凝结出多少水分? 每千克干空气放出多少热量?

**解:**查得水的饱和蒸气压和汽化热为:40℃ 时,$p_w = 7.375$ kPa,$r_w = 2\ 401$ kJ/kg;25℃ 时,$p_{s2} = 3.168$ kPa。因此

$$H_w = 0.622\frac{p_w}{p - p_w} = 0.622 \times \frac{7.375}{101.3 - 7.375} = 0.048\ 8(\text{kg 水/kg 干气})$$

$$H_1 = H_w - \frac{1.09}{r_w}(t_1 - t_{w1}) = 0.048\ 8 - \frac{1.09 \times (65 - 40)}{2\ 401} = 0.037\ 5(\text{kg 水/kg 干气})$$

$$H_2 = 0.622\frac{p_{s2}}{p - p_{s2}} = 0.622 \times \frac{3.168}{101.3 - 3.168} = 0.020\ 1(\text{kg 水/kg 干气})$$

故加热前后析出水为

$$W_水 = H_1 - H_2 = 0.037\ 5 - 0.020\ 1 = 0.017\ 4(\text{kg 水/kg 干气})$$
$$I_1 = (1.01 + 1.88H_1)t_1 + 2\ 500H_1$$
$$\quad = (1.01 + 1.88 \times 0.037\ 5) \times 65 + 2\ 500 \times 0.037\ 5$$
$$\quad = 164(\text{kJ/kg 干气})$$
$$I_2 = (1.01 + 1.88H_2)t_2 + 2\ 500H_2$$
$$\quad = (1.01 + 1.88 \times 0.020\ 1) \times 25 + 2\ 500 \times 0.020\ 1$$
$$\quad = 76.4(\text{kJ/kg 干气})$$

故放出热量为 $Q = I_1 - I_2 = 164 - 76.4 = 87.6(\text{kJ/kg 干气})$。

本题为空气状态变化而设计。空气冷却达到饱和后继续降温必有水分析出,冷却终态下的湿度为终态条件下的饱和湿度。

**7-3**　总压为 100 kPa 的湿空气,试用焓-湿度图填充下表。

| 干球温度<br>/℃ | 湿球温度<br>/℃ | 湿　度<br>/(kg 水/kg 干空气) | 相对湿度<br>/% | 热　熔<br>(kJ/kg 干空气) | 水汽分压<br>/kPa | 露点<br>/℃ |
|---|---|---|---|---|---|---|
| 80 | 40 | | | | | |
| 60 | | | | | | 29 |
| 40 | | | 43 | | | |
| | | 0.024 | | 120 | | |
| 50 | | | | | 3.0 | |

**解:**总压为 100 kPa 下的湿空气各条件下的状态数据,见下表。

| 干球温度<br>/℃ | 湿球温度<br>/℃ | 湿　度<br>/(kg 水/kg 干空气) | 相对湿度<br>/% | 热　熔<br>/(kJ/kg 干空气) | 水汽分压<br>/kPa | 露点<br>/℃ |
|---|---|---|---|---|---|---|
| 80 | 40 | 0.031 9 | 11.0 | 165 | 4.8 | 32.5 |
| 60 | 35 | 0.026 | 20 | 125 | 4.1 | 29 |
| 40 | 28 | 0.020 | 43 | 95 | 3.2 | 25 |
| 57 | 33 | 0.024 | 21 | 120 | 3.7 | 28 |
| 50 | 30 | 0.019 6 | 25 | 98 | 3.0 | 23 |

　　本题为 $I-H$ 图而设计。对 $I-H$ 图应能够熟练查读数据,$I-H$ 图上有以下五类线:等湿度线、等焓线、等干球温度线、等相对湿度线和水蒸气分压线。应该注意,等湿度线也是等露点线和等水蒸气分压线,等焓线也是等湿球温度线和等绝热饱和温度线。各参数在 $I-H$ 图上若非独立参数,$I-H$ 图上无交点时,不能确定湿空气的状态。通常情况下两个独立参数组合方式包括:干球温度-相对湿度、干球温度-湿度或干球温度-露点或干球温度-水汽分压、干球温度-绝热饱和温度或干球温度-湿球温度、湿度-焓或露点-焓或水汽分压-焓或干球温度-焓等。另外,$I-H$ 图上可以比较方便地表述空气预热与干燥过程中状态的变化,借此可对干燥过程进行物料衡算和热量衡算,也可确定两股空气混合后的状态参数。

　　**7-4**　在温度为 80℃、湿度为 0.01 kg/kg 干气的空气流中喷入速度为 0.1 kg/s 的水滴。水滴温度为 30℃,全部汽化被气流带走。气体的流量为 10 kg 干气/s,不计热损失。试求:(1)喷水后气体的热熔增加了多少? (2)喷水后气体的温度降低到多少度? (3)如果忽略水滴带入的热熔,即把气体的增湿过程当作等焓变化过程,则增湿后气体的温度降到多少度?

　　**解:**(1) 喷水后气体增加的焓即为液体所带入的焓

$$\Delta I = W_{水}\, c_p \theta / V_{干} = 0.1 \times 4.18 \times 30 / 10 = 1.25 \text{(kJ/kg 干气)}$$

(2) $I_1 + \Delta I = I_2$

$$H_2 = H_1 + \frac{W}{V_{干}} = 0.01 + \frac{0.1}{10} = 0.02 \text{(kg 水/kg 干气)}$$

所以 $(1.01 + 1.88 H_1)t_1 + 2\,500 H_1 + \Delta I = (1.01 + 1.88 H_2)t_2 + 2\,500 H_2$
则

$$
\begin{aligned}
t_2 &= \frac{(1.01 + 1.88 H_1)t_1 + 2\,500(H_1 - H_2) + \Delta I}{1.01 + 1.88 H_2} \\
&= \frac{(1.01 + 1.88 \times 0.01) \times 80 + 2\,500 \times (0.01 - 9.02) + 1.25}{1.01 + 1.88 \times 0.02} = 55.9\text{(℃)}
\end{aligned}
$$

（3）若忽略 $\Delta I$，则 $I_1 = I_2$，则

$$t_2 = \frac{(1.01 + 1.88 H_1)t_1 + 2\,500(H_1 - H_2)}{1.01 + 1.88 H_2}$$

$$= \frac{(1.01 + 1.88 \times 0.01) \times 80 + 2\,500 \times (0.01 - 9.02)}{1.01 + 1.88 \times 0.02} = 54.7(℃)$$

**间歇干燥过程计算**

**7－5** 已知在常压、25℃下水分在氧化锌与空气之间的平衡关系为：相对湿度 $\varphi = 100\%$ 时，平衡含水量 $X^* = 0.02$ kg 水/kg 干料；相对湿度 $\varphi = 40\%$ 时，平衡含水量 $X^* = 0.007$ kg 水/kg 干料。现氧化锌的含水量为 0.25 kg 水/kg 干料，令其与 25℃、$\varphi = 40\%$ 的空气接触。试问物料的自由含水量、结合水及非结合水的含量各为多少？

**解：** 自由含水量为 $X - X_2^* = 0.25 - 0.007 = 0.243$（kg 水/kg 干料）；

结合水量为 $X_1^* = 0.02$ kg 水/kg 干料；

非结合水量为 $X - X_1^* = 0.25 - 0.02 = 0.23$（kg 水/kg 干料）

本题为各类水划分而设计。明确几个概念十分重要，借化学力或物理化学力与固体相结合的水都称为结合水；机械附着在固体物料表面或颗粒堆积层中大空隙内的水称为非结合水；物料在指定空气条件下的被干燥的极限含水量称为该空气状态下的平衡含水量；所有能够被指定状态空气带走的水分皆称为自由水分。从上述各定义可见：干燥除去的水分包括非结合水和结合水，此类水分与空气状态是无关的，但平衡水和自由水却与空气状态有关。

**7－6** 某物料在定态空气条件下做间歇干燥。已知恒速干燥阶段的干燥速率为 1.1 kg 水/（m² · h），每批物料的处理量为 1 000 kg 干料，干燥面积为 55 m²。试估计将物料从 0.15 kg 水/kg 干料干燥到 0.005 kg 水/kg 干料所需的时间。物料的平衡含水量为零，临界含水量为 0.125 kg 水/kg 干料。作为粗略估计，可设降速阶段的干燥速率与自由含水量成正比。

**解：** 因为 $X_1 > X_c > X_2$，故干燥过程分恒速干燥和降速干燥两部分，则

$$\tau = \tau_{恒} + \tau_{降} = \frac{G_c}{A N_{恒}}\left[(X_1 - X_c) + X_c \ln\frac{X_c}{X_2}\right]$$

$$= \frac{1\,000}{55 \times 1.1} \times \left[(0.15 - 0.125) + 0.125 \times \ln\frac{0.125}{0.05}\right] = 7.06(h)$$

本题为干燥时间计算而设计。题中包括恒速干燥和降速干燥两个阶段。

**7－7** 某厢式干燥器内有盛物浅盘 50 只，盘的底面积为 70 cm×70 cm，每盘内堆放厚 20 mm 的湿物料。湿物料的堆积密度为 1 600 kg/m³，含水量由 0.5 kg 水/kg 干料干燥到 0.005 kg 水/kg 干料。器内空气平行流过物料表面，空气的平均温度为 77℃，相对湿度为 10%，气速为 2 m/s。物料的临界自由含水量为 0.3 kg 水/kg 干料，平衡含水量为零。设降速阶段的干燥速率与物料的含水量成正比。求每批物料的干燥时间。

**解：** 以一只干燥盘为基准进行计算。

$$G = A h \rho_{湿} = 0.7 \times 0.7 \times 0.02 \times 1\,600 = 15.68(kg)$$

$$G_c = \frac{G}{1 + X_1} = \frac{15.68}{1 + 0.5} = 10.45(kg\ 干料)$$

由焓-湿度图得

$t = 77℃，\varphi = 10\%，H = 0.026\,8$ kg 水/kg 干料，$t_w = 38℃，r_w = 2\,411$ kJ/kg，则

$$V_H = (2.83 \times 10^{-3} + 4.56 \times 10^{-3}H)(t+273)$$
$$= (2.83 \times 10^{-3} + 4.56 \times 10^{-3} \times 0.026\,8) \times (77+273) = 1.03(\text{m}^3/\text{kg 干气})$$

湿空气的密度为 $\qquad \rho = \dfrac{1+H}{V_H} = \dfrac{1+0.026\,8}{1.03} = 0.997(\text{kg/m}^3)$

湿空气的质量流速为 $\quad G' = \rho u = 0.997 \times 2 = 1.99[\text{kg/(m}^2 \cdot \text{s})]$

给热系数为

$$\alpha = 0.014\,3G'^{0.8} = 0.014\,3 \times 1.99^{0.8} = 0.024\,8[\text{kJ/(m}^2 \cdot \text{s} \cdot \text{℃})]$$
$$= 89.3[\text{kJ/(m}^2 \cdot \text{h} \cdot \text{℃})]$$

干燥速度为 $N_{恒} = \dfrac{\alpha}{r_w}(t-t_w) = \dfrac{89.3}{2\,411} \times (77-38) = 1.445[\text{kg/(m}^2 \cdot \text{h})]$

恒速干燥时间为 $\tau_{恒} = \dfrac{G_c}{AN_{恒}}(X_1 - X_c) = \dfrac{10.45}{0.7 \times 0.7 \times 1.445} \times (0.5-0.3) = 2.95(\text{h})$

降速干燥时间为 $\tau_{降} = \dfrac{G_c}{A} \cdot \dfrac{X_c}{N_{恒}} \ln \dfrac{X_c}{X_2} = \dfrac{10.45}{0.7 \times 0.7} \times \dfrac{0.3}{1.445} \times \ln \dfrac{0.3}{0.005} = 18.13(\text{h})$

故干燥时间为 $\tau = \tau_{恒} + \tau_{降} = 2.95 + 18.13 = 21.08(\text{h})$

本题为应用焓-湿度图和干燥时间计算而设计。与上题类似,干燥包括恒速干燥和降速干燥两个阶段。

**连续干燥过程的计算**

**7-8** 某常压操作的干燥器的参数如7-8图所示,其中:空气状况 $t_0 = 20℃$,$H_0 = 0.01$ kg/kg 干气,$t_1 = 120℃$,$t_2 = 70℃$,$H_2 = 0.05$ kg/kg 干气;物料状况 $\theta_1 = 30℃$,含水量 $x_1 = 20\%$,$\theta_2 = 50℃$,$x_2 = 5\%$,绝对干物料比热容 $c_s = 1.5$ kg/(kg·℃);干燥器的生产能力为 53.5 kg/h(以出干燥器的产物计),干燥器的热损失忽略不计,试求:(1)空气用量;(2)预热器的热负荷;(3)应向干燥器补充的热量。

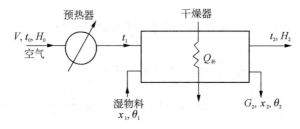

7-8 图

**解:**(1) $X_1 = \dfrac{w_1}{1-w_1} = \dfrac{0.2}{1-0.2} = 0.25$,$X_2 = \dfrac{w_2}{1-w_2} = \dfrac{0.05}{1-0.05} = 0.052\,6$

$\qquad G_c = G_2(1-w_2) = 53.5 \times (1-5\%) = 50.825(\text{kg 干料/h})$

$\qquad W = G_c(X_1 - X_2) = 50.825 \times (0.25 - 0.052\,6) = 10.03(\text{kg/h})$

$\qquad V_{空气} = \dfrac{W}{H_2 - H_1} = \dfrac{W}{H_2 - H_0} = \dfrac{10.03}{0.05 - 0.01} = 250.75(\text{kg 干气/h})$

(2) $I_1 = (1.01 + 1.88H_1)t_1 + 2\,500H_1 = (1.01 + 1.88 \times 0.01) \times 120 + 2\,500 \times 0.01$
$\qquad = 148.46(\text{kJ/kg 干气})$

$\quad I_0 = (1.01 + 1.88H_0)t_0 + 2\,500H_0 = (1.01 + 1.88 \times 0.01) \times 20 + 2\,500 \times 0.01$
$\qquad = 45.58(\text{kJ/kg 干气})$

$\quad Q_{预} = V_{空气}(I_1 - I_0) = 250.75 \times (148.46 - 45.58) = 25\,798.2(\text{kJ/h})$

(3) $I_2=(1.01+1.88H_2)t_2+2\,500H_2=(1.01+1.88\times0.05)\times70+2\,500\times0.05$

$\qquad=202.28(\text{kJ/kg 干气})$

$\qquad i_2=(c_{ps}+c_{pL}X_2)\theta_2=(1.5+4.19\times0.052\,6)\times50=86.02(\text{kJ/kg 干气})$

$\qquad i_1=(c_{ps}+c_{pL}X_1)\theta_1=(1.5+4.19\times0.25)\times30=76.4(\text{kJ/kg 干气})$

$\qquad Q_补=V_{空气}(I_2-I_1)+G_c(i_2-i_1)$

$\qquad\qquad=250.75\times(202.28-148.46)+50.825\times(86.02-76.4)=13\,984.3(\text{kJ/h})$

本题为干燥过程物料衡算和热量衡算而设计。如不考虑热量补充,干燥过程为绝热干燥过程,本题显然不是绝热干燥过程。

**7-9** 一理想干燥器在总压 100 kPa 下将物料由含水 50% 干燥至含水 1%,湿物料的处理量为 20 kg/s。室外空气温度为 25℃,湿度为 0.005 kg 水/kg 干气,经预热后送入干燥器。废气排出温度为 50℃,相对湿度为 60%。试求:(1)空气用量 $V$;(2)预热温度;(3)干燥器的热效率。

**解**:(1) $X_1=\dfrac{w_1}{1-w_1}=\dfrac{0.5}{1-0.5}=1(\text{kg 水/kg 干料})$

$\qquad X_2=\dfrac{w_2}{1-w_2}=\dfrac{0.01}{1-0.01}=0.010\,1(\text{kg 水/kg 干料})$

$\qquad G_c=G(1-w_1)=20\times(1-0.5)=10(\text{kg 干料/s})$

查焓-湿度图得 $t_2=50℃,\varphi_2=60\%,H_2=0.049\,5\text{kg 水/kg 干气}$

$$V_{干气}=\frac{G_c(X_1-X_2)}{H_2-H_1}=\frac{10\times(1-0.010\,1)}{0.049\,5-0.005}=222(\text{kg 干气/s}),则$$

$$V=V_{干气}(1+H_1)=223\text{ kg/s}$$

(2) 因为是理想干燥器,所以 $I_1=I_2$,即

$$(1.01+1.88H_1)t_1+2\,500H_1=(1.01+1.88H_2)t_2+2\,500H_2$$

$$t_1=\frac{(1.01+1.88H_2)t_2+2\,500(H_2-H_1)}{1.01+1.88H_1}$$

$$=\frac{(1.01+1.88\times0.049\,5)\times50+2\,500\times(0.049\,5-0.005)}{1.01+1.88\times0.005}=163(℃)$$

(3) $\eta=\dfrac{t_1-t_2}{t_1-t_0}=\dfrac{163-50}{163-25}=0.811$

本题为理想干燥器计算而设计。理想干燥器内,水分的去除都视为表面汽化阶段,此时气体状态变化是等焓过程,因此物料表面温度处处相同。

**7-10** 一理想干燥器在总压为 100 kPa 下,将湿物料由含水 20% 干燥至 1%,湿物料的处理量为 1.75 kg/s。室外大气温度为 20℃,湿球温度为 16℃,经预热后送入干燥器。干燥器出口废气的相对湿度为 70%。现采用两种方案:(1)将空气一次预热至 120℃送入干燥器;(2)预热至 120℃进入干燥器后,空气增湿至 $\varphi=70\%$。再将此空气在干燥器内加热至 100℃(中间加热),继续与物料接触,空气再次增湿至 $\varphi=70\%$ 排出干燥器外。求上述两种方案的空气用量和热效率。

**解**:(1) $X_1=\dfrac{w_1}{1-w_1}=\dfrac{0.2}{1-0.2}=0.25,X_2=\dfrac{w_2}{1-w_2}=\dfrac{0.01}{1-0.01}=0.01$

$\qquad G_c=G(1-w_1)=1.75\times(1-0.5)=1.4(\text{kg 干料/s})$

$\qquad W_水=G_c(X_1-X_2)=1.4\times(0.25-0.01)=0.336(\text{kg/s})$

因为是理想干燥器,查焓-湿度图得

$H_0 = 0.01$ kg 水/kg 干料，$H_2 = 0.041$ kg 水/kg 干气，$t_2 = 42℃$，有

$$W_水 = V_干(H_2 - H_0)$$

$$V = \frac{W_水}{H_2 - H_0} \times (1 + H_0) = \frac{0.336}{0.041 - 0.01} \times (1 + 0.01) = 10.9(\text{kg/s})$$

$$\eta = \frac{t_1 - t_2}{t_1 - t_0} = \frac{120 - 42}{120 - 20} = 0.78$$

（2）既有中间加热，又是理想干燥器，查焓-湿度图得

$H_4 = 0.061\ 5$ kg 水/kg 干料，$t_4 = 51℃$，则

$$V = \frac{W_水}{H_4 - H_0} \times (1 + H_0) = \frac{0.336}{0.061\ 5 - 0.01} \times (1 + 0.01) = 6.59(\text{kg/s})$$

$$\eta = \frac{(I_1 - I_2') + (I_3 - I_4')}{(I_1 - I_0) + (I_3 - I_2)}$$

$H_0 = H_1$，则 $I_1 - I_0 = (1.01 + 1.88H_0)(t_1 - t_0)$

$H_2 = H_3$，则 $I_3 - I_2 = (1.01 + 1.88H_2)(t_3 - t_2)$

$I_2 = (1.01 + 1.88H_0)t_2 + 2\ 500H_0$，则

$$I_1 - I_2 = (1.01 + 1.88H_0)(t_1 - t_2)$$

$I_4 = (1.01 + 1.88H_2)t_4 + 2\ 500H_2$，则

$I_3 - I_4 = (1.01 + 1.88H_2)(t_3 - t_4)$

$$\eta = \frac{(I_1 - I_2') + (I_3 - I_4')}{(I_1 - I_0) + (I_3 - I_2)} = \frac{(1.01 + 1.88H_0)(t_1 - t_2) + (1.01 + 1.88H_2)(t_3 - t_4)}{(1.01 + 1.88H_0)(t_1 - t_0) + (1.01 + 1.88H_2)(t_3 - t_2)}$$

代入数据计算得到

$$\eta = 0.805$$

本题为干燥过程不同方案下热效率而设计。从计算结果可见，第一种方案的热效率稍低，而后一种方案的热效率稍高，说明第二种方案的经济性更为合理。

# 7.7　习题精选

1. 干燥操作的必要条件是＿＿＿＿＿＿＿，干燥过程是＿＿＿＿＿＿相结合的过程。
2. 干燥过程的传热推动力是＿＿＿＿＿＿，传质推动力是＿＿＿＿＿＿。
3. 相对湿度 $\varphi < 100\%$ 的湿空气称为＿＿＿＿湿空气，此时 $t$＿＿＿ $t_w$＿＿＿ $t_{as}$＿＿＿ $t_d$；若 $\varphi = 100\%$，则 $t$＿＿＿ $t_w$＿＿＿ $t_{as}$＿＿＿ $t_d$（填 <，>，=）。
4. 在常压下，空气中水汽分压为 20 mmHg 时，其湿度 $H =$＿＿＿＿＿＿。
5. 湿空气在温度 303 K 和总压 1.25 MPa 下，湿度 $H$ 为 0.002\ 3 kg 水汽/kg 干气，则其湿比容 $\nu_H$ 为＿＿＿＿＿＿ $m^3$/kg 干气。
6. 若湿空气的温度不变，而增大相对湿度，则露点＿＿＿＿＿，绝热饱和温度＿＿＿＿＿。
7. 空气经一间壁式加热器后，湿度＿＿＿＿＿＿，焓＿＿＿＿＿＿，相对湿度＿＿＿＿＿＿，湿球温度＿＿＿＿＿＿，露点＿＿＿＿＿＿。
8. 湿度为 $H$ 的不饱和湿空气，总压 $p$ 增加时，露点 $t_d$＿＿＿＿＿＿，空气中容纳水分的最大值＿＿＿＿＿＿。

9. 饱和空气在恒压下冷却,温度从 $t_1$ 降为 $t_2$,则其相对湿度 $\varphi$ _____,绝对湿度 $H$ _____,露点 $t_d$ _____,湿球温度 $t_w$ _____。

10. 空气在进入干燥器前必须预热,其目的是 _____ 和 _____。

11. 物料的平衡含水量取决于 _____ 和 _____,而结合水分含量仅与 _____ 有关。

12. 以空气作为湿物料的干燥介质,当所用空气的相对湿度增大时,湿物料的平衡含水量相应 _____,自由含水量相应 _____。

13. 已知在常压及 25℃ 下,水分在某湿物料与空气之间的平衡关系为:相对湿度 $\varphi=100\%$ 时,平衡含水量 $X^*=0.02$ kg 水/kg 干料;相对湿度 $\varphi=40\%$ 时,平衡含水量 $X^*=0.007$ kg 水/kg 干料。现该物料含水量为 0.23 kg 水/kg 干料,令其与 25℃,$\varphi=40\%$ 的空气接触,则该物料的自由含水量为 _____ kg 水/kg 干料,结合水含量为 _____ kg 水/kg 干料,非结合水含量为 _____ kg 水/kg 干料。

14. 恒定干燥条件是指 _____、_____、_____ 及 _____ 保持不变。

15. 恒定干燥条件下,物料的干燥过程通常分 _____ 和 _____ 两个阶段,其分界处物料的含水量称为 _____。

16. 恒速干燥阶段除去的水分为 _____,降速干燥阶段除去的水分为 _____。

17. 恒速干燥阶段又称为 _____,影响该阶段干燥速率的主要因素是 _____,降速干燥阶段又称为 _____,影响该阶段干燥速率的主要因素是 _____。

18. 已知在总压 101.3 kPa 下,湿空气的干球温度为 30℃,相对湿度为 50%,试求:(1)湿度;(2)露点;(3)焓;(4)将此状态空气加热至 120℃ 所需的热量,已知空气的质量流量为 400 kg 绝干气/h;(5)每小时送入预热器的湿空气体积。

19. 常压下某湿空气的温度为 25℃,湿度为 0.01 kg 水汽/kg 干气。试求:(1)该湿空气的相对湿度及饱和湿度;(2)若保持温度不变,加入绝干空气使总压上升至 220 kPa,则湿空气的相对湿度及饱和湿度变为多少?(3)若保持温度不变而将空气压缩至 220 kPa,则在压缩过程中每千克干气析出多少水分?

20. 常压下用热空气干燥某种湿物料。新鲜空气的温度为 20℃、湿度为 0.012 kg 水汽/kg 干气,经预热器加热至 60℃ 后进入干燥器,离开干燥器的废气湿度为 0.028 kg 水汽/kg 干气。湿物料的初始含水量为 10%,干燥后产品的含水量为 0.5%(均为湿基),干燥产品量为 4 000 kg/h。试求:(1)水分汽化量(kg/h);(2)新鲜空气的用量,分别用质量和体积表示;(3)分析说明当干燥任务及出口废气湿度一定时,是在夏季还是冬季时选用风机比较合适。

21. 某湿物料 5 kg,均匀地平摊在长 0.4 m、宽 0.5 m 的平底浅盘内,并在恒定的空气条件下进行干燥,物料初始含水量为 20%(湿基,下同),干燥 2.5 h 后含水量降为 7%,已知在此条件下物料的平衡含水量为 1%,临界含水量为 5%,并假定降速阶段的干燥速率与物料的自由水含量(干基)呈直线关系,试求:(1)将物料继续干燥至含水量为 3%,所需要总干燥时间为多少?(2)现将物料均匀地平摊在两个相同的浅盘内,并在同样的空气条件下进行干燥,只需 1.6 h 即可将物料的水分降至 3%,问物料的临界含水量有何变化?恒速干燥阶段的时间为多长?

## 7.8 习题精选参考答案

1. 物料表面水汽分压大于干燥介质中的水汽分压,干燥介质温度高于物料温度;热质同时传递

2. 空气温度与物料表面温度之差;物料表面水汽分压与干燥介质中水汽分压之差

275

3. 不饱和;＞;＝;＞;＝;＝;＝

4. 0.016 8 kg 水/kg 气

5. 0.069

6. 升高;升高

7. 不变;增高;下降;升高;不变

8. 升高;减小

9. 不变;减小;降低;降低

10. 提高湿空气温度和焓值;降低相对湿度

11. 物料种类;湿空气的性质;物料种类

12. 增加;减少

13. 0.223;0.02;0.21

14. 空气的温度;湿度;流速;物料接触方式

15. 恒速干燥;降速干燥;临界含水量

16. 非结合水;非结合水和结合水

17. 表面汽化控制阶段;干燥介质的状态与流速、空气与物料的接触方式;内部扩散控制阶段;物料结构及含水性质、物料与空气的接触方式、物料温度

18. (1)0.013 3 kg 水汽/kg 干气;(2)18℃;(3)64.2 kJ/kg 干气;(4)10.35 kW;(5)350.5 m³/h

19. (1)50.5%;0.020 kg 水汽/kg 干气;(2)50.5%;0.009 1 kg 水汽/kg 干气;(3)0.000 9 kg 水汽/kg 干气

20. (1)422 kg/h;(2)2.67×10⁴ kg/h;2.23×10⁴ m³/h;(3)夏季

21. (1)3.25 h;(2)0.05 kg水/kg 干料;1.43 h

# 7.9　思考题参考答案

7-1　通常物料去湿的方法有哪些?

有机械去湿、吸附或抽真空去湿、供热干燥等。

7-2　对流干燥过程的特点是什么?

对流干燥的特点是热质同时传递。

7-3　对流干燥的操作费用主要在哪里?

对流干燥的主要操作费用用于空气的预热。

7-4　通常露点、湿球温度、干球温度的大小关系如何? 什么时候三者相等?

通常 $t_d \leqslant t_w \leqslant t$;当 $\varphi = 100\%$ 时,$t_d = t_w = t$。

7-5　结合水与非结合水有什么区别?

平衡水蒸气压开始小于饱和蒸气压的含水量为结合水,超出结合水的部分为非结合水。

7-6　何谓平衡含水量、自由含水量?

指定空气条件下的被干燥极限为平衡含水量,超出平衡含水量的那部分水为自由含水量。

7-7　何谓临界含水量? 它受哪些因素影响?

由恒速阶段向降速阶段转折的对应含水量称为临界含水量。临界含水量受到物料本身性质、结构、分散程度、干燥介质($u$、$t$、$H$)等的影响,结构疏松、颗粒小、$u\downarrow$、$t\downarrow$、$H\uparrow$ 都使得临界含水量降低。

7-8　干燥速率对产品物料的性质会有什么影响?

干燥速率过大会使物料表面结壳,收缩变形,开裂等。

7-9 连续干燥过程的热效率是如何定义的?

$$热效率\ \eta=\frac{Q_{水汽化、物料升温}}{Q_{供热}}$$

7-10 理想干燥过程有哪些假定条件?

理想干燥过程的假定条件:(1)预热段、升温段、热损失均忽略不计;(2)水分皆在物料表面汽化段除去。

7-11 为提高干燥热效率可采取哪些措施?

提高热效率的措施:提高进口气体温度 $t_1$;降低出口气体温度 $t_2$;采用中间加热;废气循环。

7-12 评价干燥器技术性能的主要指标有哪些?

评价干燥器技术性能指标有:(1)物料的适应性;(2)设备的生产能力;(3)能耗的经济性(热效率)。

# 主要参考文献

[1] 陈敏恒,等.化工原理(上册).3 版.北京:化学工业出版社,2006.
[2] 陈敏恒,等.化工原理(下册).3 版.北京:化学工业出版社,2006.
[3] 陈敏恒,等.化工原理(少学时).2 版.上海:华东理工大学出版社,2013.
[4] 丛德滋,等.化工原理详解与应用.北京:化学工业出版社,2002.
[5] 陈敏恒,等.化工原理教与学.北京:化学工业出版社,1996.
[6] 姚玉英.化工原理例题与习题.3 版.北京:化学工业出版社,1998.